面向核心素养的 STEM 课程设计

王　帆　等　编著

科　学　出　版　社
北　京

内 容 简 介

本书建立了面向中国学生发展核心素养的 STEM 课程体系，介绍了 STEM 课程的历史、内涵、理念以及与中国当代课程观的关系，确立了以中国学生核心素养为导向的 STEM 课程设计思路，构建了基于学科核心素养的 M 型、S 型、T 型、E 型四类 STEM 课程，以及与中华传统文化相融合的 C 型 STEM 课程。根据各类型学科属性创建了 STEM 课程设计模型及流程，为设计与实施 STEM 课程提供了具体步骤与丰富案例。

本书可作为本科高年级师范生和各学科教育硕士理解 STEM 课程的通识性与提升性教材，还可以作为在职教师、企事业单位培训工作者的参考资料。

图书在版编目（CIP）数据

面向核心素养的 STEM 课程设计/王帆等编著. —北京：科学出版社，2023.12

ISBN 978-7-03-077311-1

Ⅰ. ①面… Ⅱ. ①王… Ⅲ. ①科学知识-课程设计-高等师范院校-教材 Ⅳ. ①G302

中国版本图书馆 CIP 数据核字（2023）第 251218 号

责任编辑：任俊红 陈晶晶 / 责任校对：樊雅琼

责任印制：吴兆东 / 封面设计：无极书装

科学出版社 出版

北京东黄城根北街 16 号

邮政编码：100717

http://www.sciencep.com

固安县铭成印刷有限公司印刷

科学出版社发行 各地新华书店经销

*

2023 年 12 月第 一 版 开本：787 × 1092 1/16

2025 年 2 月第二次印刷 印张：18 3/4

字数：445 000

定价：68.00 元

（如有印装质量问题，我社负责调换）

前　言

人工智能、光电技术、生命科学技术、新能源和新材料等高新技术的蓬勃发展，推动了新一轮科技革命和产业变革，我国面临产业结构调整和经济转型升级的新挑战，创新人才培养模式、培养掌握现代科技并具有创新能力的复合型创新人才成为当前教育工作的核心。STEM（science，technology，engineering，mathematics）课程是世界教育界公认的培养复合型创新人才的有效途径，科学（science）、技术（technology）、工程（engineering）、数学（mathematics）四门基础学科相互支撑、补充、融合，能够实现学生深层次、理解性学习。STEM 课程从基础教育抓起，一以贯之，有助于培养实践能力强且适应中国时代发展的有用人才。面对中国的“芯片之殇”，教育领域应从根部发力，重塑基础体系，而 STEM 课程是一股强劲的教育教学改革力量。

近年来，我国出台了一系列政策文件以推进 STEM 课程落地及实施，使得 STEM 教育在基础教育领域轰轰烈烈地开展。STEM 课程在遍地开花之时，也出现了困难与问题，主要有以下现象：①STEM 课程演变成多种花式“秀”课。作为课外活动内容，STEM 课程悬置于现有学科之外，出现大量生搬硬套的课程内容，看似热热闹闹，实质收效甚微。②STEM 课程深度与系统性欠缺。STEM 课程只重视外在教学形式上的整合，忽略跨学科知识的渗透，课程开发呈现零散的状态，难以促进学生的深度学习。③STEM 课程人文倾向过重。各种所谓体验、感受文化的课程比比皆是，仅浅层次涉及对理工科知识的理解，完全背离了 STEM 课程的初衷——深度学习理工科技能，习得解决实际问题的思维。④STEM 课程设计与实施无章可循，找不到各学科之间的合理融合点，导致有些课程整合视野窄化，或成为一种机械的、简单的拼盘课程，或成为为跨学科而跨学科的多学科“大杂烩”，缺少体系化、整体性。

STEM 是舶来品，缺少中国式本土化的理解与应用。从国外引入的课程不符合国内的价值观或实践条件，从而出现“水土不服”的情况；本土原有实践缺少工程与技术教育经验，难以很好体现出 STEM 课程的本质要求，归根到底是目前我国 STEM 课程设计缺乏最基本的目标导向。2016 年 9 月发布的《中国学生发展核心素养》明确了中国学生发展核心素养的框架和内涵，将“立德树人”的根本任务具体化、细化，成为基础教育的总目标与总方向。STEM 课程只有在这一框架内才能更好、更有节奏、更可持续地延展，做有中国本土特色的课程。

本书分为三个部分。第一部分是定位，包括第一、第二章，即探寻 STEM 课程与核心素养之间的关系，核心素养理应成为 STEM 课程的设计及实施的指引，建立系统化的 STEM 课程设计体系，符合我国的社会发展需求以及中国式 STEM 课程的发展逻辑。

核心素养是指让学生通过运用多学科的知识与方法来解决实际生活中的复杂问题，

进而培养学生所必备的适应终身发展和社会发展的重要能力及关键品格。STEM 课程则是一种具体的跨学科课程形式，强调学生综合运用科学、技术、工程与数学等多学科知识来解决复杂问题。因此，核心素养为制定 STEM 课程的育人目标与实施方向提供了依据，同时 STEM 课程也可成为核心素养“落地”的具体实施路径与重要推动力。

跨学科或者课程整合是核心素养实现与 STEM 课程实践统整的桥梁。一线教学中课程整合的现实困境已经非常明显，即各学科课程与整合课程之间矛盾凸显，运行过程的形式化导致实践结果偏离了初衷，主要表现为以下几个方面：一是实践主体间缺乏沟通与合作。单一主体会将课程局限于教材，忽略了课程本身所包含的课程内容设计、课程实施与评价等深层次含义，使得课程的整合仍然是学科教材的整合。二是大部分教师习惯于传统教学方式，课程整合趋于形式化，以整合为名，实为学科教学。三是课程建设意识淡薄，教师理解政策比较肤浅，迫于各种压力参与到课程整合，仓促寻求课程整合的结果，使学科内容生拉硬凑、机械拼盘，偏离学科本位，忽视学科功能，导致学段课程之间衔接不当，增加了学生学习负担。

在这种情境下，解决问题的关键是找到学科课程与整合课程的平衡点，推进课程整合落地。本书以赫尔巴特学派的科目主题中心整合论为基础，提出以某个或某类学科课程为中心整合课程，既保证了课程内容的逻辑结构和知识的系统性，也克服了分科课程对学生进行纯粹的知识训练的缺陷。该论点先确定一个体现课程价值观的整合中心，然后围绕整合中心进行课程设计，根据现实情景把知识应用到社会与个人相关的问题上。这种以学科为中心的整合符合现实中大多数基础教育工作者的认知与职前师范生的教学体系，可以让广大教育工作者逐步摆脱传统的分科课程及教学方式的弊端。

第二部分是设计，包含第三、第四、第五、第六章。阐释 STEM 课程作为典型的整合型课程，不是简单的科学、技术、工程和数学四门分支学科的综合，而是以学科核心素养为导向的基于学科特征的整合性课程，构造出 M 型、S 型、T 型、E 型四类 STEM 课程，犹如四个齿轮架构了面向核心素养的 STEM 课程系统，在课程实施的过程中能够完成从学科核心素养至中国学生发展核心素养的融合与生发。

本书把学科核心素养分为三大类：一是数学学科核心素养，二是科学类学科核心素养，三是技术类学科核心素养。通过分析各学科的核心素养所涉及的数学（M）、科学（S）、技术（T）中最基本的学科知识和概念结构，找到分别以学科为核心的不同学科知识点之间的整合点，将分散的课程素材按跨学科的问题逻辑结构化，从而生成 M 型、S 型、T 型课程以及 E 型课程。M 型 STEM 课程是以数学为主导、面向数学学科核心素养的 STEM 课程，为实现 STEM 课程融合提供基础工具；S 型 STEM 课程是以科学为主导、面向科学类学科核心素养的 STEM 课程，为 STEM 课程融合提供原理基础；T 型 STEM 课程是以技术为主导、面向技术类学科核心素养的 STEM 课程，是促进技术 STEM 学科连接、进而融合的催化剂；E 型 STEM 课程是以工程为主导、面向中国学生发展核心素养的 STEM 课程，融合了数学、科学与技术等学科核心素养，可为发展学生的核心素养提供丰富的情境和充分的空间。

第二部分的每一章在剖析相应类型课程主导的学科核心素养，探寻课程整合的落脚点的同时，对 M 型、S 型、T 型、E 型 STEM 课程的教学内容、开展方式、整合形式进行了分析与阐释，并根据主导学科的学科属性以及培养目标匹配了具有学科特色的课程设计模型，提供了具体可操作的设计步骤与案例。

第三部分是拓展，包含第七章。C 型 STEM 课程是以中国学生发展核心素养为目标导向，将中华传统文化与 STEM 课程进行有机结合的整合性课程。该课程在传统文化背景之下，通过将科学、技术、工程、数学学科的相关知识与中华传统文化进行有机融合，引导学生学习、研究及发展传统文化，鼓励学生将所学习到的科学、技术、工程及数学知识与技能应用至传统文化的探究和创作，在 STEM 课程中渗透思政元素，力透家国情怀（图 1）。

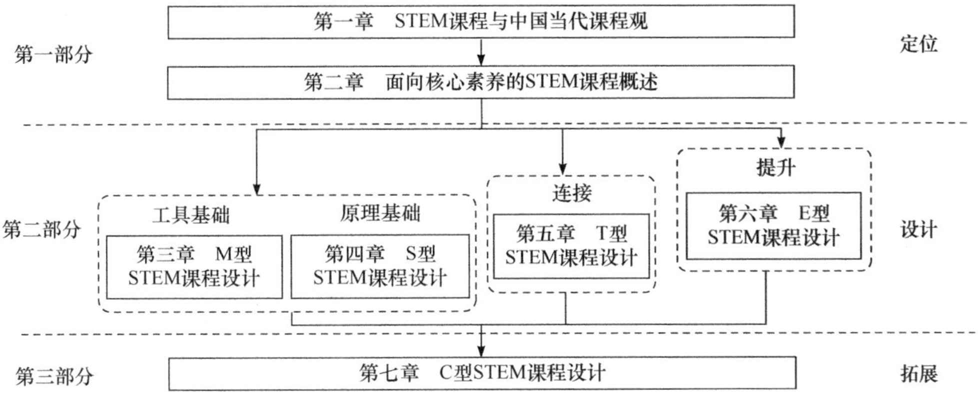

图 1　本书结构图

全书由王帆设计、组织、主导撰写。王帆、董吉玉、郑茜撰写了第一、第二章，董吉玉撰写了第三章，王帆、周邵锦撰写了第四章，王帆、彭致君撰写了第五章，王帆、周邵锦、董吉玉撰写了第六章，董吉玉、周邵锦撰写了第七章，刘慧、张迪、缪晶晶、王玉珊对书稿进行了校对与修正。

作　者

2023 年 3 月

目　　录

第一章　STEM 课程与中国当代课程观

【章节引言】

STEM 课程作为提升学生综合素质的有效载体，是促进学生全面发展的重要途径。近年来，我国出台了一系列政策文件以推进 STEM 课程落地及实施，基础教育领域在积极地开展 STEM 课程的设计及实践活动。然而，在 STEM 课程推行的过程中，仍然存在对 STEM 课程理解不深入等问题，例如：很多教师不理解 STEM 课程从何而来，何为 STEM 课程，STEM 课程理念是什么，我国为何要倡导实施 STEM 课程，STEM 课程与我国当代的课程观之间有着怎样的联系。本章将以 STEM 课程与中国当代课程观作为主要内容，通过探讨 STEM 课程的发展历程、STEM 课程的相关概念、STEM 课程的融合理念、STEM 课程与中国当代课程观之间的联系这四个方面的问题，探寻 STEM 课程的机理。

【知识导图】

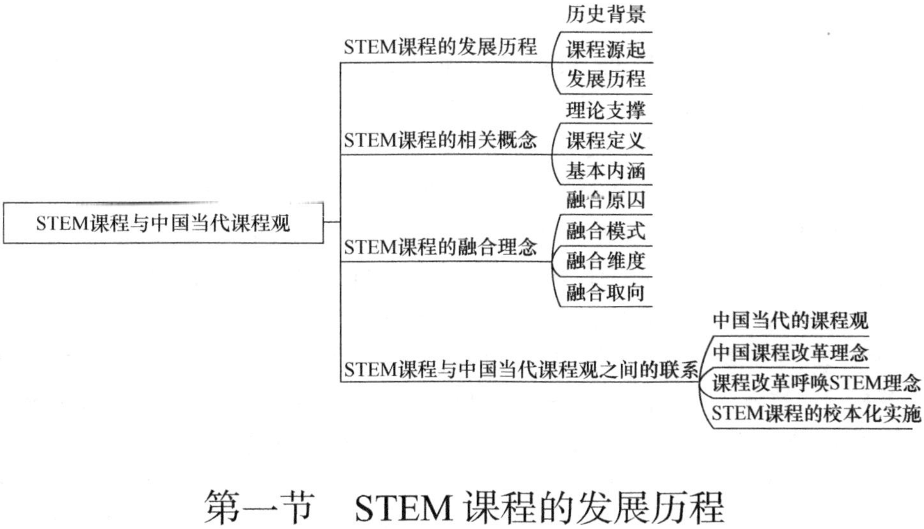

第一节　STEM 课程的发展历程

一、历史背景

第二次世界大战后，美国与苏联冷战初期，美、苏两国开展了关于争夺太空据点的竞赛。美国在这场竞赛中的失利，让其深刻地意识到国家核心竞争力的下降，从而引发了美国公众对学校课程的深刻反思。此时，时任美国总统的艾森豪威尔（D. D. Eisenhower）发表了著名演讲，呼吁美国民众行动起来：“苏联的各类科学家及工程师的数量现在已经比美国多很多了，并且这些领域正以更快的速度产生毕业生……在未来 10 年里，我们急需科学家……并且我们所需要的科学家的数量远远大于我们原计划所需要的。”[①]美国认为国家核心竞争力的本质是人才竞争，科学家、工程师和技术工人将成为 21 世纪科技和经济发展的主导力量，国家核心竞争力的下降是学校课程质量下滑所导致的，是课程投入不足，课程设置缺乏基础性、系统性，以及不重视数学和科学课程所带来的恶果。这种反思强烈激发了美国公众对课程改革的热情，促使政府和各个组织机构开始反思在科学技术领域的相关政策，并在教育界掀起了一场以科学技术为主题的改革运动，STEM 课程就此萌芽[②]。

二、课程源起

STEM 课程起始于高等教育领域。1986 年 3 月，美国国家科学委员会（National Science Board，NSB）发布名为《本科的科学、数学和工程教育》的研究报告。该报告指出：美国本科教育阶段中的科学、数学和工程教育出现了质量问题。如若不提高这些领域的教学质量，吸引更多的学生接受教育，将会给美国未来的经济和安全带来致命的伤害。为此美国国家科学委员会提出了“科学、数学、工程和技术教育集成”的纲领性建议，成为 STEM 教育集成战略的里程碑。时隔十年，该机构在 1996 年发表了《塑造未来：透视科学、数学、工程和技术的本科教育》的报告，回顾并总结了十年来美国科学、数学、工程和技术领域本科教育的进展，并针对新的形势和问题提出了明确的政策建议。此时，科学、数学、工程和技术四门学科缩写为 SME&T。虽然报告总结了本科的 SME&T 教育，但美国已经开始关注中小学阶段的 SME&T 教育，认为本科阶段的 SME&T 教育只是整个 SME&T 教育连续体的一部分，从而提出“这一连续体的不同部分之间是相互依存的。本科 SME&T 教育依赖于来自 K-12 的学生”。

虽然 STEM 教育思想始于高等教育领域，但是美国的教育改革实质是从基础教育领域开始的。早在 1983 年，美国卓越教育委员会（National Council of Educational Excellence，NCEE）就发布了《国家在危机中，教育改革势在必行》的报告。报告中全方位地指出了美国中小学课程中存在的种种不足，尤其是科学和数学课程的落后情况，从而揭开了美国基础课程改革的序幕。随后，《美国学校数学课程与评价标准》《全国科学教育标准》《技术素养标准：技术学习之内容》等一系列课程标准的出台，促使基于标准的基础教育课程改革逐渐兴起。起初，相关的课程改革还是分学科进行的。然而，随着工程学科和实践项目的引入，美国国家科学院于 2009 年发布了由 K-12 工程教育委员会（Committee on K-12 Engineering Education）研发的研究报告《K-12 教育中的工程：理解现状和改进未来》，报告中提出“国家科学基金会和美国教育部应该支持研究‘STEM 素养’的特征和界说。研究者不仅应该思考科学、技术、工程和数学的核心知识，还要思考连接这四个学科的大概念”，自此 STEM 课程的融合和跨学科的连接开始逐渐受到重视。其后，在

① Eisenhower D D. Address to the nation on the future of U. S. security[EB/OL]. https://www.americanrhetoric.com/speeches/dwighteisenhowernationalsecurityfuture.htm.[2021-09-29].

② 吕达，周满生. 当代外国教育改革著名文献（美国卷 · 第一册）[M]. 北京：人民教育出版社，2004: 2.

2010 年的《K-12 科学教育框架：实践、跨学科概念和核心概念》以及以此教育框架为指南并于 2013 年完成编制的《下一代科学标准》中，进一步引入了“实践”和“跨学科”的概念，强调它们与学科核心概念密不可分。2014 年，在 STEM 整合教育委员会（Committee on Integrated STEM Education）所发布的《K-12 STEM 融合教育：现状、前景和研究议程》研究报告中，开始着重讨论 STEM 教育的课程融合问题和课程实施的跨学科性。

三、发展历程

（一）STEM 课程的演变过程

从演变过程来看，STEM 课程主要分为四个阶段：分科课程阶段、多学科阶段、学科间阶段和跨学科阶段[1]，如图 1-1 所示。

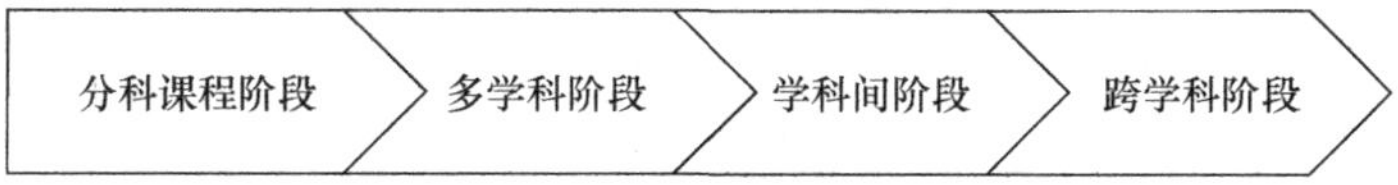

图 1-1 STEM 课程演变过程

（1）分科课程阶段。各学科分离，强调学科的独立性。各学科知识关联性较差，学生在每门学科中分别学习概念和技能。

（2）多学科阶段。学生从各个独立的学科中学习概念和技能，但是这些概念和技能是关于同一个主题的。此时开始重视各独立学科之间的关联性，并且将各学科中相关的知识进行组合。

（3）学科间阶段。学生从两门或多门具有高度相关性的学科中学习概念和技能，从而加深对这些相关的知识和技能的理解。该阶段高度强调了知识之间的关联性，以及学科之间的交叉性。

（4）跨学科阶段。此阶段即 STEM 课程融合阶段，以实际的问题或项目为引导，学生可以通过应用跨学科的知识和技能来解决问题或完成项目，从而形成学习经验。

前三个阶段是跨学科阶段形成的基础，它们重点关注如何帮助学生尽快地掌握尽可能多的知识和技能。跨学科阶段注重课程融合，关注对学生创新能力的培养，该阶段的核心价值在于保留各学科特点的同时，还能够将各学科进行交叉融合，进而促进各学科的发展[2]。

在以跨学科融合为特征的课程改革中，并不是一开始就出现 STEM 课程融合，而是首先出现了 MST、STS 等创新课程模式。最先提出的是将数学、科学及技术三大学科进行融合，即 MST（Mathematics，Science and Technology）。1994 年，美国纽约州立大学在所发布的《数学、科学和技术课程框架》中首次提出 MST 融合课程，即专注于发现和

① 唐烨伟，郭丽婷，解月光，等．基于教育人工智能支持下的 STEM 跨学科融合模式研究[J]．中国电化教育，2017, (8): 46-52.

② 李雁冰．“科学、技术、工程与数学”教育运动的本质反思与实践问题——对话加拿大英属哥伦比亚大学 Nashon 教授[J]．全球教育展望，2014, 43(11): 3-8.

建立起数学、科学与技术学科之间的联系，并将知识运用到实际的生活当中。STS(Science, Technology and Society)是科学、技术、社会的简称。STS课程是指在科学、技术与社会的互动中，寻求有意义的课程活动或研究活动。STS课程的主要目的不仅在于教授学生科学知识，更在于通过与科学和技术相关的社会问题，激发学生对于科学和社会的兴趣，培养学生思考和解决实际问题的能力。

（二）各国发展状况与相关政策

随着数字化时代的来临、现代信息技术的发展，我们社会正经历着深刻的变革。物联网、云计算、大数据与人工智能等新兴技术正在改变现有的产业结构，不断地提升产业效益，推动人类社会向数字化和智能化时代迈进。这些变革不仅改变了人们的日常生活方式及社会的生产方式，同时也对21世纪就业和产业所需要的人才提出了新的要求。在这种时代背景下，传统的教育受到了前所未有的挑战，各国要想在21世纪维持国家竞争力，就必须培养具备知识与技能优势的人才，培养他们具备快速掌握新的知识技能以解决复杂问题的能力、收集和评估信息的能力，尤其是从各种数字媒体中获取信息的能力。通过梳理世界各国培养人才的途径和手段可以发现，STEM课程作为培养复合型创新人才的综合课程，不仅有助于培养学生的科学探究能力、创新意识和批判性思维，同时也有助于培养学生必备的信息技术技能和创新能力①。在此时代背景下，开展STEM课程成为国家应对21世纪复杂挑战的内在需求，各国纷纷出台了一系列的政策文件以推动本国STEM课程的发展。

1. 美国STEM课程的发展过程

在国家层面上，集中关注STEM课程的现象起始于美国。美国的STEM课程政策源于高度重视军事与经济安全的国家目标。该目标要求STEM课程的开设除了需要关注STEM课程融合外，还需重视培养博识的、高素质的公民。自20世纪80年代以来，美国制定和发布了许多与STEM课程相关的政府报告及相关政策，相关机构和部门也针对STEM课程提出了一系列的课程计划，国家对STEM课程的重视程度日益增长，如表1-1所示。

表1-1 美国STEM课程的发展过程

时间	发表机构	报告和政策	主要内容
1983年	美国卓越教育委员会	《国家在危机中，教育改革势在必行》	揭开20世纪80年代美国教育改革的序幕
1986年	美国国家科学委员会	《本科的科学、数学和工程教育》	首次明确提出针对“科学、数学和工程”的纲领性建议，是STEM教育的开端
1996年	美国国家研究委员会	《从分析到行动：科学、数学、工程技术本科教育》	列举本科SME&T教育存在的一些弱点，总结了本科科学、数学、工程技术教育的相关意见

① 余胜泉，胡翔．STEM教育理念与跨学科整合模式[J]．开放教育研究，2015, 21(4): 13-22.

续表

时间	发表机构	报告和政策	主要内容
1996年	美国国家科学委员会	《塑造未来：透视科学、数学、工程和技术的本科教育》	针对新的形式和问题，对学校、地方政府、工商界等提出明确的政策建议，包括要"大力培育K-12教育系统中科学、数学、工程和技术学科的师资队伍"等
2003年	美国国家研究委员会	《评估和提升科学、技术、工程和数学本科教学》	描述如何最好地评估本科STEM领域教学的有效性
2006年	美国国会	《美国竞争力计划》	提出知识经济时代的教育目标之一是培养具有STEM素养的创新人才
2007年	美国国会	《美国创造机会以有意义地促进技术、教育和科学之卓越法》	涉及教师教育、外语教育、本科生和研究生奖学金计划以及STEM教育，最早从立法角度涉及STEM教育
2007年	美国国家科学委员会	《国家行动计划：应对美国科学、技术、工程和数学教育系统的紧急需要》	增强国家层面对K-12和本科阶段STEM教育的主导作用；提高STEM教师水平和增加相应的研究投入
2009年	美国总统科技顾问委员会	《准备与激励：为了美国未来的K-12的STEM教育》	强调K-12阶段STEM教育在美国教育体系中的重要性；强调联邦政府在STEM教育中的责任；构建STEM共同目标与评价指标
2010年	美国国会	《2010年美国竞争再授权法》	强调STEM教育的重要意义，提出"STEM支持计划"
2011年	美国总统科技顾问委员会	《美国创新战略：确保美国经济增长与繁荣》	将加强科学、技术、工程和数学（STEM）教育作为创新能力培养的主要抓手，强调公办教育与私营企业联合发展STEM教育
2011年	美国国家科学委员会	《成功的K-12阶段STEM教育：确认科学、技术、工程和数学的有效途径》	旨在向"学区、州和国家层面的领导者提供制定和提升STEM教育战略决策所需的信息"、提出"确认成功的STEM学校的三类标准"
2012年	美国国家研究委员会	《K-12科学教育框架》	科学教育必须面向所有学生；普及科学与工程课程，并为学生未来从事STEM专业领域的相关职业奠定知识基础
2013年	美国国会	《联邦STEM教育五年战略计划》	明确指出STEM教育对美国科学发展和创新的重要性以及当前问题，强调构建STEM素养社会的重要意义；指出实施STEM教育的战略构想，并为此提出五个STEM教育战略重点领域和两个STEM教育协调目标
2014年	美国国家科学基金会	《为国家未来而投资科学、工程和教育：美国国家科学基金会战略规划（2014～2018年）》	主张要为美国的未来投资科学、工程和数学教育，并提出要通过教育与科研，刺激科学与工程领域创新
2015年	美国国会	《2015年STEM教育法案》	是一部关于界定明确STEM教育是将计算机科学包括在内，并支持美国国家科学基金会现有各项STEM教育计划的法律。对STEM教育做出了明确界定，特别提出STEM教育不仅仅是指科学、技术、工程和数学四个领域的教育，还包括计算机科学；提出加强非正规课程领域的STEM课程

续表

时间	发表机构	报告和政策	主要内容
2015 年	美国国会	《每个学生都成功法（ESSA）》	将包括计算机科学在内的所有 STEM 学科确定为：面向全体学生的课程的基本组成部分。该项立法还涉及设立“STEM 名师团队”
2016 年	教育部与国家教育研究委员会	《STEM 2026：STEM 教育创新愿景》	报告对实践社区、活动设计、教育经验、学习空间、学习测量、社会文化环境六个方面进行了规划，指出 STEM 教育未来十年发展方向及存在的八大挑战，对未来 STEM 教育的发展具有良好的指导作用，STEM 成为美国“国家教育战略”
2017 年	美国联邦政府	《总统 STEM 教育备忘录》	每年至少投资 2 亿美元用于 STEM 教育项目，提供高质量的 STEM 和计算机科学及编程课程，培养儿童的 STEM 知识和技能
2018 年	国家科学技术委员会	《制定成功路线：美国的 STEM 教育战略》	根据 STEM 教育的未来发展愿景制定了未来五年的联邦战略，设立了三项目标以及四个实施途径。三项目标是：为培养 STEM 素养夯实基础；增强 STEM 教育的多样性、公平性和包容性；为未来 STEM 就业做好准备。四个实施路径是：发展和丰富战略伙伴关系；在学科交叉领域吸引学生；培养公民的计算素养；建立透明和问责的管理制度

美国 STEM 教育的发展过程可分为萌芽酝酿期、快速发展期以及战略发展期。在萌芽酝酿期，《本科的科学、数学和工程教育》《塑造未来：透视科学、数学、工程和技术的本科教育》等文件系统解读了 STEM 教育的定义与重要性，并对 STEM 教育的发展做出了总体的规划与设想，奠定了舆论与思想基础。在 2007 至 2011 年间，美国密集出台了一系列有关 STEM 教育的政策文件，政策关注的领域更加全面，涵盖经费投入、目标制定、教师培训等多方面内容。其后，随着《美国创新战略：确保美国经济增长与繁荣》《联邦 STEM 教育五年战略计划》等战略文件的发布，美国逐渐将 STEM 教育与国家的未来发展紧密联系，使得 STEM 教育超出原本意义上的教育变革，成为国家的战略规划。STEM 课程得到了空前的重视，成就了美国 STEM 课程发展的黄金时期①。

虽然美国发展 STEM 课程的力度持续走高，但是美国中小学生的科学与数学成绩仍然不容乐观。在经济合作与发展组织（Organization for Economic Co-operation and Development, OECD）统筹的国际学生评价项目（Program for International Student Assessment, PISA）中，美国学生的总体水平一直处于中等或中下水平，历年排名和成绩仅在 OECD 国家平均值上下波动。同时，美国不同群体的学生在 STEM 学科的学业水平上存在很大差异，据美国教育政策专家统计结果，从事 STEM 领域的少数民族裔和女性人数与美国人口构成严重不符，这些悬殊不仅影响了国家经济发展竞争力，还限制了个

① 武小鹏. 国家政策视角下国际 STEM 教育发展路径、价值取向和启示[J]. 当代教育论坛, 2020, (2): 55-64.

体在工作中的机会①。因此，自奥巴马政府以来，美国采取了多种措施来解决这些问题。在 2018 年所发布的《制定成功路线：美国的 STEM 教育战略》中，更是将“通过确保每个美国人都有机会掌握基本的 STEM 概念，为 STEM 素养（STEM literacy）建立坚实的基础。具有 STEM 知识的公众将更好地应对快速的技术变革，提出了多种途径以期实现该目标。

2. 英国 STEM 课程的发展过程

英国是工业革命的发源地，也是现代科学技术教育大国，但是当前英国仍面临着 STEM 相关人才紧缺、低水平成就的学生比例较高等实际问题。英国政府十分重视 STEM 课程的发展，为此专门成立了国家 STEM 中心（National STEM Centre），大力地招纳科学、技术、工程和数学方面的专职教师，致力于培养具有丰富 STEM 知识和全面技能的人才。除此之外，英国政府还出台了多项政府工作报告及规划，来促进 STEM 课程的开展，如表 1-2 所示。

表 1-2 英国 STEM 课程的发展过程

时间	发表机构	报告和政策	主要内容
1988 年	英国议会	《1988 年教育改革法》	全国中小学实施“国家课程”，将数学和科学列为核心课程，大大提高了科学课程的地位，并强调科学学习的核心过程是科学探究，注重学生的主体性和积极性
2002 年	英国财政部	《构筑成功：罗伯特评论报告》	旨在评估未来英国是否会因为缺少高质量的科学家和工程师而发展受限。报告指出，目前英国学习科学、工程、数学和技术的年轻人数量不足，并第一次将 SET（科学、工程和技术）写入英国政策词典。同时该报告还强调了数学技能对创新经济的重要性
2004 年	英国贸工部、财政部、教育和技能部	《2004—2014 科学与创新投资框架：2007 年年度报告》	英国第一次在政府文件中引入了首字母缩略词 STEM。该文件规划了英国未来十年发展 STEM 的战略目标，不仅规定了培养 STEM 人才的数量，还为 STEM 教育的发展提供了丰厚的资金支持，并设置专门的机构监督专项基金的使用
2007 年	英国财政部	《力争上游》	提出了增加科学和技术课程，增加合格的 STEM 教师人数，增加青少年学习科学的人数，完善职业咨询机构，建立赛事以激励年轻人从事科学和工程事业
2014 年	英国皇家学会	《科学与数学教育的愿景》	提出了英国未来科学与数学教育发展的蓝图，对科学与数学教育提出了六个愿景，以及具体的解决措施和建议
2016 年	英国教育部	《教育部 2015—2020 战略规划：世界级教育与保健》	制定了英国未来五年的教育发展战略规划。该战略规划确定了三个教育系统目标、五个改革原则及十二个战略重点，致力于使英国发展为具备优质教育体系的国家，同时还提出要大力发展 STEM 教育，提高 STEM 教育的深度，提升 STEM 课程的开设率及课程的质量

① Means B, Wang H, Wei X, et al. Expanding STEM opportunities through inclusive STEM - focused high schools[J]. Science Education, 2017, 101(5): 681-715.

续表

时间	发表机构	报告和政策	主要内容
2017年	英国商业部、能源与产业战略部	《建立我们的工业战略》绿皮书	提出了技术教育是英国现代工业战略的核心。在现代工业战略中英国政府准备投资1.7亿英镑建立知名的技术研究所，负责为所有地区的STEM科目提供更高水平的技术支持

英国的STEM课程由政府、学校以及社会机构三方协作支持。其中政府通过改革中小学国家课程框架、加强STEM教师队伍建设、建立国家STEM战略集团（STEM Strategy Group）以及提供STEM教育资金来推动中小学STEM课程的发展。学校主要通过整合和更新STEM课程内容来推进STEM课程的落实。社会机构则以STEM网络（STEMNET）、你的生命（Your Life）、Go4SET等多种形式为中小学提供STEM课程资源。例如：STEM网络通过STEM大使、STEM俱乐部以及学校STEM咨询网络三个教育资源项目为教师提供免费的STEM课程资源，并通过STEM大使项目招募在STEM行业工作的志愿者参与到STEM课程中来，以新颖和创新的方式教授STEM课程，提升学生对于STEM课程与STEM行业的认识。

3. 中国STEM课程的发展过程

在全球化趋势日益增强、新一轮科技革命和产业变革连续升级的时代背景下，我国正面临着产业结构调整和经济转型升级的新挑战，创新人才培养模式、培养掌握现代科技并具有创新能力的人才成为当前乃至今后一个时期教育工作的重中之重。STEM课程作为培养复合型创新人才的有效途径，成为我国进一步深化课程教学改革、创新人才培养模式、提升学生综合素质的重要抓手。国家开始重视STEM课程，并颁布了一系列政策文件，如表1-3所示。

表1-3 中国STEM课程的发展过程

时间	发表机构	报告和政策	所涉内容
2015年	教育部	《关于“十三五”期间全面深入推进教育信息化工作的指导意见（征求意见稿）》	探索STEAM教育、创客教育等新的教育模式
2016年	教育部	《教育信息化“十三五”规划》	有条件的地区要积极探索信息技术在“众创空间、跨学科学习（STEM教育）、创客教育等新的教育模式中的应用”
2017年	中国教育科学研究院	《中国STEM教育白皮书》	启动了“中国STEM教育2029创新行动计划”。该行动计划以“协同、合作、开放、包容、创新”为指导原则，主要内容包括促进STEM教育政策顶层设计，实施STEM人才培养畅通计划，建设资源整合和师资培养平台，建设STEM课程标准与评价体系，打造一体化的STEM创新生态系统，打造服务经济的教育与人才战略高地，推广STEM教育成功模式等

续表

时间	发表机构	报告和政策	所涉内容
2017 年	教育部	《义务教育小学科学课程标准》	倡导跨学科学习方式，建议教师在教学实践中尝试 STEM 课程
2018 年	中国教育科学研究院 STEM 教育研究中心	《STEM 教师能力等级标准（试行）》	在参考国内外相关政策文件的基础上，结合我国 STEM 教育发展实际，从 STEM 教育价值理解、STEM 学科基础、STEM 跨学科理解与实践、STEM 教育开发与融合、STEM 教学实施与评价等五个维度对 STEM 教师提出了明确的要求
2019 年	教育部	《2019 年教育信息化和网络安全工作要点》	继续实施教育信息化教学应用实践共同体项目，从网络学习空间、在线开放课程、跨学科学习（STEAM 教育）、智能教育等 4 个方面遴选组建 15 个不同应用方向的实践共同体，探索推进信息化教学应用的长效机制。开展教育信息化 2.0 环境下信息化教学模式的研究与实验，探索跨学科学习（STEAM 教育）模式应用，出版基于 3D 打印的跨学科课程教材

这些政策性文件的制定和出台，有方向、有措施地推进了我国 STEM 课程的健康发展。各省市开始积极地开展 STEM 课程探索。例如：2015 年，江苏省科学技术协会、江苏省教育厅下发了《关于开展科学、技术工程、数学教育项目试点工作的通知》，并从开展 STEM 课程的软硬件基础、师资力量、发展规划、经费投入等方面综合评定了 26 所学校作为首批 STEM 课程试点单位。各协会、学会组织也开始积极地推动 STEM 课程的发展。例如：2014 年，上海市科学技术协会、学会、研究会支持成立上海 STEM 云中心，依托华东师范大学及其他国内外高校、科技企业的资源，通过社会化合作和运行模式共同打造全国首家 STEM 教育平台。STEM 云中心提供 STEM 云平台 stemcloud.cn、STEM 课程研发、STEM 课程授课、STEM 素质综合测评系统、课题研究检索查新系统、实验室预约管理系统、STEM 出国培训等一系列 STEM 教育资源与服务，旨在为中国各学校或企业提供最全面、最专业的 STEM 教育服务，当前已有超过 400 所学校或企业与其建立了合作关系。

（三）各国 STEM 课程发展路径分析

通过对美、英两国的政策支持以及发展现状进行梳理，我们可以看出美、英两国采取的是两种不同的发展路径。美国的 STEM 课程采取的是一种从上到下的发展模式，由政府牵头，发动社会力量共同推进 STEM 课程的发展；采用以政策指引加巨额的资金支持为依托的发展模式，将教育的重点逐渐转移至工程教育、教师培养和学业水平等核心问题上。同时，美国 STEM 课程的发展除了联邦政府的大力推动外，还受到了不同科研机构、组织部门及州政府的协同推进。通过各组织机构提出的科研报告、调研报告到 STEM 课程政策报告，美国将 STEM 课程的发展提升为教育法案和国家战略，为 STEM 课程在美国的有效实施提供了充分的保障，并逐步将 STEM 课程由高等教育阶段扩展到 K-12 阶段，进一步确保了国家 STEM 课程体系的连贯性。除此之外，美国还策划并施行了一系列关于改进 STEM 教学、提升全美学生 STEM 素养、建立优秀的 STEM 师资团队等相关计划。由此可见，美国采取了系统性的发展模式，以推动 STEM 课程在全美的共同发展。

与美国相反，英国采用的是一种从下到上再往下的 STEM 课程发展模式。英国的 STEM 课程首先从底层课程教学出发，从最基础、最核心的教学质量、教师质量开始，探索适合本国国情的 STEM 课程发展路径，将 STEM 课程渗透到中小学阶段的日常课程中，侧重于提升学生的学业成就和培养高质量的 STEM 人才。其后，英国政府通过推出一系列 STEM 课程实施规划以及国家级的战略规划来发展 STEM 课程。

除了采取不同路径的 STEM 课程发展模式外，美国、英国所采取的发展策略具有一定的相似之处：在现实背景上，两国都面临着 STEM 人才匮乏的挑战，因此两国都非常重视 STEM 人才的培养；在发展方式上，两国都采取政府战略指引和政策支持、财政资金投入、多部门联动、社会力量协同发展的方式；在战略目标上，美、英两国都希望能够通过发展 STEM 课程来提升学生的综合实力，进而提升本国的国际竞争力；在实施策略上，两国都制定了详细的发展策略来推动 STEM 课程的发展。

在国际上，很多国家都将 STEM 教育置于满足 STEM 产业发展需求、培养创新型人才的战略地位。因此，STEM 教育在国外一般都有国家的顶层设计，从高校到中小学具有系统的政策、经费支持，形成完整的社会网络，有连贯的课程和社会组织机构的广泛参与。但是 STEM 在中国的兴起更多的是国家大政策趋势下的草根行为，各类 STEM 产品公司成为力推 STEM 教育活动和进行学校课程的主力军①。所以目前 STEM 教育在中国的实践呈现出零散的、多样化的态势。由于我国近几年才开始关注 STEM 课程，因此在 STEM 课程理论与实践发展中都没有足够的经验积累和文化积淀。不同于国外 STEM 课程的是，我国的 STEM 课程的研究和实践有两大特点：一是受国外已有 STEM 研究的启发和影响，二是我国处于大力提倡创造力和创新能力的经济转型关键时期。这两点决定了我国 STEM 课程发展不能一味地照搬国外已有经验，而是要走更适合我国基本国情的发展道路②。

（四）STEM 课程行动策略及未来愿景

STEM 课程的目标在于培养掌握未来发展所需的各项关键能力的学生，以期这些学生能够在未来的工作、生活甚至国家竞争中发挥关键作用。当前，美国、中国等多个国家纷纷将 STEM 课程作为新的思考课程改革的切入点，将 STEM 课程提升至未来国家战略层面来进行设计与规划。2016 年 9 月，美国教育部与国家教育研究委员会联合发布了《STEM 2026：STEM 教育创新愿景》，该报告从实践社区、活动设计、教育经验、学习空间、学习测量、社会文化环境六个方面为 STEM 课程未来的十年发展指明了方向。在 2018 年 12 月，美国国家科学技术委员会发布了《制定成功路线：美国的

① 中国教育科学研究院．中国 STEM 教育白皮书(精华版)[EB/OL]. https://www.ict.edu.cn/uploadfile/2018/0507/20180507033914363.pdf.[2021-09-29].

② 祝智庭，雷云鹤．STEM 教育的国策分析与实践模式[J]．电化教育研究，2018, 39(1): 75-85.

STEM 教育战略》，该报告制定了 STEM 课程的五年战略计划，设立了"为培养 STEM 素养夯实坚实的基础""增强 STEM 教育的多样性、公平性和包容性""为未来 STEM 就业做好准备"三项目标，并针对这些目标提出了"发展和丰富战略伙伴关系""在学科交叉领域吸引学生""培养公民的计算素养""建立透明和问责的管理制度"四个实施路径。在 2017 年 6 月，中国教育科学研究院发布了探索和推进中国 STEM 教育的指导手册——《中国 STEM 教育白皮书》，该手册全面分析了当前中国 STEM 课程的发展现状，提出了"中国 STEM 教育 2029 创新行动计划"，指明了未来 STEM 课程发展的目标指向，如表 1-4 所示。

表 1-4　中美两国对未来 STEM 课程发展提出的行动策略

美国	美国	中国
《STEM 2026：STEM 教育创新愿景》	《制定成功路线：美国的 STEM 教育战略》	《中国 STEM 教育白皮书》
➢ 参与度高且网络化的实践共同体 ➢ 可获取包含特意设计的游戏和风险的学习活动 ➢ 运用跨学科方法解决"重大挑战"的课程体验 ➢ 创新技术支持的灵活且包容的学习空间 ➢ 创新且可操作的学习测量 ➢ 促进多元化且多机遇的社会文化环境	➢ 发展和丰富战略伙伴关系 • 培育将社区团结起来的 STEM 生态系统 • 通过教育工作者-雇主合作伙伴关系增加基于工作的学习和培训 • 融合学习领域的成功实践 ➢ 在学科交叉领域吸引学生 • 推进创新与创业课程 • 让数学变成"磁铁" • 鼓励跨学科学习 ➢ 培养公民的计算素养 • 促进数字素养和网络安全 • 使计算思维成为所有课程的一个组成部分 • 扩展教学和学习的数字平台 ➢ 建立透明和问责的管理制度 • 在 STEM 社区中利用和扩展基于证据的实践 • 报告代表性不足群体的参与率 • 使用通用度量标准来衡量进度 • 使计划绩效和成果公开可用 • 制定联邦实施计划并跟踪进展情况	➢ 促进 STEM 教育政策顶层设计 ➢ 实施 STEM 人才培养畅通计划 ➢ 建设资源融合和师资培养平台 ➢ 建设 STEM 课程标准与评价体系 ➢ 努力打造一体化的 STEM 创新生态系统 ➢ 打造服务经济的教育与人才战略高地 ➢ 推广 STEM 教育成功模式

国家战略规划从顶层设计的角度对未来 STEM 课程的发展进行了整体设想，通过对比中美对 STEM 课程的未来发展规划，可以发现其中共通的发展目标和实施规划。首先，两国均将 STEM 课程融入学校课程当中，提出关于 STEM 课程的设计与实施规划，希望建设 STEM 课程标准与评价体系，为学生提供更加丰富的学习机会和实践体验。其次，两国均充分肯定了 STEM 课程对于创新人才培养的重要性与必要性，提出要增加基础教育与高等教育、企业和社会资源之间的联系，促进人才的全过程、多元化发展①。最后，STEM 课程评价和学习支持也成为两国未来 STEM 课程发展的重点。

① 郑思晨，等. STEM+课程的系统解读——基于本土化实践的探索[M]. 上海：上海教育出版社，2018: 109.

第二节 STEM 课程的相关概念

一、理论支撑

STEM 课程以“从做中学”、建构主义理论与成功智力理论为理论基础，在目标上，突出创新意识、实践能力和综合素养的培养；在内容上，基于学科、面向现实、打破边界；在方式上，注重实践、支持多样、倡导融合，已成为提升学生的综合素质、促进学生全面发展的重要途径。

（一）实用主义哲学与“从做中学”

美国的实用主义思维使得该国从国家层面强烈关注 STEM 课程，认为实施 STEM 课程能够在一定程度上解决其所面临的国家安全和经济安全问题，有助于保持其国际领先地位。著名教育家杜威（J. Dewey）把实用主义哲学与美国课程实际相结合，建立了实用主义教育思想和理论。他认为，经验是有机体和环境相互作用的结果，“一切学习来自经验”，教育即生活，教育即生长，教育即经验改造。他指出，人的知识与行为应该是合一的，反对单纯地以知识为中心的课程，鼓励儿童通过探究活动获得知识和经验[①]。

“从做中学”是杜威所提出的关于教学的核心原则，以经验论哲学观和本能论心理学为依据。在杜威看来，经验包含着行动或尝试和所承受的结果之间的联结，知和行是紧密相连的，没有行就没有知，知从行来，只有从“做”中得来的知识，才是“真知识”。杜威还把“做”看作是人的生物本能活动，他指出人有四种基本的本能：制造、交际、表现和探索。这是与生俱来，无须经过学习、自然学会的。这四种本能产生了人的四种兴趣，这些本能与兴趣是提供学习活动的心理基础的动力，而其中制造的本能与兴趣最为突出。因此，他主张“教学应从学生的经验和活动出发，使学生在游戏和工作中，采用与儿童和青年在校外从事的活动类似的形式”。在该理念的指导下，STEM 课程强调建立课程与实际生活的联系，关注学生对于实践情境知识的学习，注重培养学生的跨学科综合能力、灵活运用知识解决实际问题的能力，鼓励学生的个性化发展。

（二）建构主义理论

建构主义是认知主义心理学理论之一，也是影响美国教育的重要课程理论之一。建构主义理论的中心思想可以概括为：以学生为中心，强调学生对知识的主动探索、主动发现和对所学知识意义的主动建构。建构主义提出的教学原则包括：使学习任务能有效地适应世界；教学目标要融于学生开展有效活动的学习环境；在学习环境中产生真实的探究任务并进行生活化实践；教师要给学生解决问题的自主权；鼓励学生在社会背景中

---

① 祝智庭, 雷云鹤. STEM 教育的国策分析与实践模式[J]. 电化教育研究, 2018, 39(1): 75-85.

检测自己的观点；支持学生对所学的内容与学习过程的反思并成为独立的学习者[①]。正是受建构主义课程理论的影响，STEM 课程强调与学生已有的知识和经验相联系，通过引导学生在真实情境中进行自主探究与主动反馈，完成对于 STEM 知识的意义建构，并建立起整体的认知结构。

（三）成功智力理论

成功智力由斯滕伯格（R. J. Sternberg）[②]提出，他认为成功智力是用以达成人生主要目标的智力，是为了达到个人、群体的文化目标而去适应、选择和塑造环境的能力，主要包括分析性智力、创造性智力和实践性智力[③]。

（1）分析性智力是指对问题的定义、分辨、解决以及评估的能力。分析性智力有助于个体定义问题、分辨问题、制定解决策略、选择最优方案、评估问题解决过程。

（2）创造性智力是指通过想象、假设、构思、创造和发明来创造性地解决问题的能力。创造性智力有助于个体在面对新任务、新情境时运用综合性的思维产生新的观念。

（3）实践性智力是指运用学得的知识经验将抽象思想转化为实际成果的能力。实践性智力有助于个体将思想以一种行之有效的方式付诸实践。

斯滕伯格指出，成功智力是由分析性智力、创造性智力与实践性智力共同组成的整体，三者相互关联、相互协作、缺一不可。以个体的问题解决为主线，个体需要运用分析性智力来解决问题和判定思维成果的质量，运用创造性智力来帮助个体从一开始就形成好的问题和想法，最后通过实践性智力将思想及分析结果加以实施[④]。

传统的分科教学在某种程度上将知识人为地割裂开来，仅仅注重对于学生分析性智力的培养，而影响了学生成功智力的发展。STEM 课程作为培养学生创造性智力和实践性智力的有效途径，能够在一定程度上弥补分科课程存在的不足，促使学生融合不同学科的观念去创造性地解决现实问题。

二、课程定义

STEM 课程是将科学、技术、工程和数学四门学科进行有机融合的课程形式，该课程提倡跨学科教育，使用多学科思维和知识解决实际问题。但是 STEM 课程并不是科学、技术、工程和数学四门学科的简单叠加，而是使它们彼此之间进行有效融合，组成一个有机的整体，以解决真实问题为任务驱动，在实践中应用知识、获得知识，培养学生的问题解决能力、复合思维和创新思维[⑤]。

---

① 郑思晨，等. STEM+课程的系统解读——基于本土化实践的探索[M]. 上海：上海教育出版社，2018: 14-16.

② 也可译作“斯腾伯格”。

③ 聂衍刚，彭以松. 斯腾伯格的成功智力理论及其启示[J]. 教育导刊，2007, (1): 13-16.

④ 吴国宏，李其维. 再次超越 IQ——斯腾伯格“成功智力”理论述评[J]. 华东师范大学学报(教育科学版)，1999, (2): 53-61.

⑤ 蔡慧英，顾小清. 设计学习技术支持 STEM 课堂教学的案例分析研究[J]. 电化教育研究，2016, (3): 93-99.

从四门学科的相互关系看，科学、技术、工程与数学之间具有内在关联性①。索恩伯格（D. D.Thornburg）②认为，科学是研究“发现的世界”，科学包含科学方法，需要提出假设并进行验证；工程关乎“造物的世界”，工程包含更灵活的创造和革新方法，这些难以量化和教授。科学与工程相互联系，科学得益于工程，工程应用科学方法，工程师需要应用科学方法来进行工程设计，科学家也需要从创造性见解中获得灵感。同时，两者与技术和数学之间具有动态的、紧密的联系。数学为科学和工程提供了工具基础，科学和工程的进步推动着新的数学方法的发展。例如，医学图像处理、数字水印以及指纹识别等科学技术的发展及成熟，在很大程度上依赖于对分数阶微积分的研究。科学与技术的关系也存在互相影响的联系。例如，哈勃太空望远镜技术极大地推动了人类对于宇宙的科学理解，但是哈勃太空望远镜也是建立在科学基础上的工程设计结果，它提供的新认知不仅促进了科学的发展，也影响着更新、更强大的望远镜工程，如图 1-2 所示①。

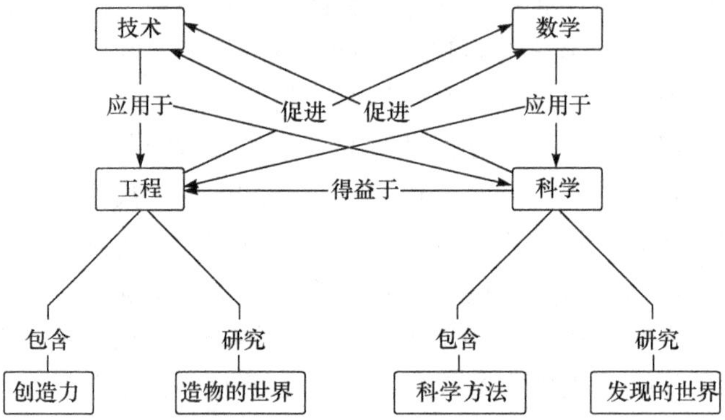

图 1-2　STEM 各要素关系图

三、基本内涵

从学科组成上看，STEM 课程是一种将科学、技术、工程与数学学科进行有机融合的课程形式，蕴含了四门学科的基本特性。其中，科学的本质在于认识世界、解释世界，通过运用科学知识来探究与解答自然界中“是什么”“为什么”的问题；工程和技术是在尊重客观规律的基础上，通过运用工程思维与先进的技术来改造世界，满足未来社会发展的基本需求，系统回答社会实践中“做什么”“如何做”的问题；数学是科学、工程和技术发展的基石③，数学基础原理的进步以及数学应用领域的拓展不断推动着科技的创新与产业的发展。

从课程融合上看，STEM 课程并不是仅仅将科学、技术、工程以及数学知识进行简单的叠加，而是通过课程活动把原本独立、分散的学科自然地融合为一个有机连接的整

---

① 祝智庭，雷云鹤. STEM 教育的国策分析与实践模式[J]. 电化教育研究，2018, 39(1): 75-85.

② Thornburg D D. Why STEM topics are interrelated: the importance of interdisciplinary studies in K-12 education[EB/OL]. http://www.tcse-k12.com/pages/stem.pdf.[2021-09-29].

③ 叶兆宁，杨元魁. 集成式 STEM 教育：破解综合能力培养难题[J]. 人民教育，2015, (17): 62-66.

体。在基础教育阶段，清晰且独立的学科界限使得知识间相互割裂，难以实现知识的迁移及应用，STEM 课程的出现为解决这一问题提供了新的切入点。STEM 课程的本质就是在孤立的学科之间建立起相互联系的桥梁，将多学科知识整合为一个有机联系的整体，帮助学生超越学科间的界限，运用综合性的眼光去看待问题，实现学科间知识的拓展、迁移和深化，最终形成综合性的知识和技能来解决现实世界中的复杂问题。

从学习方式上看，STEM 课程提倡协作学习，鼓励学生合作以共同建构知识。STEM 课程的设计往往依托于具有较强的综合性、复杂性和开放性的实际问题，在面对这些实际问题时，学生需要通过与其他同学、教师或专家进行交流讨论，相互帮助、相互启发，进行群体性的知识建构。STEM 课程的协作性要求 STEM 课程的设计需要包括“协作”和“会话”两要素：让学生以小组为单位，共同搜集和分析学习资料、提出和验证假设、评价学习成果；同时，学习者通过会话商讨如何完成规定的学习任务[①]。

从评价方式上看，STEM 课程代表着一个范式的转换，即从以标准化考试成绩为基础的传统课程哲学，转变为比起学习结果更注重学习过程的现代化模式[②]。STEM 课程关注课程内容与现实世界的联系，注重学生的学习过程而不是体现在试卷上的知识结果，鼓励学生通过不断地试错，尝试多种想法来学会思考，即我们在学习和生活中发现了什么问题？这些问题与我们所学的知识有什么联系？我们需要运用哪些资源、工具、技术手段等来解决问题？我们如何有效地运用及融合这些资源、工具来解决问题？我们为解决问题设计了怎样的方案或产品？对我们设计的方案或产品还有什么设想和改进之处？[③]通过这一系列过程来深化学生对于知识的认识，培养学生的综合素质，提升学生的核心素养。

第三节 STEM 课程的融合理念

一、融合原因

STEM 代表着一种新的思考课程改革的方式，它符合我国当前在基础教育领域全面实施素质教育的课程改革方针。STEM 课程可以有效地加强课程内容与现实世界的联系，打破学科间的壁垒，弥补分科课程中知识应用欠缺的相关环节，并增进学科间的联系，促进学生进行知识的迁移，培养学生解决综合性问题的能力。

（一）加强课程内容与现实世界的联系

STEM 课程融合的目标来源于一种意识，即在现实世界中，问题不会被分离成孤立

---

① 余胜泉，胡翔. STEM 教育理念与跨学科整合模式[J]. 开放教育研究，2015, 21(4): 13-22.

② 刘亚同，汪基德. STEAM 教育对我国基础教育创新能力培养的启示[J]. 数字教育，2017, 3(4): 48-52.

③ 李彦奇. STEM 教育理念下教育技术项目实践的问题与对策研究[D]. 河南大学硕士学位论文，2017.

的学科[①]。STEM 课程的融合使得严谨的学术概念与现实世界中解决问题的经验相结合，建立起 STEM 学科之间的相互联系，为学生提供了在现实世界中体验学习的机会。

分科课程是学校教育性质的必然要求，是由学校教育来源于生产生活又脱离于生产生活的特点所决定的，有助于学生快速、有效地掌握人类积累的科学文化成果[②]。但是，在应试教育环境下，基础教育阶段开始逐渐忽视了知识应用环节，造成课程内容与现实世界脱节，不利于学生综合能力的培养和发展。

STEM 课程的引入解决了分科教育中所存在的现实问题，是对各学科课程知识和能力的综合运用和深化发展，两者相辅相成，相互补充，学生既可以在分科课程中建立起稳固的知识结构，具备解决真实问题的基础，又可以在 STEM 课程中建立起与现实世界的联系，有效地促进了自身的全面发展。

（二）打破学科间壁垒，增进学科间的联系

如今，各学科的纵深发展使得生物医学工程、机器人等新兴的综合性科学技术开始兴起并蓬勃发展。各学科开始借助彼此的学科知识、研究方法来解决实际问题，使得学科间的界限逐渐模糊并走向融合。但是在基础教育领域，清晰且独立的学科界限虽然有助于学生进行学科知识的建构，却并不利于学生知识的迁移，以及解决综合性问题能力的培养。STEM 课程的出现为解决这一问题提供了新的切入点。

美国学者艾布特斯（Abts）使用“元学科”（meta-discipline）来描述 STEM，即认为它是代表科学、技术、工程和数学等学科统整的知识领域，它们存在于真实世界中，彼此不可或缺、互相联系[③]。STEM 课程的本质，其实是在众多孤立的学科中建立一座新的桥梁，为学生提供整体认识世界的机会，通过把多个领域内学科知识和技能的教与学整合到一种教学范例中，使各自独立的学科知识连接成为互相联系的统一整体，消除传统教学中各学科知识割裂、不利于学生综合运用不同学科知识解决实际问题的障碍。

二、融合模式

STEM 课程引发了课程组织形式的重大变革，自其兴起并发展以来，出现了多种 STEM 课程的融合模式。赫希巴奇（D. R. Herschbach）教授提出了分科及重组两种不同的 STEM 课程融合方式，为 STEM 课程的组织提供了指导性的架构。摩尔（T. J. Moore）提出了以内容或情境为融合点的课程模式，为 STEM 活动或 STEM 单元提供了不同的设计取向。

（一）相关课程与广域课程

美国马里兰大学赫希巴奇教授提出两种最基本的 STEM 课程融合模式：相关课程

① Czerniak C M, Weber W B, Jr., Sandmann A, et al. A literature review of science and mathematics integration[J]. School Science and Mathematics, 1999, 99(8): 421-430.

② 田娟，孙振东．跨学科教学的误区及理性回归[J]．中国教育学刊, 2019, (4): 63-67.

③ 转引自余胜泉，胡翔. STEM 教育理念与跨学科整合模式[J]．开放教育研究, 2015, 21(4): 13-22.

（the correlated curriculum）模式和广域课程（the broad fields curriculum）模式。相关课程模式和广域课程模式作为两种最基本的 STEM 课程融合模式，前者保障了学科的独立性，以教学内容之间的协调及规划来增强学科之间的联系；后者则打破原有的学科界限，将不同学科中相关联的内容重新整合以形成新的课程。

1. 相关课程模式

相关课程模式往往是最常见的选择模式，因为它保留了每个学科的独立性，每一个学科均可以作为一个单独的课程进行设计，但是其教学内容的安排需要协调和规划，以增强不同独立学科之间的联系。例如：数学中学习的概念可以通过协调和规划应用于物理或技术教育，但是每个学科领域均保留其各自的特点。这种模式更适合于学校教育，因为它几乎不需要适应已经在运行的独立学科教学，教育管理者、教师和学生都熟悉这种课程模式。

为了达到最有效的融合效果，相关课程模式需要维持不间断、高水平的协调和规划。例如，厘清学生在一门学科中与在其他学科中所学知识之间的关系，相关教师必须保持持续、密切的工作关系，并进行定期和长期的规划和协调。此外，为了与其他相关主题相协调，通常必须放弃或大幅修改学科正式和常规的组织方式。

2. 广域课程模式

广域课程模式是将一组内容相关但不同的学科整合到新的单一的研究领域。由于该课程模式是将来自不同领域的主题组合成新的课程内容，因此各学科将失去其独立性。例如，科学课程可能包括生物学、物理学、化学等单元。该课程模式可以使用单个课程或一系列相关课程进行整合。

这种课程模式需要制定有效的课程组织框架。当来自不同领域的主题被整合到新的课程结构中时，其学科原有的结构将会被打散，这意味着需要找到一种新的方式来进行组织，以便保持原有学科中的一些特征，同时具有清晰的组织框架。实现这个目标最常见的方式是设计相关的活动。课程重点从围绕正式学习领域的组织教学转向关注一系列指导学生综合运用知识的活动，通过活动促使学生在真实情景中学习各学科的知识。

（二）内容融合与情境融合

内容融合与情境融合作为开发 STEM 单元或活动的两种模式，允许教师灵活地运用不同的模式将 STEM 整合到他们的教学活动中[①]。内容融合与情境融合作为两种不同的融合方式，分别以“大概念”（big idea）或真实情境作为融合点来进行 STEM 内容的设计。

---

① Moore T J. Model-eliciting activities: a case-based approach for getting students interested in material science and engineering[J]. Journal of Materials Education, 2008, 30: 295-310.

1. 内容融合

内容融合的重点是将学科中的部分内容合并到单个课程活动或单元，以突出来自多个学科内容的“大概念”，即教师围绕某个涉及多个领域的“大概念”来设计教学活动。例如，在设计风力涡轮机的 STEM 课程中，教师可以通过利用风力涡轮机工具包，来引导学生探索影响涡轮机发电的变量。学生通过考虑影响叶片设计和效率的变量（叶片的数量、形状、间距、重量和长度），来获得对于工程设计的直接经验，并了解各种叶片设计背后的物理学原理。充分理解最优风力涡轮机设计还包括开发和应用与发电有关的物理概念和齿轮系统背后的数学概念。使用内容融合模型的单元允许教师教授多个学科的内容，并帮助学生理解如何使用这些学科来解决某一领域的问题。

2. 情境融合

情境融合主要关注单一学科的内容，教师利用其他领域的现实问题情境来推动核心内容的学习。例如，数学教师可能会选择一个以车辆设计为情境的课程单元，该单元必须考虑车辆轮胎的可靠性，以提高驾驶车辆的安全性。该课程内容将围绕统计学的概念展开，要求学生通过多次迭代实验为公司设计相应的解决方案。

三、融合维度

近年来，STEM 课程逐渐受到各个国家的重视，李春密等通过对各国基础教育阶段 STEM 相关学科课程文件进行内容分析，发现美国、芬兰、韩国、新加坡、英国等国家在融合性课程方面均具有不同的特色和趋势，综合表现为横向整合和纵向整合两个维度[①]。

（一）横向整合

横向整合模式是指跨学科、跨领域的课程整合模式。各国 STEM 相关学科的横向整合模式可分为三种类型：①通过以大概念为核心的跨学科概念体系的建构，来实现理解概念与实践相互促进，如美国、加拿大提出的“共通概念”，它是涉及科学、数学和技术等各个领域的最基本的概念，这些概念超越了学科界限，并且相对稳定，对各种文化观念都是普遍适用的，反映出不同学科的内在一致性，有助于学生建立对所有学科的整体认识。②以主题、课题形式来实现跨学科的实践，如芬兰在《国家基础教育核心课程》中罗列出六个所有高中共有的跨课程主题，又如法国在《法国普通高中物理-化学教学大纲》中提出在高中每个学年以三个主题形式引领并串联教学内容，同时注重数学工具的使用。③通过表现期望实现横向整合，表现期望即学生完成和掌握该阶段的内容后，在具体情境中所能表现出的外显行为。例如，美国《新一代科学教育标准》中的“表现盒子+基础盒子+连接盒子”模式，以连接盒子中其他学科领域的相关内容来保障表现期望

① 李春密，赵芸赫. STEM 相关学科课程整合模式国际比较研究[J]. 比较教育研究，2017, 39(5): 11-18.

的实现。又如，英国和澳大利亚课程标准中的“ICT 标准”，为学生具体应如何结合其他学科技能来实现该标准提供了示例，具有较强的可操作性。以上三种模式都不同程度地为学生掌握跨学科知识和技能提供了平台和途径①。

（二）纵向整合

由于学生的认知能力和经验是随着年龄不断发展的，因此学科内的核心概念和技能应按照一定的规律进阶发展，以层层深入的方式被学生理解和掌握。纵向整合模式就是指适合各阶段学生认知水平，促使学生核心素养随着学习阶段的延伸实现连贯一致发展的模式。从整合形式上来看，各国 STEM 相关学科的纵向整合可以分为两种类型：①通过核心概念和表现期望来进行纵向整合的形式，如美国的《密歇根优异课程高中毕业要求》中要求，从小学到中学统一开设科学课程，在 1—12 年级的学习进程中，学生需通过不断拓展和加深对学科核心概念的理解，来达成课程标准中对各学段同一核心概念的表现期望。②通过学科核心概念和内容要求的形式来进行纵向整合的形式，如英国的《国家高级中学核心课程》中要求，科学课程标准要遵从统一的编排形式，并按照学段（KS1—KS4，相当于我国小学一年级到高中一年级）依次说明，从而形成完整的科学知识体系。同一主题在不同的学段有不同的要求，学生学习的内容在深度和广度上都逐渐增加，呈现纵向整合①。

STEM 课程作为人才培养战略，需要根据未来人才的需求通盘考虑人才的培养，才能真正见到实效。人才的成长是从小到大一以贯之的，需要根据不同的年龄段的身心发展特点，提供最恰当的内容与方式，并且保证人才培养目标的连续性，内容、技能、方法的叠加性。但是，目前我国的 STEM 课程没有形成完整的系统性方案，各学段内容和目标不衔接。在小学科学教育中有 STEM 的内容设计，但是到了初中没有相应的延续课程，到了高中也没有，完全由学校自行开课。由于对 STEM 的理解不同，STEM 课程的实施内容五花八门，没有标准，没有系统。这样凌乱的 STEM 课程内容并不利于人才的系统性培养和叠加效果的产生，因此，我国的 STEM 课程亟须打破学科壁垒、打通学段障碍，从而形成系统性设计②。

四、融合取向

STEM 课程要求四门学科在教学过程中紧密相连，以整合的教学方式使学生掌握概念和技能，并运用技能解决真实世界中的问题。在国内，余胜泉教授从课程的知识属性、社会属性与人本属性三个不同侧面，提出了 STEM 课程的三种融合取向，三者相互联系、相互补充，各有适合的领域与对象，需结合实际情况配合使用③。

---

① 李春密，赵芸赫. STEM 相关学科课程整合模式国际比较研究[J]. 比较教育研究, 2017, 39(5): 11-18.

② 中国教育科学研究院. 中国 STEM 教育白皮书（精华版）[EB/OL]. https://www.ict.edu.cn/uploadfile/2018/0507/20180507033914363.pdf.[2021-04-12].

③ 余胜泉，胡翔. STEM 教育理念与跨学科整合模式[J]. 开放教育研究, 2015, 21(4): 13-22.

（一）学科知识整合取向

学科知识整合取向是指通过分析各学科最基本的学科知识结构，找到不同学科知识点之间的连接点与整合点，将分散的课程知识按跨学科的问题逻辑结构化。将各学科内容改造成以问题为核心的课程组织，通过序列化问题有机串联起各学科知识，使课程要素形成有机联系和有机结构。该取向一般采用基于问题的学习（problem-based learning）模式，通过创设真实的问题情境，引导学生应用多学科的知识来解决问题，并在问题解决的过程中对知识进行社会性、情境性的迁移运用，最终形成解决问题的能力与自主学习的能力。其中，解决问题的目的在于掌握蕴含于问题之中或支持问题解决的知识，问题是多学科知识融合的交叉点与整合点，是触发学生学习与探究的触发器，是创新学习的载体[①]。

（二）生活经验整合取向

生活经验整合取向注重知识的社会功能，该取向以第三次工业革命为代表的知识经济社会所必需的知识与技能为核心，整合多学科知识，然后以项目设计与实施为载体，将学术性的学科知识转化为可解决实际问题的生活性知识。生活经验整合取向的 STEM 课程一般从儿童适应社会的角度，或是从改造和完善现有社会的角度来选择项目进行结构化设计，让学生通过体验和完成项目，学习其中所蕴含的多学科知识与技能。这种课程整合方式强调将多学科知识融合到真实的社会性项目中，在项目活动中寻找各学科知识的整合点，并在项目实施的过程中培养学生的实践能力与社会问题解决能力[①]。

（三）学习者中心整合取向

学习者中心整合取向通过学习者个体或小组调查来发现问题，不仅强调培养学生的问题解决能力，还强调培养学生的问题发现能力，是一种依靠学习者需求，以学习者生活经验为基础寻找各学科整合点的课程设计取向。该取向以人本主义思想为设计理念，强调创设学生可以主动介入、研究与发现的丰富的课程环境，让学生在蕴含丰富 STEM 知识的环境中进行交互、探究与发现，在建构性的环境设计中寻找蕴含 STEM 知识的整合点[①]。

无论采取哪种取向对 STEM 课程进行跨学科整合都需要将分学科知识按问题逻辑或项目逻辑进行跨学科重组，并确保设计的问题或项目全面、均衡地覆盖所涉及的学科基本知识。在学科知识的系统性与解决实际问题或项目中所获知识的随机性之间保持一定的张力和平衡，基于整体的学科知识结构设计问题，使各问题之间包含的学习议题（如专业概念、原理等）多次地相互联结和交叉重叠[①]。

---

① 余胜泉，胡翔. STEM 教育理念与跨学科整合模式[J]. 开放教育研究, 2015, 21(4): 13-22.

第四节 STEM 课程与中国当代课程观之间的联系

一、中国当代的课程观

课程作为教育思想、教育目标和教育内容的主要载体，在我国教育改革中处于重要地位。课程是什么，一直是课程研究关注的核心议题。国内外关于课程的定义，从广义到狭义、从词语本义到引申义、从要素到功能、从课程设计者到实施者和受施者、从静态到动态、从过程到结果、从设计到评价多达 50 余种，课程定义的多样性，反映了课程观的多样性①。课程观代表着对于课程的基本看法，系统反映了课程的本质、价值、要素与结构等基本问题，支配着课程设计和课程实施，影响着学生的发展②。

（一）课程定义及课程观取向

1. 课程定义及其在我国的演进历程

不同的课程概念往往隐含不同的课程价值取向，并导致不同的课程存在形态。更为重要的是，不同的课程观往往隐含着不同的课程思维方式，它直接或间接地影响人们对那些重要的实质性课程问题（如课程的设计、实施与评价等）的思考和解答③。深入研究“课程是什么”的问题，有助于进一步揭示课程的本质，从而满足课程实践和课程理论发展的需要④。

从横向对课程定义进行归纳，可将课程定义分为七类：描述性理解；课程即教学科目；课程即有计划的教学活动；课程即预期的学习结果；课程即学习经验；课程即社会文化的再生产；课程即社会改造⑤。

1）描述性理解

根据课程研究领域阐释专门术语的方式，对具体存在的课程进行描述归纳⑥。例如，课程可以理解为为了实现各级学校的教育目标而规定的教学科目及其目的、内容、范围、分量和进程的总和⑦。

2）课程即教学科目

将课程等同于教学科目。该观点由来已久，例如我国古代的“六艺”以及欧洲中世纪的“七艺”，都代表着这一观点。除此以外，在早期，我国教育部所颁布的《全日制十年制中小学教学计划试行草案》中，也提出了“课程是教学科目”的思想，并就此确立

---

① 郭元祥. 课程观的转向[J]. 课程·教材·教法, 2001, (6): 11-16.

② 余胜泉, 胡翔. STEM 教育理念与跨学科整合模式[J]. 开放教育研究, 2015, 21(4): 13-22.

③ 夏正江. 论课程观的转型及其对新课改的影响[J]. 课程·教材·教法, 2005, (3): 8-14.

④ 黄甫全. 课程本质新探[J]. 教育理论与实践, 1996, (1): 21-25.

⑤ 施良方. 课程理论——课程的基础、原理与问题[M]. 北京: 教育科学出版社, 1996: 3-7.

⑥ 黄甫全, 吴建明. 课程与教学论[M]. 北京: 中国人民大学出版社, 2019: 4-6.

⑦ 陈侠. 课程论[M]. 北京: 人民教育出版社, 1989: 13.

了课程设置的分科模式。自此之后，将课程视为教学科目的观点成为我国较长一段时期内的主流思想。但是该观点具有以下几点问题[①]：①只关注知识的教授，尤其是只关注学生对知识的掌握情况[②]，而忽视学生其他方面的发展，或者说无法满足学生多方面发展的需要[③]；②将学生学习的对象范围、形式范围、空间范围严重窄化[④]；③将（原本统一于）课程的“内容”与“过程”人为地割裂开[⑤]；④使“课程”这个一般概念无法涵盖“活动课程”和“隐性课程”。

3）课程即有计划的教学活动

这种观点从 20 世纪 50 年代开始备受重视，它超越了以往观念中单一对象规定性的课程本质，而将课程定义为一种实际上包含了教学范围、序列和进程安排的一种教学计划。例如，课程应该是一套教学内容和教学方法的建议和说明[⑥]，但是该观点具有以下几点问题[⑦]：①这种课程定义或课程本质观，为了强调课程的计划性，而置课程的（其他属性）“动态性”、“生成性”以及“难以（完全）预测性”于不顾，将“课程”等同于“计划”，使学生丧失了其（本应拥有的）在课程中的主体地位[⑧]；②对“活动”的关注“必然”导致对“目的”的忽视[⑨]，而无论是“活动”还是“目的”，都是不可或缺的“课程的组成部分”[⑩]；③某些“课程概念”以堆积的方式，把“活动”纳入课程中，这样一来，“课程结构中就融入了两类性质完全不同的对象”，这势必会造成课程本质限定的“两难境地”，“把活动纳入课程的组成部分，混淆了课程与其途径的关系”[⑪]。

4）课程即预期的学习结果

这一观点，将定义的关注点从手段转变为预期的学习结果或目标，这就要求课程实现需要制定一套有结构、有序列的学习目标，所有教学活动都是为了达到这些目标服

① 宋国才. 中国课程概念研究四十年: 回顾与展望[J]. 湖南师范大学教育科学学报, 2018, 17(6): 17-23.

② 从立新. 知识、经验、活动与课程的本质[J]. 北京师范大学学报（社会科学版）, 1998, (4): 25-30.

③ 施良方. 课程定义辨析[J]. 教育评论, 1994, (3): 44-47; 赵文平. 论课程作为教育过程中生成的文化事件——基于复杂科学理论的审视[J]. 当代教育科学, 2012, (5): 18-21.

④ 施良方. 课程定义辨析[J]. 教育评论, 1994, (3): 44-47; 靳玉乐. 课程定义的批判分析[J]. 焦作教育学院学报（综合版）, 2001, (1): 4-9; 赵文平. 论课程作为教育过程中生成的文化事件——基于复杂科学理论的审视[J]. 当代教育科学, 2012, (5): 18-21.

⑤ 赵文平. 论课程作为教育过程中生成的文化事件——基于复杂科学理论的审视[J]. 当代教育科学, 2012, (5): 18-21.

⑥ Stenhouse L. An Introduction to Curriculum Research and Development[M]. London: Heinemann, 1975: 161.

⑦ 从立新. 知识、经验、活动与课程的本质[J]. 北京师范大学学报(社会科学版),1998, (4): 25-30.

⑧ 宋国才. 中国课程概念研究四十年: 回顾与展望[J]. 湖南师范大学教育科学学报, 2018, 17(6): 17-23; 赵文平. 论课程作为教育过程中生成的文化事件——基于复杂科学理论的审视[J]. 当代教育科学, 2012, (5): 18-21.

⑨ 施良方. 课程定义辨析[J]. 教育评论, 1994, (3): 44-47.

⑩ 赵文平. 论课程作为教育过程中生成的文化事件——基于复杂科学理论的审视[J]. 当代教育科学, 2012, (5): 18-21.

⑪ 郝德永. 关于课程本质内涵的探讨[J]. 课程・教材・教法, 1997, (8): 5-10.

务的[①]。例如，课程是一种预期教育结果的重新结构化序列[②]，但是该观点具有以下几点问题[③]：①实际的“结果”是无法完全预期的[④]。强调“预期的结果”，就会忽视那些“非预期的结果”[⑤]。②强调其普遍适用性，就无法照顾到个体差异，难以满足个性化发展的需要[⑥]。③强调对目标的关注，必然会忽视那些（亦应被“课程”关注到的）校园环境、师生互动因素等[⑦]。④若课程是预期的学习结果或目标，那么课程目标该如何定义？[⑧]

5）课程即学习经验

20 世纪初，杜威根据实用主义教育论，反对将课程作为预先决定的学科知识体系这类观点，认为手段和目的是一个连续体，是一个过程中两个不可分割的部分。他认为经验是学生在对所从事的学习活动的思考中形成的，课程是指学生体验到的意义，而不是学生在课堂上复述的事实或演示的行为，把课程定义为学习经验，是试图把握学生实际学到了什么，将课程的重点从教材转向个人。但是该观点具有以下几点问题[⑨]：①就个体而言，其“经验”是无法（完全）计划的；就“群体”而言，计划的“经验”是难以适合于每一个人的。计划的预设性与经验的生成性、共性的要求与个性的需要之间的矛盾，在课程的“经验本质观”中（似乎）难以化解[⑩]。②如果认为“课程即学生获得的经验”的话，那么“课程”就变成了一种“教育结果”。确切地说，“课程实施后的结果”成了“课程”，这必然会带来“极大的逻辑混乱”[⑪]。③“课程即学习经验”这种课程本质观，“容易忽视系统知识的学习和掌握”，“容易抹煞教师的主导作用”[⑫]。

---

① 黄甫全, 吴建明. 课程与教学论[M]. 北京: 中国人民大学出版社, 2019: 4-6.

② 黄甫全. 学习化课程刍论: 文化哲学的观点[J]. 北京大学教育评论, 2003, (4): 90-94, 99.

③ 宋国才. 中国课程概念研究四十年: 回顾与展望[J]. 湖南师范大学教育科学学报, 2018, 17(6): 17-23.

④ 施良方. 课程定义辨析[J]. 教育评论, 1994, (3): 44-47; 郝德永. 关于课程本质内涵的探讨[J]. 课程・教材・教法, 1997, (8): 5-10; 靳玉乐. 课程定义的批判分析[J]. 焦作教育学院学报（综合版）, 2001, (1): 4-9; 任长松. 关于“课程”的概念[J]. 山东教育科研, 1995, (Z1): 47-49, 58; 黄甫全. 课程本质新探[J]. 教育理论与实践, 1996, (1): 21-25; 郑三元, 庞丽娟. 论课程的本质[J]. 教育研究与实验, 1999, (4): 22-25.

⑤ 郑和. 课程概念的逻辑学分析[J]. 上海教育科研, 2004, (12): 28-30.

⑥ 施良方. 课程定义辨析[J]. 教育评论, 1994, (3): 44-47; 靳玉乐. 课程定义的批判分析[J]. 焦作教育学院学报（综合版）, 2001, (1): 4-9; 赵文平. 论课程作为教育过程中生成的文化事件——基于复杂科学理论的审视[J]. 当代教育科学, 2012, (5): 18-21.

⑦ 靳玉乐. 课程定义的批判分析[J]. 焦作教育学院学报(综合版), 2001, (1): 4-9.

⑧ 郝德永. 关于课程本质内涵的探讨[J]. 课程・教材・教法, 1997, (8): 5-10.

⑨ 宋国才. 中国课程概念研究四十年: 回顾与展望[J]. 湖南师范大学教育科学学报, 2018, 17(6): 17-23.

⑩ 施良方. 课程定义辨析[J]. 教育评论, 1994, (3): 44-47; 陈佑清. 课程即发展资源——对课程本质理解的一个新视角[J]. 课程・教材・教法, 2003, (11): 10-14.

⑪ 郝德永. 关于课程本质内涵的探讨[J]. 课程・教材・教法, 1997, (8): 5-10.

⑫ 赵文平. 论课程作为教育过程中生成的文化事件——基于复杂科学理论的审视[J]. 当代教育科学, 2012, (5): 8-21.

6）课程即社会文化的再生产

一些学者认为，任何社会文化中的课程实际上都是（而且也应该是）这种社会文化的反应，这种观点将课程的重点由教材、学生转向社会[①]，认为课程是一种文化现象，并从在文化中产生、发展的现象和规律出发揭示课程的内涵。这种观点忽视了课程作为一种文化现象的特殊性，以及文化本身的复杂性，特别是人类在价值观和意识形态等方面的巨大差异。

7）课程即社会改造

这种观点认为课程不是要使学生适应或顺从社会文化，而是要帮助学生摆脱现存社会制度的束缚，课程的重点应当放置于当代社会的问题、社会的主要弊端、学生关心的社会现象等方面，要让学生通过社会参与，形成社会规划和社会行动能力[②]。

从课程实施的纵向层面分析，又可将课程分为五类：①理想课程（ideological curriculum），即指由一些研究机构、学术团体和课程专家提出的应该开设的课程；②正式课程（formal curriculum），即指由教育行政部门规定的课程计划、课程标准和教材，也就是列入学校课程表中的课程；③感知课程（perceived curriculum），即指任课教师所感觉到的课程；④运作课程（operational curriculum），即指在课堂上实际实施的课程；⑤体验课程（experiential curriculum），即指学生实际体验到的东西[③]。

在我国改革开放四十多年来的课程改革过程中，关于课程概念研究的演进历程主要可以分为以下三个阶段[④]。

（1）第一阶段是1978—1993年，该时期主要是对国外代表性的课程概念进行系统的翻译。有关课程概念的问题主要是围绕学科展开，在教育实践领域，课程概念是清晰且明确的。对于教育管理者，课程是一个蓝图，即计划或方案；对于教育工作者，课程是一个学科知识或内容体系。而此时，通过对国外概念的译介，学者们发现课程概念在国外处于一种众说纷纭、莫衷一是的状态[⑤]。

（2）第二阶段是1994—2002年，该时期主要是对代表性定义的系统批判和本土课程概念的自觉建构。有关课程概念的问题在立足学科的同时，表现出一定程度上的实践关怀。且这一阶段，课程逐渐摆脱依附于教学的状态，课程与教学的关系成为新的研究热点。一直以来被接受的课程“计划本质观”“内容本质观”，也被“经验本质观”所冲击。

（3）第三个阶段是2003年至今，该时期以基于多元视角的课程理解为主要特征。该阶段课程概念研究主要围绕实践，或是回应实践，或是解释实践，或是引领实践等。学

---

① 黄甫全，吴建明. 课程与教学论[M]. 北京：中国人民大学出版社，2019: 6.

② 赵枫. 我国大学课程改革研究综述[J]. 中北大学学报(社会科学版), 2008, (1): 81-84, 89.

③ Goodlad J. Curriculum Inquiry: The Study of Curriculum Practice[M]. New York: McGraw-Hill Book Company, 1979: 60-64.

④ 宋国才. 中国课程概念研究四十年：回顾与展望[J]. 湖南师范大学教育科学学报, 2018, 17(6): 17-23.

⑤ 陈侠. 课程研究引论[J]. 课程・教材・教法, 1981, (3): 7-12.

者们从某个理论或某个视角出发，阐述自己对课程的认识，从而增进人们对于课程的认识，也使得人们接受了对于课程的多元理解或多元本质观。但是，随着各种课程概念纷至沓来，除了形成了理论上的繁荣，也造成了教育工作者观念和行动的混乱。

2. 课程观的基本取向

在不同的时期，人们对于课程的不同认识会导致课程观的改变，而不同的课程观会直接或间接地影响人们实施课程的方式，郭元祥教授通过对以下三种基本的课程观的考察，系统地梳理了课程观的历史演进过程①。

1）知识或学术理性主义课程观

这种课程观把课程视为“学科”，或者把课程视为“知识”，认为课程的价值在于为学生的未来生活提供充足的理性准备。尽管学术理性主义课程观的表现形式多样，但其基本点依然是相同的，即课程是为儿童未来的成人生活做准备的一种手段，或者提供具体有用的知识，或者提供理性能力。知识或学术理性主义课程观在演变过程中表现出两种不同的取向：一是生活预备取向，二是理性主义取向。夸美纽斯（J. A. Comenius）认为“教育是生活的预备”，进而提出实施“泛智主义”的学科课程。斯宾塞（H. Spencer）则把“生活预备”的知识中心课程推向了极端。20 世纪 50 年代后的学科课程的设计与实施也同样受到“生活预备”的课程价值观的支配，以布鲁纳（J. S. Bruner）为代表的“认知发展”课程理论所强调的课程，实质隐含着这样一种课程观，即学校教育的目的在于给学生提供一整套适用于各种情境的基本的认知技能。而理性主义取向课程的价值原则是理性原则，它主张在获得知识的过程中发展心智，其总目的是发展心智，着重于认知的培养，避免专门化，所选择的知识不是为了未来生活的具体知识，而是去追求一种促进学生心智永恒发展的终极价值。

我国早期的基础教育课程呈现出比较明显的知识中心的理性主义倾向。在课程理论上，固守“课程即学科”或“课程即教学科目的总和”的观念；在课程价值上，把知识的重要性推向极致；在课程实践上，知识的标准化、统一化支配着课程设计、课程实施。

2）经验或自我实现课程观

这种课程观视课程为经验，认为课程是促进儿童自我实现的手段，强调活动在课程学习中的重要性。这种课程观从人的本性出发，强调以人的内在天性为中心来组织课程。卢梭的自然教育是这种课程观的直接思想来源。卢梭主张儿童通过经验去学习，通过活动去学习，反对死读书。这成为后来活动课程的雏形。此后，18 世纪末 19 世纪初，裴斯泰洛齐（J. H. Pestalozzi）在初等教育方面进行了长达 25 年的教育改革试验后，提出“教育的自然适应性”的命题。近代，福禄贝尔（F. W. A. Froebel）的经验课程观念产生了较大的影响。他的课程观念可以概括为三个方面：其一，教育是儿童的生长过程，这种生长过程必须遵循自然发展的普遍法则，通过活动而生长。由于教育就是儿童生活的过程，因而教育就应当以儿童的经验和活动为基础。其二，他强调教育即生活，教育不是儿童生活的预备，因而教育应满足儿童的天性及其自然规律。其三，重视儿童的“自动活动”，

---

① 郭元祥. 课程观的转向[J]. 课程·教材·教法, 2001, (6): 11-16.

主张“教育以儿童的活动为基础，以儿童的自动活动为评价标准，使教育与生活、认知、行动、能力与意志品质的发展协调一致”。真正使得经验课程观从理论到实践确立起来的是杜威，杜威认为“经验”具有生长的价值，“经验的不断改造或改组”就是教育，就是儿童实现的过程。杜威的经验课程观排斥知识对儿童生长的实用价值，反对把知识直接教给学生。他认为“经验”比知识对儿童的生长意义更大。经验课程观强调儿童在课程中的中心地位，注重经验和活动对儿童生长与发展的价值。

与经验课程观类似的是存在主义的课程观。存在主义在课程上同样反对为学生规定固定不变的课程，认为课程的根本价值在于为学生提供促进他们自我实现的手段。存在主义教育主张确定课程的依据不是客观的知识本身，而是学生的主观性，是学生个人自我实现的需要。为了促进学生的自我实现，存在主义教育者强调以“人格世界”为重点的课程。从重视知识和理性发展，到重视儿童的存在、儿童的经验和活动的价值，以及强调课程作为儿童自我实现的中介和手段，这无疑是课程观的一种进步。

3）生活经验重构或批判课程观

生活经验重构或批判课程观是建立在现象学、解释学和批判理论基础之上的。生活经验重构课程观认为课程是学生的“生活经验”，是个体“履历经验”的重组，是学生生活世界独有的东西，主张不要从设计、教材、学程等角度来谈论课程，而要从儿童过去经验和未来精神解放的角度来讨论课程。要获得个体的自由和解放，学校课程绝对不能局限于系统化的书本知识，课程应当是文化与自我生活履历的中介。实际的课程往往缺乏真实的体验，真实的体验又往往被概念化的东西所掩盖，课程不能反映儿童和群体的生活经历，我们没能把生活世界的东西提供出来让儿童去理解和体验。同时，课程还是一种文化产物，课程传递着文化，同时又被文化修正。

批判课程理论以整体哲学观为基础，反对把课程作为纯粹的知识问题来探讨，主张把课程纳入到整个社会意识形态领域来探讨。批判课程理论强调学生是课程的主体，主张教师和学生具有创造课程的能力，具有对课程的批判意识。

（二）以“大课程”观推动基础教育课程改革

过去往往将课程等同于教学科目。1978年，教育部颁布的《全日制十年制中小学教学计划试行草案》提出“课程是教学科目”的思想，确立了课程设置的分科模式。以此文件为基础，将课程视为教学科目的观点一直占据主导地位。这一观点强化了课程的学科性和知识性，但也造成了学科间的壁垒，使得课程逐渐脱离于生活，不利于学生的全面发展，使得知识的标准化、统一化主导着课程的设计和实施。20世纪80年代中期，在教育部颁布的一系列文件中，开始强调活动对于学生全面发展的重要意义，提出“活动与课堂教学互相促进，相辅相成”等一系列观点。1992年，国家教育委员会（今国家教委）颁布的《九年义务教育全日制小学、初级中学课程计划（试行）》明确提出“课程包括学科、活动两部分”，学科“以分科课为主，适当设置综合课”，“活动在实施全面发展教育中同学科相辅相成。学校在教育、教学工作中，要充分发挥学科和活动的整体功能”，活动类课程的加入促使我国传统的以分科课程为主的课程观念开始转变。1994年，国家教委基础教育司在《人民教育》发表《更新课程观 搞好活动课》一文，文章中指出通过举办“多种多样内容丰富的活动，使学生受到政治、思想、道德教育，扩大视野，增长才干，培养志趣和特长，有利于他们生动活泼地、主动地发展，成为具有健康个性的人”；由“学科”和“活动”组成的课程体系“对我国传统的课程观是一个突破，也是中小学课程改革的一个重要发展”①。

随着 20 世纪末素质教育的提出，我国开始意识到要构建与素质教育理念相契合的课程体系就必须改变传统的、局限的、分离的课程观念，建立起崭新的“大课程”观。传统上，课程被认为是脱离于学校或课堂之外的为教学制定的计划文件。大课程观则打破了一直以来“课程是教学科目”这一观点，而是倾向于“课程包含教学”的观念，黄甫全教授通过探析大课程观，提出了以下观点②。

（1）课程本质上是一种教育进程，课程作为教育进程包含了教学过程。教学只不过是课程实施的途径，并且是微观的、具体的途径，大课程观视野下的教学就是能够实现课程目标的教学。课程是处于实践状态的、无法分解的、整体的“教育活动”，课程实质上是实践形态的教育，课程改革就是全面的实践形态的教育改革。

（2）课程的属性和类型是多方面的，包含了学科课程与活动课程、显在课程与隐蔽课程，也包含了课堂教学与课外教学、模仿教学与陶冶教学。以往的学科课程，只重视讲授和模仿方式的课程教学，将课程限制在一个狭小的空间范围内。随着课程改革和教学改革的不断深化，这种观念限制已被突破。活动课程实施已列入中小学课程计划，同时学校也开始重视通过校园文化耳濡目染、潜移默化地培养学生思想品德等方面的陶冶形式。

（3）课程系统包含历时态课程要素和共时态课程要素。历时态课程要素是构成作为一个时间动态系统的课程研制过程的基本单元或基本因素。根据已有的研究成果，历时态课程要素可以概括为“关于个体和社会的理论”、“教育宗旨和目标”、“教育内容”、“活动样式”、“效果”和“评价”。而共时态课程要素是构成作为一种空间立体结构的课程系统的基本单元或基本因素。课程作为在教育情境中真实发生的活动和过程，由课程研制者、课程学习者和课程内容组成，其中课程学习者发挥着至关重要的作用。

（4）课程由物化构成和决策层次构成组成。在物化构成上，大课程论超越了课程就是教材的观念，扩大为课程材料包括课程原理、课程计划、课程标准、课本、教学指南、教师指导、补充材料、课程包（多媒体课件）等。而课程的决策层次构成，是指由处于不同权力层面的主体进行决策而确定的课程所形成的层次结构，一般分为国家课程、地方课程和学校课程三个层次。

（5）教师是课程的研制者，具有至关重要的作用。课程的研制者包括有关的课程行政工作者和决策者以及课程、教材编制者。然而教师活动贯穿了整个课程研制过程，教师直接或间接地参与了课程规划、课程实施和课程评价阶段。课程研制者和教师是课程规划、教学活动和评价活动的主体，构建了包含教学的大课程实践的主体机制。

① 国家教委基础教育司. 更新课程观 搞好活动课[J]. 人民教育, 1994, (Z1): 25.
② 黄甫全. 大课程论初探——兼论课程(论)与教学(论)的关系[J]. 课程・教材・教法, 2000, (5): 1-7.

（6）大课程观的核心理念，是辩证整合的教育价值观念，实现这一理念的方法是整合课程形态。过去，课程研制者代表着社会，因此课程强调的是教育的社会价值，而忽略了学生本体，即教育的本体性发展价值。在“课程是教学科目”的思想中，教育的社会价值和本体价值是割裂的，而大课程观追求的是课程包含教学，立意实现教育的社会价值与本体价值、教育的各种社会价值和本体价值之间的整合。

课程观影响着对于教育思想、教育目标和教育内容的理解和制定。随着大课程观的影响，以及对于课程内涵和外延的认知逐渐深入，课程对推进素质教育的重要性日益凸显，建立新的基础教育课程体系成为深入推进素质教育的重要内容。我国逐渐形成以课程改革为核心，进而推动整个基础教育体系变革的教育发展路径。

（三）以人为本的课程观深化基础教育课程改革

课程观念的变革、课程资源的重组以及课程权利的重新分配，是世界各国历经基础教育课程改革的共同规律，尽管知识、社会、人是制约课程的三个基本要素，但其核心是人，知识和社会要素脱离了人，脱离了人的生存状态和人的生活，也就是失去了对课程的意义[①]。

课程观的演进是沿着向人回归的道路展开的[①]。自2001年发布《基础教育课程改革纲要（试行）》以来，我国基础教育的课程范式开始了向“素质教育”的转型，此后我国所发布的关于基础教育的政策文件中，以人为本的理念越发凸显。核心素养作为课程改革“再出发”的突破口，将“人是目的”的人本教育理念贯彻到底，彰显了课程的人文性[②]，这已经成为深化我国课程改革的顶层理念。核心素养指向人的培养规格，在一定程度上延续了对素质教育的思考，是对“培养什么样的人”这一问题的时代回答[③]。这一回答不仅仅是面向未来理想生活的一种筹划，同时也会影响到课程改革的进程，因此“核心素养既是课程目标，又是一种新的课程观”[④]。

核心素养作为一种新的课程观，是对知识课程观、学科课程观、结构课程观的突破，重新将人拉回到课程的中心位置。在以往的课程理解中，课程等同于知识、学科、知识结构，正是这种固定的思维使得在教育过程中注重了“知识人”的培养，而忽视了“文化人”的养成。核心素养课程观的提出，正是为了培养新时代的“文化人”，这种文化不仅仅是传统意义上的人文文化，同时也包括科学意义上的文化[④]。

对于核心素养课程观，在课程目的上，强调对未来生活的准备，主张人的发展需要与社会发展相适应；在课程内容上，重视知识、技能、价值的整合，发挥其整体效果；在知识理解上，反对课程知识的分裂化与碎片化，强调知识的网络化、结构化、整体化，主张通过整合来强化学科内的知识联系以形成学科核心素养，同时打破学科间的壁垒，进行跨领域、跨学科的整合；在课程实施上，重视教学情境创新与知识传授相结合，提

---

① 郭元祥. 课程观的转向[J]. 课程・教材・教法, 2001, (6): 11-16.

② 黄英杰. 论当代课程观及教学方法的基本性质[J]. 课程・教材・教法, 2018, 38(11): 79-83, 138.

③ 张金运. 论核心素养课程观: 意义、限度与生成[J]. 当代教育科学, 2017, (3): 32-36.

④ 张华. 论核心素养的内涵[J]. 全球教育展望, 2016, 45(4): 10-24.

升学生的迁移力，真正实现“为理解而教”；在课程评价上，主张过程性评价与表现性评价相结合，注重学生在真实情境的表现[①]。从总体上来看，核心素养课程观是一种基于信息社会的需要而提出的课程构想，体现了课程改革从知识本位到能力本位的一个重要突破[①]。

“核心素养课程观”作为我国当前深化基础教育课程改革的重要理念之一，引领着我国课程发展的方向，有望在一定程度上解决长期困扰着课程领域的众多问题。多年来，我国的基础教育存在“学科等级化”“分科与整合课程对立”等问题。学术课程备受重视，而非学术课程则被边缘化和弱化，造成了人才培养的现实困境以及专业技术人才的缺口。当前课程发展的立场从学科内容走向核心素养，课程的逻辑起点是人的素养，课程设计、教学与评价都围绕服务人的核心素养的养成而展开，学科内容不再作为课程目标，而是培育核心素养的载体或手段，学科的壁垒有可能被打破，学科的等级也有望被铲平[②]。基于核心素养的课程观念可以在一定程度上消解学科间的等级化现象，让人们清楚地认识到学科或学习领域本身并无优劣、等级之分，只有承担核心素养培育的不同角色或发挥不同功能之别[①]。除此之外，核心素养课程观还可以有效地消解分科课程与整合课程的对立。分科课程与整合课程之间的对立源于课程逻辑起点的不同，分科课程的逻辑起点是学科知识，即根据学科知识体系来组织课程内容；整合课程则是基于儿童认知发展水平或社会对儿童发展的要求所选择的问题、主题来组织课程内容，它会以跨学科课程或超学科课程的形态出现[①]。当前，将核心素养作为课程发展的逻辑起点，依据核心素养框架组织经验，并进行评估。此时分科与整合将仅仅成为培育核心素养的手段，课程选择的重点变成哪一种课程组织方式更有利于核心素养的达成，从根本上消解了分科与整合课程的对立[①]。

二、中国课程改革理念

自 1985 年《中共中央关于教育体制改革的决定》中提出“教育体制改革的根本目的是提高民族素质，多出人才、出好人才”，我国关于素质教育的教育理念逐渐形成并发展。坚持以人为本、全面实施素质教育成为教育改革发展的战略主题，成为贯彻党的教育方针的时代要求。素质教育的核心在于解决好培养什么人、怎样培养人的重大问题，重点在于面向全体学生、促进学生全面发展，着力提高学生服务国家、服务人民的社会责任感，以及勇于探索的创新精神和善于解决问题的实践能力。素质教育理念贯穿了我国基础教育课程改革的全过程，并不断得到深化拓展，逐渐形成以培养“核心素养”为核心的课程体系及评价体系。

（一）素质教育是课程改革的目标与方向

1999 年，中共中央、国务院颁发《关于深化教育改革全面推进素质教育的决定》，并在该文件中清晰地阐述了我国需要施行素质教育的背景缘由。

---

① 张金运. 论核心素养课程观：意义、限度与生成[J]. 当代教育科学，2017, (3): 32-36.

② 崔允漷，邵朝友. 试论核心素养的课程意义[J]. 全球教育展望，2017, 46(10): 24-33.

首先，国民素质的提高对提升我国的综合国力起到基础性的作用。“当今世界，科学技术突飞猛进，知识经济已见端倪，国力竞争日趋激烈。教育在综合国力的形成中处于基础地位，国力的强弱越来越取决于劳动者的素质，取决于各类人才的质量和数量，这对于培养和造就我国二十一世纪的一代新人提出了更加迫切的要求。”

其次，我国的教育现状并不能满足提高国民素质的需要。“我国正处在建立社会主义市场经济体制和实现现代化建设战略目标的关键时期。新中国成立 50 年来特别是改革开放以来，教育事业的改革与发展取得了令人瞩目的巨大成就。但面对新的形势，由于主观和客观等方面的原因，我们的教育观念、教育体制、教育结构、人才培养模式、教育内容和教学方法相对滞后，影响了青少年的全面发展，不能适应提高国民素质的需要。”

同时，该文件还对实施素质教育的内涵及目标进行了叙述，指出：“实施素质教育，就是全面贯彻党的教育方针，以提高国民素质为根本宗旨，以培养学生的创新精神和实践能力为重点，造就‘有理想、有道德、有文化、有纪律’的、德智体美等全面发展的社会主义事业建设者和接班人。”

中国一直以来持续进行课程改革的原因就在于更好地推进素质教育的落实，建立新的基础教育课程体系作为深入推进素质教育的重要内容。在素质教育提出之初，就在一系列政策文件中被反复提出。

1997 年，国家教育委员会颁发《关于当前积极推进中小学实施素质教育的若干意见》，提出关于促进素质教育实施的十大措施，其中明确指出“建立和完善以全面提高学生素质为目标的课程体系，优化教学过程”。

1998 年，教育部颁发《面向 21 世纪教育振兴行动计划》，提出“跨世纪素质教育工程”，指明要“改革课程体系和评价制度，2000 年初步形成现代化基础教育课程框架和课程标准，改革教育内容和教学方法，推行新的评价制度，开展教师培训，启动新课程的实验。争取经过 10 年左右的实验，在全国推行 21 世纪基础教育课程教材体系”。

1999 年，中共中央、国务院颁发的《关于深化教育改革全面推进素质教育的决定》对如何全面推进素质教育进行了系统部署，其中明确指出：“调整和改革课程体系、结构、内容，建立新的基础教育课程体系，试行国家课程、地方课程和学校课程。改变课程过分强调学科体系、脱离时代和社会发展以及学生实际的状况。抓紧建立更新教学内容的机制，加强课程的综合性和实践性，重视实验课教学，培养学生实际操作能力。”

2001 年，国务院颁发的《关于基础教育改革与发展的决定》在“深化教育教学改革，扎实推进素质教育”中提出“加快构建符合素质教育要求的新的基础教育课程体系”。确立了基础教育在社会主义现代化建设中的战略地位，为我国实行新一轮基础教育课程改革奠定了基础。

2001 年，教育部印发的《基础教育课程改革纲要（试行）》中，重点提出基础教育课程改革需要符合素质教育要求的目标：“大力推进基础教育课程改革，调整和改革基础教育的课程体系、结构、内容，构建符合素质教育要求的新的基础教育课程体系。”

2010年，教育部颁发的《关于深化基础教育课程改革，进一步推进素质教育的意见》指出了课程改革对于推动素质教育的意义和价值：“基础教育课程改革促进了先进教育理念的传播，带动了基础教育的整体变革，为全面推进素质教育发挥了重要作用，取得了明显成效。”

（二）素质教育指引下的基础教育课程改革

2001年，《基础教育课程改革纲要（试行）》的发布拉开了改革开放以后规模最大、力度最广、影响最为深远的新一轮基础教育课程改革的序幕，此次改革被认为是新中国成立后第八次课程改革。

《基础教育课程改革纲要（试行）》提出“全面贯彻党的教育方针，全面推进素质教育”的课程改革目标，并为此次基础教育课程改革提出了以下六大具体目标。

（1）改变课程过于注重知识传授的倾向，强调形成积极主动的学习态度，使获得基础知识与基本技能的过程同时成为学会学习和形成正确价值观的过程。

（2）改变课程结构过于强调学科本位、科目过多和缺乏整合的现状，整体设置九年一贯的课程门类和课时比例，设置综合课程，以适应不同地区和学生发展的需求，体现课程结构的均衡性、综合性和选择性。

（3）改变课程内容“繁、难、偏、旧”和过于注重书本知识的现状，加强课程内容与学生生活以及现代社会科技发展的联系，关注学生的学习兴趣和经验，精选终身学习必备的基础知识和技能。

（4）改变课程实施过于强调接受学习、死记硬背、机械训练的现状，倡导学生主动参与、乐于探究、勤于动手，培养学生搜集和处理信息的能力、获取新知识的能力、分析和解决问题的能力，以及交流与合作的能力。

（5）改变课程评价过分强调甄别与选拔的功能，发挥评价促进学生发展，教师提高和改进教学实践的功能。

（6）改变课程管理过于集中的状况，实行国家、地方、学校三级课程管理，增强课程对地方、学校及学生的适应性。

同时，该文件还对国家课程目标的制定提出了一定的要求：“国家课程标准是教材编写、教学、评估和考试命题的依据，是国家管理和评价课程的基础。应体现国家对不同阶段的学生在知识与技能、过程与方法、情感态度与价值观等方面的基本要求，规定各门课程的性质、目标、内容框架，提出教学和评价建议。”并从中提取出“三维目标”（知识与技能、过程与方法、情感态度与价值观），使得我国的课程目标由传统的“双基”（基本知识、基本技能）转换为“三维目标”，即强调“使获得基础知识与基本技能的过程同时成为学会学习和形成正确价值观的过程”。并在2001年教育部所颁发的义务教育阶段各学科课程标准实验稿中，就这三个维度对各学科的课程目标做出了明确的规定，实现在国家课程标准的层次上真正落实素质教育理念，促进学生全面且个性化的发展。

（三）逐渐形成以核心素养培养为核心的课程体系

长期以来，我国中小学课程改革从总体上看仍存在“重智轻德，单纯追求分数和升学率，学生的社会责任感、创新精神和实践能力较为薄弱”等问题，要解决这些问题，关键在于进一步丰富素质教育的内涵。因此，在党的十七大报告中，明确提出“坚持育人为本、德育为先”的教育理念，并在十八大上明确提出：“把立德树人作为教育的根本任务，培养德智体美全面发展的社会主义建设者和接班人。”为深化这一教育理念，教育部于 2014 年发布了《关于全面深化课程改革落实立德树人根本任务的意见》，提出“课程是教育思想、教育目标和教育内容的主要载体，集中体现国家意志和社会主义核心价值观，是学校教育教学活动的基本依据，直接影响人才培养质量”，将课程作为落实立德树人这一根本任务的落脚点，并指出下一阶段在课程目标、学业质量标准、课程方案及标准、教材编撰及修订、学科教育育人功能方面需要着力推进的关键领域及主要改革环节。

1. 研究制订学生发展核心素养体系和学业质量标准

根据学生的成长规律和社会对人才的需求，把对学生德智体美劳全面发展的总体要求和社会主义核心价值观的有关内容具体化、细化，深入回答“培养什么人、怎样培养人”的问题。组织研究提出各学段学生发展核心素养体系，明确学生应具备的适应终身发展和社会发展需要的必备品格和关键能力，突出强调个人修养、社会关爱、家国情怀，更加注重自主发展、合作参与、创新实践。

研究制订中小学各学科学业质量标准和高等学校相关学科专业类教学质量国家标准，根据核心素养体系，明确学生完成不同学段、不同年级、不同学科学习内容后应该达到的程度要求，指导教师准确把握教学的深度和广度，使考试评价更加准确地反映人才培养的要求。各级各类学校要从实际情况和学生特点出发，把核心素养和学业质量要求落实到各学科教学中。

2. 修订课程方案和课程标准

依据学生发展核心素养体系，进一步明确各学段、各学科具体的育人目标和任务，完善高校和中小学课程教学有关标准。要增强整体性，强化各学段、相关学科纵向有效衔接和横向协调配合。教育部将在总体设计的基础上，先行启动普通高中课程修订工作。

3. 编写、修订高校和中小学相关学科教材

教材编写、修订要依据课程标准和教学大纲等要求，加强各学段教材上下衔接、横向配合。

4. 改进学科教学的育人功能

全面落实以学生为本的教育理念。各地要组织开展育人思想和方法研讨活动，将教育教学的行为统一到育人目标上来。要在发挥各学科独特育人功能的基础上，充分发挥

学科间综合育人功能，开展跨学科主题教育教学活动，将相关学科的教育内容有机整合，提高学生综合分析问题、解决问题的能力。充分利用现代信息技术手段，改进教学方式，适应学生个性化学习需求。强化教学的实践育人功能，确保实践活动占有一定课时或学分。

因此，为了满足全面贯彻党的教育方针、落实立德树人根本任务的迫切需要，为了适应世界教育改革的发展趋势、满足提升我国教育国际竞争力的迫切需求，为了全面推进素质教育、深化教育领域综合改革[①]，我国开始研究制订中国学生发展核心素养，并开始建立以培养“核心素养”为核心的课程体系及评价体系。先后制定出学生发展核心素养体系和学业质量标准，并依据学生发展核心素养体系研制各学科核心素养，对中小学课程方案和课程标准进行修订。2017年底，基于核心素养培养的各学科高中阶段课程标准正式发布。

三、课程改革呼唤STEM理念

在基础教育课程改革的过程中，STEM的融合理念满足了我国对于改变学科本位的课程现状、全面实施素质教育的需求。STEM课程所倡导的跨学科融合理念，可以有效地打破学科间的壁垒，将多门学科的知识与技能融合成为一个整体。采取更加灵活的学习方式，让学习者在真实情境下开展深度学习，使得学生可以有效地完成学科间知识的迁移，并使用综合性的知识和技能来解决现实世界中的复杂问题，更有利于提升学生的综合素质，培养学生的核心素养，进而达到我国全面实施素质教育的教育目标。STEM课程的引入并不是针对某个学科或某个学段的具体改革，而更像是一个切入点，对教育领域的综合改革起到了牵一发而动全身的作用，创新人才培养模式，撬动课程改革，并在中小学教育等多个领域产生了系统性的影响。

STEM课程的融合理念为我国跨学科育人的思想提供了新思路。早在1999年，我国就意识到当前以分科课程为主导的课程模式并不适应我国实施素质教育的需要。并在《中共中央国务院关于深化教育改革全面推进素质教育的决定》中提出要改变课程过分强调学科体系、脱离时代和社会发展以及学生实际的状况，加强课程的综合性和实践性，重视实验课教学，培养学生的实际操作能力。2001年《国务院关于基础教育改革与发展的决定》中明确提出“小学加强综合课程，初中分科课程与综合课程相结合，高中以分科课程为主”。这里的两个文件虽然都没有提及STEM课程，但是所提出的课程改革的理念与STEM的融合理念体现出了一致性。在之后教育部所发布的《基础教育课程改革纲要（试行）》中，我国制定了“大力推进基础教育课程改革，调整和改革基础教育的课程体系、结构、内容，构建符合素质教育要求的新的基础教育课程体系”的课程改革政策，其中在具体目标中明确提出要“改变课程结构过于强调学科本位、科目过多和缺乏整合的现状，整体设置九年一贯的课程门类和课时比例，设置综合课程，以适应不同地区和学生发展的需求，体现课程结构的均衡性、综合性和选择性”。除此之外，在2014年《关

① 林崇德, 刘霞, 郝文武, 等. 努力提升学生发展核心素养——访林崇德先生[J]. 当代教师教育, 2017, 10(2): 10-13, 23.

于全面深化课程改革落实立德树人根本任务的意见》中，教育部进一步倡导："要在发挥各学科独特育人功能的基础上，充分发挥学科间综合育人功能，开展跨学科主题教育教学活动，将相关学科的教育内容有机整合，提高学生综合分析问题、解决问题能力"，并同时提出要"提升数学、科学、技术等课程的育人价值"的任务，这一举措为实现跨学科间的整合提供了方向和指引。此时，我国基础教育改革中所显现的跨学科育人理念已包含了 STEM 课程中所提倡的融合思想，而之后 STEM 课程的引入为实现跨学科育人课程改革理念注入了强心针，为我国基础教育阶段进行跨学科融合提供了新的实施方式。

STEM 课程的融合理念符合我国当前的教育形势。目前，在各国政治及经济不断发生摩擦的当下，我国经济社会正处于重大转型期，人口结构、经济和社会发展方式都经历着深刻的变革。在这个大变革时代，教育肩负着建设人力资源强国的重任。2016 年 9 月，教育部发布了《中国学生发展核心素养》总体框架，提出要培养在未来社会具有核心竞争力的人才。当前的学习者要想在复杂的世界中维持竞争力，就必须具有快速掌握新知识技能以解决复杂问题、收集和评估信息的能力，尤其是从各种数字媒体中获取信息的能力。各国教育实践表明，STEM 课程有助于培养学生的科学探究能力、创新意识、批判性思维等未来社会必备的技能和创新能力，并有可能在学习者的未来生活和工作中持续发挥作用。除此之外，中国要实现产业升级，就需要在重点科研和产业领域实现突破，因此必须加快培养新兴产业的专业技术人才。目前，我国中小学教育以学科教育为主要方式，虽然科学及数学学科备受重视，但是技术、工程及综合教育仍有欠缺，因此，STEM 课程的引入有利于转变当前技术及工程教育不足的情况，有利于促进专业技术人才的培养。

STEM 课程的融合理念有助于提升学生的核心素养。当前，学科素养取代学科内容成为学科群组织课程的核心及学科课程发展的动力，这标志着课程发展的逻辑起点发生了转移：从学科内容走向核心素养。因此，课程发展的立场和课程改革的目标也由知识本位转向素养本位[①]。STEM 强调在真实的情景中学习，培养学生的实践能力、协作能力、科学探究能力以及解决问题的能力，同时在学习过程中形成理性思维、批判性思维、创新思维等高阶思维能力，是培养学生核心素养的有效途径。

四、STEM 课程的校本化实施

校本课程的建立是我国基础教育课程改革中的一个重大转变。校本课程是以学校教师为主体，在具体实施国家课程和地方课程的前提下，通过对本校学生的需求进行科学的评估，充分利用当地社区和学校的课程资源，根据学校的办学思想而开发的多样性的可供选择的课程。在国家课程、地方课程、学校课程三级课程管理体制下，赋予学校合理且充分的课程自主权，为学校创造性地实施国家课程、因地制宜地开发学校课程、学生有效地选择课程提供了充分的保障。校本课程的建立为 STEM 课程的实施提供了有效的途径。

---

① 李学书, 杨敏. 学生核心素养的培养: 学校层面课程整合的原点[J]. 河北师范大学学报（教育科学版）, 2018, 20(6): 100-106.

在当前课程改革的背景下，校本课程逐渐成为满足学生多样化学习需求的重要途径。在 1999 年第三次全国教育工作会议上颁布的《中共中央国务院关于深化教育改革全面推进素质教育的决定》中，我国提出要“调整和改革课程体系、结构、内容，建立新的基础教育课程体系，试行国家课程、地方课程和学校课程”。在 2001 年发布的《国务院关于基础教育改革与发展的决定》中指出：“实行国家、地方、学校三级课程管理。国家制定中小学课程发展总体规划，确定国家课程门类和课时，制定国家课程标准，宏观指导中小学课程实施。在保证实施国家课程的基础上，鼓励地方开发适应本地区的地方课程，学校可开发或选用适合本校特点的课程。”并在同年印发的《基础教育课程改革纲要（实行）》的课程改革目标中提出要“改变课程管理过于集中的状况，实行国家、地方、学校三级课程管理，增强课程对地方、学校及学生的适应性”“加强课程内容与学生生活以及现代社会科技发展的联系”，并在课程管理上指出“学校在执行国家课程和地方课程的同时，应视当地社会、经济发展的具体情况，结合本校的传统和优势、学生的兴趣和需要，开发或选用适合本校的课程”。这一系列政策的提出，使得学校可以更加自主地结合国家的教育目标、地区的课程资源配置以及学校的实际情况，开发多样化的校本课程，以满足学生对于课程的需求、社会对于课程的需求。

国家课程校本化实施内容可分为课程管理、课程目标、课程顺序、课程内容、教学模式和课程评价六个方面[①]。理念的校本化是将形而上的国家课程改革理念转化为学校层面实践者能够理解的精神实质和基本要领；课程的校本化是将理念转化为操作层面，将国家课程理念转化为教师的课程理念。课程管理校本化主要是指学校建立新的管理机制，对课程设置、课程审查、课程实施、课程评价等环节进行有效的管理，在制度上保证国家课程校本化；课程目标校本化是根据国家课程标准的要求和学生的发展需求，从教学安排、课程目标、学习要求、策略建议等方面细化国家课程的相关要求；课程顺序校本化是根据学生认知规律，打破学科、年级的界限，按合理的逻辑顺序展开课程教学；课程内容校本化是国家课程校本化的集中体现之处，是将学科内容进行整合、补充、省略、改变、调整，使之体现教师的学科专长，最大限度地发展学生特长；教学模式校本化是指教师在尊重国家课程理念与内容的基础上，结合自己的学科背景，对国家课程进行整合、调适、增补、创新，并结合自己的习惯、特点和能力自行规划、自行设计、自行实施、自行评价，从而形成自己的教学风格；课程评价校本化是指结合学校特色展开多元评价，以评促教、以评促学、以评促管[①]。

校本课程的建立为 STEM 课程的实施创造了有利的条件。2016 年，教育部发布的《教育信息化“十三五”规划》提出“有条件的地区要积极探索信息技术在‘众创空间’、跨学科学习（STEAM 教育）、创客教育等新的教育模式中的应用”。中国教育科学研究院于 2017 年发布《中国 STEM 教育白皮书》，启动了“中国 STEM 课程 2029 创新行动计划”，要求“建立基于地区特色的 STEM 实践社区”。除此之外，《义务教育小学科学课程标准》《中小学综合实践活动课程指导纲要》等文件的出台与实施，也为 STEM 课程进校

① 郭涵，程翔，熊永昌，等. 积极探索国家课程校本化的有效途径——以北京一〇一中学为例[J]. 课程·教材·教法, 2013, 33(12): 80-86.

园提供了有效的政策支持。在一系列的政策支持下，各省市纷纷开展STEM课程试点工作。例如：上海市科学技术协会、江苏省科学技术协会支持成立上海STEM云中心，从STEM资源建设及STEM项目孵化两个维度帮助学校开展STEM课程。江苏省科学技术协会、江苏省教育厅下发了《关于开展科学、技术、工程、数学教育项目试点工作》，并综合评定了26所学校作为首批STEM课程试点单位，开展STEM课程的校本化实践。浙江省教育厅办公室推出中小学STEM教育项目种子学校和培育学校，60所学校被评定为种子学校或培育学校，开始进行STEM课程开发实践。广州市教研院发布了《关于在广州市中小学中等职业学校深入推进STEM课程实施的通知》，旨在155个试点校开展168个课题项目，培养复合型人才。以STEM课程为核心的校本课程开发以燎原之势席卷全国。

STEM教师作为STEM课程活动的策划、设计、组织和实施者，将直接影响STEM课程的发展。因此，建设一支成熟的高素质的STEM教师队伍，是中小学STEM课程成功实施的基本保障。但是，我国并没有专职的STEM教师，STEM课程多由物理、化学、生物、科学等学科教师兼职担任，这就造成我国实施STEM课程的教师队伍从主体上缺乏跨学科课程实施的能力和经验。同时，教师对STEM课程的态度以及学校背景等多因素也影响着教师设计与实施STEM课程[①]。因此，高素质的STEM教师队伍的缺失成为当前限制STEM课程的发展和推广的重要因素之一。

为应对这一现状，2018年，中国教育科学研究院STEM教育研究中心制定并发布了《STEM教师能力等级标准（试行）》，对STEM教师的定义和STEM教师所应具备的能力制定了评价指标。文件中将STEM教师定义为：从事科学、技术、工程、数学及相关学科的教育工作，并进行跨学科整合教学的专业人员。并从STEM教育价值理解、STEM学科基础、STEM跨学科理解与实践、STEM课程开发与整合、STEM教学实施与评价五个维度上对STEM教师提出了明确的要求。

由于掌握跨学科知识，学会STEM教学方法，运用STEM教学理念等相关能力并不是仅仅通过几次零散的培训就可以达成的，因此，定期的、全面的、系统的、专业的STEM培训必不可少。当前我国的师范教育多针对学科教育进行培养，缺乏跨学科的交流及培训，且一线教师的职业生活也多以学科逻辑知识为中心，长期习惯于分科教学。这使得不同学科间的教师经验交流与学术探讨存在障碍，大多数教师的思维逻辑都会以自身学科内容作为出发点，因此，设计与实施STEM课程的难度不容小觑。现阶段，中小学教师主要通过学校的教研活动来提升自己的教研能力，而当前中小学普遍采用的教研方式仍然是学科教研和年级教研，因而并没有突破教师传统的教研范围，造成了教师的综合性素质和技能缺乏成长环境和专业引领，使得一些教师虽然有意愿尝试学科课程整合，但是由于在一定程度上缺少跨学科的专业素质及能力[②]，在面对一个跨学科的课程主题时，缺少思考该主题是否能够统整相关学科的知识内容，关系到哪些概念和原则，以及

① Thibaut L, Knipprath H, Dehaene W, et al. The influence of teachers' attitudes and school context on instructional practices in integrated STEM education[J]. Teaching and Teacher Education, 2018, 71: 190-205.

② 高嵩. 学校课程整合的现实困境与改进路径[J]. 当代教育科学, 2016, (13): 20-24.

如何有计划地根据主题设计教学活动等问题的能力①。这就可能造成最终推出的 STEM 课程仅仅是分科内容的简单拼凑，而课程内容之间缺少学科关联度，成为伪学科融合课程。因此，当前 STEM 课程的设计需充分考虑开展 STEM 课程的教师发展现状，综合考虑教师的专业背景，以分科课程为出发点，开展融合性 STEM 课程。让教师既能够充分发挥其专业素养，又可以具备设计跨学科 STEM 课程的知识及能力，逐渐形成高素质、高能力的 STEM 教师队伍，助力 STEM 课程的推广与实施。

【思考与练习】

一、名词解释

1. STEM 课程

2. 内容融合

3. 情境融合

二、简答题

1. 请简要说明 STEM 课程经历了怎样的演变过程。

2. 请简要说明 STEM 课程的融合原因。

3. 国内针对 STEM 课程融合提出了哪些融合取向？

三、思考题

1. 我国的 STEM 课程发展路径与美英两国相比有何不同？

2. 为什么中国基础教育改革呼唤 STEM 课程理念？

---

① 高嵩. 学校课程整合的现实困境与改进路径[J]. 当代教育科学, 2016, (13): 20-24.

第二章　面向核心素养的 STEM 课程概述

【章节导言】

二十大报告中明确提出:“我们要坚持教育优先发展、科技自立自强、人才引领驱动,加快建设教育强国、科技强国、人才强国,坚持为党育人、为国育才,全面提高人才自主培养质量,着力造就拔尖创新人才,聚天下英才而用之。”中国学生发展核心素养作为基础教育的总目标和总方向,深入回答了“立什么德、树什么人”的根本问题,为我国的 STEM 课程设计提供了方向指引。将核心素养作为 STEM 课程设计的课程目标及指导思想,建立系统化的 STEM 课程设计体系已成为推动我国 STEM 课程发展的核心举措。本章将系统地解读核心素养与学科核心素养的内涵、特性与相互关系,并基于此阐述面向核心素养的 STEM 课程设计理念,即核心素养引领 STEM 课程变革,进而提出面向核心素养的 STEM 课程体系以及设计要素。将核心素养的培育真正落实到 STEM 课程的传授之中,打造顺应国家政策、适合中国学生的 STEM 课程。

【知识导图】

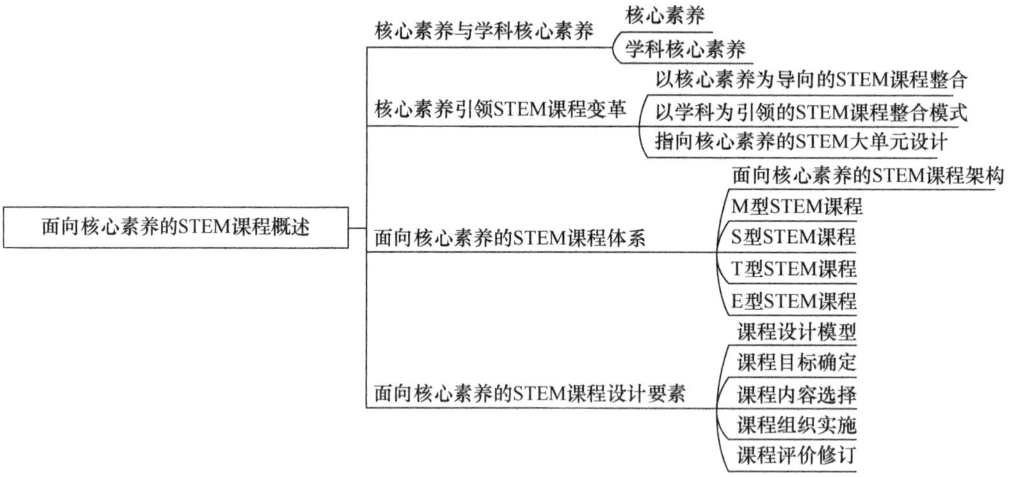

第一节　核心素养与学科核心素养

一、核心素养

素养,由字面来解,即指个人素质与修养。素养包括人的道德品质、外表形象、知识水平与能力等,在知识经济的时代引领下,人的素养又拓展为思想政治素养、文化素养、业务素养、身心素养等[①]。可见，在不同的前缀与语境下，素养的侧重点多有不同，但可以确定的是，素养由训练与实践而获得。

在教育领域的语境下同样对素养有着丰富的理解。陈伯璋等人认为素养是指个人为了发展成为健全个体，必须通过教育而习得的应对复杂的社会生活、情境需求所不可或缺的知识、能力与态度[②]。与先天遗传的天赋不同，素养主要强调后天教育与人为学习的影响。简而言之，“素养”就是通过教育情境获得学以致用的知识、能力、态度，进而展现出的“优质素养”。优质素养能够帮助个体获得优质生活，同时也有利于个体更好地应对当前信息社会以及未来社会的各种挑战[③]。上述定义均强调了素养作为知识、能力、态度，对于培养人、发展人适应未来社会相关能力、素质的重要性。素养区别于知识、能力、态度等概念的地方在于，它更为强调知识、能力、态度的统整[④]。

在素养前缀上“核心”二字，即为当下教育研究中非常热门的话题——核心素养。自党的十八大将“立德树人”作为教育的根本任务之后，教育部门的重大举措之一即组建专家团队，集中研究中国学生发展核心素养；举措之二为组建普通高中课程标准修订专家组，集中研究“学科核心素养”[⑤]。本节将主要阐明核心素养的内涵、特质及相关举措，研究中国学生发展核心素养，探寻其热门背后对于课程改革的影响与重要性。

（一）核心素养的内涵

“核心素养”（key competencies）的别称为“21 世纪素养”（21st century competences）或“21 世纪技能”（21st century skills）。从上述的几项定义中可以发现，核心素养指向未来，是信息时代公民生活、职业世界和个人自我实现的新特点与新需求[⑥]。对核心素养较具代表性的两种解读来自经济合作与发展组织（OECD）与欧洲联盟（European Union, EU）。2003 年，OECD 出版了《核心素养促进成功的生活和健全的社会》（*Key Competencies for a Successful Life and a Well-Functioning Society*），将对学生能力素养的讨论指向核心素养，据此提出三类核心素养（表 2-1），其内在逻辑为“人与工具”“人与社会”“人与自己”[⑦]。

---

① 孟祥标. 浅谈学生核心素养的培育[J]. 文学教育, 2019, (5): 72-73.

② 蔡清田. 核心素养的学理基础与教育培养[J]. 华东师范大学学报（教育科学版）, 2018, 36(1): 42-54, 161.

③ 黄光雄, 蔡清田. 核心素养: 课程发展与设计新论[M]. 上海: 华东师范大学出版社, 2017: 15.

④ 柳夕浪. “综合素质”与“核心素养”——再谈“培养什么样的人”[J]. 华东师范大学学报（教育科学版）, 2017, 35(2): 68-75, 121.

⑤ 崔允漷. 素养: 一个让人欢喜让人忧的概念[J]. 华东师范大学学报（教育科学版）, 2016, 34(1): 3-5.

⑥ 张华. 论核心素养的内涵[J]. 全球教育展望, 2016, 45(4): 10-24.

⑦ 李艺, 钟柏昌. 谈“核心素养”[J]. 教育研究, 2015, 36(9): 17-23, 63.

表 2-1 OECD 所确立的三类核心素养

类别	内在逻辑	核心素养
一类	人与工具	使用工具进行交互的能力（使用语言、符号和文本进行交互的能力；使用知识和信息进行交互的能力；使用技术进行交互的能力）
二类	人与社会	在异质群体中进行有效互动的能力（与他人建立良好关系的能力；合作能力；管理并化解冲突的能力）
三类	人与自己	自主行动的能力（适应宏大情境的行动能力；形成并执行人生规划和个人项目的能力；维护权利、兴趣、范围和需要的能力）

OECD 主要从功能论（需求导向）的角度来诠释核心素养，认为核心素养需有助于社会和个人获得有价值的成果产出，有助于个体满足各个社会生活领域的重要需求，对每个人都有重要意义。核心素养的核心应当是反思性的思考与行动，应超越基础知识和技能范畴，包含认知和实践技能的应用，创新能力及态度、动机、价值观等。

EU 在教育发展方面提出核心素养，希望以其代替传统的“读、写、算”等基本能力，指导各成员国的课程改革。2006 年欧洲议会和欧盟理事会通过了关于核心素养的建议案，建议案中强调核心素养应为使社会中每个人发展自我、融入社会及胜任工作所必需的一系列指示、技能和态度的集合。“集合”二字体现了 EU 认为核心素养应当更具整合性、跨学科性和可迁移性，既强调了基础技能的发展，又强调了整合应对未来社会各个领域与情境的取向。其以结果为导向，重视学科素养与跨学科素养一起培养，核心素养与相应的知识、技能和态度的联系更加紧密与明确。

基础教育界对核心素养内涵的解读，主要包含三个层面[①]，如图 2-1 所示。最底层为“双基指向”，强调发展学生的基础知识和基本技能；中间层为“问题解决指向”，学生需获得解决问题的基本方法；最顶层为“学科思维指向”，学生要通过系统地学习体验与内化，逐步形成稳定的思维方式和价值观，即初步形成认识世界和改造世界的世界观与方法论。

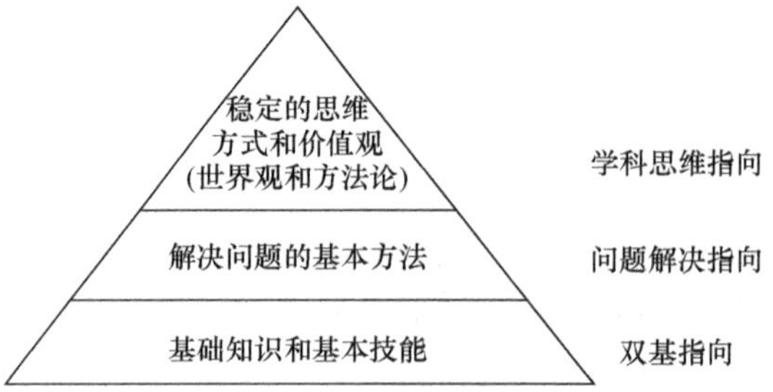

图 2-1 核心素养的三层架构

上述界定说明学科思维层次的核心素养，必须从“双基”层和问题解决层的学习互动中理解和习得；“思维方式和价值观”意味着核心素养是通过系统而长期的体验式学习

① 李艺, 钟柏昌. 谈“核心素养”[J]. 教育研究, 2015, 36(9): 17-23, 63.

活动形成的潜移默化到思想深处的、稳定的、可迁移的思维模式与习惯；对“世界观和方法论”的提出，是指要将对核心素养的本质把握上升到世界观与方法论的层面上来，如此学习者才不会禁锢于“双基”与具体的问题解决上，在思维上能有新的升华。

各领域、机构对于核心素养内涵的解读，主要集中于“学生”“社会”“发展”等关键词，从多个方面系统地阐述了“如何从学生学习结果的角度来回答未来社会所需要的人才是什么样的”①。

（二）核心素养的特性

核心素养体系的形成是在全球化背景下，基于国际组织与世界各国国情，由共同的内因与外因推动而成的。“以人为本”的教育潮流以及关于“教育推动社会发展”的共识是内因，全球化、信息化以及知识社会给人才竞争带来的诸多挑战是外因。尽管出发点与立场各异，核心素养体系还是具有如下共同特点：强调公民具备面向 21 世纪的必备品格和关键能力；倡导终身学习，以适应不断变化的世界；体现教育与个人幸福生活以及社会发展之间的联系；体系的建构是广泛参与、循序渐进的过程②。

核心素养是其他素养发展的基础，是个人终身发展与可持续发展的基础，是每个人的必备素养，为人的素养的全面形成提供持续的动力。核心素养具备多元维度、多元功能、多元场域、高阶复杂、长期培育的特性③，如表 2-2 所示。

表 2-2 核心素养的特性

特质	具体内容
多元维度	核心素养是包含多元维度的综合整体。多元维度是指核心素养的多元性，即每项核心素养均涵盖知识、能力与态度等多层面的整合，是一系列多元维度组合的整体：①核心素养是具备知识、能力与态度等多元维度的综合整体；②核心素养强调全人或全方位，促使学习者能够在各种生活情境中有效地进行学习。个人所应具备的素养应是多方面的，知识、能力、优质习惯、态度及价值观的培养亦不容忽视
多元功能	核心素养的多元功能体现在促进个人发展与社会发展上，个体必须具备适应未来复杂社会情境与优质生活需求所不可欠缺的知识、能力、态度。一方面，核心素养可以协助个人获得优质生活与成功的人生；另一方面，有助于培育健全公民和世界公民，增进社会福祉，建立功能健全的社会，促成社会经济繁荣、政治民主、尊重人权与世界和平、生态永续发展等人类理想愿景价值的实现
多元场域	核心素养跨越各种社会场域与学习领域等多元场域，可被迁移运用到很多不同的社会情境与学习领域中，帮助个体弹性地适应不同环境，适应不同需求与任务挑战，成功实现获得优质生活与适应优质社会的发展愿景
高阶复杂	核心素养已经超越了行为主义层次的能力，其并不只是记忆能力，而是涉及既有深度又有广度的高阶复杂反省思考的运作机制。从本质上说，核心素养就是在一个不确定的复杂情境中解决复杂问题的能力，涉及逻辑思维、分析、综合、推理、演绎、归纳和假设等高阶素养，也涉及自主自觉的行动、错综复杂的沟通交流，这些都是具有高层次水准心智复杂性的展现

① 张华. 论核心素养的内涵[J]. 全球教育展望, 2016, 45(4): 10-24.
② 梁砾文, 王雪梅. 学科核心素养的内涵及培养模式[J]. 外国中小学教育, 2017, (2): 61-67.
③ 蔡清田. 核心素养的理念特质及其教育价值[J]. 现代基础教育研究, 2018, 29(1): 74-79.

续表

特质	具体内容
长期培育	核心素养须通过各个教育阶段终身学习的长期培育。核心素养的发展始于家庭教育，经由学校教育与社会教育，贯穿终身。核心素养可以在儿童期、青年期与成年期等不同发展阶段被培育，并使人们逐渐增进心智的复杂性。核心素养不单独针对特定的学校教育阶段与教育类别，而着眼于整个社会的教育体系架构，更着眼于个人在终身学习、生活适应、生涯发展、社会参与、公民责任等方面所需素养的培育与提升

核心素养作为具备多元维度的综合整体，具有促进个人发展与社会发展的多元功能，既跨越了社会场域、学习领域等多元场域，又涉及了反省思考、行动与学习的高阶复杂的心智深度，必须经过长期培育才能够获得。此外，核心素养还具有基础性、生长性、共同性与关键性①。核心素养既是发展其他素养的重要支撑，又是一个人精神的源头，为素养的全面形成提供持续的生发动力。同时，核心素养也是每个人参与社会生活的必备条件，是所有人终身发展的共同的必备要素，对人的发展起到关键性的作用。

（三）中国学生发展核心素养

随着全球化、信息化与知识时代的来临，基于学生核心素养的教育改革逐渐引起全球关注，成为许多国家或地区制定教育政策、开展教育实践的基础。我国研究中国学生发展核心素养主要源于三个迫切需要②：一是全面贯彻党的教育方针，落实立德树人根本任务的迫切需要。二是适应世界教育改革发展趋势，提升我国教育国际竞争力的迫切需要。三是全面推进素质教育，深化教育领域综合改革的迫切需要。2014年，中国教育部颁布的《关于全面深化课程改革落实立德树人根本任务的意见》中，首次将核心素养置于落实立德树人、深化课程改革的关键位置上，提出要研制各学段学生发展核心素养体系，明确学生应具备的适应终身发展和社会发展需要的必备品格和关键能力。其后，2016年9月，中国学生发展核心素养研究成果发布，确定了中国学生发展核心素养的框架和内涵③。

1. 中国学生发展核心素养的框架

中国学生发展核心素养以培养“全面发展的人”为核心，分为文化基础、自主发展、社会参与三个方面，综合表现为人文底蕴、科学精神、学会学习、健康生活、责任担当、实践创新六大素养和十八个基本要点④，如图2-2所示。

---

① 余文森. 论学科核心素养的课程论意义[J]. 教育研究, 2018, 39(3): 129-135.

② 林崇德, 刘霞, 郝文武, 等. 努力提升学生发展核心素养——访林崇德先生[J]. 当代教师教育, 2017, 10(2): 10-13, 23.

③ 左璜, 莫雷. 核心素养: 为未来培养高智能优质人才[J]. 高等职业教育探索, 2017, 16(3): 1-7.

④ 中国教育新闻网, 中国教育报. 中国学生发展核心素养研究成果正式发布[EB/OL]. https://gaokao.eol.cn/news/201609/t20160914_1448876.shtml.[2021-09-29].

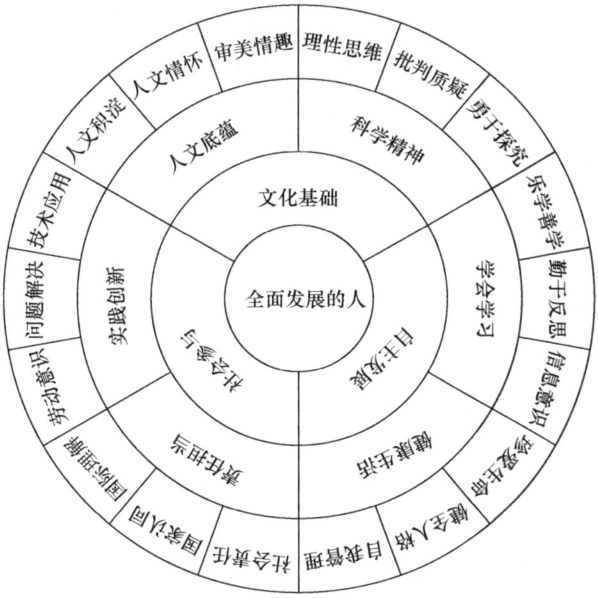

图 2-2　中国学生发展核心素养框架

2. 中国学生发展核心素养的内涵

中国学生发展核心素养的研制主要遵循三个原则。第一，坚持科学性。紧紧围绕立德树人的根本要求，坚持以人为本，遵循学生身心发展规律与教育规律，将科学的理念和方法贯穿研究工作的全过程，重视理论支撑和实证依据，确保研究过程严谨规范。第二，注重时代性。充分反映新时期经济社会发展对人才培养的新要求，全面体现先进的教育思想和教育理念，确保研究成果与时俱进，具有前瞻性。第三，强化民族性。着重强调中华优秀传统文化的传承与发展，把核心素养研究植根于中华民族的文化历史土壤，系统落实社会主义核心价值观的基本要求，突出强调社会责任和国家认同，充分体现民族特点，确保立足中国国情，具有中国特色。六大素养既涵盖了学生适应终身发展和社会发展所需的品格与能力，又体现了核心素养“最关键、最必要”这一重要特征。六大素养之间相互联系、互相补充、相互促进，在不同情境中整体发挥作用。

1）文化基础

文化是人存在的根和魂。文化基础强调能习得人文、科学等各领域的知识和技能，掌握和运用人类优秀智慧成果，涵养内在精神，追求真善美的统一，发展成为有宽厚文化基础、有更高精神追求的人。其包括以下两个方面的内容。

（1）人文底蕴。主要是学生在学习、理解、运用人文领域知识和技能等方面所形成的基本能力、情感态度和价值取向。具体包括人文积淀、人文情怀和审美情趣等基本要点。

（2）科学精神。主要是学生在学习、理解、运用科学知识和技能等方面所形成的价值标准、思维方式和行为表现。具体包括理性思维、批判质疑、勇于探究等基本要点。

2）自主发展

自主性是人作为主体的根本属性。自主发展，重在强调能有效管理自己的学习和生活，认识和发现自我价值，发掘自身潜力，有效应对复杂多变的环境，成就出彩人生，发展成为有明确人生方向、有生活品质的人。其包括以下两个方面的内容。

（1）学会学习。主要是学生在学习意识形成、学习方式方法选择、学习进程评估调控等方面的综合表现。具体包括乐学善学、勤于反思、信息意识等基本要点。

（2）健康生活。主要是学生在认识自我、发展身心、规划人生等方面的综合表现。具体包括珍爱生命、健全人格、自我管理等基本要点。

3）社会参与

社会性是人的本质属性。社会参与，重在强调能处理好自我与社会的关系，养成现代公民所必须遵守和履行的道德准则和行为规范，增强社会责任感，提升创新精神和实践能力，促进个人价值实现，推动社会发展进步，发展成为有理想信念、敢于担当的人。其包括以下两个方面的内容。

（1）责任担当。主要是学生在处理与社会、国家、国际等关系方面所形成的情感态度、价值取向和行为方式。具体包括社会责任、国家认同、国际理解等基本要点。

（2）实践创新。主要是学生在日常活动、问题解决、适应挑战等方面所形成的实践能力、创新意识和行为表现。具体包括劳动意识、问题解决、技术应用等基本要点。

同时，为方便实践应用，六大素养被进一步细化为十八个基本要点，如表2-3所示。

表2-3 中国学生发展核心素养具体内涵

三个方面	六大核心素养	十八个基本要点	具体内涵
文化基础	人文底蕴	人文积淀	具有古今中外人文领域基本知识和成果的积累；能理解和掌握人文思想中所蕴含的认识方法和实践方法等
		人文情怀	具有以人为本的意识，尊重、维护人的尊严和价值；能关切人的生存、发展和幸福等
		审美情趣	具有艺术知识、技能与方法的积累；能理解和尊重文化艺术的多样性，具有发现、感知、欣赏、评价美的意识和基本能力；具有健康的审美价值取向；具有艺术表达和创意表现的兴趣和意识，能在生活中拓展和升华美等
	科学精神	理性思维	崇尚真知，能理解和掌握基本的科学原理和方法；尊重事实和证据，有实证意识和严谨的求知态度；逻辑清晰，能运用科学的思维方式认识事物、解决问题、指导行为等
		批判质疑	具有问题意识；能独立思考、独立判断；思维缜密，能多角度、辩证地分析问题，做出选择和决定等
		勇于探究	具有好奇心和想象力；能不畏困难，有坚持不懈的探索精神；能大胆尝试，积极寻求有效的问题解决方法等
自主发展	学会学习	乐学善学	能正确认识和理解学习的价值，具有积极的学习态度和浓厚的学习兴趣；能养成良好的学习习惯，掌握适合自身的学习方法；能自主学习，具有终身学习的意识和能力等
		勤于反思	具有对自己的学习状态进行审视的意识和习惯，善于总结经验；能够根据不同情境和自身实际，选择或调整学习策略和方法等
		信息意识	能自觉、有效地获取、评估、鉴别、使用信息；具有数字化生存能力，主动适应“互联网+”等社会信息化发展趋势；具有网络伦理道德与信息安全意识等
	健康生活	珍爱生命	理解生命意义和人生价值；具有安全意识与自我保护能力；掌握适合自身的运动方法和技能，养成健康文明的行为习惯和生活方式等

续表

三个方面	六大核心素养	十八个基本要点	具体内涵
自主发展	健康生活	健全人格	具有积极的心理品质，自信自爱，坚韧乐观；有自制力，能调节和管理自己的情绪，具有抗挫折能力等
		自我管理	能正确认识与评估自我；依据自身个性和潜质选择适合的发展方向；合理分配和使用时间与精力；具有达成目标的持续行动力等
社会参与	责任担当	社会责任	自尊自律，文明礼貌，诚信友善，宽以待人；孝亲敬长，有感恩之心；热心公益和志愿服务，敬业奉献，具有团队意识和互助精神；能主动作为，履职尽责，对自我和他人负责；能明辨是非，具有规则与法治意识，积极履行公民义务，理性行使公民权利；崇尚自由平等，能维护社会公平正义；热爱并尊重自然，具有绿色生活方式和可持续发展理念及行动等
		国家认同	具有国家意识，了解国情历史，认同国民身份，能自觉捍卫国家主权、尊严和利益；具有文化自信，尊重中华民族的优秀文明成果，能传播弘扬中华优秀传统文化和社会主义先进文化；了解中国共产党的历史和光荣传统，具有热爱党、拥护党的意识和行动；理解、接受并自觉践行社会主义核心价值观，具有中国特色社会主义共同理想，有为实现中华民族伟大复兴中国梦而不懈奋斗的信念和行动
		国际理解	具有全球意识和开放的心态，了解人类文明进程和世界发展动态；能尊重世界多元文化的多样性和差异性，积极参与跨文化交流；关注人类面临的全球性挑战，理解人类命运共同体的内涵与价值等
	实践创新	劳动意识	尊重劳动，具有积极的劳动态度和良好的劳动习惯；具有动手操作能力，掌握一定的劳动技能；在主动参加的家务劳动、生产劳动、公益活动和社会实践中，具有改进和创新劳动方式、提高劳动效率的意识；具有通过诚实合法劳动创造成功生活的意识和行动等
		问题解决	善于发现和提出问题，有解决问题的兴趣和热情；能依据特定情境和具体条件，选择制订合理的解决方案；具有在复杂环境中行动的能力等
		技术应用	理解技术与人类文明的有机联系，具有学习掌握技术的兴趣和意愿；具有工程思维，能将创意和方案转化为有形物品或对已有物品进行改进与优化等

二、学科核心素养

核心素养作为学生应具备的、能够适应终身发展和社会发展需要的必备品格和关键能力，成为我国课程发展的中心和起点。学科核心素养作为连接核心素养与课程教学的纽带，则成为将核心素养落实于学科教学的具体路径及手段。学科核心素养是核心素养在特定学科或学习领域的具体化，是学生学习一门学科或特定学习领域之后所形成的、具有学科特点的成就（包括必备品格和关键能力），也是学科育人价值的集中体现。

（一）学科核心素养的内涵

所谓"学科核心素养"，是指适应信息文明要求和未来社会挑战，运用学科核心观念、通过学科实践，以解决复杂问题的学科高级能力和人性能力。其中，"学科"既包含学术性学科，如数学、科学、历史、艺术等，又包含主要专业学科，如教育学、医学、商学、法学、管理学等①。学科核心素养是核心素养与教育实践之间的纽带，理解学科核心素养

① 张华. 论学科核心素养——兼论信息时代的学科教育[J]. 华东师范大学学报(教育科学版),2019,37(1): 55-65, 166-167.

的内涵，需要从学科教育的本质与学科素养的结构入手。

学科教育是学校对学科本质的规划与安排。“学科本身来源于社会分工，是体现自身逻辑的‘知识形态、活动形态与组织形态的统一体’。”[①]但我国基础教育阶段长久以来对于学科教育，仅是将“学科”与“基础教育”相融合，并未将各阶段学习进行有效衔接，与社会现实脱节。从核心素养的视角来思考学科本质，需要打破彼此孤立的思维方式，让学科基础教育连接现实，指向未来。强调“基础性”和“发展性”，体现个体的发展需求与社会的发展愿景，强化学科独特的育人价值和社会诉求[①]。

学科教育需要更广泛的社会参与，融入新的时代内涵，走出固有封闭的学科内部话语体系。学生与社会紧密相连，学科教育不单要丰富学科本身的教育价值，还需充盈学科自身价值、社会公共价值与个体发展价值，让学科教育不再困于“所学非所用”的境地[②]。学生通过学科学习所获得的学科视野、思维方法与独特品格，都将有利于个体获得幸福、谋求发展。此外，学科核心素养的培育是为学生终身学习与终身发展奠定基础，对学科教育的本质思考需要考虑各个阶段学习者特征与学科教育规划，统筹兼顾，克服当前各学段教学互不衔接、知识难以串联的弊病。

参考基础教育界对核心素养的三层架构，学科核心素养结构同样具有四层解读，让学科思维层成为科学思维层的有力基石。第一，学科核心素养视野下的“双基”不是脱离情境的应试内容，而应是通过知识“建构”而来源于生活、回归生活的灵活内容。第二，情感态度中除了一般意义上的动机、态度等因素，同样包含价值观、学科观念等人格品性，以及学科特有的归属感。第三，强调各要素的有机相连、共同发展，知识的积累和运用能够带来能力的提升，问题解决能促进思维能力的形成。第四，学科核心素养的培育重点体现在具有学科特点、可迁移的必备能力和关键品格上。

核心素养是指学生应具备的适应终身发展和社会发展需要的必备品格和关键能力。学科核心素养是指学生在学习一门学科之后必须形成的重要品格和关键能力，是学科本质和教育价值的体现。两者在方向和性质上是统一的，既有密不可分的联系，又有各自的不同，如表 2-4 所示[③]。

表 2-4 核心素养与学科核心素养的联系与区别

两者关系	具体体现	具体说明
联系	上位与下位 整体与部分 抽象与具体	学科核心素养是核心素养在学科上的具体体现，是核心素养的一个有机组成部分；核心素养是各学科核心素养的提炼和抽象，是学科素养的总括和综合。如果说核心素养是作为新时代期许的新人形象所勾勒的“蓝图”，那么各门学科则是支撑这幅蓝图得以实现的“构件”

① 梁砾文，王雪梅. 学科核心素养的内涵及培养模式[J]. 外国中小学教育，2017，(2)：61-67.

② 张华. 论学科核心素养——兼论信息时代的学科教育[J]. 华东师范大学学报（教育科学版），2019，37(1)：55-65，166-167.

③ 余文森. 论学科核心素养的课程论意义[J]. 教育研究，2018，39(3)：129-135.

续表

两者关系	具体体现	具体说明
联系	目的、方向与手段、途径	核心素养是整个基础教育的总目的和总方向，学科核心素养是实现这个总目的、总方向的手段和途径。手段和途径为目的和方向服务，学科核心素养的研制和提炼必须以核心素养为依据，学科核心素养的落实要有利于核心素养的达成。在实际实施中，它们又是互为目的和手段的，核心素养的形成要有利于促进学科核心素养的形成（核心素养为学科核心素养打基础），即一般为特殊服务
	相互包含、融合和有机转化、相互促进	核心素养与学科核心素养是一般与特殊、共性与个性的关系，两者在内容上（在对内涵和外延的界定上）存在着相互包含、融合的关系，在形成过程中存在着相互转化、促进的关系，核心素养的发展有利于学科核心素养的形成，而学科核心素养的形成又有助于丰富核心素养
区别	核心素养不是各学科核心素养简单机械的总和	尽管各学科核心素养是核心素养最关键的组成部分，但核心素养在内涵和外延上都存在着超学科的东西。学生核心素养的培育也不是单靠学科教育就能完成的，而要依托很多非学科的教育和活动来共同完成
	两者研制的出发点不同	核心素养的研制一般是从学生发展的角度出发的，纵向：从学生终身发展、可持续发展的要求出发，来分析和定位某一阶段学生应具备的素质。横向：从学生身心全面健康发展的要求出发，来分析和界定学生应具备的素质。学科核心素养的研制一般是从学科的本质、功能、价值、作用出发，即挖掘和分析本学科对学生发展的独特的内涵和意义

（二）学科核心素养的特性

学科核心素养是与该学科相关的所有学科活动的教育产物，学科教育只是主渠道。学科核心素养体现了超越学科的特性，这就要求学科教师要跳出学科看学科，让学科教育不再局限于学科，从而实现学科与学科的贯通、学科与生活的贯通、学科与活动的贯通、学科与大教育的贯通。从教学的角度讲，还要实现课内外和校内外的贯通。学科核心素养具有学科性、科学性、教育性与人本性[①]。

1. 学科性

中小学教育是按学科进行的，每门学科都有其特殊性，学科的教育价值是学科独特的育人价值和功能，学科育人价值的独特性基于学科的精神特质。学科核心素养是学科本质和教育价值的体现，它源自学科的本质、价值、功能等。学科本质是一门学科的根本属性，主要从四个方面体现出来：一是学科的研究对象和基本问题；二是核心的学科概念与范畴；三是基本的学科方法与思想，其核心是学科思维方式；四是核心的学科价值与精神[②]。

2. 科学性

学科核心素养的科学性有两层含义：①规律性，即学科核心素养的提炼必须符合学

---

① 余文森. 核心素养导向的课堂教学[M]. 上海：上海教育出版社, 2017: 38-42.

② 李松林. 深度教学的四个实践着力点——兼论推进课堂教学纵深改革的实质与方向[J]. 教育理论与实践, 2014, 34(31): 53-56.

生身心发展规律，遵循可接受性原则，既不超越学生的接受极限，也不限制、阻碍学生的发展可能；②准确性，学科核心素养的内容表述必须准确无误，不会产生歧义和随心所欲的解读，以便教师可以很清晰地以之指导自己的实践。

3. 教育性

学科核心素养是通过与该学科相关的所有学科活动获得的，而不是通过日常生活自然形成的，它是可教育的素养，而且是必须通过与该学科相关的教育才能获得的素养。例如，信息技术学科核心素养应是最能体现信息技术学科价值的关键素养，是学科固有的，是不应该通过其他学科的学习能够替代的；信息技术学科核心素养应是学生在学习过程中形成的解决实际问题所需要的信息意识、计算思维、数字化学习与创新和信息意识。

4. 人本性

学科核心素养是以人为本的，不只是为了学科学习或为了成为学科后备人才所需要的学科知识和技能。对于个体而言，学科核心素养是为了满足学生今后学习、工作和生活的需要；对于社会而言，学科核心素养是为了满足社会的健康发展和持续进步的需要。所有的教育都应该指向人，使学生视野开阔、兴趣广泛，产生对知识和真理的渴望，形成一种崭新的思维方式，最终让学生成为文明的人、有教养的人、有健全人格的人[①]。

（三）STEM相关学科核心素养

学科核心素养是学科本质与学科育人价值的体现，学科教学对人的核心素养的形成与发展起着举足轻重的独特作用。为真正落实学科核心素养，我们必须正确理解和认识各学科核心素养及其关系。2017年高中课程标准提出了各学科的核心素养标准，在此展开介绍与STEM课程相关学科的学科核心素养。

1. 科学类学科核心素养

学科课程体系中的科学教育一般由物理、化学和生物课程组成。科学类学科核心素养包含物理学学科核心素养、化学学科核心素养和生物学学科核心素养。

物理学学科核心素养是学生在接受物理教育过程中逐步形成的适应个人终身发展和社会发展需要的必备品格和关键能力，是学生通过物理学习内化的带有物理学学科特性的品质，是学生科学素养的关键成分，主要包括物理观念、科学思维、科学探究、科学态度与责任四个方面。化学学科核心素养是高中学生发展核心素养的重要组成部分，是学生综合素质的具体体现，反映了社会主义核心价值观下化学学科育人的基本要求，全面展现了化学课程学习对学生未来发展的重要价值。化学学科核心素养包括宏观辨识与微观探析、变化观念与平衡思想、证据推理与模型认知、科学探究与创新意识、科学态度与社会责任五个方面。生物学学科核心素养包括生命观念、科学思维、科学探究和社会责任。

---

① 王开东. 教育，病在何处?——反思“人的教育”与“培养人才”[J]. 河南教育，2011，(10)：27-30.

科学类学科核心素养是在物理学学科核心素养、化学学科核心素养和生物学学科核心素养的基础上的总结与提炼，是对科学类学科核心素养的概括与升华。科学类学科核心素养可概括为：科学观念、科学思维、科学探究、科学态度与责任四个部分。科学观念层面强调培育学生认识世界的意识；科学思维层面关注学生“建模”“推理”“论证”“质疑”等思维能力培育；科学探究层面重视学生对方法论的掌握，将理论引向实践；科学态度与责任层面是核心素养所强调的情意态度上的培育，关注学生科学态度的养成，以及严谨认真、实事求是的责任感的建立。科学类学科核心素养培育目标旨在培育学生科学探究、勇于实践、尊重事实、脚踏实地的意识，授予学生探索世界的基础，是学生个体健全发展的重要基础之一，是个体在未来社会生存的重要支撑。

2. 数学学科核心素养

数学学科核心素养是数学课程培养目标的重要载体，代表着具有数学本质特征的、适应个人终身发展和社会发展需要的思维品质、关键能力以及情感、态度与价值观的总和，主要包括数学抽象、逻辑推理、数学建模、直观想象、数学运算、数据分析等六个方面，六者相互独立又相互交融，共同形成一个有机联系的整体。

数学学科核心素养的本质在于“三会”：会用数学的眼光观察世界，即数学抽象与直观想象；会用数学的思维思考世界，即逻辑推理与数学运算；会用数学的语言表达世界，即数学建模与数据分析[①]。其中，数学抽象与直观想象主要表现为通过数量关系与空间形式感知事物的形态与变化，并抽象形成数学概念与命题来表征事物的特征、关系与变化规律。两者综合体现了认识事物和理解数学的思维特征，因此又被称为数学思维素养。逻辑推理与数学运算主要表现为从一些事实和命题出发，依据基本运算规则或相关原理推出其他命题，又被称为数学方法素养。数学建模与数据分析是数学工具素养必备的两部分核心素养，要求能运用数学知识与方法针对个人与社会发展需要，基于情境来发现和提出问题、分析和解决问题，是具备数学工具素养的人所必备的应用意识、创新观念以及相应的数学应用和创新能力[②]。实质上，数学学科核心素养所具备的跨学科应用特质已经促使它超越学科的界限，成为科学、技术与工程等众多领域所必需的基础思维、探究方式与研究工具，全面支撑着STEM课程的融合。

3. 技术类学科核心素养

针对已有学科，我们将技术类学科聚焦于通用技术、信息技术学科以及劳动教育相关学科。通用技术学科核心素养主要包括技术意识、工程思维、创新设计、图样表达、物化能力五个方面；信息技术学科核心素养包括信息意识、计算思维、数字化学习与创新和信息社会责任四个方面；劳动教育总体目标包括“树立正确的劳动观念”、“具有必

① 史宁中，林玉慈，陶剑，等．关于高中数学教育中的数学核心素养——史宁中教授访谈之七[J]．课程·教材·教法，2017，37(4)：8-14.

② 宁锐，李昌勇，罗宗绪．数学学科核心素养的结构及其教学意义[J]．数学教育学报，2019，28(2)：24-29.

备的劳动能力”、“培育积极的劳动精神”及“养成良好的劳动习惯和品质”四个方面。技术类学科核心素养围绕“技术工具”发散提升，包含但不限于使用技术的知识、技能；整合运用工具所必备的思维、实践能力；以及基于社会环境所必需的应用技术的责任态度。其代表着技术类学科的学习方向，体现了技术为人类生存与适应社会提供的价值与财富。其能量在于使用技术者的意识与能力，是时代变迁与科技发展的共同产物，技术类教育对提高全民技术素养、推动社会进步具有重要作用。

STEM是一个多学科交叉的研究领域，它主要涵盖科学、技术、工程和数学四大领域，深入研究各学科核心素养是教师理解一般核心素养的基础，二者相互成就，共同发展，各学科核心素养之间同样存在着支撑、催化、相互理解的作用，其所隐含的就是对跨学科知识技能与态度的重视，为了未来社会的健全发展应当综合开展STEM教育。

第二节　核心素养引领STEM课程变革

一、以核心素养为导向的STEM课程整合

随着人工智能、光电技术、生命科学技术、新能源和新材料等高新技术产业的蓬勃发展，人类正在逐步迈向知识经济和智能制造时代，培养掌握现代科技并具有创新能力的复合型创新人才成为当前乃至今后一段时期教育工作的重中之重。STEM课程作为培养复合型创新人才的有效途径，将科学、技术、工程和数学四门学科进行有机融合。在目标上，突出创新意识、实践能力和综合素养的培养；在内容上，基于学科、面向现实、打破边界；在方式上，注重实践、支持多样、倡导融合，已成为我国进一步深化课程教学改革、创新人才培养模式、提升学生综合素质的重要抓手。

当前，我国STEM课程的开展仍面临诸多问题。在课程理论上，缺乏清晰的统一认识与理论指导，STEM课程研究的深度与系统性严重欠缺；在课程形式上，现有的一些STEM课程只重视外在教学形式上的整合，忽略跨学科知识的渗透，课程开发呈现零散的状态，未成体系，难以促进学生的深度学习；在课程内容上，有些课程整合视野窄化，缺乏整体性，陷入一种机械的、简单的拼盘模式，成为“伪整合”的课程，找不到各学科之间的融合点，最后就变成了为跨学科而跨学科的多学科“大杂烩”；在课程设计上，STEM课程与教学大纲以及评价体系的设计仍是一种挑战；在课程实施上，因为我国基础教育长期陷于“应试”陷阱，缺乏工程与技术方面的教育经验，以往的实践经验难以移植到STEM领域，而从国外引入的课程不符合国内价值观或实践条件，出现水土不服的情况等，亦不堪大用①。从整体上进行分析，这些状况皆源自我国的STEM课程设计缺乏目标导向，导致人们不懂得该如何去设计STEM课程。

目前，STEM课程尚无系统健全的课程标准，STEM课程设计及实施缺少相应的目

---

① 杨开城，李波，窦玲玉，等. 应用LACID理论进行STEM课程开发初探[J]. 中国电化教育，2020，(1): 99-108.

标导向。但是，STEM课程绝不能因此而悬置于国家课程之上，否则将如空中楼阁，毫无根基，成为生搬硬套的课程，这也是造成目前STEM课程乱象的根本原因。从课程本质上看，STEM课程作为一种课程形式，本质是用来培养人的，因此必须符合我国的社会发展需求，符合国家所规定的课程培养目标，即核心素养的培养；从教育本质上看，核心素养与STEM课程具有相同的内在特性，其本质都在于摆脱学科及知识的桎梏，使得教育回归于人，关注于个体适应终身发展和社会需要的必备品格和关键能力；从学科融合上看，核心素养作为学校课程的灵魂，有助于学科边界的软化以及“学科群”及“跨学科”的勾连，为打破分科主义、消解碎片化的以知识点为中心的灌输，提供了视野和机会[①]；从课程设计上看，核心素养是学科的上位概念，适用于所有学科内容，可作为课程整合模式的上位概念，垂直连贯各教育阶段的学科课程，并横向整合数学、自然科学等学校课程，建置以“核心素养”为核心理念的K-12年级课程的衔接与整合，培养学生的知识、能力、态度，使其具备公民所需的核心素养[②]。STEM课程作为培养学生核心素养的具体实施路径，是把核心素养付诸实践的重要推动力，同时，STEM课程的开展也会为核心素养提供反馈，在一定程度上丰富核心素养的理论体系，促使学生通过实际的跨学科学习体验，反思存在的问题，比如，哪些核心素养比较难达到、需要重点培养，哪些核心素养内容有需要进一步完善的地方，等等[③]。将核心素养作为开展STEM课程的指导思想，不仅是教学目标和具体课程相互衔接、彼此完善的需要，同时也是在课程理论和教学实践之间建立联系，促使理论指导实践，实践进一步丰富理论的必然要求[②]。

目前，建立系统化的STEM课程设计体系已成为推动我国STEM课程发展的首要问题。在以核心素养为导向的STEM课程设计过程中，不仅需要理解整合的原理，更重要的是进行整合的方式，即在核心素养的引导下，建立从宏观价值立场、中观整合模式至微观课程设计的整体规划，充分发挥课程整体育人的实质功效，发挥核心素养在整个STEM课程设计过程中的引导性作用。

课程整合作为STEM课程的核心特征，代表着基于一定的逻辑基础使原本分化的课程形成有意义的整体的过程。课程整合立足点的不同，将造成课程整合的内涵及实践的差异。从整体上看，课程整合主要由学科逻辑、儿童逻辑、社会逻辑三种逻辑所支配[④]。在国内，受这三种逻辑的影响，钟启泉教授从课程的知识属性、人本属性、社会属性三个不同角度，提出了学科知识整合、学习者中心整合、生活经验整合三种STEM课程整合取向，认为三者相互联系、相互补充，应结合实际情况配合使用。中国学生发展核心素养作为学生应当具备的、能够适应终身发展和社会发展所需要的必备品格和关键能力，以“全面发展的人”为核心，共分为文化基础（人文底蕴、科学

---

① 钟启泉．基于核心素养的课程发展：挑战与课题[J]．全球教育展望, 2016, 45(1): 3-24.

② 蔡清田．核心素养与学校课程的连贯与统整[J]．全球教育展望, 2017, 46(1): 24-34.

③ 秦德增，秦瑾若．核心素养视角下的STEAM跨学科融合模式研究[J]．教育理论与实践, 2018, 38(22): 52-56.

④ 刘登珲．促进核心素养有效转化的课程统整策略探讨[J]．教育发展研究, 2018, 38(6): 40-47.

精神)、自主发展(学会学习、健康生活)、社会参与(责任担当、实践创新)三个方面，分别对应着人与知识、人与自我、人与社会。因此，面向核心素养的 STEM 课程需要从学科、儿童、社会三方面综合考虑、有机整合，以实现学科价值、育人价值与社会价值的统一。

【拓展阅读】 课程整合逻辑

整合逻辑	关注点	代表类别	代表学者
学科逻辑	课程内容的组织程度： 学科知识及知识内在组织的联系性和严密性，即旨在追求学科知识内在逻辑的体系化	平行学科课程、科际整合课程、整合日、完全整合方案	H. Jacobs①
		分立、联结、窠巢、并列、张网、共有、整合、线串、沉浸、网络	Robin Fogarty②
儿童逻辑	课程整合的育人价值： 学习内容与儿童经验领域、学习方式与儿童认知方式的契合，即旨在追求学科体系的心理化改造	相关课程、广域课程、核心课程、活动课程	T. Stephen and L. Stephen ③
		多学科主题课程、广域课程、教师和外部人员参与的科际整合课程、师生共同规划的科际整合课程、学生自我探究的整合课程	C. J. Mash④
社会逻辑	课程整合的社会价值： 通过儿童与社会融合的课程设计来培养儿童适应社会、改造社会的能力，进而实现人与社会的整合，即旨在追求社会文化的传承、社会问题的解决及社会参与技能的习得	相关课程、融合课程、结构化核心课程和非结构化核心课程	G. F. Vars⑤

二、以学科为引领的 STEM 课程整合模式

(一)立足学科开展 STEM 课程

从发展历史来看，STEM 课程经历了由分科课程阶段、多学科阶段、学科间阶段至如今的跨学科融合阶段的演进过程⑥。而当 STEM 课程作为一种相对成熟的融合性课程形式引入中国时，我国所面临的是由分科的起点直接走向融合，并且是分科与融合并存

---

① Jacobs H. Interdisciplinary Curriculum: Design and Implementation[M]. Washington: Association for Supervision and Curriculum Development, 1989: 99-101.

② 刘登珲. 美国综合课程改革指导框架、实施路径与借鉴[J]. 比较教育研究, 2019, 41(12): 94-100.

③ Stephen T, Stephen L. How dry is the desert? Nurturing interdisciplinary learning[J]. Educational Leadership, 1993, 51(1): 79.

④ Marsh C J. Key Concepts for Understanding Curriculum[M]. London: Routledge Falmer, 2004: 45.

⑤ Vars G F. Common learnings: a 50-year quest[J]. Journal of Curriculum and Supervision, 2000, 16: 70-89.

⑥ 唐烨伟, 郭丽婷, 解月光, 等. 基于教育人工智能支持下的 STEM 跨学科融合模式研究[J]. 中国电化教育, 2017, (8): 46-52.

的局面。因此，在这种情况下，厘清 STEM 课程与分科课程之间的关系，寻找 STEM 课程与分科课程之间的平衡点成为探索学科融合的关键。当前，STEM 课程主要包括两种融合模式：①以学科为引领，在现有的学科界限基础上，通过跨学科大概念等方式连接其他学科以实现课程融合；②完全打破学科界限，根据新的理念重构课程融合体系。从学科界限上来看，这两种融合模式更像是一个将学科界限逐渐缩小的连续体。如果将完全打破学科界限的 STEM 课程作为未来理想的课程模式的话，那么立足于学科开展 STEM 课程融合则是连接学科课程与 STEM 课程的过渡阶段，是迈向理想课程形态的必经之路。

1. 科目主题中心整合论

立足于学科开展整合的思想来源于赫尔巴特学派所提出的“科目主题中心整合论”，该理论也是整合性课程的思想起源。赫尔巴特（J. F. Herbart）是 19 世纪著名的教育家、心理学家和哲学家，是科学教育学的奠基人。赫尔巴特及他的继承者所组成的学派被称为赫尔巴特学派。赫尔巴特针对 19 世纪中后期分科课程的弊端，以统觉心理学为理论基础提出了科目主题中心整合课程。其后，他的弟子齐勒（T. Ziller）和赖因（W. Rein）系统化和具体化了他的思想，并在实践中实现了科目主题中心整合论。

赫尔巴特的教育思想是围绕教育目的展开的，科目主题中心整合论并不是突兀地产生的，而是衍生自赫尔巴特从教育目的到教育方法的推演过程，是在特定的历史阶段和时代背景下，经过对教育目的的剖析、教育问题的分解而产生的教育手段和解决方法。赫尔巴特认为我们可以将教育唯一的任务和全部的任务概括为这样一个概念——道德，他还进一步指出：道德，普遍地被认为是人类的最高目标，因此也是教育的最高目标。[①]教育不仅需要传承知识，还需要塑造学生的性格与德行，培养他们的价值观与使命感。但是“为了达到这个最终目的，教育必须包含较近的目的，这个较近的目的可以表达为‘多方面的兴趣’”[②]，道德的根基在多方面兴趣之中。教育需要根据儿童与社会的未来发展需要，通过广泛的、相关的系统性知识，激发学生对于知识的多方面兴趣，从而形成完整的思想范围，并据此构建自己的性格和德行。以知识影响情感和意志，以情感和意志影响德行，最终达成美德可教。

基于多方面兴趣，赫尔巴特建立了内容广泛、门类多样、安排系统的课程范围，并将统觉论作为选择课程内容的基本原则。赫尔巴特认为唯有在范围广泛且关联较强的系统性知识的基础上才会产生多方面兴趣[③]。因此，他以培养学生的多方面兴趣为目标，确立了以历史与自然科学为主线的课程内容，希望能够综合提升学生对于人类、社会与自然现实的认识，并首次将自然科学引入学校课程，确立了近现代基础教育课程体系的基本组成。在课程内容的选择与编排上，赫尔巴特主张课程内容

---

① 成尚荣. 道德教师是教师的第一身份[J]. 中国德育, 2020, (5): 15-19.

② 赫尔巴特. 赫尔巴特文集（第三卷）[M]. 李其龙，郭官义，等译. 杭州：浙江教育出版社, 2002: 217.

③ 黄华. 赫尔巴特[M]. 北京：北京师范大学出版社, 2012: 44.

必须与儿童的兴趣与经验相一致，并且符合儿童的认知规律（即统觉原理）。赫尔巴特认为“认识是通过观念系统来表达的”（观念，即 idea，也可译为概念或表象），人的认识就是将事物呈现于感官，并通过观念在意识中描述认识对象。而统觉就是通过与已有的观念建立联系，将新观念从感知对象同化或吸收为观念团。或者说是学生在原有的知识基础上整合对于新知识的认识，进而掌握新的知识。在统觉的作用下，学生头脑中一些分散的观念将逐渐得以整合、补充和改造，最终成为一个各部分相互关联统一的观念系统，即形成思想范围，并根据思想范围构建自己的性格和德行，形成将知识与思维相联系，并从思维通达素养的提升之路。赫尔巴特认为教育中的认识活动就是统觉的过程，因此课程内容的设置应当重视新旧知识的纵向衔接与各学科知识的横向整合。

赫尔巴特提出统觉论的时候，正是学科课程在欧洲独占鳌头之时，他看到了“学校中的每个学科似乎就像摆在不同书架上的书一样”，并为“学生每天花时间学习每门学科，却没有产生知识的混乱”而感到惊讶。但随着知识的激增，新增加的科目被纳入到学校教育中，学生学习时间的有限性和知识增长的无限性之间的矛盾凸显。为了解决这个矛盾，赫尔巴特提出了科目主题中心整合课程。首先，他强调了集中（concentration）课程组织原则，即将某一学科（如历史或文学）置于课程的中心地位。他认为这符合观念的运动规律和人类的认知习惯，同时也将在很大程度上克服知识急速增长所造成的课程内容组织问题；其次，赫尔巴特认为各学科之间应该有联系（correlation）。他认为如果各门知识之间是孤立的、互不关联的，那么这种知识就会使学习受到阻碍。相关不仅仅能使学习更富有意义，增加学生的学习兴趣，而且还可以使集中成为可能。离开了各学科的相关，就谈不上集中。因为人是一个整体，其发展是多方面的。教育作为影响人的发展的外部因素同样应当是一个整体，其需要有一个整体有机联系的结构①。赫尔巴特所提出的科目主题中心整合课程将儿童、知识和社会三个向度纳入课程设计的考虑范畴，一方面强调课程内容的选择应当与儿童的经验和兴趣相一致，另一方面又强调传授系统的学科知识、注意学科知识的逻辑序列，同时还强调课程内容与社会当下生活相联系。

齐勒和赖因继承并发扬赫尔巴特的思想，并在实践中将赫尔巴特的思想简明化、具体化。齐勒基于赫尔巴特的科目主题中心整合课程，提出了中心整合法（concentration centers）和文化史阶段论（cultural epochs）。中心整合法是指围绕主题组织课程，文化史阶段论提出了主题间关联的思想。齐勒继承了赫尔巴特的课程思想，他认为借助一定学科才能实现真正的整合，他认为儿童的成长过程与人类从野蛮时代到文明时代的演变是相同的，所以根据人类历史发展的顺序来设置课程，将历史作为整合的中心并直接或间接地同其他学科相互联系。赖因是齐勒的学生，在德国国民学校的教学上实现了齐勒的历史中心整合课程的设想。赖因把科目划分为两大学科群：人类生活（包括历史、人文科学）和自然生活（包括地理、自然和数学等自然科学）。

在 19 世纪末 20 世纪初的时候，赫尔巴特教育思想跨越国门传播至许多国家，其中

① 黄华. 赫尔巴特[M]. 北京: 北京师范大学出版社, 2012: 53.

美国深受影响。美国的赫尔巴特学派赞同赫尔巴特的统觉理论，认为人的思想是由相似的观念互相联系而形成的观念群，并提出个别观念与一般观念的思想。他们认为个别观念是由感官获得的外在事物表象的概念，一般观念则是由大脑在感性认识的基础上经过逻辑思维而获得的抽象概念。从个别观念到一般观念的过程，也就是从形象化到抽象化的过程，即统觉过程。同时，美国赫尔巴特学派针对“集中”与“相关”思想进行了深入的探讨，并明确“相关”意味着课程之间自然而然的关系或者联系；而“集中”则是指相互关联的课程中的核心。但是与传统的赫尔巴特思想不同的是，美国赫尔巴特学派虽也看重历史和文学的独特地位，但也同样注重对于地理、自然科学等学科的学习，认为学校课程需要调和它们的关系来满足现实的需要。

赫尔巴特及赫尔巴特学派的整合课程是在分科形式下实现的整合，以学科为中心来组织其他科目，实现科目间的有机联系，使学科课程在分科课程的形式下各科内容能够有机地联系起来。由此可见，赫尔巴特及赫尔巴特学派关于整合课程的核心思想有二：①整合课程是以统觉心理学中统觉具有整合作用为理论基础；②课程整合需要选择中心学科，其他学科围绕整合中心选材，从而实现课程横向结构与纵向结构的整合[①]。

2. 以学科引领STEM课程整合

当前，信息技术、生物技术、新能源、新材料等领域的交叉融合正在引发新一轮的科技革命和产业变革，技术的突破打破了学科壁垒，呈现了跨学科融合的特点。作为实现科技创新最关键的因素——人才，也需具备跨学科融合的知识与技能，来进一步支持创新与创造。目前，我国学校教育仍以学科教学为主，但是，传统学科课程的理念及实施方式存在着以下几个弱点：第一，学科课程过于强调“本学科”的知识，这种“学科本位主义”切割了知识之间的关系，让各种知识彼此孤立，彼此失去了联系，有价值的知识容易被“屏蔽”；第二，学科课程过于强调知识的获取，主要围绕“知识点”进行教学，对真实的生活情境和生活问题漠然置之，造成学生极易产生学习的“无意义感”，失去探索的兴趣，也难以形成解决问题的能力；第三，学科课程本身是知识权威和学科专家进行构建的结果，一线教师只能以讲授为中心实施教学，学习的主体——学生则处于最底层，难以主导自己的学习过程，失去过程的学习让“人”的品格成长处于虚空状态[②]。由此可见，传统的分科课程及其教学方式不足以完全承担起培育学生核心素养的使命。在深化课程改革的过程中，“增强整体性，强化各学段、相关学科纵向有效衔接和横向协调配合”“开展跨学科主题教育教学活动，将相关学科的教育内容有机整合”将成为我国基础教育课程改革的方向，“课程整合”正成为培养学生核心素养的重要途径[②]。

① 徐银燕. 赫尔巴特学派的整合课程思想及其对当前我国整合课程的启示[J]. 广州广播电视大学学报, 2002, (2): 14-20, 29.

② 柴纯青. 课程整合：让素养落地[J]. 中小学管理, 2016, (10): 1.

学校进行课程整合实践是新一轮基础教育课程改革推动的结果，但是这项实践的有效开展需要实践者遵循基础教育课程发展的规律，借鉴已有的课程整合相关理论，来谨慎地设置课程目标，系统地规划课程方案。然而，当前课程整合的实践主体之间缺乏沟通与合作，单一主体的实践活动开始遭遇现实困境，并出现课程建设意识淡薄，运行过程形式化和实践结果偏离等问题[①]。首先，教师将课程定位为教材，忽略了课程本身所包含的课程内容设计、课程实施与评价等深层次含义，使得课程的整合仍然是学科教材的整合，对于课程整合缺乏理解。其次，在目前的学校课程整合实践中，部分教师习惯于传统教学方式，缺乏主动性，使得课程整合趋于形式化，以整合为名，实为学科教学。最后，由于教师课程建设意识淡薄，对政策的理解较为肤浅，迫于国家课程改革要求和上级部门督导，不得不参与到课程整合行列中来，同时由于地方教育主管部门迫切希望所辖中小学做出改变，中小学管理者也迫切希望快速形成自身特色，教师仓促地寻求课程整合的结果，使得学科内容组合生硬，偏离学科本位；学科之间机械拼盘，忽视学科功能；学段课程之间衔接不当，增加学生学习负担。

在这些现实背景下，解决问题的关键在于找到学科课程与整合型课程的平衡点，将课程整合落地。赫尔巴特学派的科目主题中心整合论对于当前我国停滞不前的整合课程来说，毫无疑问地起到了“点金术”的作用。在课程目标上，科目主题中心整合论以统觉为基础，将知识与思维相联系，并从思维通达素养，为建立面向核心素养培养的整合型课程提供了理论支撑。在课程内容上，采取以学科为引领的跨学科整合方式。以学科为引领，遵循观念的运动规律，贴合人类的认知习惯，克服急速增长的知识与有限的学习时间之间的矛盾，保证课程内容的逻辑结构和知识的系统性。跨学科整合使得学习更富有意义，贴近现实世界中的真实情境，增加学生的学习兴趣，并为学科引领提供可能，帮助学生理解如何将各学科核心素养汇聚升发成应具备的、能够适应终身发展和社会发展需要的必备品格和关键能力，即核心素养这一总体目标。

面向核心素养的STEM课程作为典型的整合型课程，不是简单的科学、技术、工程和数学四门分支学科的综合，而是在科目主题中心整合论的指导下，以核心素养为导向的基于学科特征的具有整合特性的课程。即保留学科的特点，以核心素养为目标，立足学科开展STEM教育，从科学、技术、工程和数学的角度出发进行主导课程教学，培养具有广博知识的、能根据现实情景把知识应用到社会与个人相关问题上的人。该课程形式几乎不需要适应我国当前以分科课程为主的课程结构，可以在保留每个学科独立性的基础上，立足于学科寻找融合点。通过分析科学、技术、工程和数学学科中最基本的学科知识和概念结构，找到不同学科知识点之间的连接点与整合点，将分散的课程素材按跨学科的问题逻辑结构化，生成整合课程。

---

① 高嵩. 学校课程整合的现实困境与改进路径[J]. 当代教育科学, 2016, (13): 20-24.

【拓展阅读】 STEM 教育的四种模式[①]

模式	目标	基本步骤
验证型	让学习者通过综合运用 STEM 知识验证一个学习者已经明确的结果，其核心是学习者的验证过程和方法而非结果	（1）明确问题 （2）设计方案 （3）评估方案 （4）实施方案 （5）分析数据 （6）分享反思
探究型	让学习者通过综合运用 STEM 知识去发现并解释某些学习者未知的现象，其核心是学习者的探究过程及结果	（1）发现问题 （2）收集证据 （3）分析数据 （4）解释结论 （5）分享反思
制造型	让学习者通过综合运用 STEM 知识去完成一个已有形态物品的生产和改良，其核心是学习者的工程实践能力的培养	（1）情境引入 （2）设备培训 （3）模仿制造 （4）知识讲解 （5）协同改进 （6）分享反思
创造型	让学习者通过 STEM 知识的综合运用去完成一个创新物品的设计和制造，其核心是创新的设计	（1）情境引入 （2）创新引导 （3）协调设计 （4）制造验证 （5）应用改进 （6）分享反思

在基础教育阶段，可以采取以下三种方式开展 STEM 课程：①在不同学科课程的必修部分通过开设短期的 STEM 单元或模块，来提高学生的基本学科素养和问题解决能力；②在不同学科的选修课中通过独立开设 STEM 课程，来加强各学科的应用性和拓展性；③尝试在综合实践活动或校本选修课中开设 STEM 课程，以此来打破学科边界，培养学生专注探究某一专题的习惯[②]。但是面对学校教育体系中学科教学的现状，以学科教学的

① 傅骞，刘鹏飞. 从验证到创造——中小学 STEM 教育应用模式研究[J]. 中国电化教育，2016, (4): 71-78, 105.

② 杨晓哲，任友群. 数字化时代的 STEM 教育与创客教育[J]. 开放教育研究，2015, 21(5): 35-40.

方式融合其他学科知识与技能，是目前学校开展 STEM 课程、培养高质量的创新型的复合型人才、将 STEM 真正落地的根本途径。

（二）核心素养导向的 STEM 课程整合模式

在核心素养的引导下，结合学生的认知发展特征及学科的课程组织方式选择适当的 STEM 课程整合模式，是在中观层面落实 STEM 课程设计的重要举措。

核心素养是一以贯之于学生的学习生涯中的，学生各年龄阶段认知特点不同，在各学段的表现方式也存在差异。在小学阶段，学生思维水平、认知方式尚未完全分化，以整体认知为主，该阶段的核心素养主要通过操作、展演、交流、设计等实践性活动表现来展示，此时的 STEM 课程主要通过甄选各类主题、项目、活动等方式来促进核心素养的有效转化。在初高中阶段，随着学生认知水平的深化，学生需要超越直观经验的局限性上升到理性认知，学生核心素养不仅表现为经验性实践能力，更表现为一定的抽象反思能力、问题解决能力及现实迁移能力，在此阶段不仅应当重视学生的核心素养，还要重视学科核心素养的习得，在重视综合能力发展的同时重视系统的学科知识，即在回归学科教学的基础上，立足于学科开展 STEM 课程，通过进一步地考虑该阶段的学科组织形式及学校教育要求，选择更加适应于学校课程系统的 STEM 课程整合模式。

在 STEM 课程中，各学科因为学科属性的差异，在 STEM 课程的设计及实施过程中发挥着不同的作用。科学（S）的本质在于认识世界，解释自然界的客观规律；技术（T）和工程（E）的本质在于在尊重自然规律的基础上改造世界，实现对自然界的控制和利用，并解决社会发展过程中遇到的难题；而数学（M）则是技术与工程学科的基础。在相互关系上，数学和科学概念知识的习得可以加强对技术和工程的理解。技术作为科学和数学的产物，其发展需要科学和数学的支撑，而工程则是数学和科学整合的载体。虽然技术和工程都是以问题解决为核心，但是技术依赖数学和科学，而工程依赖数学、科学和技术。此外，科学、技术之间也相辅相成，如技术的研究（原理、知识基础）依赖科学，而科学也同样需要技术作为工具来测试、实验、验证理论与原理。对应到学校课程体系中，科学包含了物理学、化学、生物学学科（自然科学三大基础学科），技术代表了信息技术学科、通用技术学科与劳动教育，工程是基于数学和科学学科，融合技术的实践应用，数学则代表了数学学科。

1. 面向学科核心素养的相关课程整合模式

核心素养是教育目的的具体体现，是连接宏观教育理念、培养目标及课程与教学目标的关键环节[①]。核心素养作为课程目标的来源，建构了从核心素养到学科核心素养、课程标准，再到单元或课时目标的层级体系。在 2017 年我国所发布的《普通高中学科课程标准》中，各学科基于学科本质凝练了本学科的核心素养，明确了学生学习该学科课程后应达成的正确价值观念、必备品格和关键能力，对知识与技能、过程与方法、情感态度价值观三维目标进行了整合。学科核心素养作为连接核心素养与课程教学的纽带，是

---

① 林崇德. 构建中国化的学生发展核心素养[J]. 北京师范大学学报(社会科学版), 2017, (1): 66-73.

将核心素养落实于学科教学的具体路径及手段，也是核心素养在学科上的具体体现，是核心素养最为关键的组成部分。如果将核心素养比作新时代新人形象的“蓝图”，那么各学科核心素养就是支撑这幅蓝图得以实现的关键“构件”①。

无论是核心素养还是 STEM 课程，其培养与实施最终均需落实于学科教学之中。STEM 课程作为一门将科学、技术、工程及数学学科进行有机整合的课程，本质就在于学科整合。学科核心素养作为学科育人价值的集中体现，它既是一门学科对人的核心素养发展的独特贡献和作用，又是一门学科独特教育价值在学生身上的体现和落实。学科核心素养使得学科教学超越学科内容，真正地回归于人，聚焦于学科对于个人发展的意义和价值，也使得跨学科的内容融合提升为跨学科育人功能的融合，为以学科为引领的 STEM 课程的设计及实施提供了明确的方向。

由于工程是一项复杂的活动，因此它无法与独立的学科相对应，而需将其作为一个综合性的整体来单独考虑。以学科为引领的、面向学科核心素养的相关课程整合模式，将科学、技术与数学作为引领 STEM 整合的核心学科，在保留学科的独立性的基础上，通过课程内容的协调和规划，增强 STEM 学科之间的联系，立足于学科开展 STEM 课程整合。该整合模式将学科核心素养作为目标导向，在发挥各学科独特育人价值的基础上，充分发挥学科间综合育人的功能。立足于个人及社会的发展需要，让 STEM 课程超越学科内容的融合，提升至对于学生学科间思维品质、关键能力以及情感、态度与价值观的融合，进而实现学科、儿童与社会三个方面的有机统一。在促进学生各 STEM 学科核心素养的融合与提升的同时，进一步地促进学生核心素养的全面发展。

从相关课程融合的角度可将 STEM 课程分为 S 型 STEM 课程、T 型 STEM 课程以及 M 型 STEM 课程。其中 S 型 STEM 课程又细分为以物理学学科为核心的 S 型 STEM 课程、以化学学科为核心的 S 型 STEM 课程、以生物学学科为核心的 S 型 STEM 课程以及学科融合的 S 型 STEM 课程。面向学科核心素养的相关课程融合（即 S 型 STEM 课程融合、T 型 STEM 课程融合、M 型 STEM 课程融合）主张以学科观念重组学科内容，以现实主题创设课程情境，共同促进学生 STEM 学科核心素养的培养。

2. 面向核心素养的广域课程整合模式

工程是从人类需求出发，运用科学、技术、数学等进行设计以解决实际问题和制造产品的社会活动。工程不同于科学、技术与数学，它在基础教育阶段并无与之相对应的学科课程。但是，工程作为应用数学、科学、技术领域的概念来系统地解决复杂问题的生产实践活动，与其他整合方式相比，其本身就具有高度的综合性及复杂性，是一门典型的 STEM 课程。以工程为引领的、面向核心素养的广域课程整合模式，利用工程的社会性、综合性及系统性优势，通过工程情境融合数学、科学和技术领域的观念、技能和思维，将 STEM 学科整合为一个有机联系的整体，为提升学生的综合素质、培养学生的核心素养提供了丰富的情境和充分的空间。它在培养目标上指向数学、科学和技术领域各学科素养的总括和综合，目的在于提升学生的中国学生发展核心素养，引导学生站在

① 钟启泉. 基于核心素养的课程发展: 挑战与课题[J]. 全球教育展望, 2016, 45(1): 3-25.

综合性的视角上去思考、理解及解释世界，寻求解决现实问题的方案。面向核心素养的广域课程融合模式（即 E 型 STEM 课程）主张通过现实主题重组课程内容，融合相关学科观念，解决工程问题，促进学生核心素养的培养。

三、指向核心素养的 STEM 大单元设计

目前，国际课程改革的发展具有以下特点：关注学生发展，强调培养适应现代社会所需的能力；强调课程的整合性，注重学科之间的相互融合；在课程中融入了质量评价标准，强调问责；强调教育管理权力的下放与课程评价权力的集中[①]。各国课程改革均在强调学科融合以及核心素养的培养。

中国学生发展核心素养作为可把握的教育目标实体以及课程目标的来源，已成为当前课程发展的中心与起点。所有课程共同承担核心素养的培育，每门课程承担了适合各自课程特征的部分核心素养要求（如学科核心素养）。课程所对应的学科或学习领域除了指向自身课程目标之外，还需要指向作为整体的核心素养，并作为核心素养培育的载体。指向核心素养的课程发展立足于个人成长与社会发展的需要，以组织化的学科内容为载体，教学与评价实施指向核心素养[②]。核心素养作为课程育人的共同目标，是指通过学习而获得的结果。就目标层级而言，它居于中间一层，上接教育目的或方针，下连课堂的教学目标。目的、素养与目标构成课程育人目标从抽象到具体的体系，根据体系发布与核心素养相配套的一系列课程、教学与评价改革的政策。没有这些配套的改革举措，核心素养是落不了地的[③]。多年来我国一线教师大多满足于“课时主义”，并不理会“单元设计”。然而在“核心素养—课程标准（学科素养/跨学科素养）—单元设计—学习评价”这一环环相扣的教师教育活动的基本链环中，单元设计处于关键的地位[④]。

学科核心素养是核心素养在学科层面的具体体现。指向学科核心素养的大单元设计是学科教育落实立德树人、发展素质教育、深化课程改革的必然要求，也是学科核心素养落地的关键路径。它对改变当前“高分低能、有分无德、唯分是图”的育人结果，对改变以“知识点、习题项、活动控”为标志的课堂教学，及其导致的师生“忙得要死却碌碌无为”的现状，具有重要的理论价值与现实指导意义[⑤]。

单元设计既是课程开发的基础单位，也是课时计划的背景条件。单元设计是课时计划的指引。“课时主义”把教学内容碎片化地当作知识点来处置，缺乏“全局性展望”——教师在上某一节课时必须瞻前顾后：这节课同以往的课时教学内容有着怎样的联系、往后的课时又将怎样展开。单元设计意味着打破“课时主义”的束缚。单元设计中的决定性环节是基于“核心素养”整合不同的“教学方略”。不管哪一种教学方略，“核

---

① 辛涛, 姜宇, 王烨辉. 基于学生核心素养的课程体系建构[J]. 北京师范大学学报(社会科学版), 2014, (1): 5-11.

② 崔允漷, 邵朝友. 试论核心素养的课程意义[J]. 全球教育展望, 2017, 46(10): 24-33.

③ 崔允漷, 冯生尧. 普通高中课程改革: 世界性的课题与经验[J]. 全球教育展望, 2018, 47(10): 29-38.

④ 钟启泉. 基于核心素养的课程发展: 挑战与课题[J]. 全球教育展望, 2016, 45(1): 3-25.

⑤ 崔允漷. 学科核心素养呼唤大单元教学设计[J]. 上海教育科研, 2019, (4): 1.

心素养”都是共同的追求与最大的优先事项[①]。

当前，STEM 课程呈现出两种课程设计取向：内容融合与情境融合。内容融合与情境融合是就融合的“重要概念”角度和融合的“情境”而言的，探讨的是“大单元”的融合。一个单元就是一个微课程。一个学习单元由素养目标、课时、情境、任务、知识点等组成，单元就是将这些要素按某种需求和规范组织起来，形成一个有结构的整体。“大”的用意有三点：①指向学科核心素养的教学倡导大观念、大项目、大任务与大问题的设计，其出发点不是一个知识点、技能点或一篇课文，而是起统率作用的“大”的观念、项目、任务、问题，以此来提升教师的站位，改变教师的格局。分析对比课程标准的变化，可以发现新版课程标准力图走出“知识点”或学科事实越多越好的传统科目设计，超越“知识点”、走向学科核心观念，基于“少而精”的原则精选学科核心观念，让学科核心观念与真实情境相联系以增加学科内容的开放性，由此实现学科结构的重组。新版课程标准还增加了学科探究与实践活动，让学生全身心投入真实情境，运用学科核心观念从事真实探究与实践，由此发展学科思维和学科核心素养[②]。可见学科核心观念在学科思维与学科核心素养培养过程中的重要性。②针对现实中有许多教师只关注知识、技能、习题、分数等，忽视学生能力、品格与观念的培养，导致“高分低能、有分无德、唯分是图”的问题，大单元设计帮助教师明白“大处着眼易见人”的道理，改变着眼点过小过细以致“见书不见人”的习惯做法。③从时间维度来看，大单元设计与实施有利于教师正确理解时间与学习的关系，确立“以学习者为中心”的观念[③]。由此可见，指向核心素养的大单元设计是以学科观念为核心的单元整合，注重学科结构的重组，与 STEM 课程跨学科、融合、情境性的理念不谋而合，“大单元”的概念也为核心素养导向的 STEM 课程的融合提供方向。

第三节 面向核心素养的 STEM 课程体系

一、面向核心素养的 STEM 课程架构

核心素养作为基础教育的总目标、总方向，为 STEM 课程赋予了中国特色；以科学、技术、工程和数学为主导的 STEM 课程的开展，为核心素养的落地提供了新途径。面向核心素养的 STEM 课程设计类型主要分为基于学科核心素养的 M（数学，mathematics）型 STEM 课程、T（technology，技术）型 STEM 课程、S（science，科学）型 STEM 课程，以及基于核心素养的 E（engineer，工程）型 STEM 课程，各类型整体架构如图 2-3 所示。

---

① 钟启泉. 单元设计：撬动课堂转型的一个支点[J]. 教育发展研究, 2015, 35(24): 1-5.

② 崔允漷. 普通高中课程结构为何调整，如何调整?[J]. 人民教育, 2018, (3): 37-39.

③ 崔允漷. 如何开展指向学科核心素养的大单元设计[J]. 北京教育(普教版), 2019, (2): 11-15.

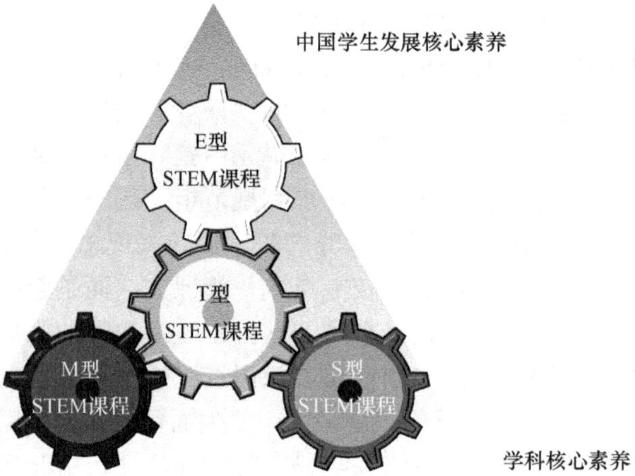

图 2-3　STEM 课程架构

面向核心素养的 STEM 课程架构是由四个齿轮（M、S、T 与 E 型 STEM 课程）组成的齿轮转动装置，四个齿轮之间相互啮合进行力的传递，最终实现齿轮的机械转动，即 STEM 课程的全面融合，并在课程实施的过程中完成从学科核心素养至中国学生发展核心素养的融合与升华。该结构具有传动效率高、适用范围广、可实现多种角度转动的优势。第一，传动效率高。将学科作为 STEM 课程融合的轴心，让课程设计者立足于学科寻找与其他 STEM 学科的融合点，进而有足够的知识与能力去设计一门具有学科特色的 STEM 课程。同时，以学科为轴心的 STEM 课程还能够帮助学生迅速地与原有的认知结构建立联系，实现知识的迁移融合，并经由认知的冲突与解决，将知识与思维相联系，由思维通达素养①。第二，适用范围广。以学科为主导，面向核心素养的 STEM 课程既适应于我国中小学的课程结构，又满足了基础教育阶段的课程培养目标，使得 STEM 课程不再成为加法，反而成为优化课程结构的途径，甚至成为减法，不仅满足了课程要求，更提升了我们所希望提升的素养。第三，可实现多种角度转动。任意齿轮的转动都将带动其他齿轮的联动。无论是从学科性质还是从素养培养的角度来看，M 型、S 型、T 型与 E 型 STEM 课程之间均具有非常紧密的内在联系。M 型与 S 型 STEM 课程作为支撑性齿轮，为 STEM 课程的融合提供了工具基础与原理基础；T 型 STEM 课程作为传送性齿轮，链接并推动了 STEM 课程融合；E 型 STEM 课程作为顶层的综合性齿轮，它的融合离不开数学、科学与工程学科的支撑，同时该课程也为实现 STEM 学科的全面融合以及从学科核心素养至中国学生发展核心素养的融合与升华提供了融合空间。

M 型 STEM 课程是以数学为主导的，面向数学学科核心素养的 STEM 课程，是助力 S 型、T 型和 E 型 STEM 课程融合的支撑性齿轮，为实现 STEM 课程融合提供了工具基础。从学科性质上看，数学作为自然科学的基础性学科，在科技研究、社会进步以及个

① 李艺, 冯友梅. 支持素养教育的“全人发展”教育目标描述模型设计——基于皮亚杰发生认识论哲学内核的演绎[J]. 电化教育研究, 2018, (12): 5-12.

人发展中具有基础性地位，数学基础原理的进步以及数学应用领域的拓展已成为推动科技创新的不竭动力。从素养培养上看，M 型 STEM 课程有助于学生形成直观想象、数学抽象和逻辑推理能力，掌握数学运算、数学建模和数据分析的基本方法。学生在 M 型 STEM 课程中所形成的数学学科核心素养不仅是 STEM 领域所必需的运算和推理工具，也是用以理解及表达事物的本质、关系和规律的关键语言，在解决综合性 STEM 问题的过程中发挥着至关重要的作用。

S 型 STEM 课程是以科学为主导的，面向科学类学科核心素养的 STEM 课程，是助力 M 型、T 型和 E 型 STEM 课程融合的支撑性齿轮，为实现 STEM 课程融合提供了原理基础。从学科性质上看，随着科学知识的不断精细化、系统化和理论化，科学推动着数学、技术与工程的不断创新与发展。从素养培养上看，S 型 STEM 课程有助于学生形成科学观念，培养科学思维与科学探究能力，培养具有正确的科学态度以及社会责任感的时代公民。学生在 S 型 STEM 课程中所形成的科学类学科核心素养不仅是 STEM 领域所必需的科学观念，更是在真实问题情境中具有重要意义的科学探究能力以及科学思维，是指导技术发展与工程实践的重要理论基础与思维方式。

T 型 STEM 课程是以技术为主导的，面向技术类学科核心素养的 STEM 课程，是链接 S 型、M 型和 E 型 STEM 课程的传送性齿轮，为实现 STEM 课程融合提供了推动力。从学科性质上看，当前技术已经成为在 STEM 领域进行学习与研究所必需的基本技能，人工智能、通信技术、网络技术等相关技术的发展不断推动着 STEM 领域的创新与进步，又经由 STEM 领域的研究与发展而得以迭代更新。从素养培养上看，T 型 STEM 课程有助于学生形成认识技术、理解技术、利用技术的意识，提升系统架构下的创新设计能力、计算思维能力与图样表达能力，培养现代社会中具备数字化实践力与社会责任感的建设者和接班人。学生在 T 型 STEM 课程中所形成的技术类学科核心素养不仅包含 STEM 领域所必需的信息意识与技术意识，还包含学生适应未来社会所需的劳动情感、劳动能力和劳动品质，以及学生通过运用计算思维以及现代化的技术手段来创造性地解决实际问题的技术能力，是应用数学工具、促进科学理解、助力工程项目、实现 STEM 学科融合的推动力。

E 型 STEM 课程是以工程为主导的，面向中国学生发展核心素养的 STEM 课程，是带动 S 型、M 型和 E 型 STEM 课程的综合性齿轮，为实现 STEM 课程融合提供了融合空间。从学科性质上看，工程作为一种把科学和数学原理、经验、判断和常识运用到造福人类的产品制造中的艺术，是生产某种技术产品或系统以满足特定需要的过程。从素养培养上看，E 型 STEM 课程的实施离不开科学、技术与数学的支持。学生在 M 型 STEM 课程中所形成的数学运算、数学建模和数据分析等关键能力为工程的设计与实践提供了工具基础；在 S 型 STEM 课程中所掌握的科学观念影响着工程问题的解决方向，为工程项目的进行提供了科学原理；在 T 型 STEM 课程中所掌握的技术手段加速了工程创新，提高了工程实施的速度与质量。E 型 STEM 课程作为实现科学、技术、数学与工程全面融合的关键领域，为融合学生数学、科学与技术等学科核心素养，发展学生的核心素养提供了丰富的情境和充分的空间，实现了从学科核心素养至中国学生发展核心素养的融合与升华。

二、M型STEM课程

M型STEM课程是以数学为主导的STEM课程。数学是对模型和定量关系的系统解释，用数字的形式和形状作为符号来表达数和空间，并通过逻辑推理来证实。数学研究的是数量和空间的模式及其相互关系。顾名思义，STEM教育中M型课程对应学校课程中的数学学科。

数学源于对现实世界的抽象，通过对数学基础知识的学习，人们得以理解和表达现实世界中事物的本质、关系和规律。数学学科具有严密的逻辑知识结构，其教学往往围绕着正式的组织结构、实质结构和句法结构来进行组织。因此，以数学为核心的STEM课程应以其固有的课程结构为依托，与该年级的数学内容及实践保持一致，促进学生进行学科知识的建构。以数学为核心的STEM课程既满足基础教育阶段以基础知识学习为主的学习目标，又使得学生在学习数学概念、原理、模型等基础知识的同时，还能够掌握蕴含于学科逻辑体系中的、具有数学本质特征的价值观念、思维品质和关键能力，最终达到提升学生数学学科核心素养的培养目标。

以数学为核心的STEM课程，应当以培养及提高学生的数学学科核心素养为顶层的课程目标，将数学学科核心素养的培养扎根于数学的学科内容，使得学科核心素养与具体的学科知识相关联。通过选择适当的STEM学科融合领域，将严谨的数学概念与现实世界相结合，建立起STEM学科之间的相互联系，为学生提供体会数学在各领域中实际应用的机会。教师通过选取融合领域中适当的现实主题，创设真实的课程情境，使得学生将数学课程中所学习到的基础知识及技能得到深化和拓展，进而在迭代性地实施STEM课程的过程中培养学生的数学学科核心素养。

三、S型STEM课程

S型STEM课程是指以科学为主导的STEM课程。科学是经实证检验的有关自然界的概念，它们在产生这些概念的时间长河中不断积累①。科学是伴随时间而积累起来的知识，以及通过科学探索过程而产生的新知识。科学包括与物理学、化学、生物学有关的自然法则，以及与这些学科相关的事实、原则、概念或常规的应用。宏观上，虽然物理学、化学、生物学学科的研究对象和属性各不相同，但在微观上，却相互联系，当化学变化深入原子范畴，便进入物理研究的范围，物理与化学间相互融通；当研究生物大分子及生物大分子内部构造的功能意义与化学调控这个层次的生命问题时，生物研究范畴与化学研究范畴就产生了交集。科学内部间的交叉融合为中小学科学教育的开展提供了融合的途径。

鉴于科学的内在联系，不同于M型STEM课程，S型STEM课程兼具相关课程融合和广域课程融合。相关课程融合体现在独立学科的融合，如以化学学科为核心的融合、以学科概念的形式融合；而广域课程融合则体现在科学课程中，融合物理学、化学、生

① 温·哈伦. 以大概念理念进行科学教育[M]. 韦钰译. 北京：科学普及出版社, 2016: 4.

物学学科，以科学大概念的形式融合。因此，概括而言，以科学为核心的 STEM 课程是以科学知识为核心，整合数学、技术和工程，培养学生的核心素养。

科学的本质在于探究，无论是物理学学科核心素养、化学学科核心素养还是生物学学科核心素养，都在强调科学探究，以科学探究培养学生的科学思维和科学态度与责任感。因此，S 型 STEM 课程是以探究为核心的课程，通过不同的探究方式引导学生学习科学知识，习得探究技能，培养科学思维，树立正确的科学态度。不同的学科、不同的知识，探究方式的选择也不同，如物理学学科牛顿第一定律，学生可以通过实验的方式了解、验证，此为验证型实验探究；化学燃烧的条件，学生可以通过实验的方式获得燃烧的条件，此为问题驱动型实验探究。无论是验证型还是问题驱动型，都是以探究的方式培养学生的科学观念、科学探究能力、科学思维以及科学态度。

因此，S 型 STEM 课程是融合物理学、化学、生物学等科学课程，整合数学、技术与工程，立足学科教学（借助物理学/化学/生物学/科学课程），引导学生探究科学，走进科学，培养学生核心素养的融合课程。

四、T 型 STEM 课程

T 型 STEM 课程是以技术为主导的，面向技术类学科核心素养的 STEM 课程。技术是为了服务于人类自身的需要和向往，由人类产生的系统、过程和人工制品[①]。技术从严格意义上来讲并不是一门学科，它由创造和运行技术产品的人力、组织、知识、程序、设备等整个系统组成，包括技术产品本身。在历史上，人们创造技术以满足需要，大多数现代技术是科学和工程的产物，技术工具在这两个领域被应用。随着社会的不断发展与科技的进步，计算机、软件、传感器和其他数据收集工具也已成为 STEM 教育中“技术”的主要成分，即科学、数学和工程从业者所应用的工具。这些工具包括精确测量大块物质的磅秤、用于研究非常微小和遥远物体的显微镜和望远镜，乃至用于模仿复杂现象的超级计算机以及展现微小建构模块的粒子加速器[②]。

技术推进时代，技术改变生活。技术的能力不在于技术本身，而在于使用者的意识与能力。技术素养是人类快速适应技术社会，并在技术社会中快速发展的必备基本能力。技术教育是时代变迁、科技发展的共同产物，是学生技术素养形成的重要途径。技术本身并不具有教育性，教育技术功能的发挥在于使用者的教学设计与策略。立足于学科教育，技术类教育涉及通用技术、信息技术（智能技术）及劳动教育，旨在培育个体“懂方法，会应用”的能力，从意识、思维、实践、责任态度四个层面学会认识世界、理解设计、改造世界。

将 T 型 STEM 课程作为 STEM 课程中重要的一项分科课程，主要有三大原因：一是技术在增强学生学习体验方面发挥着重要的作用，另外对课堂教学、学习管理、课程评价等具有可观的促进与辅助作用，在基础知识、教师技能等多种“化学物质”的共同作用下，技术融入其中加速反应，催化基本物质产生更加多元的效果，从而为学生提供多

---

① 温·哈伦. 以大概念理念进行科学教育[M]. 韦钰译. 北京：科学普及出版社, 2016: 4.

② 赵中建. 美国中小学 STEM 教育研究[M]. 上海：上海科技教育出版社, 2017: 31.

元、丰富、符合需求的教学。二是技术本身在STEM中，经常作为工程产物出现，技术由人类的创造力所驱动，是工程解决方案中的重要组成部分。三是随着教育信息化的普及与深入，当代学习者群体有更多的机会接触数字技术，技术将帮助学习者充分参与计算过程，将科学的思维融入自己的思维当中。为了学生的未来学习生活与发展，理解技术、掌握技术、应用技术、获得对技术选择与使用的情意态度，应当将T型STEM课程作为学生必修的人生课程，这是在未来社会中良好生活的必备能力，是终身学习与改善生活的重要品质。

T型STEM课程是以技术为基底的STEM课程，汇集通用技术、信息技术（含智能技术）、劳动教育等多门技术类学科，链接数学、科学与工程融合，引导学生形成认识技术、理解技术、利用技术的意识，系统架构的整体思维能力，将理论落地的实践与创新能力以及未来生活中运用工具、统筹规划的责任意识。

五、E型STEM课程

E型STEM课程是以工程为主导的STEM课程。工程既是大量关于设计和创造人工产品的知识，也是解决问题的程序。这个程序在约束条件下被设计。工程设计的约束条件之一是自然法则或科学。其他约束条件包括时间、财力、可用的材料、工效、环境法则、可制造性、可修复性等。工程设计与实施需要利用科学和数学概念以及技术工具。数学学科中蕴含的抽象、推理、建模、直观想象等思想为问题解决提供“工具”，学习科学需要学会将自然系统的行为表达为数学模型，学习技术、工程同样需要数学的支撑；工程设计需要以科学原理为理论指导，进而展开科学有效的工程实践；新兴技术的发展加速了工程设计的过程，为工程设计与实践提供了行之有效的“催化剂”。因此，数学与科学为工程提供了工具基础与原理基础，技术支持并催化了工程设计的进程。工程为数学、科学及技术的应用提供了综合性的情境，并可能产生新的技术作为工程设计的结果。

工程作为应用数学、科学、技术领域的方法来系统地解决复杂问题的生产实践活动，为实现科学、技术、数学及工程的全面融合提供了综合性的情境。以工程为核心的STEM课程借助真实情境中的工程设计与工程实践，融合科学和技术。将中国学生发展核心素养作为拉动力，在提问、研究、想象、计划、创建、测试及改进的过程中帮助学生解决现实问题，同时促进学生文化基础、自主发展和社会参与三方面的发展。

不同于M型STEM课程、S型STEM课程和T型STEM课程的相关课程整合，E型STEM课程的核心在于大融合（广域课程整合），采取广域课程的STEM课程整合模式更有利于实现核心素养的有效转化。它将“部分渗透”与“整体转化”相结合，坚持分科课程与综合课程相互协调、补充，与其他课程整合方式相比，具有更高的知识综合程度以及更好的核心素养培养优势。

E型STEM课程的目标在于培养学生的核心素养，采用广域课程整合模式，将数学作为工具基础、科学作为原理基础以及技术作为工具催化，来实现工程的设计与实践，最终以真实情境下的STEM项目来培养全面发展的人，提升学生的核心素养。

第四节　面向核心素养的STEM课程设计要素

一、课程设计模型

第一节对STEM课程进行了课程定义与内涵解析，总体而言，STEM课程应当是“分科+融合”的形式，既强调独立学科知识的学习以及各学科核心素养的重要性，同时注重将原本独立、分散的学科通过项目活动融合成一个新的学习整体。在第二、第三节的内容中谈到了STEM课程各自的特征以及融合形式，本节将对S、T、E、M四类STEM课程设计所选择的模型进行简要介绍，具体的课程设计讲解及流程图会在之后各章节中详细展开。当然STEM课程并不局限在以上四类课程中，各学科教师可以此为参考，选择适合自己学科的课程设计模型，运用跨学科知识、资源，开展STEM课程活动，融合更多学科，为学生提供更扎实的科学知识储备，促进学生核心素养的培养（表2-5）。

表2-5　STEM课程设计与模型选择

STEM课程设计	选择模型
S型STEM课程设计	“5E”模型
T型STEM课程设计	设计思维模型
E型STEM课程设计	工程设计模型
M型STEM课程设计	“S. T. E. M”模型

S型STEM课程中包含的主要学科为物理学、化学、生物学，在对各学科核心素养进行解读的过程中，三科相似性高，皆对“问题解决”“科学探究”“模型”“思维”等名词有所强调，该类课程以科学为导向，将科学知识作为基础，通过探究活动解决问题。而“5E”模型的提出组织生物科学课程研究会（Biological Sciences Curriculum Study，BSCS）认为，5E模型的目的就是让学生从科学调查中获得实验性的概念和原理。该模型分为五个学习阶段，即参与（engagement）、探究（exploration）、解释（explanation）、拓展（extension）和评价（evaluation），以强调学生的主题、兴趣、探究及师生的共同发展而受到国内外一线教师的青睐，体现了STEM课程的综合性、实践性，最重要的是S型STEM课程的探究性，使整体的科学探究活动更具象、更具操作性。

T型STEM课程主要涉及的技术学科是信息技术、通用技术和劳动技术，随着教育信息化、教育现代化进程的推进，技术在课堂教学中的渗透越来越深入。人们常说重要的不是技术，而是使用技术的人，技术可以提供的帮助是多种多样的，在何种环节运用何种技术，产生何种效果，取决于教育工作者的教学设计。因此，对于以技术为核心的STEM课程，本书选择了斯坦福设计思维模型，让学生在学习中如设计师一般思考，体会从发现问题到分析问题最终解决问题的一套思维流程，在试错与构想中促进核心素养的发展。斯坦福设计思维模型包含共情（empathize）、定义（define）、构想（ideate）、原型（prototype）、测试（test）五个阶段，每个阶段包含不同的目标、实施原则及具体方法工具等。值得注意的是，该模型的五阶段并不是呈线性关系，而是使用者可在任何时间重复某个阶段或整个过程。该模型作为一个可以有效培养学习者元认知的工具，在具体方法策略上，为学习者提供了一套系统的模式，学习者通过它能够学会如何换位思考、创意构思、原型迭代等技能，使创新设计变得简单明晰①。

E 型 STEM 课程是为提升学生的核心素养而设计开发的工程类 STEM 课程，它注重中国学生核心素养的培养，为数学、科学和技术提供现实的应用环境，提供将复杂问题分解的良好框架。工程设计过程是指导工程团队解决问题的一系列步骤。在最初阶段，学习者需要确定项目需求及约束条件，进而确定研究问题。为解决问题，学习者需要通过头脑风暴等形式开发可能的解决方案，利用工程分析方法选择最优的解决方案，并尝试通过原型构建、检验、优化迭代的方式不断缩小问题解决方案的空间，产生一些能形成设计概念的初步想法，最终促进问题解决方案的获得，实现工程项目。

M 型 STEM 课程立足于数学学科内容，让学生既满足基础教育阶段以基础知识学习为主的学习目标，还能够掌握蕴含在数学学科逻辑体系中的具有数学本质特征的价值观念、思维品质和关键能力。根据对国内外 STEM 案例的汇总和分析，本书进行改编与融合，提出了 S. T. E. M 模型。模型中的 S. T. E. M 分别是指：S（subject core literacy，学科核心素养）、T（topics，主题）、E（emphasis，重点）、M（mathematical content，数学学科内容）。其呈金字塔状，扎根于学科内容基础指向顶层学科核心素养的培育。选取与科学、技术、工程等融合领域中适当的现实主题，创设真实情景，将严谨的数学概念与现实世界相结合，让学生得以深化与拓展基础知识及技能，在迭代性实施中培育数学学科核心素养。

面向核心素养的 STEM 课程设计，关键词为核心素养与 STEM 课程设计。首先明确，核心素养在课程设计当中充当的是课程目标的成分，课程的开展是以发展学生核心素养为目的，那么按照核心素养的三层架构，知识、技能、态度需要得到综合提升。本书选择了泰勒的目标模式，即目标、内容、组织、评价，来初步规划课程必备要素，以中国学生发展核心素养为基底来进行目标制定、内容选择、活动组织、评价规划。这四个部分的设计并不一定要按照顺序进行，比如在进行活动组织的同时，可以根据各学科知识的加入来调整目标的设定。针对不同学科的特色，本书并不将目标模式作为课程设计模型，而是将其作为关键要素的限定。教师在课程设计之前可以先对自己提出以下问题，通过解决问题来推进设计：

课程需要达成什么教育目标（核心素养层面、学科知识层面等）？

课程需要提供哪些课程内容才能达成目标？

课程需要哪些资源与活动来丰富内容？

如何有效地组织课程资源与活动？

如何确定课程确已达到课程目标？

---

① 闫寒冰，郑东芳，李笑樱. 设计思维：创客教育不可或缺的使能方法论[J]. 电化教育研究，2017，38(6): 34-40, 46.

学生重点需要评价的对象有哪些?

本小节内容是四种 STEM 课程设计模型的简单介绍，具体的模型内容及其用法将在后续章节中详细展开。

二、课程目标确定

面向中国学生发展核心素养的 STEM 课程由于其跨学科的特性，往往包含了多个学科领域的知识，而各学科又有其独立的学科目标，在实际教学中可能会侧重一门或几门学科，可分为不同的课程类型，因此在设计课程目标的时候，要考虑学科的课程目标与学科核心素养。

面向核心素养的 STEM 课程的课程目标是由我国教育部门提出的、为我国社会发展所需的中国学生发展核心素养，以及与 STEM 课程相关的各学科核心素养。因此，要以培养学生的核心素养为出发点进行课程设计。中国学生发展核心素养是对学生综合素养的总体要求，通过各学科课程教学促进学生的各学科核心素养共同协调达成。课程设计应重视目标的类化程度，而且应该强调一般的具体目标，以明确地指出学习的行为和内容。

因此，目标体系包含三层：第一层是教育目的（立德树人，中国学生发展核心素养），第二层是学科课程标准（学科核心素养），第三层就是学期、单元、课时层面的教学目标。这三层目标需要具有一致性，即目标体系是教育目的（想得到）、学科目标（看得到）、教学目标（做得到）的统一。建立学科素养目标体系的关键技术是学会分解课程标准和叙写目标。教师在建立目标时，必须依据课程标准，结合具体内容，将学科核心素养具体化。譬如，某教师要教“勾股定理”，首先，必须要清楚数学课程标准中关于“勾股定理”有这样一句话：探索勾股定理及其逆定理，并能运用它解决一些简单的实际问题。其次，教师必须把这句话转化为课堂学习目标，分解成三到五条，并确保至少三分之二的学生可以达成这些目标。

基于核心素养的 STEM 课程目标设计要结合 STEM 教育目标、学科目标以及实际情况等进行综合分析考量，这些子目标一起实现发展学生核心素养的总目标。在后续章节中将分别对 S 型课程、T 型课程、E 型课程、M 型课程的目标进行具体阐释。在实际应用的过程中，要根据实际情况，包括现实水平、需求、局限等进行灵活调整。课程目标的确立为后续的相关工作指出了明确的导向。

三、课程内容选择

（一）以大观念为抓手落实核心素养

何为大观念？就中文字面来看，大观念与大概念、大想法、大思想等词语同义，它能让我们联想起诸多远大的抱负。在课程与教学领域，大观念则有着特定的内涵，较早可追溯至六十多年前布鲁纳倡导的学科结构运动[①]。布鲁纳的螺旋式课程设计思想认为，

① 邵朝友，崔允漷. 指向核心素养的教学方案设计：大观念的视角[J]. 全球教育展望，2017，46(6)：11-19.

围绕某些核心概念展开课程设计，在不同年段一再重现这些概念，有助于设计连续聚焦一致的课程，同时也有助于发生学习迁移。

不久之后，菲尼克斯（P. Phenix）也指出学科“代表性概念”对设计课程的重要性，认为这些概念在节省学习付出方面能使学习既有效能又有效率。1998年，埃里克森（H. L. Erickson）明确指出大观念是一种抽象概括，它们是在事实基础上产生的深层次的、可迁移的观念；是对概念之间关系的表述；具有概括性、永恒性、普遍性、抽象性的特征。2004年，威金斯（G. Wiggins）和麦格泰（J. McTighe）对大观念做出了更为系统的论述。他们认为，大观念是对个别的事实和技能赋予意义和联系之概念、主题、问题[①]。

在他们看来，大观念是理解的基础素材，可以被想成是有意义的概念工具，这些概念工具使学生将若不联结就会分散的点状知识联结起来。这样的观念超越了个别的知识，可应用到学科之内或以外的新情境。简要地说，大观念可归纳为：是一种有焦点的观念“透镜”，透视任何要学习的内容；通过联结及组织许多事实信息、技能、经验，来提供有意义的概念工具，以作为理解之关键；需要“超越内容”的教学，因为单纯的内容教学对学习者而言其意义或价值极不明显；有很大的学习迁移价值，即在一段时间之内，可应用到许多其他探究主题或问题上[①]。

这些代表性观点启示我们，在地位上，大观念居于学科的中心位置，集中体现学科课程特质的思想或看法；在功能上，大观念有助于设计连续聚焦一致的课程，有助于发生学习迁移；在性质上，大观念具有概括性、永恒性、普遍性、抽象性；在范围上，大观念意指适用较大范围的概念；在表达方式上，大观念有多种表现形式[②]。

考虑到大观念所具有的独特属性，它们非常适合于落实核心素养，这至少可以从三个方面做出更为具体的解释：大观念的理解与运用体现出核心素养的本质要求；促进学习迁移的大观念有助于落实核心素养；隐含主要问题的大观念架构起指向核心素养的教学[②]。

首先，由于大观念居于学科概念的中心地位，因此从操作的角度看，理解与运用大观念则体现了一门学科比较重要的学习目标，它代表了一门学科课程目标或学科素养的要求，后者恰恰就是核心素养要求在学科层面的体现。在学科构成中，大观念可代表学科核心概念，对大观念的理解及其应用大观念来解决问题时的表现，体现了学科课程目标的要求。考虑到当今学科核心素养代表了学科课程目标，因此大观念的理解与运用直接体现了学科核心素养的要求。这种认识启示我们，可用学生对大观念的理解和应用作为学科核心素养的表达，而学科素养则是核心素养的集中体现。

其次，大观念能有效地组织起学科零碎化的知识与技能，有助于学生的学习超越特定的情境，可应用于各种具体情境中。这些大观念一旦被学生把握了，它们将被用于各种情境，问题解决过程中所体现的大观念的学习要求，形成了学生必须达成的目

---

① Wiggins G, McTighe J. 重理解的课程设计[M]. 赖丽珍译. 台北：心理出版社, 2008: 75-77.

② 邵朝友，崔允漷. 指向核心素养的教学方案设计：大观念的视角[J]. 全球教育展望, 2017, 46(6): 11-19.

标。当学生在思考从学习主题中引出的可迁移观念和问题时，大观念使得思维超越了事实和活动，达到更高的层次。核心素养具有很强的概括性，其落实体现在学生解决各类问题之中。这种“类素养”显然不能局限于特定情境，而是适用于不同情境。这实质描述出核心素养所具有的迁移特征与诉求。在这点上，大观念具有得天独厚的优势，因为它们所具备的概括性、永恒性、普遍性、抽象性与核心素养的迁移要求可谓无缝对接。

最后，因为大观念的理解与运用本身就需要在问题探究中落实。若使学生理解与运用大观念，教师需要创设并组织相应的学习活动。这些学习活动需要学生通过问题解决的方式来进行。例如，对于大观念“光具有波的性质”，可设置对应的一个问题：“在哪些方面，光的作用就像波？”这种相应于大观念的问题可被称为主要问题。如果某个问题被视为主要问题，必须满足基本条件：能够引起对大观念和核心内容进行相关的真实探究；启发深度思考、热烈讨论、持续的探究，以及新的理解和更多的问题；要求学生思考其他的选择、权衡证据、支持自己的概念、证明他们的答案；激发对大观念、对假设，以及对以前的课堂学习进行重要的、持续的重新思考；对之前的学习和个人经验激发有意义的联结；自然而然地重视概念——产生将概念迁移到其他情境和学科的机会[①]。可见，主要问题的功能是作为入口，通过这个入口学生可以探究关键的概念、主题、理论等，进而深化对大观念的理解。

在实际操作时，运用大观念设计指向核心素养的教学方案，离不开如下五项关键行动：选择核心素养等既有目标；从既有目标中确定大观念；依托大观念形成一致性的目标体系；基于大观念的学习要求设计评价方案；围绕主要问题创设与组织学习活动（核心素养目标→大观念→目标体系→评价方案→学习活动）。

在我国现有条件下，国家层面出台了核心素养、内容标准，而承接核心素养与内容标准的学科素养已定下初步设想，三者为运用大观念设计教学方案提供了既有目标。尽管我们有时可以从核心素养、学科素养中确定一些大观念，例如在数学上大家比较公认的关键素养——数学建模中的数学模型就是一种大观念，又如核心素养科学精神中的批判意识也是一种大观念，但大观念主要还是来自内容标准。

当确定内容标准后，可用以下四种常见策略[①]来确定大观念。

策略 1：寻找内容标准中一再出现的名词或者重要的短语，并将此作为大观念。除了单词或词语，内容标准的一些命题或短语也可代表大观念。例如，对于“说明资源的匮乏如何迫使人们做出选择以满足需要”，可确定“资源的匮乏迫使人们做出选择”为大观念。

策略 2：通过追问的方式确定大观念。例如，对于学科内容标准采取如下追问方式：为什么要学习该内容？学习后又怎么样？该内容标准所暗示的大观念是什么？在更大的范围中，如何应用这些知识技能？学习该内容标准有什么价值？……

策略 3：以配对的方式产生大观念。对内容标准的概念进行配对，如光明与黑暗、资方与劳方、命运与自由、物质与能量、结构与功能、国家与人民、人性与教育……

---

① Wiggins G, McTighe J. 重理解的课程设计[M]. 赖丽珍译. 台北：心理出版社, 2008: 75-77.

策略 4：用归纳的方式获得大观念。有时出现几条内容标准时，可以通过归纳的方式寻找大观念。

寻找到大观念后，要确定大观念的学习要求，即学生在理解与运用大观念上要有具体的表现。以大观念为中介，既有目标、大观念的学习要求、主要问题之间在逻辑上形成如图 2-4 所示的关系。核心素养和学科素养相对广泛，需要内容标准来承载；大观念主要源于内容标准，理解运用大观念意味着它被广泛地应用于其他情境；为了理解运用大观念，学生必须思考主要问题；在探索主要问题的过程中，需要落实较大的教学目标，它们是理解与运用大观念的基础。

为判断大观念学习要求是否落实，需要设计评价方案。可依照下述“所知、所能、所成”设置表现性任务及其评分规则，它们将穿插于单元教学过程。如此一来，学生在统整性评价任务与相关“所知、所能、所成”的表现性任务上的表现，为考察本单元大观念学习要求的落实情况提供了信息。大观念教学注重学生的能力表现，需要学生通过探究建构自己的知识理解。在这方面，需要运用主要问题来组织学习活动。

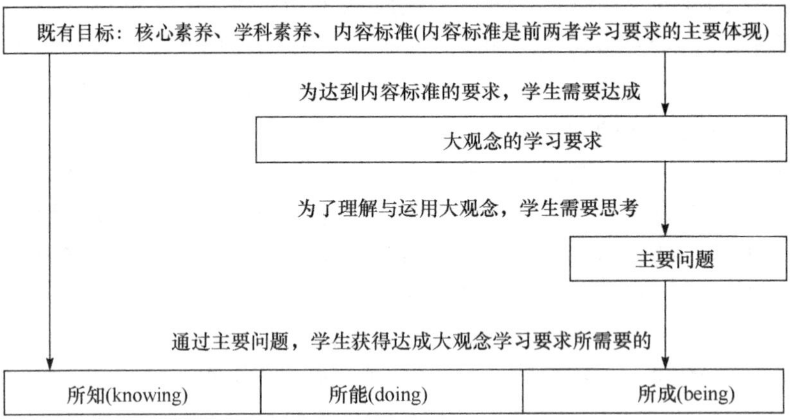

图 2-4　各层面目标的内在逻辑

五项关键行动的结果通过整理后可得到教学方案文本，但需要指出的是，这五项关键行动只是提供了一种可能的思路，在实践中还需要处理诸多事项。这至少包括：一是设计起点应灵活地加以选择。关键之处在于，作为设计结果的教学方案能把所有要素联结起来，形成一致的整体。二是设计过程应突出学习即探究。这种探究要求设计内容丰富的主要问题及其相关活动，关注情境化的统整性评价任务，注重多元的学习方式。三是设计结果应具备开放性。通过大观念所得的教学方案并非孤立的，教学过程需要不时回顾大观念。不同方案之间应具有内在关联，如不同单元教学方案之间应该相互配合以共同落实核心素养[①]。

整体来说，大观念代表了学科核心概念、综合要求，大观念有助于促进学习迁移、落实核心素养，大观念体现了学科课程目标的要求，以大观念作为起点考虑课

① 邵朝友，崔允漷. 指向核心素养的教学方案设计：大观念的视角[J]. 全球教育展望，2017，46(6)：11-19.

程教学，有助于学科素养的达成。深入理解大观念，能够帮助教师更好地理解核心素养的培育。

【拓展阅读】 围绕大概念的单元课程设计①

（一）选择单元主题（topic）

选择单元主题是进行课程设计的第一步，单元主题决定了课程内容范围，可以是话题、概念、问题等。单元主题可来自已有的课程文件，也可来自现实世界的挑战、学生的兴趣等，同时有指向地匹配学科核心素养的相关内容。以最新颁布的《普通高中物理课程标准》为例，必修 1 模块由“机械运动与物理模型”“相互作用与运动定律”两个大主题组成，其中“机械运动与物理模型”包含四个内容要求，每个内容要求都可以作为单元主题，例如，“经历质点模型的建构过程，了解质点的含义。知道将物体抽象为质点的条件，能将特定实际情境中的物体抽象成质点。体会建构物理模型的思维方式，认识物理模型在探索自然规律中的作用”。

（二）筛选大概念群（big ideas）

单元主题的重点应该放在相对较少的、有针对性的大概念群及其之间的联系上，同时将其他内容推到背景之中。许多大概念是可以直接从课程文件、课程标准、学习框架以及教科书等材料文本中获得的，但也并不总是科学合理的。在这种情况下，可以通过高频概念（一再出现的名词或者短语）、连续追问（是否能联结更多的内容?范围太宽还是太窄?）、组合配对（物质与能量、结构与功能）、归纳总结（在多个文件中出现）、专家征询（学科专家的意见）的方式进行大概念群的筛选，删除和修改临时性的大概念，保留有效性和恰当性的大概念。

（三）确定关键概念（key concepts）

关键概念是经由大概念开展延伸而来的特定概念，由于大概念意涵层面既深且广，如果未经关键观念来确立探讨和指引思考的方向，即使是涵盖性强大，也只能维持原有的抽象模糊面貌而缺乏教学的实用性。在这一步中，我们需要分析组成大概念的事实元素——关键概念，包括要素理解（component understandings）和视角知识（horizon knowledge）两个方面。要素理解是指每一个关键概念都是由一个要素体系来进行支撑的，确定和定义这个支撑体系才能更好地实施大概念；视角知识是指教师不仅需要了解学习大概念需要什么样的知识基础，同时还要知道目前教授的大概念与学生未来可能遇到的情境的关联。大概念、关键概念可以使用知识金字塔进行表示，按照层级进行梳理呈现。

（四）识别主要问题（questions）

关键概念已经缩小了思考范畴，具有较强的实用性，但是，关键概念的多样化内容也不太适用于指导实际教学活动，而主要问题介于大概念与关键概念之间，其功能

① 李刚，吕立杰. 大概念课程设计：指向学科核心素养落实的课程架构[J]. 教育发展研究，2018, 38: 35-42.

就是要整合各个不同的关键概念，并提出一个主要的问题，凝聚学习方向，使其成为课程活动的中心，进而深化学生对大概念的学习和理解。通常情况下，主要问题是学习内容的核心问题，能够引起学生对学习内容的探究兴趣并维持这种兴趣，能够启发学生深度的、持续的重新思考，能够联结学生已有的学习经验并产生迁移到其他情境的可能。主要问题一般三到四个为宜，太多就削弱了教学焦点，同时以学生容易理解的语言进行表述。

（五）编写单元目标（objectives）

一般而言，单元目标是从学生的学习行为角度对大概念、关键概念和主要问题的融合及其阐述。比较简单的方式是依据所分析出来的主要问题进行单元目标的设定。仍以“沟通是生活必需品”为例，其单元目标可编写为：学生将会了解什么是沟通；学生将会了解沟通对人类生活很重要；学生将会了解沟通会因解读而意义不同；学生将会了解个人以及公众沟通间的差异性等。

（六）开发学习活动（activity）

一节课本身不会让学生对大概念有深入的理解，需要围绕主要问题以及单元目标组织学习活动来让学生主动讨论和探索从而建构自己的知识结构。为了更好地开发学习活动，Wiggins和McTighe提出了活动计划中的WHERETO关键原则，即W——学习方向：哪里（where）和为什么（why），确保学生了解所学单元的目标及原因；H——吸引（hook）和保持（hold），从一开始就吸引学生并保持他们的注意力；E——探索（explore）和体验（experience）、准备（equip）和使能（enable），为学生提供必要的经验、工具、知识等来实现表现目标；R——反思（reflect）、重新考虑（rethink）与修改（revise），为学生提供大量的机会来重新思考大概念，反思进展并修改自己的设计工作；E——评价（evaluate），为学生评估进展和自我评估提供机会；T——因人而异（tailor），反映个体的天赋、兴趣、风格与需求；O——为最佳效果而组织（organize），合理组织，以使学生获得深刻理解。基于WHERETO原则，我们可开发四种类型的学习活动并使用活动过程中的三种思维工具来帮助学生对大概念进行深入理解和学习。

1. 四类学习活动

四类学习活动包括初级活动、核心活动、探索活动以及合成活动。初级活动主要是向学生介绍单元主题，可以通过简短的陈述、网页、视频等让他们熟悉活动任务的背景，保证学习活动是基于学生现实知识和经验的延伸，了解学生是不是达到了开始此项挑战任务的“最低先决条件”。核心活动以学生小组形式展开，在核心活动的每个阶段结束时，使用针对性的会议、演示、讨论以及汇报等活动进一步提升学习活动的知识建构效果，帮助学生成为“越来越有成效地学习和解决问题的人”。探索活动是为了帮助学生运用大概念超越思维局限，需要设计结构相似的活动，在不同的活动中，学生需要注意到相似性和差异性，建立大概念在不同案例之间的认知联系。合成活动是在学习活动结束阶段进行的，其主要目标是进行总结讨论，让学生使用目标大概念进行思维超越和学习迁移，为知识的进一步发展服务，合成活动可以通过教师主导来进行有效促进。

2. 三类思维工具

三类思维工具包括外部表征生成工具、多维审视工具以及反思工具。外部表征生成工具有助于构建外部特征，帮助学习者收集、组织、吸收和理解信息，通过他们的思维课件，学习者能够进一步分析他们对学习活动的理解，具体工具包括概念图、流程图、图表和表格、结构图/计划等。多维审视工具能够使学生从不同的视角看待和分析问题，帮助他们摆脱有限的思维方式，具体工具包括改进触发器（是替换、组合、适应、修改、他用、消除、翻转的综合）、六个思考帽（黄帽——价值信念，蓝帽——过程控制以及计划，黑帽——困难及潜在问题，绿帽——创造力及可能性，白帽——数据、事实与信息，红帽——情感、预感、本性及直觉）等。反思工具帮助学生回忆并记录他们所做事情的重要节点，使学生能够将新知识与之前的理解联系起来，理解如何再次应用学习和解决问题的策略，反思工具可以由外部表征生成工具以及多维审视工具来完成，也可以由关于任务工作的一系列反思问题或反思问卷来促成。

（七）设计评价（assessment）工具

评价工具的设计应该与大概念课程单元隐含的教学框架是一致的，我们可使用CPRD（Collect-Present-Represent-Demonstrate）四种类型的评价工具进行综合性评价。第一类是收集学生在给定任务过程中的作品，用于记录进展情况，包括阶段总结等；第二类是给学生提供展示的机会，包括对原型的介绍，对设计方案及过程的描述，达成解决方案的理由等；第三类是学生利用外部表征生成工具对大概念和学习活动过程的理解程度进行外部呈现；第四类是使用观察、访谈、测试、论文、操作等工具确认学生对大概念理解和学习过程的理解程度。第一类评价工具收集整合了来自第二类和第三类的数据，来自第四类评价工具的数据补充了前三类的数据，整体形成了对大概念学习落实的系统考评。

（二）以课程标准、教材和学情为依据确定大单元内容

从上一节的内容来看，概念大小是不同的，中等程度大小的概念可连接到较大的概念，而较大的概念可连接到更大一些的概念。照此类推，只要能分解出更小概念的概念，都可称为大观念，因此大观念只是一个相对的概念。一个概念之所以成为大观念，它需要满足：普遍能被运用；能通过不同的内容来展开，可以依据关联度、兴趣和意愿来选择内容；可以运用于新的情境，能够使学习者理解他们一生中可能会遇到的情况和事件，即使是学习者目前尚不知道的[①]。课程大单元指的是以学科核心素养为目标，以“大任务、大观念、大问题、大项目”的名义来组织或结构化要学的知识、技能、问题、情境、活动、评价等，使之成为一个完整的学习故事或事件。它是一个课程单位、学习单位，它不是内容单位、学习素材，也不是知识点或知识图谱，是一种跨学科融合的概念。

如何确定大单元内容？首先，需要研读本学期的相关课程材料，特别是教材的逻辑

① 温·哈伦. 科学教育的原则和大概念[M]. 韦钰译. 北京：科学普及出版社，2011: 20.

与内容结构、与教材内容对应的课程标准的相关要求、学生的认知准备与心理准备、可得到的课程资源等，按照规定的课时，判断本学期大致可以划分为几个大单元。其次，依据学科核心素养的相关要求，厘清本学期的大单元逻辑以及单元命名，如到底是以大任务或大项目来统率，还是以大观念或大问题来统率？按照一种逻辑还是几种不同的逻辑？最后，对应学科核心素养，依据核心素养的要求，结合具体的教材，按某种大任务（或观念、项目、问题）的逻辑，将相关知识或内容结构化。

四、课程组织实施

课程组织是课程经验的关联水平组织，即课程内容与学习经验的相互关系。课程的组织是建构课程的重要步骤，要有连续性、时序性、统整性与衔接性①。课程组织要遵循合乎课程目标、由简单到复杂、由具体到抽象、由近而远、时序组织、由整体到部分或部分到整体、先决条件优先学习、概念相关法、探究关联顺序、提供不同学习形式与组织途径等原则。在进行课程组织时，若以知识点为站位，看到的目标只是了解、理解、记忆；若以单元为站位，看到的目标是学科育人的关键能力、必备品格与价值观念。因此，指向学科核心素养的教学必须要提升教师的教学设计站位，立足单元，上接学科核心素养，下连知识点的目标或要求，选择合适的课程形式。

课程组织除了学科课程形式外，还可以通过核心课程、活动课程等形式展开。核心课程是以某些广泛问题或概念为中心，将某些领域的知识概念加以组合，使某单元主题或学科简化或减少到一种便于管理控制的大小。核心观念可以让学科的单元或主题更加结构化，便于调节其深度与广度，确保内容的连续性、时序性、统整性与衔接性，此外还可以作为学科结构，打破学科界限。活动课程又称经验课程，重视学生的直接经验，以学生的兴趣与需求为课程组织的中心，决定学习内容，重视以学生的心理发展顺序来组织课程，由学生主动组织学习经验与知识，解决学生生活的问题。

基于核心素养的课程设计将三种组织形式综合考虑，以项目教学或主题教学为主要教学方式。根据实际情况确定课程主题以及主要内容，整个课程是一个总的大项目，可以根据内容划分模块，将其分解为若干个小项目，这也体现出课程的层次性和阶段性。在确定课程之后，要对课程进行具体的安排，包括课程的课时分配以及每个课时所对应的内容要点等。

五、课程评价修订

课程评价是评价在课程中的应用，指的是教育人员搜集有关的课程资料，对课程理念、课程计划、教学材料资源、课程实施运作、评估考试测验、学习过程与结果的方法活动等课程环节的判断与评估，为课程的改进指明方向。

课程评价工作按照课程进展可以划分为四个阶段的评价②：①计划阶段的评价，在课程方案规划时进行，对相关课程研究方案进行分析，评价其目标、假设、学习过程等，

---

① 钱松岭，董玉琦．信息社会学课程内容的选择与组织[J]．电化教育研究，2016, 37(10): 116-121.

② 胡耀宗．信息技术课程评价研究[J]．山东教育学院学报，2003, (4): 4-6.

有利于评估课程方案的适切性。②实施阶段的评价，对课程方案的每一实施情境进行评价，有利于推动课程改革与发展。③考核阶段的评价，依据课程实际运作结果检验学生的学习成果与课程的教学效果。④追踪阶段的评价，是课程评价的更高要求与深入分析，发现课程教学的长远影响，也是课程方案改进的重要依据。

基于核心素养的 STEM 课程评价设计，主要是在课程结束后对课程的设计、实施、效果等进行评价，如图 2-5 所示。

STEM 教育更注重能力的培养，如问题解决能力、跨学科素养等，需建立多元评价体系，如基于情景的评价、基于计算机的评价、基于作品的评价等。基于核心素养的 STEM 课程评价设计要从核心素养角度出发，评估学生在课程学习过程中核心素养的发展情况，这就要求结合课程学习当中的过程性评价与课程结束后测验调查等的总结性评价，设计相关的量表或问卷，观察并记录课程相关数据，尽可能科学精确地评估学生核心素养的发展情况，并反馈到课程的修订方案中。

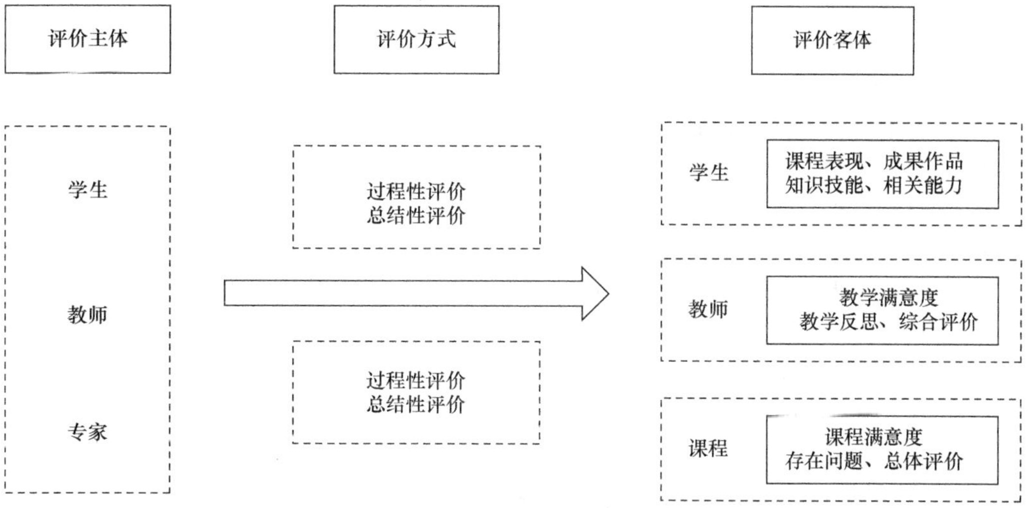

图 2-5 基于核心素养的 STEM 课程评价设计

中小学课程评价是整个课程体系的核心环节。课程评价是按照一定的评价标准，设计评价量表，采用定性、定量的方法处理收集到的信息，对课程的计划、实施等问题做出价值判断，并寻求改进方法的活动。课程评价是检验课程是否成功的重要途径，同时为课程设计开发提供了实践支撑。

过程性评价是对教学情况进行局部性的观察、检测，如每课时的内容掌握情况和任务完成情况，能够较好地体现评价的动态性，体现了对教学过程与学生发展的重视，包括学生自评、组内评价、组间评价。教学结束后，教师对学生及其成果作品进行总结性评价，尽量客观、全面地反映学生的发展情况，促进学生健康成长。课程评价中的过程性评价与总结性评价一起，形成了对课程教学较为全面的动态评价，这种评价方式一定程度上能够调节教学活动，优化课程教学过程。定量评价通过采集与分析相关学习数据，评估学生的学习成就，对评价结果进行描述和判断。定性评价主要包括对课程观察记录的评价，对教师和学生的访谈分析、问卷调查中的主观语言描述等。

课程评价的意义不仅在于检验教学效果，更在于发现问题并不断地改进课程与教学。综合上述评价的结果，深入分析、深刻反思课程，明确课程实施状况与预设目标的差距，发现方案中存在的问题，并提出修改意见，经研讨后，确定修改方案，重新修订课程，再将其进行实践，不断地完善课程，促进课程发展。

【思考与练习】

一、名词解释

1. 素养
2. 核心素养
3. 学科核心素养
4. 相关课程模式
5. 广域课程模式
6. 大单元设计

二、简答题

1. 核心素养的内涵与特质。
2. 中国学生发展核心素养的框架与内涵。
3. 学科核心素养内涵。
4. 核心素养导向的 STEM 课程融合模式。
5. 面向核心素养的 STEM 课程架构。
6. 面向核心素养的 STEM 课程设计要素。

三、思考题

1. STEM 与学科核心素养之间有什么关联？
2. 核心素养对课程产生什么样的影响？
3. 为什么要以核心素养为导向开展 STEM 课程整合？
4. 如何理解 M 型 STEM 课程、S 型 STEM 课程、T 型 STEM 课程和 E 型 STEM 课程以及它们之间的关系？

第三章　M 型 STEM 课程设计

【章节引言】

面向核心素养的 M 型 STEM 课程是以数学为核心、以数学学科核心素养为导向的 STEM 课程。数学作为科学、技术和工程的基础，不仅是 STEM 学科领域所必需的运算和推理工具，还是用以理解及表达事物的本质、关系和规律的基础性语言，在解决综合性 STEM 问题的过程中发挥着至关重要的作用。

M 型 STEM 课程采用 S. T. E. M 模型作为课程设计依据，以数学学科核心素养作为课程目标，以数学内容作为设计基础，以重点融合领域建立 STEM 学科联系，以现实主题创设综合情境，使得 STEM 课程在充分发挥其对于学生思维、意识、能力以及价值观的培育优势的基础上，能够进一步促进学生数学学科核心素养的提升，以及 STEM 学科核心素养的融合发展。

【知识导图】

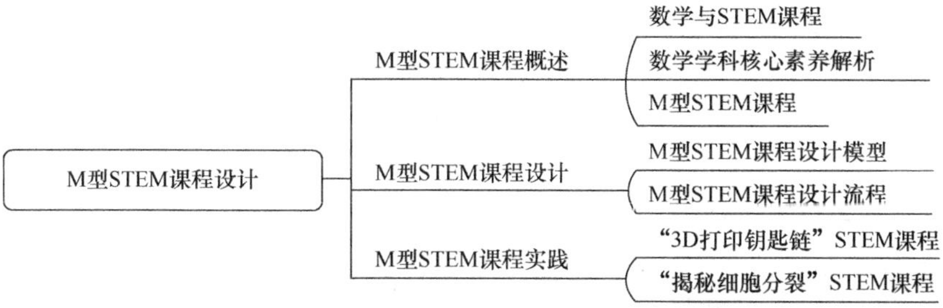

第一节　M 型 STEM 课程概述

一、数学与 STEM 课程

（一）M 型 STEM 课程概念

M 型 STEM 课程是以数学为核心的 STEM 课程形式。数学作为一门定义最为明确且被广泛认可的正式学科，既是我国基础教育阶段的必修课程和核心课程，同样也是 STEM 课程的重要组成部分。选择数学引领 STEM 课程融合的原因有二：其一，数学是科学、技术和工程的基础，学生在基础课程中学习到的数学，包括数学内容以及在学习过程中所形成的思维方式和相关技能，对解决综合性的 STEM 问题发挥着不可或缺的作用。其二，在数学支撑着 STEM 课程的设计及实施的同时，STEM 课程也极大地拓展了数学的学习领域以及应用领域，充盈了数学的学科价值、社会价值和个体发展价值。

数学是研究数量关系和空间形式的一门科学。数学源于对现实世界的抽象，基于抽象结构，通过符号运算、形式推理、模型构建等，理解和表达现实世界中事物的本质、关系和规律。数学对人类生活和社会发展发挥着至关重要的作用，它不仅是人类所必需的运算及推理工具，也是用于表征和交流的语言。数学作为自然科学的基础性学科，承载着各个时期的思想与文化，是人类文明的重要组成部分。长期以来，数学的应用已经渗透到社会科学以及人们日常生活中的方方面面，并且在各方面均发挥着不可替代的作用。当前，随着计算机科学、人工智能、大数据等现代科学技术的飞速发展，人们对数据获取、数据处理以及数据分析等方面均提出了更高的要求，这些都极大地扩展了数学的研究领域以及应用领域，促使数学直接为社会创造价值，并推动社会生产力的发展。数学在形成人的理性思维、科学精神和促进个人智力发展的过程中同样发挥着不可替代的作用。数学素养作为数学学科所固有的内蕴特征，是适应社会发展以及终身发展所必备的数学领域的思维品质和关键能力，也是现代社会每个人都应该具备的基本素养。

2014年，在由美国综合STEM教育委员会历时两年出版的研究报告《K-12年级STEM整合教育：现状、前景和研究议程》中，该委员会在美国国家研究委员会（National Research Committee，NRC）所提出的数学学科定义的基础上，对STEM课程中的数学学科做出了如下的叙述。

数学是对数量、数字和空间之间的模式和关系进行研究的学科。与科学不同，在科学中往往使用经验证据以证明或推翻假设，而在数学中则是通过基于基本假设的逻辑论证来证明该假设，逻辑论证本身就是数学的一部分。与科学一样，数学知识在不断增长，但与科学不同的是，除非基础假设得到改变，否则数学知识不会被推翻。K-12数学的具体概念类别包括数字、计算、代数、函数、几何、统计和概率。数学用于科学、工程和技术。

数学作为具备极高严谨性的基础性学科，在科学、工程及技术领域发挥着重要的支撑性作用，同样也是设计及实施STEM课程的关键性工具。在美国的数学学科课程标准，即《共同核心国家数学标准》中鼓励教师：要在利用标准中所提供的整合机会来发展数学学科知识的同时，在STEM科目之间建立更多深层次的联系。

【拓展阅读】 为什么STEM选择了数学学科①

STEM选择数学，不仅是一种科技发展的功利性需要，更是对数学学科具有的重严谨、重思辨、重论证、重批判等学科隐形属性的某种张扬；尤其是STEM所倡导的以问题解决为驱动的理工科综合教育，对帮助人们适应未来更加多元化、复杂化且重视合作的大趋势有着现实的指导意义。美国国家数学教师理事会（National Council of Teachers of Mathematics，NCTM）提出“培养学生理解数学过程和解决问题的五个过程性标准，即问题解决、推理和证明、交流、连接、陈述”。

当然，即便是得到“传承待遇”的数学学科，我们同样有必要厘清其中已然呈现

① 施洪亮，刘党生．数学：让STEM拥有了透视功能[J]．中国信息技术教育，2017，(11)：42-45.

出来的微妙却关键的变异，有必要重新释义，甚至另起炉灶去重构数学学科的内涵、外延，以适应时代的召唤，契合 STEM 应有的期待。因为数学学习不仅是学习数学知识，更重要的是学习数学的思维方式，养成数学思维习惯。而 STEM 教育的目的是帮助学生整合知识和课程、自由推理复杂问题、分析不同的解决策略并与他人交流自己的观点和结果，这些更多的是来自基础教育阶段对 STEM 培养的兴趣和意识；STEM 教育强调多学科的整合与协作，也给课程设置、学校教育以及课堂教学等带来了挑战。

现代数学必须建构在大数学（包括数学文化和数学哲学）的范畴之上，必须同时适应应用数学和理论数学两大板块的充分融合，必须吸收和运用大数据思维和物联网概念去提升数学的学与教元素，必须切实地肩负起数学意识和数学方法对传统计算数学之外的基础学科领域的引领任务。

如果说，STEM 与科学、技术之间形成日益紧密的联系，是一种社会共识的话（时下国内 STEM 教育课程的设计与推广就是沿着这样的轨迹展开的），那么数学要承担的使命，恰恰是对 STEM 表层理解的自我批判，以期达到自我升华的新境界。我们注意到在 2013 年正式颁布的美国《下一代科学教育标准》（缩写是 NGSS，其前身是 2010 年 7 月美国国家研究理事会公布的《K-12 科学教育框架（草案）》，以及 1 年后正式出版的《K-12 科学教育框架：实践、跨领域概念和核心概念》）中有大量篇幅体现了对 STEM 教育概念的辨析；将工程设计、相关数学、STSE（科学、技术、社会、环境）分别作为独立的章节，与学科核心知识等内容并列陈述；对不同学段（幼儿园至 2 年级、3～5 年级、6～8 年级、9～12 年级）的学生提出不同水平的具体目标。这与 STEM 教育是一种“后设学科”相一致，即这一学科的建立是基于不同学科之间的融合而形成的一个新整体。STEM 素养是由科学、技术、工程和数学学科的素养组成的，但它们又不是简单的组合，而是把学生学习到的各学科知识与机械过程转变成一个探究世界相互联系的不同侧面的过程。STEM 课堂的特点就是在“杂乱无章”的学习情境中强调学生的设计能力、批判性思维和问题解决能力。这种复杂的学习情境包含了多种学科知识的关联，而在这点上，与国外课程体系最大的不同点在于，我国基础教育体系沿用的是学科课程主导模式，客观上建构在几十年书本知识（总结性知识）的识记生态之下，所以在如何兼顾数学学科自有的成长性的同时，又最大限度地兼顾系统工程理念指导下的 STEM 教育，确实任重道远。

（二）数学支撑 STEM 课程融合

数学教育承载着落实立德树人的根本任务、发展素质教育的功能。数学教育作为基础教育的重要组成部分，有助于帮助学生掌握现代生活及未来发展所必需的数学知识、数学技能、数学思想、数学方法以及数学活动经验；可以有效地提升学生的数学素养，引导学生会用数学眼光观察世界，会用数学思维思考世界，会用数学语言表达世界。在促进学生思维能力、实践能力和创新意识的发展，引导学生探寻事物的发展变化规律，增强学生的社会责任感，进而帮助学生形成正确的人生观、价值观、世界观等方面发挥着举足轻重的作用。

数学作为科学、技术和工程的基础，同样也是 STEM 课程的重要组成部分。学生在学校学习的数学包括内容及思维，均可以作为解决综合性 STEM 问题的工具。例如，在进行科学实验时，学生需要使用数学和统计学来分析实验过程中所产生的数据；在进行工程设计时，学生需要利用数学知识和数学推理，来开发和模拟潜在的设计发明和解决方案；在进行技术构建和技术维护时，学生需要必须理解控制其操作的数学原理。2018年，美国的国家数学监督委员会（National Council of Supervisors of Mathematics，NCSM）和全国数学教师委员会（National Council of Teachers of Mathematics，NCTM）所发布的“在健全的数学基础上建立 STEM 教育”的联合立场声明中表示：

坚实的数学基础是任何 STEM 课程计划的核心。除了将 STEM 学科联系起来的综合经验之外，学生还需要强大的数学基础，以便在日常生活中理解与 STEM 相关的主题，并在 STEM 领域取得成功。因此，任何 STEM 教育计划（包括校外活动）都应该支持和加强学校的数学课程，确保数学的教学时间不受影响。此外，任何涉及数学的 STEM 活动都应该与该年级的数学内容和数学实践保持一致。

以数学为核心的 STEM 课程，应当在不影响正常的数学教学活动的情况下，适时适当地开展，以支持、拓展及深化数学的基础课程。并且，该课程的设计及实施，应当以国家所规定的数学课程标准为导向，与其中的培养目标及培养层次相对应。

STEM 课程的出现也为数学课程的创新和变革提供了新的机遇。在数学支撑着 STEM 课程进行的同时，STEM 也极大地拓展了数学的研究领域以及应用领域，为改革数学教育提供了真实的背景。如今，正蓬勃发展的生物医学工程、人工智能、机器人、大数据等新兴的综合性科学技术，使得学科之间的专业壁垒越来越弱，它们的飞速发展也对信息的数字化处理、数据的获取、处理以及分析提出了更高的要求，未来科技的发展必然是将一步步走向学科融合。基础阶段的数学教育并不能再仅仅停留于单学科领域，而是应当以数学为连接点适当地融合跨学科的知识和技能。因此，未来的数学教育应当在 STEM 教育的背景下加以考虑，STEM 课程的跨学科融合为数学知识和技能的应用提供了真实的情境和现实的主题。这些情境和主题使得数学不再只是一个孤立的、应试的学科，而是成为在学生日常生活以及未来发展过程中所必需的可以用以观察和思考现实世界的方式、解决复杂真实问题的工具，以及用于表征和交流的语言。这些正是我国基础教育阶段的数学课程培养目标，即数学学科核心素养的具体表现①。

二、数学学科核心素养解析

（一）数学学科核心素养

数学学科核心素养作为“数学学科课程目标的集中体现，是具有数学基本特征的思维品质、关键能力以及情感、态度与价值观的综合体现，是在数学学习和应用过程中逐步形成和发展的”。通过对数学学科核心素养的定义进行解读可以发现，数学学科核心素

① 史宁中. 高中数学课程标准修订中的关键问题[J]. 数学教育学报, 2018, 27(1): 8-10.

养是数学课程培养目标的重要载体，代表着具有数学本质特征的、适应个人终身发展和社会发展需要的思维品质、关键能力以及情感、态度与价值观的总和。数学学科核心素养不仅仅作用于数学学科本身，而且成为未来公民所应具备的最基本、最重要的核心素养①，对其他学科的学习及日常生活均发挥着至关重要的作用。数学学科核心素养可以帮助人们在真实的情境中应用数学知识和技能来理性地处理数学或与数学相关的现实问题，从数学的角度认识问题、思考问题进而解决问题，并进行有效的数学表达及交流。数学学科核心素养实质已经超越了具体的学科界限，成为现代社会中每一个人都应该具备的基本素质，进一步证明了数学作为基础学科在科技研究、社会进步以及个人发展中的支撑性地位。同时，该定义还表明了数学学科核心素养的培养方式。数学学科核心素养的产生及发展依托并根植于数学的学习过程及应用过程，但是并不拘泥于具体的数学学科情境。因而，数学学科核心素养可以在多个学科领域得以培养，而且可以贯穿于全学段的数学学习及应用过程。

数学学科课程标准中提出了六项数学学科核心素养，并分别从概念内涵、学科价值、培养目标三个方面进行了详细的叙述，如表3-1所示。

表3-1 数学学科核心素养

核心素养	内涵
数学抽象	数学抽象是指通过对数量关系与空间形式的抽象，得到数学研究对象的素养。主要包括：从数量与数量关系、图形与图形关系中抽象出数学概念与概念之间的关系，从事物的具体背景中抽象出一般规律和结构，并用数学语言予以表征
逻辑推理	逻辑推理是指从一些事实和命题出发，依据规则推出其他命题的素养。主要包括两类：一类是从特殊到一般的推理，推理形式主要有归纳、类比；一类是从一般到特殊的推理，推理形式主要有演绎
数学建模	数学建模是对现实问题进行数学抽象，用数学语言表达问题、用数学方法构建模型解决问题的素养。数学建模过程主要包括：在实际情境中从数学的视角发现问题、提出问题、分析问题、建立模型、确定参数、计算求解、检验结果、改进模型，最终解决实际问题
直观想象	直观想象是指借助几何直观和空间想象感知事物的形态与变化，利用空间形式特别是图形，理解和解决数学问题的素养。主要包括：借助空间形式认识事物的位置关系、形态变化与运动规律；利用图形描述、分析数学问题；建立形与数的联系，构建数学问题的直观模型，探索解决问题的思路
数学运算	数学运算是指在明晰运算对象的基础上，依据运算法则解决数学问题的素养。主要包括：理解运算对象，掌握运算法则，探究运算思路，选择运算方法，设计运算程序，求得运算结果等
数据分析	数据分析是指针对研究对象获取数据，运用数学方法对数据进行整理、分析和推断，形成关于研究对象知识的素养。数据分析过程主要包括：收集数据、整理数据、提取信息、构建模型、进行推断、获得结论

通过对我国《普通高中数学课程标准》中描述数学学科核心素养间内在联系的语句，进行定性分析，得出数学学科核心素养关系结构图，如图3-1所示。该图内部数字为两个学科核心素养间关系的提及频次，双向实线箭头代表两项数学学科核心素养之间具备明确的内在联系，虚线则表示两者之间的联系还需进一步进行验证。

① 常磊，鲍建生. 情境视角下的数学学科核心素养[J]. 数学教育学报，2017, 26(2): 24-28.

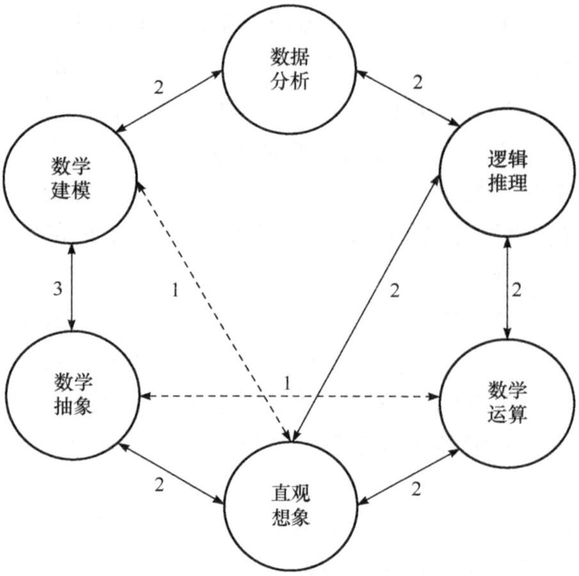

图 3-1 数学学科核心素养关系结构图

数据分析的过程中包含了数学建模。在进行数据分析的过程中，根据实际问题从样本数据中提取需要的数字特征，探索数据中隐含的知识和规律，并在此基础上构建数学模型。学生能够针对综合情境中的不同问题，综合或创造性地运用概率统计知识，构造相应的概率或统计模型，解决问题。

数学建模与数学抽象两者之间相互促进，协同提升。对现实问题进行数学抽象是进行数学建模的前提。数学建模是对现实问题进行数学抽象，用数学语言表达问题、用数学方法构建模型解决问题的素养。其中，需要学生首先从具体的问题中抽象出一般规律和结构，把握问题的本质特征，从而建立和求解数学模型。数学建模是数学抽象的主要表现。数学抽象的主要表现中包括了“提出数学命题和模型”，是对综合情境中的数量关系与空间形式进行抽象后所提出的数学问题及表现形式。

直观想象是进行数学抽象的思维基础。利用直观想象，探讨问题的本质及其与数学的联系，是构建数学抽象结构的前提。例如，借助长方体，在直观认识空间点、直线、平面的位置关系的基础上，抽象出空间点、直线、平面的位置关系的定义，了解基本的数学事实和定理。

数学运算是验证直观想象的重要工具，是建立形与数之间的联系，验证图形与图形、图形与数量间关系的基本手段。

数学运算是逻辑推理的一种表现形式。逻辑推理主要包括两类：一类是从特殊到一般的推理，例如归纳推理、类比推理；另一类是从一般到特殊的推理，例如演绎推理。数学运算是演绎推理，是采用一般性的运算法则，探究运算思路及方法，设计出运算程序进而解决具体问题的过程。学生在综合运用运算方法解决问题的过程中，能够形成规范化思考问题的品质。逻辑推理中的类比推理则可以有效地帮助学生来探索数学运算间的共性及差异，进而在具体的情境中选择适当的数学原理及公式以解决问题。

数据分析的过程中包含了逻辑推理。数据分析作为研究随机现象的重要数学技术，其分析过程中包含了进行推断这一重要步骤。在进行数学分析的过程中，需要通过使用数理统计方法对模型的可靠程度和精确程度进行推理、判断及验证。在运用统计方法解决问题的过程中，感悟归纳推理的思想，理解统计结论的意义。

直观想象是进行逻辑推理的思维基础。通过直观感知，了解位置关系，归纳推理出相应的性质定理并加以证明。例如，通过直观感知，了解空间中直线与平面的平行和垂直的关系，归纳出一条直线与一个平面平行，如果过该直线的平面与此平面相交，那么该直线与交线平行，并根据实际问题进行证明。

通过对数学学科核心素养之间的关系结构进行分析可以得出，数学学科核心素养作为一个有机联系的整体，其本身具备着非常紧密的内在逻辑关系，任何一种核心素养的提升都将带动并促进其他核心素养的发展。因此，数学学科核心素养的培养应当将其作为一个整体来看待，采用多点带面、联动提升、全面发展的培养策略。这就意味着，可以有效培养数学学科核心素养的课程应当具备多层次、综合性、均衡性的特征，而这正是 STEM 课程的特质。从素养属性上看，直观想象、数学抽象及逻辑推理作为数学学科特有的基本思想，可以作为培养学生理性思维的有效载体。而数学运算、数学建模及数据分析作为运用数学解决实际问题的主要方法，将成为数学与其他学科、数学与真实世界之间进行联系的桥梁。

（二）数学学科核心素养的跨学科性

各数学学科核心素养均具备跨学科应用的特质，对解决综合性问题发挥着至关重要的作用，且各数学学科核心素养均可以在综合性情境中得以有效培养，这进一步验证了数学学科核心素养作为 M 型 STEM 课程的课程目标的可行性。通过对《普通高中数学课程标准》中描述数学学科核心素养与科学、技术以及工程之间的关系的语句进行分析并提取相关频次（图 3-2 中数字），得出数学学科核心素养的跨学科网络关系图，如图 3-2 所示。

数据分析是在科学、工程及技术等相关领域进行探索、推断及决策的基本方法。针对综合性情境中的具体研究问题，运用数理统计方法，对数据进行分析处理，获取其中有价值的信息，进而得出结论或构建数学模型，是研究随机现象、进行数据挖掘、实现科学决策的重要手段，也是提升学生数据分析素养的有效方式。

逻辑推理是进行跨学科表达与交流的关键语言。逻辑用语不仅是进行数学表达与论述的基本语言，也是计算机应用及理论研究的理论基础。逻辑推理素养需要学生具备逻辑推理能力，在综合情境中，应用逻辑推理的语言和思维把握事物间的逻辑关系，并表述验证及推理过程，实现跨学科的表达与交流。

数学运算是理工科研究以及社会生活中所必备的数学技能，也是计算机以及人工智能解决复杂性问题的基础。需要学生将运算知识及技能进行有效的迁移。掌握将综合情境中的具体问题转化为运算问题，并根据运算对象和运算法则，构造严谨简捷的运算程序来解决实际问题的能力。学生需要通过数学运算过程逐渐形成程序化思想，进而更好地理解计算机及人工智能的问题解决方式及核心算法。

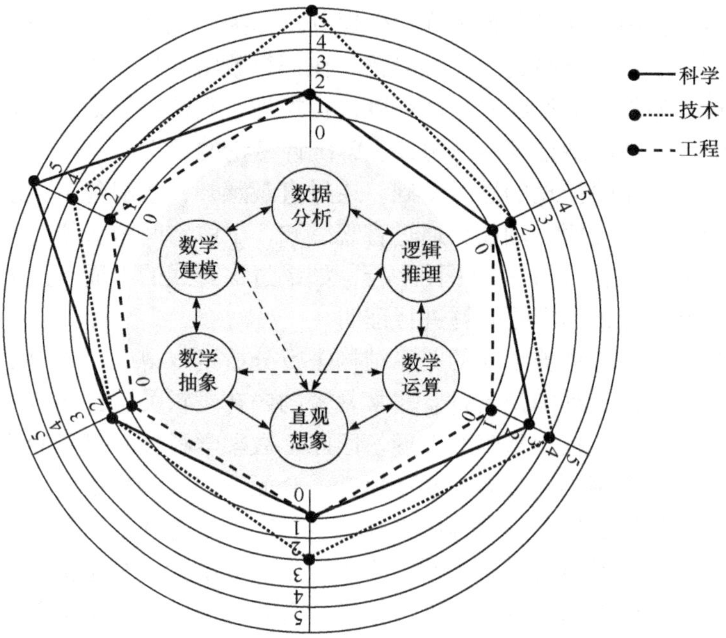

图 3-2 数学学科核心素养的跨学科网络关系图

直观想象是在综合情境中感知数学问题、建立数形关系的基本手段。但是直观想象素养的培养，首先需要教师通过借助实物或信息技术等方式展示几何图形，为学生理解和掌握几何性质提供直观的模型。帮助学生积累丰富的数学经验，促使学生在面对综合性情境中的具体事物时，能够将它抽象和表达为相应的空间或几何图形，并建立起数学与其他学科的联系，最终形成理论体系的直观模型。

数学抽象是在综合情境中提取事物本质、获得研究对象的有效方式。数学源于对现实世界的抽象。引导学生在综合情境中感悟数学的抽象过程，并运用抽象的数学概念解释自然现象或技术原理，有助于学生真正地理解数学的本质。

数学建模是应用数学解决综合性问题的主要方法。几乎所有学科在科学化的过程中，都需要通过数学建模以探析研究对象的性质、关系及规律①。借助综合性情境中的具体问题，学生能够更加深刻地体会数学模型的含义、特征及实际应用，以及通过建立并改进数学模型以解析 STEM 学科领域中的关键问题、科学规律或实际现象。

在根据数学学科核心素养的综合表现所划分的数学学业质量水平中，借助数学学科核心素养建立起数学与其他学科之间的联系，并在综合情境中应用数学学科核心素养来发现并解决问题，已成为各数学学科核心素养的最高培养目标，而以数学为核心的 STEM 课程为达成这一目标提供了有效的培养途径。

以数学为核心的 STEM 课程应当以数学学科核心素养的跨学科特质为出发点，积极地探讨数学与 STEM 中其他学科的融合，建立起数学与科学、技术及工程之间的联系。其使得 STEM 课程超越学科内容的融合，提升至学科核心素养的融合，进而实现数学学

① 史宁中. 高中数学课程标准修订中的关键问题[J]. 数学教育学报, 2018, 27(1): 8-10.

科核心素养水平的提升和 STEM 学科核心素养的融合发展。

如图 3-2 所示，数学与科学、技术以及工程领域的融合都将带动和提升各数学学科核心素养的发展，只是其培养程度略有差异。技术与数学之间存在着全面且深刻的联系，技术可以在一定程度上助力数学学科核心素养的全面发展。与数学相结合的技术可以帮助学生进行概念理解以及知识应用，使得数学变得直观且具有吸引力。同时，编程、人工智能、3D 打印等新兴技术也为实现数学与技术间的融合提供了丰富的情境，能够帮助学生实现数学知识的综合应用以及学科间知识的迁移及深化，助力学生数学学科核心素养的全面提升。科学与数学之间同样具备较为紧密的联系。数学作为进行科学研究的基础性工具，不仅在解决科学问题中发挥着至关重要的作用，而且确保了科学的严谨性。运用数学的相关原理、公式、思维方式、研究方法可以有效地推理并阐释科学规律，解释生活中的自然现象。相比于技术及科学，工程与数学之间的联系较少，而这在一定程度上是由我国基础教育阶段缺少工程类课程所导致的，但是这也并不能够否认数学在工程领域所发挥的关键性作用。在工程设计过程中，设计师需多次通过开发和使用数学模型、统计和分析数据等方式来产生设计想法、论证设计理念、做出设计决策。

三、M 型 STEM 课程

（一）M 型 STEM 课程的内容分析

M 型 STEM 课程应当以数学学科内容作为课程设计的基础，其根本原因主要体现在以下四个方面。①学科性质：数学知识是解决一切现实问题的基础，是解决科学、技术及工程领域中实际问题的重要支撑；数学源于对现实世界的抽象，通过对数学基础知识的学习，学生得以理解和表达现实世界中事物的本质、关系和规律，并开始尝试运用数学知识、技能及思维方式去解决现实世界中的复杂问题。②问题解决：STEM 课程的融合使得严谨的学术概念与现实世界中解决问题的经验相结合；根据认知结构理论，掌握结构化的系统知识是促使知识迁移和提高问题解决能力的前提；学科知识及基本技能作为解决跨学科综合性问题的基础，为现实问题的解决提供了必需的思维方式及研究方法。③课程创设：在设计 STEM 课程时，单门学科的教师难以了解全部的跨学科内容，这对教师设计一门优质的 STEM 课程造成了一定的障碍；而采用多门学科教师共同合作的方式，则很有可能造成学科知识的“拼盘化”，难以实现真正的跨学科融合；采用以所教授的 STEM 相关学科为中心，在原有的认知基础上，寻找与其他学科知识之间的连接点，并以现实世界中的相关问题为驱动进行知识的逻辑结构化的课程模式，将使得学科教师具有足够的知识和能力去设计一门具有学科特色的 STEM 课程。④素养培养：数学学科的核心素养蕴含于数学内容的逻辑体系之中，是在学习数学学科知识的过程中逐步形成和发展的，离开了数学学科知识，数学学科核心素养的培养无从谈起。

《普通高中数学课程标准》将数学课程知识分为预备知识、函数、几何与代数、概率与统计、数学建模活动与数学探究活动以及数学文化六个部分，如表 3-2 所示。数学课程标准将“预备知识”内容置于学科内容的开端，以连接初中及高中阶段的数学学科内容，确保核心素养培养过程的衔接性。根据数学的内在逻辑，将函数、几何与代数、概率与统计作为三条内容主线，将数学建模活动与数学探究活动作为课程活动形式贯穿于数学课程之中。同时，要求在数学课程设计及实施的过程中注重数学文化在课程内容中的融入。

表 3-2 必修及选择性必修知识

主题	性质	单元
预备知识	必修	集合
		常用逻辑用语
		相等关系与不等关系
		从函数观点看一元二次方程和一元二次不等式
函数	必修	函数概念与性质
		幂函数、指数函数、对数函数
		三角函数
		函数应用
	选择性必修	数列
		一元函数导数及其应用
几何与代数	必修	平面向量及其应用
		复数
		立体几何初步
	选择性必修	空间向量与立体几何
		平面解析几何
概率与统计	必修	概率（随机事件与概率、随机事件的独立性）
		统计（获取数据的基本途径及相关概念、抽样、统计图表、用样本估计总体）
	选择性必修	计数原理
		概率（随机事件的条件概率、离散型随机变量及其分布列、正态分布）
		统计（成对数据的统计相关性、一元线性回归模型、2×2 列联表）
数学建模活动与数学探究活动	必修	数学建模活动与数学探究活动
	选择性必修	数学建模活动与数学探究活动
数学文化	贯穿全程	数学的思想、精神、语言、方法、观点以及它们的形成和发展；数学在人类生活、科学技术、社会发展中的贡献和意义，与数学相关的人文活动

这六个部分在数学课程以及 STEM 课程的设计及实施过程中扮演着不同的角色。预备知识、函数、几何与代数、概率与统计作为数学的基础性知识，是认识和理解现实世界所必需的思维模式与解决问题的根本方法，也是培养数学学科核心素养与解决 STEM 课程中综合性问题的重要依托。数学建模活动与数学探究活动作为集过程性、活动性、

实践性于一体的课程形式，是引导学生在实际情境中从数学的视角发现问题、提出问题、分析问题、解决问题的综合型实践活动，可以有效地增强学生的科学精神、创新意识以及实践应用能力，也是将 STEM 课程融入日常的数学课程活动中的有效形式。数学文化包含数学的思想、精神、语言、方法、观点以及它们的发展过程对人类生活、科学技术、社会发展所做出的贡献和意义以及与数学相关的人文活动。通过学习数学文化，学生可以真实地了解数学在科学技术及社会发展中的作用，感悟数学在现实世界中的价值，进而在一定程度上提升学生的科学精神、应用意识和文化素养。

数学学科核心素养蕴含于数学内容的逻辑体系之中，因此数学学科核心素养的培养需要扎根于数学的学科知识。数学课程标准以预备知识、函数、几何与代数、概率与统计、数学建模活动与数学探究活动为主线，对各部分对应的可重点提升的数学学科核心素养做出了明确的要求，为设计一门面向数学学科核心素养的 STEM 课程提供了有效的切入点。设计者可以根据所选择的数学学科内容，制定与之相对应的数学学科核心素养培养目标，如表 3-3 所示。

表 3-3 学科内容与数学学科核心素养对应关系表

<table>
<tr><th>主题</th><th>单元</th><th>数学学科核心素养</th></tr>
<tr><td rowspan="4">预备知识</td><td>集合</td><td rowspan="4">数学抽象、逻辑推理、数学运算</td></tr>
<tr><td>常用逻辑用语</td></tr>
<tr><td>相等关系与不等关系</td></tr>
<tr><td>从函数观点看一元二次方程和一元二次不等式</td></tr>
<tr><td rowspan="6">函数</td><td>函数概念与性质</td><td rowspan="4">数学抽象、数学建模、数学运算、直观想象、逻辑推理</td></tr>
<tr><td>幂函数、指数函数、对数函数</td></tr>
<tr><td>三角函数</td></tr>
<tr><td>函数应用</td></tr>
<tr><td>数列</td><td rowspan="2">数学抽象、数学运算、直观想象、数学建模、逻辑推理</td></tr>
<tr><td>一元函数导数及其应用</td></tr>
<tr><td rowspan="5">几何与代数</td><td>平面向量及其应用</td><td rowspan="3">直观想象、逻辑推理、数学运算、数学抽象</td></tr>
<tr><td>复数</td></tr>
<tr><td>立体几何初步</td></tr>
<tr><td>空间向量与立体几何</td><td rowspan="2">直观想象、数学运算、数学建模、逻辑推理、数学抽象</td></tr>
<tr><td>平面解析几何</td></tr>
<tr><td rowspan="5">概率与统计</td><td>概率（必修）</td><td rowspan="2">数据分析、数学建模、逻辑推理、数学运算</td></tr>
<tr><td>统计（必修）</td></tr>
<tr><td>计数原理</td><td rowspan="3">数据分析、数学建模、逻辑推理、数学运算、数学抽象</td></tr>
<tr><td>概率（选择性必修）</td></tr>
<tr><td>统计（必修）</td></tr>
<tr><td rowspan="2">数学建模活动与数学探究活动</td><td>数学建模</td><td rowspan="2">数学建模、数学抽象、数据分析、数学运算、逻辑推理、直观想象</td></tr>
<tr><td>数学探究</td></tr>
</table>

（二）M型STEM课程的开展方式

数学学科课程结构为设计STEM课程提供了多样化的融入方式以及充分的发挥空间。数学课程标准充分地考虑到了基础性、选择性和发展性，将课程分为必修课程、选择性必修课程和选修课程。必修课程是所有学生必须学习的课程，是高中数学学业水平考试的内容要求，也是高考的内容要求。选择性必修课程是可供选择的课程，同样也是参加高考所必须学习的内容。选修课程则是为学生确定发展方向提供引导、为学生展示数学才能提供平台、为学生发展数学兴趣提供选择、为高校招生提供参考的课程。课程标准以促进学生的自主发展为原则，提供了五种类型的选修课供学生选择，如表3-4所示。

表3-4 选修课程内容

类型	主题	单元
A类课程	数理类（如数学、物理、计算机、精密仪器等）	微积分
		空间向量与代数
		概率与统计
B类课程	经济、社会类（如数理经济、社会学等）和部分理工类（如化学、生物、机械等）	微积分
		空间向量与代数
		应用统计
		模型
C类课程	人文类（如语言、历史等）	逻辑推理初步
		数学模型
		社会调查与数据分析
D类课程	体育、艺术类（包括音乐、美术）	美与数学
		音乐中的数学
		美术中的数学
		体育运动中的数学
E类课程	拓宽视野、日常生活、地方特色的数学课程，以及大学数学的先修课程等	拓宽视野的数学课程（例如机器人与数学、对称与群、球面上的几何、欧拉公式与闭曲面分类、数列与差分、初等数论初步）
		日常生活的数学课程（例如生活中的数学、家庭理财与数学）
		地方特色的数学课程（例如地方建筑与数学、家乡经济发展的社会调查与数据分析）
		大学数学的先修课程（包括微积分、解析几何与线性代数、概率论与数理统计）

数学课程结构为STEM课程的开发及设计提供了三种思路：第一种是在必修课程及选择性必修课程基础上进行设计的拓展性课程。STEM课程以单元的形式融入日常的教学活动中，学生通过体会数学知识的实际意义并与其他学科内容产生联系，实现知识的

拓展、迁移和深化，形成具有整合性质的多元化课程。第二种是将数学与特定的相关学科相结合，探讨数学与其他STEM学科间联系或应用的融合性课程。该课程可以数学选修课程中的A类及B类课程为依托开展长期的STEM系列课程，着重体现数学与科学、技术和工程之间的联系及应用；或是以C类及D类课程为引导，加入人文元素开设STEAM课程，帮助学生在形象思维的基础上增强理性的思维能力。第三种是学校根据学生的多样化需求，当地社会、经济、文化发展的需要以及学校办学特色等设计的校本课程①，例如数学选修课程中的E类课程。将数学与现实世界紧密结合起来，融合当今数学领域具有前瞻性、专业性和开拓性的相关内容，或者是将数学与日常生活或地方的经济社会发展情况联系起来，设计能够满足学生多样化学习需求的个性化课程或特色课程。

【拓展阅读】 数学：让STEM拥有了透视功能——华东师范大学第二附属中学的STEM课程实践举措与现行项目②

为了响应STEM新教育对数学学科的期望和要求，华东师范大学第二附属中学正在部署三大举措：一是创设数学实验室，在工程教育建制方面有效倾斜，在既有课程框架下努力开拓STEM教育的机会。我们拟议中的数学实验室至少包括数学史文化、数学教具实验、经典数学案例研讨、以TI图形计算为特色的多媒体数学教室、数学发展与数学应用展望五大板块。二是实现教学资源的全面支撑。已经实践的八大资源体系依次是：学科实验室打破演示实验的壁垒，全面向学生开放；不同学科实验室间敞开大门，对应学科交叉的实验请求；完善学校确定的特色实验环境；联合学校周边的科技场馆和专业博物馆课程向学生开放；争取学校区位环境内的百强企业实验室为学生项目提供方便；全面利用68家承诺向社会开放的高校实验室资源和师资；寻求中国科学院各研究所实验生态为青少年的高端课题答疑解惑；建立国际著名实验室使其成为学生的离岸实验室。三是着眼于复合型创新型人才的培养，进一步深化数学教材的再修订、再发散和再优化；重点在分科课程与跨学科整合课程之间搭建起桥梁。

华东师范大学第二附属中学所做的相关项目主要分为三块内容：一是“感天动地嘉年华”，立足于以传感器、机器人、人工智能和遥控遥感技术为特色的开放项目孵化基地，借此把学校在数学、物理、化学、生物、天文等学科已有的优势和强项捆绑在一起，形成集团作战、学科融合、项目式引领和课题化运作的新空间。二是利用学校独到的生态优势，在国际教育的交流中寻求国际课程的本土化改造成果积淀；尤其是在对英（语）数（学）双优项目的落地方面，实现引进与消化同步，参与创新并进的全新布局，重点孵化适合国情的数学教改新思路。三是借力落户于学校的华东师范大学卓越教育研究所，开展涵盖脑科学、行为科学、认知心理学和职业生涯规划的深度学习专项研究。

---

① 谢先成. 基于核心素养的《普通高中数学课程标准(2017年版)》解读——访数学课程标准修订组组长、东北师范大学原校长史宁中教授[J]. 教师教育论坛, 2018, 31(6): 4-7.

② 施洪亮, 刘党生. 数学: 让STEM拥有了透视功能[J]. 中国信息技术教育, 2017, (11): 42-45.

但是数学教学在 STEM 课程中，究竟是以泛在形式存在为佳，还是集成体现为妙，抑或是边缘拓展为妥，这都有待于在实践中进行进一步的摸索，在检验中前行，在反思中成长。

第二节 M 型 STEM 课程设计

一、M 型 STEM 课程设计模型

STEM 课程单元的设计主要包含两种融合方式：内容融合与情境融合①。内容融合是将学科中的部分内容合并为单个课程单元或活动，以突出涉及多个领域的跨学科大概念。情境融合则是关注于单个学科内容，通过其他领域中的现实问题情境来推动核心内容的学习。以数学为核心、以数学学科核心素养为导向的 STEM 课程，将采用内容融合与情境融合相结合的融合方式，即以内容融合，突出数学的核心地位，并建立与其他 STEM 学科之间的融合点；以情境融合，创设综合性的 STEM 问题情境，进而促进数学学科核心素养的应用及提升。

以数学学科核心素养为导向的 STEM 课程融合思想，应用内容融合与情境融合相结合的方式，提出 STEM 课程设计模型，如图 3-3 所示。该模型以数学学科核心素养作为设计起点，将数学学科核心素养的培养，扎根于数学课程内容，使其与具体的学科知识

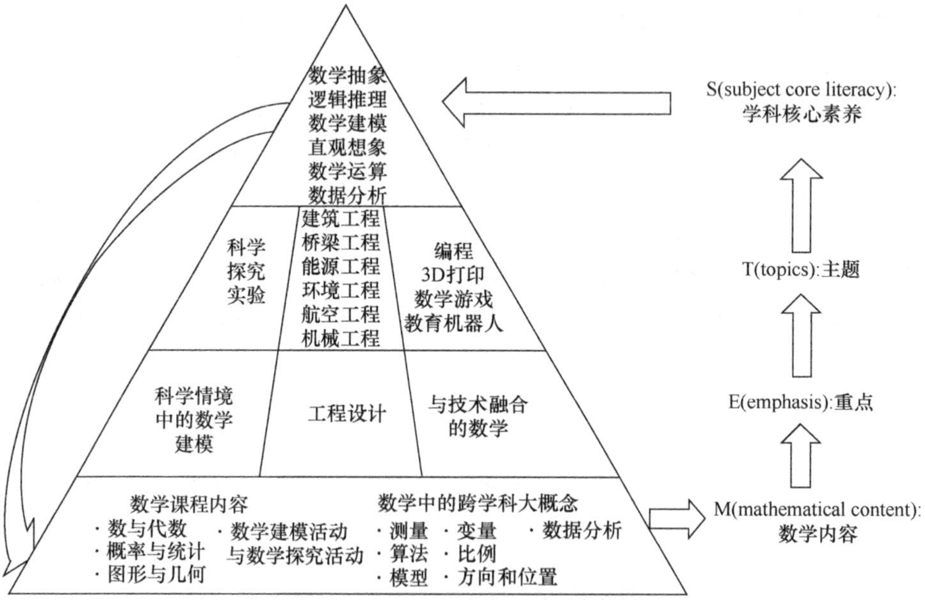

图 3-3 M 型 STEM 课程设计模型图

---

① Moore T J. Model-eliciting activities: a case-based approach for getting students interested in material science and engineering[J]. Journal of Materials Education, 2008, 30: 295-310.

相关联；将数学中的跨学科大概念，作为连接数学与其他 STEM 学科的融合点。通过选择适当的 STEM 重点融合领域，建立起 STEM 学科之间的自然联系。通过选取融合领域中的现实主题，创设真实的课程情境。引导学生利用跨学科的思维、知识、技能以及研究方法来解决综合问题。

（一）数学学科内容（mathematical content）

STEM 课程中的数学内容共分为数学课程内容和数学中的跨学科大概念两个部分。基础教育阶段的数学课程内容在 STEM 课程中均得到了广泛的应用，如表 3-5 所示。数与代数、概率与统计、图形与几何，以及数学建模活动与数学探究活动不仅是数学基础课程的重要组成部分，也是 STEM 课程中的关键内容。数与代数（包括数的认识及运算、方程、不等式及函数）是在 STEM 课程中进行数学测量、数学运算、探索变量间数学关系的基本手段。概率与统计（包括随机事件与概率，数据的收集、处理、分析及描述）是在 STEM 课程中研究随机现象、探索事物的联系及规律、实现科学决策的重要方法。图形与几何（包括平面几何及立体几何的性质、分类、度量及位置变化）是解决 STEM 课程中的几何问题，建立事物的数形关系，设计及构造几何结构（例如建造桥梁、3D 建模等）的关键知识。数学建模活动与数学探究活动是 STEM 课程利用数学方式探索并解决综合性问题的重要方法，也是将 STEM 课程融入日常的数学课程活动的重要依托。因此，设计者可以根据当前学生的学段，有针对性地将数学课程内容融入 STEM 课程的设计当中，以加强学生对于数学知识的实际应用能力，扩展数学知识的应用范围，进一步地深化学生对于知识的理解，提高学生的学习兴趣及学习动机，并在此过程中促进数学学科核心素养的连续性、阶段性及融合性发展。

表 3-5　STEM 课程中的数学课程内容参考表

主题	单元	举例
数与代数	数（认识、表示、大小、运算、估计）	在为飞机失事幸存者建造避难所的 STEM 课程中，要求学生通过比例推理，确定建造避难所所需的材料数量。为此学生需要创建一个可行的标尺，从精确的公制测量和数学运算，到使用手杖的尺寸进行估算，测量手中的建造材料，其后进行科学推理和迭代工程设计，创建满足限定条件的避难所
		在利用 3D 打印制作警笛的 STEM 课程中，借助频率测量软件检测并计算哨声的大小与频率之间的比例关系
	代数（方程、方程组、不等式、函数）	在一项基于物理现象的程序设计活动中，学生需要使用方程来提取并识别速度与距离以及时间的相互关系，并设计编程结构以描述该物理现象
		在建构及编程机器人的 STEM 课程中，学生需要探究直径与周长、转向与角度之间的关系，使用比率描述比例关系，验证时间与距离、速度与齿轮齿数是否存在线性关系等
		在一项基于游戏的 STEM 课程中，该课程通过游戏网站进行教学，网站按照难度顺序包含了线性函数、二阶和三阶多项式、指数函数、幂函数、对数函数、三角函数。学生需要按照所显示的函数图形，给出正确的函数表达式，并将获得及时的反馈及解析

续表

主题	单元	举例
概率与统计	概率（随机事件与概率）	在一项基于高尔顿板的STEM课程游戏中，学生需要借助电子表格等相关资源，识别并计算出高尔顿板（一种由均匀间隔的木桩交错排列而成的板，形成一个三角形。如果木栓是对称放置的，弹珠击中每个木栓时向左或向右弹跳的概率相等。一些均匀放置的槽形成了板的底部，弹珠落在其中）中大理石经由不同的路径落入不同槽中的概率
	统计（数据的收集、处理、分析及描述）	在一项利用杠杆制作发射器来消除潜藏地雷的STEM课程中，学生需要使用图形软件创建数据线图，并尝试使用这些数据推断平衡杠杆的力与位置关系
		在一项设计节能住宅的STEM课程中，学生需要调整并记录相关参数（例如加热器及空调能源使用信息、太阳能电池板的数量及其发电信息等），并通过分析及解释统计图表来进行能耗及成本分析，从而获得最佳的节能方案
图形与几何	平面几何（图形性质、分类、度量；平移、旋转、对称；位置和运动）	在一项光学工程活动中，要求学生设计和制造一种可供公众使用的光学仪器，在此过程中学生需要选择适当的测量单位并使用量角器测量光线的入射角度及反射角度
		使用编码或机器人技术教授数学概念（例如，绘制正方形，绘制螺旋体，通过特定路径移动机器人）
	立体几何（基本立体图形、位置关系）	在一项3D打印钥匙链的STEM课程中，学生需要设计并计算由三角形、四边形、多边形、立方体或直角棱镜等所组成的二维和三维对象的面积、体积和表面积，实现利用限定的材料及打印面积来打印该钥匙链
		在设计和建造纸质桥梁的STEM课程中，学生需要使用及添加特定的空间形状（例如圆柱形、三角形桁架等），来增强桥梁结构的强度和稳固性
数学建模活动与数学探究活动	数学建模活动	在一项为水资源短缺国家选择供水渠道的STEM课程中，学生需要使用给定数据（例如水价、供水量、国家间距离等），通过对数据进行排序、组织、选择、确定优先级、量化、加权，以及不断地迭代建模来开发适当的模型，并利用该模型为缺水国家选择最适宜的供水渠道
		在一项重建桥梁的STEM课程中，学生需要开发一个方案（模型）以帮助工程部门选择适合不同跨度的最佳桥梁类型，该模型需能够：①计算四种桥梁类型的成本（考虑桥梁材料、设计、安全性、工作量等科学、工程及社会因素）；②选择最佳桥梁类型
	数学探究活动	在一项非接触性的弹珠估算STEM课程实验中，学生探究出一种计算方法，即（小烧瓶重量）/2×覆盖在大烧瓶上的横截面总量，并用此方法计算空大量瓶的重量，进而推算出大量瓶中弹珠的总重量

除此之外，STEM课程中的数学内容还包含了数学中的跨学科大概念，例如测量、算法、模型、变量、比例等，如表3-6所示。数学中的大概念是定义数学原理的核心概念和组织概念，不仅与数学结构密切相关，同时还与学习者在思维方式、逻辑能力以及所建立的数学关系等方面有着深刻的关联。要让学生更加深入地参与STEM课程，就必须引导他们进入STEM学科的思维方式，以及STEM学科应用、拓展及创造知识的方式，帮助学生进一步地理解STEM课程的本质和话语体系，从而站在综合性视角上思考、理解及解释世界，寻求解决复杂问题的方案。这就要求设计者在设计STEM课程时，需要将来自多个学科的大概念联系起来，推动学生进入STEM学科的思维情境。跨学科大概

念为实现这一要求提供了有效的方式。跨学科大概念作为位于两个或更多STEM学科中的大概念，可以被应用于两个或更多的STEM学科知识领域，提供了超越STEM学科界限的桥梁，有助于设计者更有意义地设计和实施STEM课程，在实现学科内容的融合的基础上，进一步提升学生的STEM学科核心素养。

表3-6 STEM课程中的跨学科大概念参考表

主题	举例
测量	在一项探索海洋运动中热盐环流的STEM课程中，测量水温及流体传输所需的时间
	在一项野外提取DNA的STEM课程中，测量植物组织的质量及体积，并计算它们与DNA提取率之间的关系
	在一项设计及建造桥梁的STEM课程中，测量桥梁的净空高度、跨度、桥墩距离等
算法	在使用Scratch绘制正方形等平面图形的STEM课程中，学生需要将数学概念转换为顺序编程语句，并进行测试
	在设计及编程机器人的STEM课程中，学生需要运用数学思维和计算思维创建代码来操控他们的机器人
模型	在基于斜抛运动的STEM课程中，学生需要对斜抛运动进行建模，并通过收集和分析实际的实验数据或设计及实施虚拟实验，来分析、调整和验证该模型
	在创建机器人的STEM课程中，学生需要使用图形和代数分析对传感器性能进行建模
变量	在制作风能飞机的STEM课程中，学生需要探究飞机的速度、形状等变量对飞机动能的影响
	在一项模拟蹦极的STEM课程中，学生需要探索橡皮筋数量、风力等变量对下降高度的影响
比例	在建造机器人的STEM课程中，学生使用比率来描述比例关系并确定时间与距离之间是否呈线性关系
	在设计可抵御飓风的沿海房屋的STEM课程中，学生需要根据房屋建造的比例图计算出各部分的实际长度和面积，并以不同比例复制该比例图
方向和位置	在一项设计节能住宅的STEM课程中，学生需要建立坐标系来将太阳在一年中不同时间的位置进行可视化，并以此调整太阳能电池板的方向，使其能够最大限度地捕获太阳辐射
	在一项利用增强现实研究地月系统的STEM课程中，通过增强现实技术演示太阳系中各星球的真实大小、相对距离与旋转情况，帮助学生更好地理解宇宙环境
数据分析	在一项选择为奥运会选拔适合的参赛队员的STEM课程中，学生首先需要在近三年各项奥运金牌成绩的数据表中选择适当的数据，并利用趋势线进行数据分析，通过描述和比较数据集（例如整体形状、异常值、聚类、差距等）来分析奥运会比赛成绩的变化趋势
	在一项包含分析格陵兰岛冰面覆盖情况的STEM课程中，学生需要分析ICESat卫星（冰、云和土地高程卫星）发回的2003—2009年太空对地球海拔的测量数据，从而绘制格陵兰岛的地图

（二）重点（emphasis）

以数学为核心的STEM课程需要将数学与其他至少一门学科进行融合。但是由于

STEM 课程只是一种学科组合形式，其本身并不是一个融合的整体，因而学科之间的融合需依赖于现实情境中学科之间的自然联系，使得 STEM 课程的学习变得有联系、有重点、有意义，且与学习者相关。据此，探寻存在数学与其他 STEM 学科间自然关系的现实情境成为设计 STEM 课程所亟待解决的问题。以数学为核心的 STEM 课程包含三项重点融合领域：科学情境中的数学建模、与技术集成的数学以及工程设计。虽然这些融合重点可能没有涵盖全部类型的 STEM 课程，但是它们与我国基础教育阶段的培养环境体现了更高的适应性，并且能够更好地实现我国基础教育阶段的课程培养目标。从整体上说，每一个融合领域都将带动和提升各数学学科核心素养的发展，只是在融合学科以及培养侧重点上存在差异。

科学情境中的数学建模是实现数学与科学间融合的重要途径。根据研究，在数学基础课程以及数学建模活动中存在着大量的科学情境，为数学与科学间的融合提供了充分的空间。通过对图 3-2 进行分析可以发现，科学与数学建模之间存在着非常紧密的联系。借助科学情境（例如自由落体、放射物衰减），可以帮助学生更好地理解数学模型的背景、含义、特征以及实际意义。数学建模是科学研究中的基础性工具，利用数学建模的思想、方法和结论可以有效地推理并阐释科学规律以及自然现象，帮助学生对科学情境中的问题进行抽象、分析及表达，并通过建立及求解模型、验证并完善模型来解决实际问题。科学情境中的数学建模不仅为数学与科学建立了互相联系的桥梁，还可以支持并促进学生对基础教育阶段数学及科学课程的学习，为学生学科核心素养的综合性提升提供了有效的载体。

与技术融合的数学是当前被广泛认可并实践的 STEM 融合领域。在数学课程标准中也重点提出要重视信息技术运用，实现信息技术与数学课程的深度融合。通过对图 3-2 进行分析可以发现，技术与数学之间存在着全面且深刻的联系，技术可以在一定程度上助力数学学科核心素养的全面发展。从技术辅助的角度来看，与数学相结合的技术可以为学生的概念理解及知识应用，创设情境、启发思路、提供直观模型、积累经验，引导学生探索并解决问题，鼓励学生参与到数学的实际应用中。同时使得数学变得更具吸引力和乐趣。例如，利用计算机展示函数图像、几何图形运动变化过程；利用计算机的随机模拟结果，帮助学生更好地理解随机事件以及随机事件发生的概率；等等。从技术融合的角度来看，编程教育成为促进数学与技术融合的重要途径。编程教育通过鼓励学生依据运算法则、设计算法、构造运算程序解决问题，促使学生形成程序思想以理解与表达实际问题，并体会数学运算、程序思想与计算机解决问题的联系。例如，英国所开发的 ScratchMaths 项目旨在通过 Scratch 环境帮助学生建立数学知识应用和推理能力。同时，机器人、3D 打印、人工智能等新兴技术也为实现技术与数学以及更多学科间的融合增添了新的方式。这些技术的高度综合性的特征为 STEM 课程提供了丰富的情境，让学生需要运用综合性的知识及技能以解决其中的复杂问题。同时还为 STEM 课程的设计提供了充分的空间，既可以将 STEM 课程聚焦于与数学相关的某一个主题，帮助学生体会数学在综合情境中的应用，来提升数学学科核心素养的水平；又可以将 STEM 课程放大至综合性的问题，以促进学科间知识的迁移、拓展及深化，并助力 STEM 学科核心素养的全面提升。例如，利用 3D 打印技术培养学生的空间想象能力，加深学生对于立体几何等数学知识的理解，培养学生直观想象、技术意识等学科核心素养。与技术融合的数学不仅有助于促进技术与数学学科的深度融合，还可以满足于当前在中小学阶段设置的人工智能相关课程，逐步推广编程教育的教育规划[①②]，体现出了与我国基础教育阶段的课程要求及培养计划极高的契合度。

【拓展阅读】 英国 ScratchMaths 课程项目[③]

ScratchMaths 是伦敦大学学院研发的课程项目，针对小学数学中学生难以掌握的知识，在 Scratch 编程环境下，制作教学模块，旨在通过编程表达数学思想，让学生在亲身体验编程的过程中更好地理解数学知识和原理。研发者严格地遵循设计研究的过程，形成教学内容和教学方法，使其作为五年级和六年级开设的学校课程实施教学。五年级聚焦计算机，教学内容完全是编程方面的计算机课程，侧重于培养学生的编程技能，包含三个专题，引入关键的计算概念（排序、重复、算法、调试、抽象、初始化、随机性、条件、表达式、广播）。由于所有英国学生在六年级结束时要参加国家课程关键阶段（KS2）考试，因此，六年级的课程聚焦数学内容，课程以前一年所学的编程技能和知识为基础，强化编程技能，并让学生探索所学内容与数学知识的联系，具体包含三个专题，侧重于学生难以理解的数学概念（数位、比率和比例、坐标和几何）（表 1、表 2）。

表 1　专题一“平铺图案”

专题一	探究活动	计算机概念（Scratch 术语）	数学概念
平铺图案： 介绍了排序、重复、调试和定义模块等关键概念，即通过编程活动引入对称、角度、负数和乘法等数学知识 	1.1 移动、旋转和粘贴	角色及其贡献 指令、带输入行的指令（粘贴、移动、旋转） 程序、指令序列	（Y2）旋转 （Y3）角度 （Y4）坐标系 （Y4）对称 （Y4）乘法 （Y5）平移 （Y5）转换 （Y5）数列 （Y5）正数和负数
	1.2 重复操作和更换图案	结构控件、重复（重复执行） 程序的设计、建构和调试	
	1.3 环形的玫瑰花图案	算法 逻辑推理	
	1.4 自定义模块	定义新指令（制作新模块）	

注：Y2—Y5 表示所标注的知识点属于 2—5 年级数学课程，下同

① 中华人民共和国中央人民政府. 国务院关于印发新一代人工智能发展规划的通知[EB/OL]. http://www.gov.cn/zhengce/content/2017-07/20/content_5211996.htm?isappinstalled=0.[2021-09-29].

② 中华人民共和国教育部. 教育部关于印发《教育信息化 2.0 行动计划》的通知[EB/OL]. http://www.moe.gov.cn/srcsite/A16/s3342/201804/t20180425_334188.html.[2021-09-29].

③ 曾静, 熊斌. 英国 ScratchMaths 课程项目评介[J]. 外国中小学教育, 2019, (4): 30-37.

表 2 专题二“甲壳虫几何”

专题二	探究活动	计算机概念（Scratch 术语）	数学概念
甲壳虫几何：用画笔绘制正多边形等图形，即介绍初始化、表达式和随机性等概念 	2.1 认识画笔	画笔及其贡献（画笔模块） 指令的排序	（Y4）周长 （Y4）坐标系 （Y5）罗马数字 （Y5）正多边形和不规则多边形 （Y5）乘法 （Y5）角度 （Y5）旋转 （Y5）正数和负数 （KS3）随机数
	2.2 绘制多边形	定义新的指令 问题解决	
	2.3 揭秘点图	随机性（随机选取） 舞台背景（背景）	
	2.4 自然场景的绘制	拆分问题项目	

注：KS3 表示所标注的知识属于关键阶段 3 的数学课程

工程设计是实现科学、技术、工程及数学全面融合的关键领域。在工程设计的过程中，科学、技术、工程及数学之间有着密切的联系。数学与科学为工程提供了工具基础与原理基础，技术支持并催化了工程设计的进程。工程则为数学、科学及技术的应用提供了综合性的情境，并将可能产生的新的技术作为工程设计的结果。通过对图 3-2 进行分析可以发现，相较于科学及技术，工程与数学之间的联系显得较为薄弱。这在一定程度上是由我国基础教育阶段缺少工程类课程所导致的。但是，随着当前新一轮产业变革的加速演进，我国的工程教育正处于快速和根本性变革时期，新工科建设领跑高等教育变革。在此背景下，加强基础教育阶段的工程教育迫在眉睫。工程设计作为工程教育领域的核心，贯穿于产品从孕育至消亡的整个过程[①]。工程设计的实践性及应用性，可以有效地帮助学生将数学概念应用于实际情况，从而深入地、有意义地学习这些概念，并批判地去思考数学内容。同时，数学在工程设计的过程中也扮演着至关重要的角色。工程设计的过程包含：界定问题，开发和使用模型，规划和开展调查，分析数据，运用数学和计算思维，设计解决方案，参与证据论证，获取、评估和交流信息等关键步骤。其中开发和使用模型、分析数据、参与证据论证部分等过程均需要数学思维、数学知识以及数学技能的参与来产生设计想法、论证设计理念、解决设计过程中所出现的问题并做出设计决策。工程设计不仅可以加强数学与工程之间的联系，促进数学、科学、技术及工程的全面融合，而且还可以在一定程度上弥补当前我国基础教育阶段工程教育的不足，助力高等教育中新工科的建设。

（三）主题（topics）

通过选取重点融合领域中的适当的现实主题，创设真实的课程情境，可以进一步地将科学、技术、工程和数学的跨学科视角应用到重要问题上，与学生熟悉的现实环境相

① 徐冉冉，占小红. 科学课程中的工程实践目标和过程[J]. 化学教学, 2017, (2): 16-21.

结合或是研究 STEM 范围内的全球性挑战①，建立起学科的学术环境和学生所处的现实世界之间的联系。提升学生对于 STEM 课程的参与度，增强学生对于国家及社会的认同感、责任感和使命感。主题的选择还需具备综合性以及融合性，将数学与其他 STEM 学科相结合，支持学生应用跨学科的知识或方式解决问题，促进学生 STEM 学科核心素养的融合及提升。《普通高中课程方案》中所提出的"以主题为引领，使课程内容情境化，促进学科核心素养的落实"②理念也进一步佐证了主题对于促进学科核心素养培养的有效性。通过对 STEM 课程案例进行编码可以发现，各重点融合领域中的以下主题可成为设计 STEM 课程的切入点，如表 3-7 所示。

表 3-7 M 型 STEM 课程主题参考表

重点	主题	举例
科学情境中的数学建模	科学探究实验	探索海洋运动中热盐环流的 STEM 课程
		野外 DNA 提取 STEM 课程
		探究酸雨成因的 STEM 课程
		探究滚球运动原理的 STEM 课程
与技术融合的数学	数学游戏	Semideus 有理数游戏
		Murray 测量游戏
		DiffGame 函数游戏
	教育机器人	"火星上的生命"STEM 融合机器人课程
		基于机器人有形反馈运动的 STEM 课程
	3D 打印	3D 设计与制作不同尺寸及频率的警笛 STEM 课程
		3D 设计与制作钥匙链 STEM 课程
	编程	运用 Scratch 绘制几何图形及复合图形
		基于建模的物理程序设计 STEM 课程
工程设计	建筑工程	设计、建造及测试防飓风房屋
		在给定预算内设计低成本节能型住宅
	桥梁工程	解决明尼阿波利斯大桥的结构性故障问题
		设计和建造可以承受最高负荷的纸桥
	能源工程	利用太阳能电池板设计光伏玩具
		设计和建造使用太阳能的绿色建筑
	环境工程	解决塞浦路斯因水资源枯竭所带来的供水问题
		重新设计城市空间

① Chalmers C, Carter M L, Cooper T, et al. Implementing "big ideas" to advance the teaching and learning of science, technology, engineering, and mathematics(STEM)[J]. International Journal of Science and Mathematics Education, 2017, 15(1): 25-43.

② 中华人民共和国教育部. 普通高中课程方案(2017 年版)[M]. 北京：人民教育出版社, 2018: 1-180.

续表

重点	主题	举例
工程设计	航空工程	设计利用风能的特殊飞机
		设计、构建和测试纸飞机
	机械工程	设计廉价便携的“发射器”引爆残余地雷
		设计和制造可以观察隐藏物体的光学仪器

科学情境中的数学建模这一重点融合领域，往往以科学探究实验为主题进行 STEM 课程的设计及实施。物理、化学、生物以及地理中的真实情境均能够成为 STEM 课程设计的融入点。例如，对于科学实验室中的弹珠估算实验①，学生需要在不接触烧瓶的情况下，借助科学测量仪器、iPad 等给定工具来建立数学模型，探究其中的弹珠数量，并比较不同模型间估计结果的合理性；对于野外 DNA 提取实验②，学生需要通过建立植物组织（表面积）、试验温度（酶活性）以及化学物质的剂量与 DNA 提取率之间的模型，提升野外 DNA 的提取率；对于海洋运动中的热盐环流实验③，探究不同的温度及盐度梯度与流体传播时间之间的模型，理解由温度和盐度变化而导致的海洋环流现象。

【案例 1】 “非接触估算实验”①STEM 课程

学生需要在不接触烧瓶的情况下，估算烧瓶中弹珠的数量，并判断估计结果的合理性。该课程鼓励学生去理解问题，寻找解决问题所需的必要数学知识，并设计问题解决方案。学生可根据科学实验室中的科学测量仪器、iPad 及相关软件，运用含有大理石的小烧瓶来模拟真实的情况，并通过小组讨论思考如何使用给定的工具来发明和设计数学模型，获得基于工具的数学解决方案（基于工具的数学分析）。最后，尝试使用模型来解决问题，并比较不同的模型解决方案（收集模型方案、探索、解释、精心制作和评估）。

【案例 2】 “选择奥运会参赛队伍”④STEM 课程

学生需要根据选手历年成绩的数据集，选择参与奥运会 100 米自由泳比赛的泳队成员。在活动的第一部分，教师向学生提出“奥运会各项比赛成绩是否随着时间的推移变

① Leung A. Exploring STEM pedagogy in the mathematics classroom: a tool-based experiment lesson on estimation[J]. International Journal of Science and Mathematics Education, 2019, 17: 1339-1358.

② Mathis C A, Siverling E A, Moore T J, et al. Supporting engineering design ideas with science and mathematics: a case study of middle school life science students[J]. International Journal of Education in Mathematics, Science and Technology, 2018, 6(4): 424-442.

③ Casasanto V A, Campbell B, Manrique A, et al. Lasers, penguins, and polar bears: novel outreach and education approaches for NASA's ICESat-2 mission[J]. Acta Astronautica, 2018, 148: 396-402.

④ English L. STEM: Challenges and opportunities for mathematics education[C]//Proceedings of the 39th Meeting of the International Group for the Psychology of Mathematics Education, PME 39(Volume 1). IGPME-The International Group for the Psychology of Mathematics Education, 2015: 4-18.

得越来越好”这一问题，并为学生提供近 3 年 12 项奥运金牌成绩的数据集。学生需要选择适当的数据，并利用趋势线进行数据分析，通过描述和比较数据集（例如整体形状、异常值、聚类、差距等）来回答这一问题。在活动的第二部分，为建立可以选择奥运会比赛队员的模型，教师为学生提供选手历年参与游泳比赛的个人最佳时间以及个人比赛时间的数据集，学生需要根据数据建立模型，并应用该模型选择最有可能赢得金牌的 6 名游泳选手。阐述如何通过数据分析选择该名运动员，解释如何确定所选择的团队是最佳的，以及判定该模型是否能够适用于其他赛事。

与技术融合的数学这一重点融合领域主要包含数学游戏、教育机器人、3D 打印以及编程等主题。数学游戏通过利用技术的方式将数学概念外部化，提升学生对于数学的理解水平及实际应用能力，在潜移默化的过程中提升学生的数学思维，并促进知识转移。例如，由数字线估计、量值比较和量值排序任务构成的 Semideus 有理数游戏。机器人作为一个多学科融合的综合性技术，可以被有效地用来教授 STEM 的相关主题。将机器人作为 STEM 的课程主题一般采用三种融入方式：与机器人交互学习、通过编程机器人学习，以及通过制造及编程机器人学习。例如，在对机器人的建构及编程过程中，探究直径与周长、转向与角度之间的关系，使用比率描述比例关系，验证时间与距离、速度与齿轮齿数是否存在线性关系，等等[①]。3D 打印是一种根据所设计的数字模型文件，利用塑料等材料快速构造三维立体产品的技术。STEM 课程中的 3D 打印主题主要包括使用 3D 计算机辅助设计（CAD）以及 3D 打印技术设计并制作实际产品。例如，利用 3D 打印技术设计并制作不同尺寸及频率的警笛[②]，借助频率测量软件检测并计算哨声的大小与频率之间的比例关系，并通过调整警笛的吹口长度、宽度以及主体半径，判别警笛的几何形状与频率之间的变化关系。编程是将数学与技术进行有效融合的重要途径，通过编程活动可以促进学生对数学知识的理解、对数学模式与结构的识别，以及学生数学思维的发展，帮助学生理解计算思维与数学概念发展的相互联系。例如，运用 Scratch 绘制具有规定长度以及规定旋转角度的平面几何图形、螺旋形以及复杂的组合图形[③]。

【案例 3】 “3D 打印设计钥匙链”[④]STEM 课程

学生使用 3D 计算机辅助设计和 3D 打印技术设计出一个钥匙链。在该开放式项目中，学生需要根据项目中给出的限制性因素（体积、时间、成本、印刷限制等），应用数

① Nickels M, Cullen C J. Mathematical thinking and learning through robotics play for children with critical illness: the case of Amelia[J]. Journal for Research in Mathematics Education, 2017, 48(1): 22-77.

② Makino M, Suzuki K, Takamatsu K, et al. 3D printing of police whistles for STEM education[J]. Microsystem Technologies, 2018, 24(1): 745-748.

③ Miller J. STEM education in the primary years to support mathematical thinking: using coding to identify mathematical structures and patterns[J]. ZDM, 2019, 51(6): 915-927.

④ Ng O L. Exploring the use of 3D computer-aided design and 3D printing for STEAM learning in mathematics[J]. Digital Experiences in Mathematics Education, 2017, 3(3): 257-263.

学运算、空间推理等相关能力反复考虑复合固体体积的问题。除此之外，学生还需熟练掌握在 CAD 中调整大小、旋转、改变视图、添加或删减各种几何对象等操作以及 3D 打印技术。

工程设计中的课程主题主要围绕着高等教育中的工程分类进行设计，主要包括建筑工程、桥梁工程、能源工程、环境工程、航空工程、机械工程等，对连接基础教育阶段及高等教育阶段发挥着桥梁性的作用，且多产生物化的课程结果，有利于提升学生对于 STEM 学科的兴趣以及实践操作能力。例如，对于解决明尼阿波利斯大桥的结构性故障问题①，学生需要开发一个方案（模型）来帮助工程部门选择适合不同跨度的最佳桥梁类型，该模型需要具备以下两个功能：①计算四种桥梁类型的成本（考虑桥梁材料、设计、安全性、工作量等科学、工程及社会因素）；②能够选择最佳桥梁类型。对于安全地解决老挝境内未引爆的地雷隐患②，学生需要设计一个廉价便携的发射器用以在地雷（目标）上投掷黏土，该发射器需要与杠杆相结合，可调节抛射距离及精准度。学生需要运用比例、函数等数学知识，探索不同的变量（例如负载的位置、负载的质量、整个杠杆臂的长度等）对于发射器的影响，并通过数据分析与实际测试，对发射器进行改进。

【案例 4】 “为水资源短缺国家选择供水渠道”③STEM 课程

针对塞浦路斯国家水资源短缺问题，建立模型来选择下一个夏季期间向塞浦路斯供水的国家。学生使用给定数据开发合适的模型，所提供的数据包括每个国家每周可供水量、水价、油轮容量和港口设施。同时，学生还可以使用 Google Earth、地图和其他基于 Web 的资源搜索其他信息，获得各国间的水路距离、每个国家的主要港口以及油轮油耗等详细数据。该课程需要学生解释和分析不同形式的数据，并通过对数据集进行排序、组织、选择、确定优先级、量化、加权以及不断地迭代建模，开发供水模型来选择最合适的供水国家。

【案例 5】 “建造发射器以解决老挝境内的地雷隐患”④STEM 课程

学生需要设计一个廉价便携的发射器，用于在地雷（目标）上投掷黏土，该发射器需要与杠杆相结合，可测试抛射距离及精准度。学生需要运用比例、函数等数学知识，

---

① English L D, Mousoulides N G. Bridging STEM in a real-world problem[J]. Mathematics Teaching in the Middle School, 2015, 20(9): 532-539.

② Glancy A W, Moore T J, Guzey S, et al. Students' successes and challenges applying data analysis and measurement skills in a fifth-grade integrated STEM unit[J]. Journal of Pre-College Engineering Education Research(JPEER), 2017, 7(1): 5.

③ Miller J. STEM education in the primary years to support mathematical thinking: using coding to identify mathematical structures and patterns[J]. ZDM, 2019, 51(6): 915-927.

④ Ng O L. Exploring the use of 3D computer-aided design and 3D printing for STEAM learning in mathematics[J]. Digital Experiences in Mathematics Education, 2017, 3(3): 257-263.

探索不同的变量（例如负载的位置、负载的质量、整个杠杆臂的长度等）对于发射器的影响，记录一系列的数据并对其进行分析和推断，使用图形软件创建数据线图，从数据和图表中得出结论，并通过实际测试，对发射器进行改进。

【案例6】 “重建明尼阿波利斯大桥”①STEM课程

为解决明尼阿波利斯大桥的结构性故障问题，明尼苏达州公共工程部门迫切需要在同一地点建造一座新桥，新桥包括一条大约1000英尺（1英尺=30.48厘米）的公路和一条带有额外侧车道的四车道甲板。学生需要创建一种方法（模型）来帮助部门比较不同类型的桥梁，并选择最佳的建造方式。在课程中，学生需计算不同类型桥梁的成本，选择最佳桥梁类型，并考虑与桥梁类型、所用材料、桥梁设计、安全性和成本相关的所有可能因素。通过使用技术分析数据，对所有数据源进行详细分析，确定在解决过程中应用的推理统计方法，生成初步的成本模型。在模型的迭代与修正模型过程中，充分考虑工程、科学和社会等因素（例如自行车和行人所需的额外车道、桥梁结构的难度级别等），形成最终的成本模型。

二、M型STEM课程设计流程

将M型STEM课程设计模型与泰勒的目标模式相结合，本节提出了M型STEM课程设计流程，如图3-4所示。M型的STEM课程设计以数学学科内容作为设计基础，根据具体的学科内容，选择与之相适应的以数学为中心的跨学科重点融合领域，并以其中的现实主题或真实情境作为驱动，以相关辅助资源作为工具。通过采取适当的课程模式，引导学生自主学习、科学探究、创新思考、动手实践，并在课程实施过程中结合目标多元、方式多样、重视过程的课程评价方式。

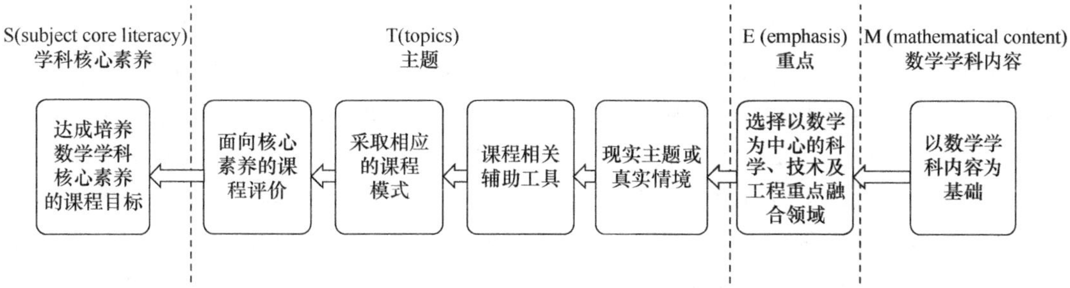

图3-4 M型STEM课程设计流程

1. 选择数学学科内容，确定学科核心素养的培养目标

数学学科内容是M型STEM课程的设计基础。在设计一门STEM课程之前，设计者首先需要明确本门课程中所需学习及应用的数学学科知识，以及上完此门课程后学生所应达到的数学知识水平。确保课程在内容、水平及思维方式上符合目标年级的培养

① Miller J. STEM education in the primary years to support mathematical thinking: using coding to identify mathematical structures and patterns[J]. ZDM, 2019, 51(6): 915-927.

层次，并与该年级的数学内容和数学实践保持一致。课程设计者可以把学生当前学段的数学课程内容作为出发点，根据不同阶段的培养要求及特定的知识属性，进行思维的发散及聚合。

将 STEM 课程作为数学课程内容的引入性课程，把抽象的学科知识与现实世界相联系，使得学生理解知识的实际意义，引导学生在课程学习过程中获得知识、理解知识并应用知识。或将 STEM 课程作为课程内容的拓展提升性课程，在学生原有的认知结构上建立起数学与其他 STEM 学科内容之间的联系。促使学生超越学科间的界限，运用综合性的眼光去看待问题，进而实现学科间知识的拓展、迁移和深化。

在设计过程中，设计者需要明确的是学生并不会自发地整合来自不同学科的知识和实践[①]，因而将来自不同学科知识的来源明确化就变得至关重要。这就需要设计者将 STEM 课程内容与实际的学科课程标准以及学科教科书相联系，让学生在面对现实问题时，能够有意识地建立起它与学科内容之间的关系，从而运用相关知识及技能去解决该问题。同时，明确 STEM 课程的知识来源还将有利于设计者根据学科内容，制定与之相适应的、可实现的学科核心素养培养目标，并考虑该目标的融入方式与载体。

在设计一门 M 型 STEM 课程时，为了帮助学生建立起数学与其他 STEM 学科之间的桥梁，引导他们将来自多个学科的知识有机联系起来。设计者还需要通过分析数学学科标准、教科书以及 STEM 课程案例，确定数学中的跨学科大概念，并将跨学科大概念作为连接数学与其他 STEM 学科的融合点，推动学生进入 STEM 学科的思维情境。

2. 选择数学为中心的科学、技术及工程重点融合领域

选择现实世界中的融合领域对于 STEM 课程来说至关重要。因为 STEM 课程的一个重要目标就是帮助学生以批判性和创造性的方式应用不同学科的知识和技能，以此来应对复杂的现实问题[②]。在设计一门 STEM 课程时，设计者需要注重对于 STEM 课程的语境化和情境化，增进学生对于新概念和新技能的理解和有意义地学习。一门有效的 STEM 课程应当建立起所教授学科的学术环境和现实环境之间的联系，为学生提供使用来自多个学科的知识和技能来解决复杂现象或情况的机会，并在学生应用知识的过程中，引导学生从不同的角度来研究具体的概念。例如，通过研究糖在咖啡中的溶解方式，或者探索为什么寒冷地区的企鹅比温暖地区的企鹅更大，实现从物理学或者生物学角度探索表面积和体积之间的关系，掌握表面积与体积比的基础数学概念。

课程设计者需要根据课程内容的知识性质及技能掌握的差异性，选择适当的 STEM 课程融合领域；并通过内容融合与情境融合相结合的方式，将数学与其他至少一个 STEM

---

① Pearson G. National academies piece on integrated STEM[J]. The Journal of Educational Research, 2017, 110(3): 224-226.

② Maass K, Geiger V, Ariza M R, et al. The Role of Mathematics in interdisciplinary STEM education[J]. ZDM, 2019, 51(6): 869-884.

学科进行融合。其中可以重点考虑的融合领域为：科学情境中的数学建模、与技术融合的数学和工程设计。根据先前的研究，这三个领域与我国当前基础教育阶段的培养环境以及培养目标具有更高的契合度，并且能够更好地实现学生数学学科核心素养的提升和STEM学科核心素养的融合发展。

3. 选择适当的现实主题或真实情境

在重点领域中选取适当的现实主题作为切入点，进一步地将科学、技术、工程和数学的跨学科视角应用到重要问题上。在选择现实主题时，应当注意：第一，该主题需要将先前所选择的课程内容与现实世界中的挑战相联系，建立起学术环境与学生所处的现实世界之间的桥梁，提升学生的兴趣和参与度。第二，该主题应当具备综合性和复杂性，能够自然地实现数学与其他学科的融合，为实现跨学科知识、技能、思维方法的融合应用提供充分的空间。

在设计STEM课程时，设计者需要设计初步的课程活动，通过视频、网页、新闻等方式向学生介绍STEM课程单元的主题，让学生熟悉该课程中的STEM挑战/项目/任务背景，确保STEM挑战/项目/任务的解决是基于学生实际知识和经验的延伸。其后，通过设计与课程相关的问题，引发学生对于课程的思考，并将学生的思考深度作为先决条件来判定学生是否可以开始进行STEM挑战/项目/任务。

4. 选择与课程相关的辅助工具

在确定STEM课程主题之后，设计者需要根据课程选择主题的不同以及所涉及学科的类型，选择与之相适应的、用以辅助课程设计及实施的相关工具。STEM课程的辅助工具可分为五大类：情境引入工具、科学工具、3D打印工具、工程工具以及数学操作工具。

（1）情境引入工具包括在STEM课程中用于引入课程情境的相关视频、报纸资料、PPT等。

（2）科学工具包括科学实验室中的实验所需的原材料、科学仪器、测量仪器、化学试剂以及虚拟科学实验室等。

（3）3D打印工具包括在线的3D CAD环境，以及3D打印机等相关工具。

（4）工程工具包括工程设计所需的原材料、操作工具（钳子、扳手等）、测量仪器（标尺、弹簧秤、电子天平和卷尺等）等。

（5）数学操作工具是指“执行数学任务和（或）以数学方式响应用户行为”的工具、软件和小程序，包括图形计算器和动态数学环境软件（例如Desmos、GeoGebra、TinkerPlots）。图形计算器的功能广泛且类型众多，它不仅包括创建图形的工具、用于计算描述性和推理性统计数据的工具，还包括用于对函数、矩阵、向量和复数进行操作的工具。动态数学环境主要涵盖学生可以下载的应用程序或他们可以访问的网站，学生通过与数学对象进行交互来支持学习。最为常见的动态数学环境主要包括Desmos、动态几何程序（例如GeoGebra、The Geometer’s Sketchpad）、动态统计程序（例如TinkerPlots、

Fathom）和虚拟操作。

【拓展阅读】 Desmos 介绍及使用示例①

Desmos（https://www.desmos.com/calculator）是一个免费的、基于浏览器的图形计算器网站，目前已有手机 APP 可以使用。它可以作为《几何画板》之外画图的有力补充，比画板处理分段函数、隐函数画图等问题更为便捷。以下以分段函数为例进行介绍。

分段函数是高中函数学习中的重要内容，在 Desmos 中，只需标注每一段的定义区间，即可得到相应图形（《几何画板》通常需要借助符号函数改写函数解析式来作图像，操作不够便利）。

例 1 （2018 浙江-15）已知 $t\in R$，函数 $f(x)=\begin{cases}x-4, & x>t\\ x^2-4x+3, & x<t\end{cases}$，当 $t=2$ 时，不等式 $f(x)<0$ 的解集是____。若函数 $f(x)$ 恰有 2 个零点，则 t 的取值范围是_______。

说明：打开 Desmos，先输入解析式 $f(x)=x-4\{x>t\}$，添加滑块 t，下一行输入式子 $f(x)=x^2-4x+3\{x<t\}$。

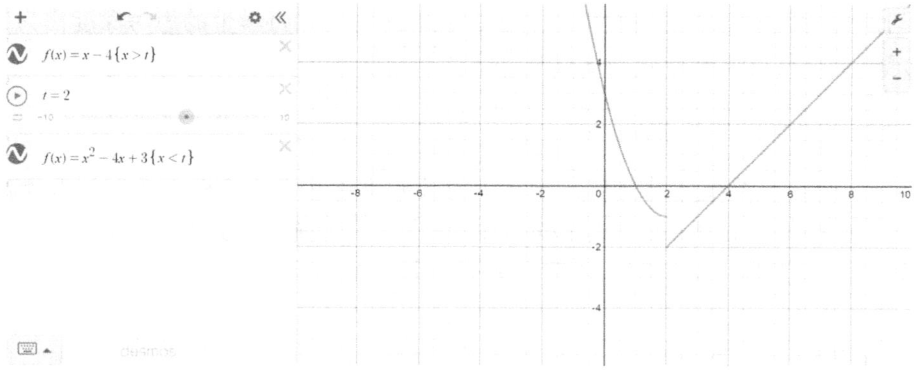

先将滑块中 t 的值调整到 2，观察可得第一空的解集为（1，4）；再左右拖动 t 滑块改变 t 的值，分析后不难得到第二空的结果为 $(1,3]\cup(4,+\infty)$。

5. 采取适当的课程设计模式

STEM 课程存在多种课程设计模式，例如基于探究的课程设计模式、基于问题的课程设计模式、基于项目的课程设计模式等。课程设计者可根据课程重点融合领域的类型，以及课程的预期成果选择适当的课程设计模式。

如图 3-5 所示，通过对上一节所提出的 6 个 STEM 课程案例进行分析可以看出，科学情境中的数学建模领域主要采用基于问题的课程设计模式或者基于探究的课程设计模式。在该重点融合领域，设计者可以根据数学建模活动的基本流程以及数学学科核心素

① 张爱民. 例说 Desmos 辅助高中数学教学[J]. 中学数学研究, 2019, (8): 7-8.

养的基本性质，选择基于问题的课程设计模式来设计 STEM 课程。选择该课程模式的原因在于：首先，数学建模是在实际情境中从数学的视角发现问题、提出问题、分析问题、建立模型、确定参数、计算求解、检验结果、改进模型，最终解决实际问题。因此，以实际问题为导向进行课程设计符合数学建模的实施过程。通过对数学学科课程中关于学科核心素养的相关描述性语句进行分析发现，“问题”是其中出现频次最高的词，成为数学学科核心素养的核心指向，如图 3-6 所示。

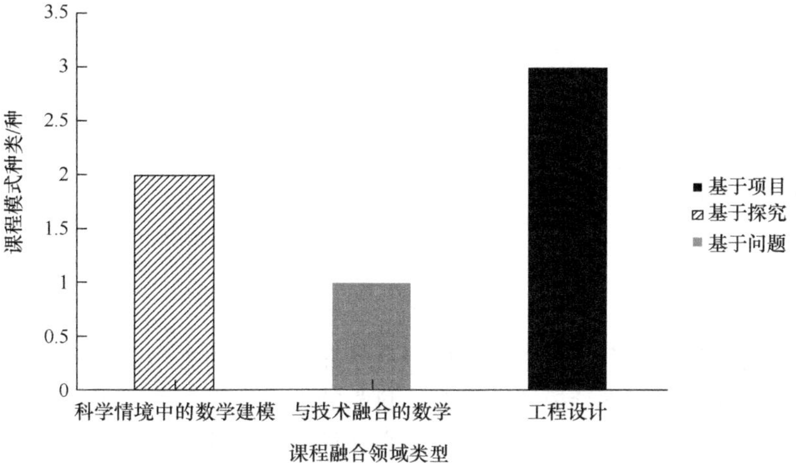

图 3-5　重点融合领域与课程模式分布图

单词	长度	计数	加权百分比(%)▽	相似词
数学	2	66	9.31	数学
问题	2	31	4.37	问题
运算	2	20	2.82	运算
数据	2	16	2.26	数据
理解	2	17	1.97	获得,解释,理解,利用,掌握
形式	2	13	1.83	结构,形式,形态
抽象	2	13	1.83	抽象
表现	2	13	1.83	表达,表现,论证
解决	2	13	1.83	解决

图 3-6　数学学科核心素养词频分析图

将“问题”回归至数学学科核心素养的描述性语句中进行分析可以发现：各数学学科核心素养与问题之间均具有直接性的联系，并在解决实际问题的过程中发挥着至关重要的作用，如图 3-7 所示。各数学学科核心素养与学生解决问题的能力之间存在着相互作用的关系，以问题为驱动的 STEM 课程模式将成为全方位地提升学生数学学科核心素养的有效途径，且有助于充分地发挥各数学学科核心素养在问题解决过程中的各项作用。当面对综合情境中的现实问题时，学生需要综合性地运用在数学基础课程中学习到的知识与技能、思维方式与数学经验来发现并识别其中所蕴含的数学问题。此外，由于现实世界中的问题通常蕴含着丰富的信息，且多为复杂性较强的、开放性的、非良构问题，并没有固定的、单一的解决思路，这就需要学生在不同的阶段采取适当的方式方法来解决该问题，有助于推动学生进行高认知层次性的思考、推理及探究，并将促进数学学科核心素养的综合应用及全面发展。

	A：发现问题	B：理解问题	C：提出问题	D：描述问题	E：思考问题	F：分析问题	G：解决问题	H：表达问题
1：直观想象	√	√	√	√	√	√	√	
2：数学建模	√		√			√	√	√
3：逻辑推理	√				√ 逻辑性			
4：数学抽象					√ 一般性		√	
5：数学运算					√ 规范化		√	
6：数据分析								√

图 3-7　数学学科核心素养与问题框架矩阵表

根据数学与科学的融合特点以及主要以科学探究实验为主题的课程形式，设计者还可以采用基于探究的课程设计模式。因为，科学的本质在于探究、观察、实验、发现和猜想，这不仅是科学探究过程，也是数学教学和学习实践的一部分。基于探究的课程设计模式为学生在实验、观察和猜想过程中应用数学定理、数据采集等相关知识或技能提供了真实的情境，可以有效地推动数学在科学情境中的深化及应用。

与技术融合的数学以及工程设计领域的 STEM 课程则主要采用基于项目的课程设计模式。这两类 STEM 课程往往产生物化的课程成果，基于项目的课程模式可以通过阶段性的任务以及不断迭代的实施过程，引导学生完成课程产品的产出。基于项目的学习被定义为"一种课堂活动的模式，它脱离了短暂且孤立的以教师为中心的课堂教学，取而代之的是强调长期的、跨学科的、以学生为中心的，且与现实世界之问题和实践相融合"的学习活动①。相关研究表明它能够促进学生合作，并有利于激发学生的创造力和逻辑思维能力，其表现出的特点与 STEM 教育中所体现的跨学科、"做中学"的理念不谋而合②。

采用基于项目的课程设计模式设计 STEM 课程，其优势主要体现在两个方面：一方面，开展项目学习活动，可以充分地运用科学、技术、工程、数学进行相互支撑、补充。教师不再设置具体的课程内容，而是提出切合生活实际的问题，提高了课堂所学内容在现实生活中的实用价值，为学生接受高等教育奠定了基础。学生组成项目小组，围绕问题自主设计项目、执行内容并完成项目产品。学生在学习过程中，充分选择和利用最优化的学习资源，在实践体验、内化吸收、探索创新中获得较为完整和具体的知识，形成专门的技能以及得到充分的学习。学生正是在一个个项目的学习中锻

① 陈泽强. PBL 模式下跨学科 STEM 学习探究[J]. 中小学信息技术教育, 2017, (10): 59-60.

② 周洪茜, 李琪. 基于 PBL 模式的 STEM 教学策略研究[J]. 中国信息技术教育, 2018, (17): 76-79.

炼了高阶思维能力、动手能力、交流协作能力，培养了自主学习与终身学习的意识。在此过程中他们的学习收获是多方面且富有个性的。另一方面，采用基于项目的课程设计模式赋予了学生追求现实意义的项目背景，为学生提供机会，让学生能够根据他们的个人理解来评估科学证据，阐述自己的理论和解释，并积极地参与到学习过程中，帮助学生在个体学习中形成个人价值观，不断增强个体意义感，让个人的身心得到全面发展①。

6. 面向核心素养的课程评价

M型STEM课程评价既要关注学生知识技能的掌握，也要关注学生的学习态度、方法和习惯的养成，更要关注学生学科核心素养水平的达成。在设计课程评价方式时，设计者需要将知识技能的掌握与数学学科核心素养的达成进行有机结合，建立目标多元、方式多样、重视过程的评价体系。在课程实施之前，向学生提供明确的评价信息，即学生应该学习什么、应该如何学习，以及教师期望他们表现如何。

课程评价的主体应当多元化，评价形式应多样化。评价主体的多元化是指教师、同学以及学生本人都可以成为评价者。从不同角度获取学生发展过程中的信息，特别是课程实施过程中关于学生关键能力、思维品质以及学习态度的信息。最终综合给出公正客观的评价，进而有针对性地、有效地指导学生进一步发展。评价形式的多样化是指M型STEM课程往往采用课堂观察、口头测验、开放式活动中的表现等评价的形式，从多个方面衡量学生在课程实施过程中所形成的思维品质和关键能力，以全面地反映学生数学学科核心素养的达成状况。

在课程实施过程中需要重视过程性评价，不仅要关注学生当前的数学学科核心素养水平，更要关注学生成长和发展的过程；不仅要关注学生的学习结果，更要关注学生在学习过程中的发展和变化。学生的知识掌握、学习自信、独立思考等是随着学习过程而变化和发展的，只有通过观察学生的学习行为和思维过程，才能发现学生思维活动的特征及教学中的问题，及时调整学与教的行为，改进学生的学习方法和思维习惯。在课程实施过程中还要注意记录、保留和分析学生在不同时期的学习表现和学业成就，跟踪学生的学习进程，通过过程性评价使学生感受到自己的进步，进而激发其学习的积极性。

在课程实施过程中适时地进行形成性评价，及时地获取学生的整体学习情况，关注个别学生的学习进展，在评价反思的同时调整课程活动，提高课程质量。形成性评价不仅要关注学生对知识技能掌握的程度，还需要更多地关注学生的思维过程，判断学生是否会用数学的眼光观察世界，是否会用数学的思维思考世界，是否会用数学的语言表达世界。

在M型STEM课程中，主要采用以下四种评价工具：①用于记录特定挑战/项目/任务进展的学生作品集（例如作品集、工程设计笔记本等）；②学生演示设计原型、描

① 崔鸿，朱家华，张秀红. 基于项目的STEAM学习探析：核心素养的视角[J]. 华东师范大学学报（教育科学版），2017, (4): 54-61.

述解决方案以及说明设计理由的过程（例如汇报、演讲、海报、视频、展览等）；③学生对 STEM 概念和过程理解的外部表示（例如概念图、流程图、表格、设计图和设计计划等）；④确定学生对 STEM 概念和过程理解的工具（例如观察、访谈、考试、反思论文等）。这四种评价工具均可用于形成性、诊断性或总结性评价，课程设计者可将它们进行合理的组织以制定科学的课程评价体系。

第三节 M 型 STEM 课程实践

一、“3D 打印钥匙链”STEM 课程①

“3D 打印钥匙链”STEM 课程面向小学层次学生。案例将小学《数学课程标准》中的几何体积作为课程的主要内容，以“3D 打印钥匙链”作为情境引入，借助 3D One 设计软件与 3D 打印设备，引导学生在固定的限制条件下考虑几何固体体积的转换问题，最终达到培养学生数学学科核心素养的课程目标。

（一）STEM 课程设计模型

在进行课程设计前，设计者可结合 M 型 STEM 课程设计模型，对案例进行初步的设想。从总体上把握课程的设计架构，以便在后面教案的撰写过程中可以有的放矢，进一步将课程拓展与细化，图 3-8 为本案例的课程设计模型。

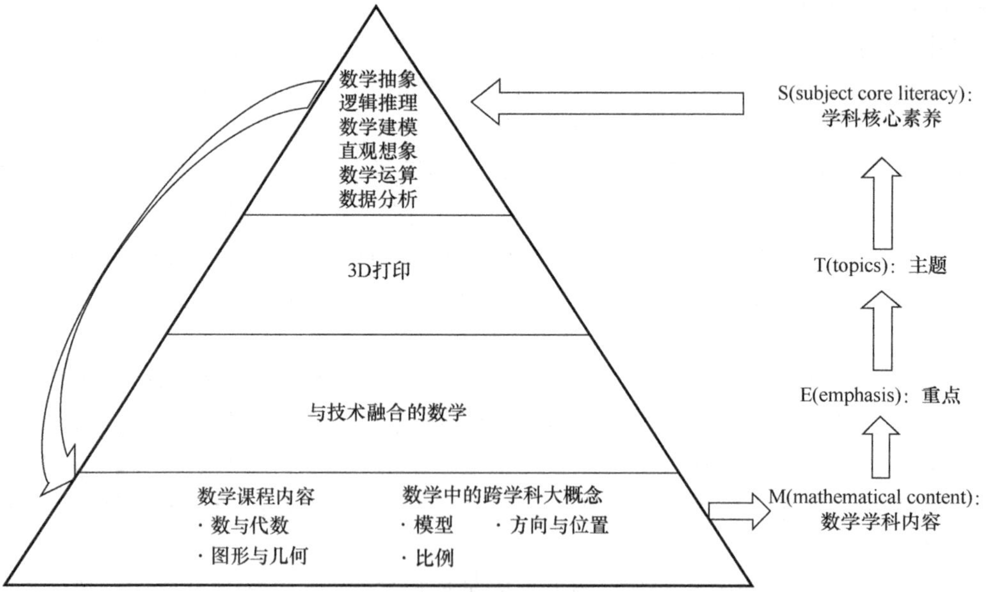

图 3-8 “3D 打印钥匙链”STEM 课程设计模型

① “3D 打印钥匙链”改编自 Ng O L. Exploring the use of 3D computer-aided design and 3D printing for STEAM learning in mathematics[J]. Digital Experiences in Mathematics Education, 2017, 3(3): 257-263.

第一步：明确本门课程中所需应用及掌握的数学学科知识。根据具体的学科内容，制定与之相适应的、具备可实现性的学科核心素养培养目标，并考虑其融入 STEM 课程内容的具体方式及载体。但是需要注意数学学科内容应与学生学段的数学课程内容和数学实践保持一致。本案例选择图形与几何作为案例的主要内容，参考“学科内容与核心素养对应关系表”，对于图形与几何部分知识的学习，可以有效地提升学生的数学抽象等数学学科核心素养，可据此设计具体的实施步骤以进行有针对性的提升。

第二步：根据课程内容的知识性质及技能掌握的差异性，从科学情境中的数学建模、与技术集成的数学、工程设计中选择适当的融合领域。建立起所教授学科的学术环境和现实环境之间的联系，为学生提供使用来自多个学科的知识和技能以处理复杂现象或情况的机会。由于几何体积问题本身具有一定的抽象性，因而借助技术手段以具象及重构的方式，可以更好地帮助学生理解该部分内容。

第三步：在重点领域中选取适当的现实主题作为切入点，将课程内容情境化，使得严谨的学术概念与现实世界相结合，进一步地实现促进学科核心素养的落实。但是，主题的选择需要将先前所选择的课程内容与现实世界中的挑战相联系，并具备一定的综合性和复杂性，能够实现数学与其他学科的自然关联，为实现跨学科知识、技能、思维方法的融合应用提供充分的空间。“3D 打印钥匙链”这一主题既能够有效地激发学生的学习兴趣，引导学生将数学与日常生活情境相结合，又能够促进知识的迁移与运用，提升学生的综合素质与学科核心素养。

（二）STEM 课程设计表

与以上模型相对应，设计者可在构想过程中根据表 3-8 设计并记录课程的初步内容。本案例选取的课程内容为图形与几何，教材对应小学六年级下册（人教版）《图形与几何》复习课内容，课程主题为 3D 打印。该课程内容可重点培养学生的数学抽象、逻辑推理等学科核心素养。例如，通过调整与处理钥匙链的模型参数来培养学生的数据分析能力。除此之外，设计者还可在该阶段设计与课程内容及核心素养相对应的驱动性任务或问题，来引导后续课程的设计。

表 3-8　“3D 打印钥匙链”STEM 课程设计表

<table>
<tr><th colspan="3">学科核心素养</th><th colspan="2">学科内容</th><th rowspan="2">相匹配的学生任务或问题</th></tr>
<tr><th>学科</th><th>学科核心素养</th><th>培养方式</th><th>知识点</th><th>教材内容</th></tr>
<tr><td rowspan="2">数学</td><td>数学抽象</td><td>学生根据生活中的钥匙链，抽象出钥匙链的模型，通过棱柱、圆柱体等几何体的组合，借助数学模型的方法，从而设计出抽象的钥匙链模型</td><td rowspan="2">空间几何及立方体的运算</td><td rowspan="2">小学六年级下册（人教版）《图形与几何》</td><td>钥匙链的抽象模型应该怎么设计</td></tr>
<tr><td>逻辑推理</td><td>学生根据自己的想法，想象出钥匙链的模样，根据软件设计出大致的模型，设定钥匙孔的形状、位置以及大小，并推测钥匙链的体积</td><td>钥匙链需要小孔吗</td></tr>
</table>

续表

学科核心素养			学科内容		相匹配的学生任务或问题
学科	学科核心素养	培养方式	知识点	教材内容	
	数学建模	从现实中真实的钥匙链出发，用数学视角发现几何体体积问题，提出“用哪些几何体可以设计出钥匙链”问题，分析实物，建立模型，确定参数，用不同的几何体公式进行计算，最终求解出钥匙链的整体体积大小			—
数学	直观想象	借助几何直观（平面2D钥匙链）、空间想象（3D钥匙链），感知钥匙链的形态与变化，利用图形描述，分析数学问题，建立数与形的联系，从而建立直观的钥匙链模型	空间几何及立方体的运算	小学六年级下册（人教版）《图形与几何》	如果制作一个抽象钥匙链需要用到哪些几何体
	数学运算	理解钥匙链这个运算对象的几何体组成，掌握不同几何体的运算规则，根据实际模型选择合适的运算方法，并求得结果			—
	数据分析	收集与整理模型数据，理解和处理数据，调整模型参数			—

M型STEM课程的最终指向是培养学生的数学学科核心素养。因此，除表3-8外，教师还可以通过绘制核心素养培养流程图的方式，进一步细化课程的设计流程以及各项学科核心素养的培养方式，如图3-9所示。

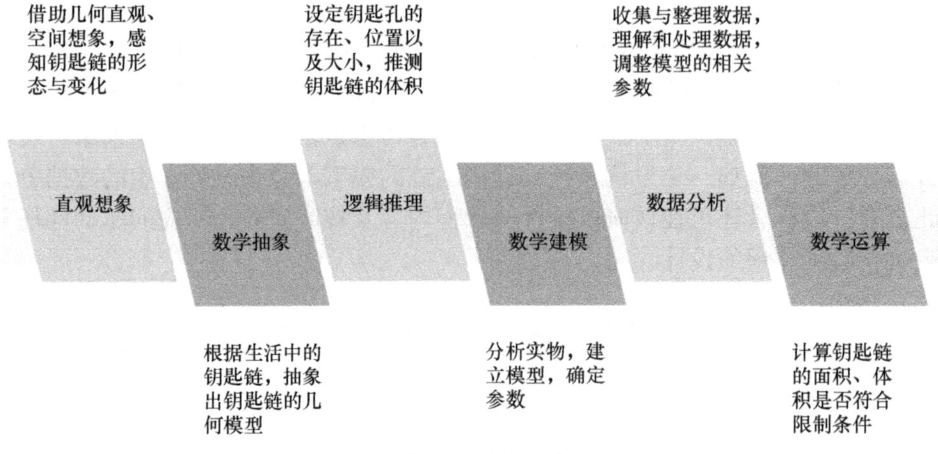

图3-9　数学学科核心素养培养流程图

（三）STEM课程实施指南

通过上述的课程架构，设计者可以对课程进行进一步的拓展与精进，并撰写课程设计方案。通过对本案例的设计方案进行分析，可以清晰地看出案例所存在的优势及不足。表3-9根据M型STEM课程的课程设计流程，制定了案例的基本信息，也代表了课程开展前期的准备内容。该部分首先明确设定了STEM课程的适用范围，包括适用对象、适用课程、适用时长及适用教材，确定了实施该课程学生所需具备的认知水平及能力状况，课程内容对应小学数学中简单几何体的面积和体积课程单元，具备较强的实际操作性。其次，案例根据 3D 打印这一课程主题，选择了课程所需的基础工具及软硬件支持。根据具体的课程内容，选择与之相适应的课程模式，设定了教师与学生在该课程中所对应的角色以及课程的开展方式。最后，案例制定了以课堂表现、工作表单、物化结果、书面反思以及学生的互评情况相结合的课程评价体系，从多个方面进行切入，对学生进行整体性的评价。

表 3-9 “3D 打印钥匙链”STEM 课程基本信息表

课程名称	“3D 打印钥匙链”STEM 课程
适用范围	适用对象：六年级学生（班级人数最好控制在 40 人以下） 适用课程：数学，关于几何问题（平面几何、几何体、几何体积等）的课程 适用时长：8 课时，共计 360 分钟 适用教材：小学六年级下册（人教版）《图形与几何》
课程资源	计算机、纸（演算纸）、3D One 设计软件、3D 打印机、3D 打印材料
课程模式	基于项目的课程设计模式 教师引导整个学习过程，以任务为驱动，学生自主合作探究
课程评价	采用过程性评价及总结性评价相结合的方式。根据学生课堂表现及工作表单进行形成性评价，根据物化成果及书面反思进行总结性评价，同时小组成员之间进行互评

表 3-10 在课程基本信息表的基础上，根据课程所选择的重点融合领域及课程主题，分别从数学及信息技术方面设定具体的课程内容，并明确学生在各阶段所需掌握的重要知识及技能。

表 3-10 “3D 打印钥匙链”STEM 课程内容

课程名称	课程内容
数学	借助几何直观（平面 2D 钥匙链）、空间想象（3D 钥匙链），感知钥匙链的形态与变化，利用图形描述、分析数学问题，建立数与形的联系，从而建立直观的钥匙链模型 通过棱柱、圆柱体等几何体的组合，设计出初步的抽象的钥匙链形态 利用软件制作出钥匙链模型，并通过调整模型参数，设定钥匙孔位置以及大小，设计出符合规定体积的钥匙链模型
信息技术	能够使用 3D 设计软件设计钥匙链模型 能够调整钥匙链的相关参数，并利用软件进行数据处理 能够使用 3D 打印机打印钥匙链

如图 3-10 所示，在课程安排之前，课程设计者可以先对课程流程进行设定。划分课程模块，并设计各模块中的主要内容。此时，需要注意各模块之间的衔接性及内容安排的合理性。其后，设计者需要分别对教师及学生活动进行设计，确定各模块中教师及学生的主要任务。根据课程流程图，对课程安排进行细化，确定课程的引入方式及课程的实施步骤。

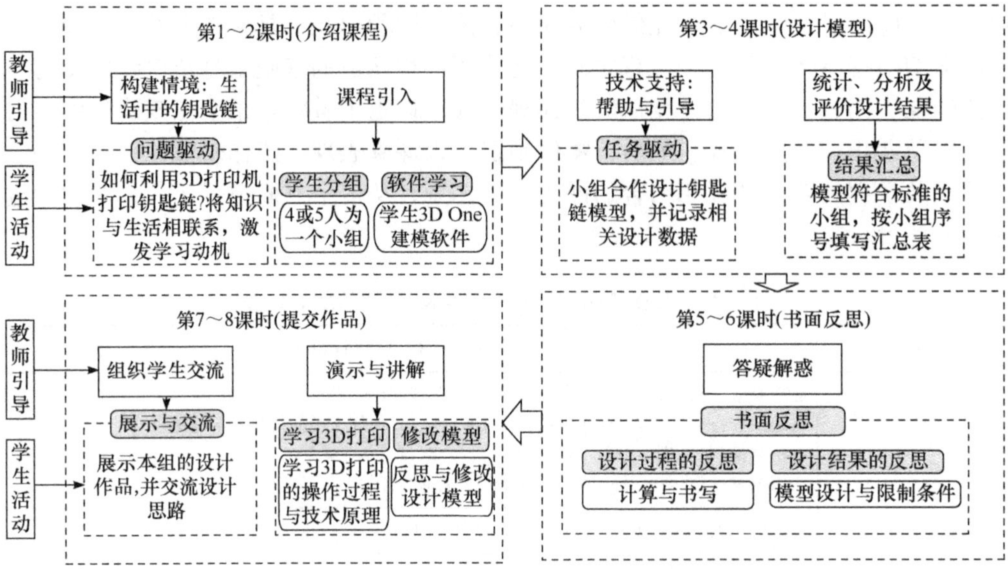

图 3-10 “3D 打印钥匙链”STEM 课程流程图

❖ 第 1～2 课时——介绍课程

教师从生活中的钥匙链出发，引导学生进入课程情境——3D 打印钥匙链。通过相关问题引导学生进行思考，并查阅相关资料。在此过程中，调动学生的参与度，同时为开展课程做好准备工作（表 3-11）。

表 3-11 课程问题导入表

导入问题	回答（开放性）
钥匙链的抽象模型应该怎样设计?	
钥匙链需要小孔吗?	
如果制作一个抽象钥匙链需要用到哪些几何体?	
需要用什么软件来进行模型设计?	
3D 打印钥匙链需要哪些步骤?	

在此之后，教师需向学生介绍课程基本内容，并说明课程要求。3D 打印钥匙链是面向初二数学中的几何体积内容所设计的 STEM 课程，学生需要建立直观的钥匙链模型。通过棱柱、圆柱体等几何体的组合，设计出初步的钥匙链形态。利用软件制作出钥匙链模型，并通过调整模型参数，设定钥匙孔位置以及大小，设计出符合规定体积的钥匙链模型。最终利用 3D 打印机实现钥匙链的制作。该课程采用小组合作的形式，以 4 或 5 人为一组，设计一个钥匙链。在合作过程中，学生需要根据项目中给出的限制性因素，反复考虑复合固体体积的问题，并通过多次迭代调整，最终提交小组作品和书面反思。

在介绍课程的基本内容后，教师需要教授学生 3D One 建模软件的一些基本功能，主要包括：调整大小、旋转、改变视图和添加几何图形，以及改变几何对象（图 3-11）。

在开始设计钥匙链之前，学生需要练习这些基本功能，在操作过程中学生的直观想象以及空间思维能力将得到一定程度上的提升。在学生可以熟练地操作建模软件的各项功能之后，教师需要告诉学生设计钥匙链模型时的限制条件：整个 3D 打印的体积不得超过 2500mm^3，且面积需要在 50mm×50mm 以内。这样使得学生开始思考如何在这两项限制条件下进行设计及制作。

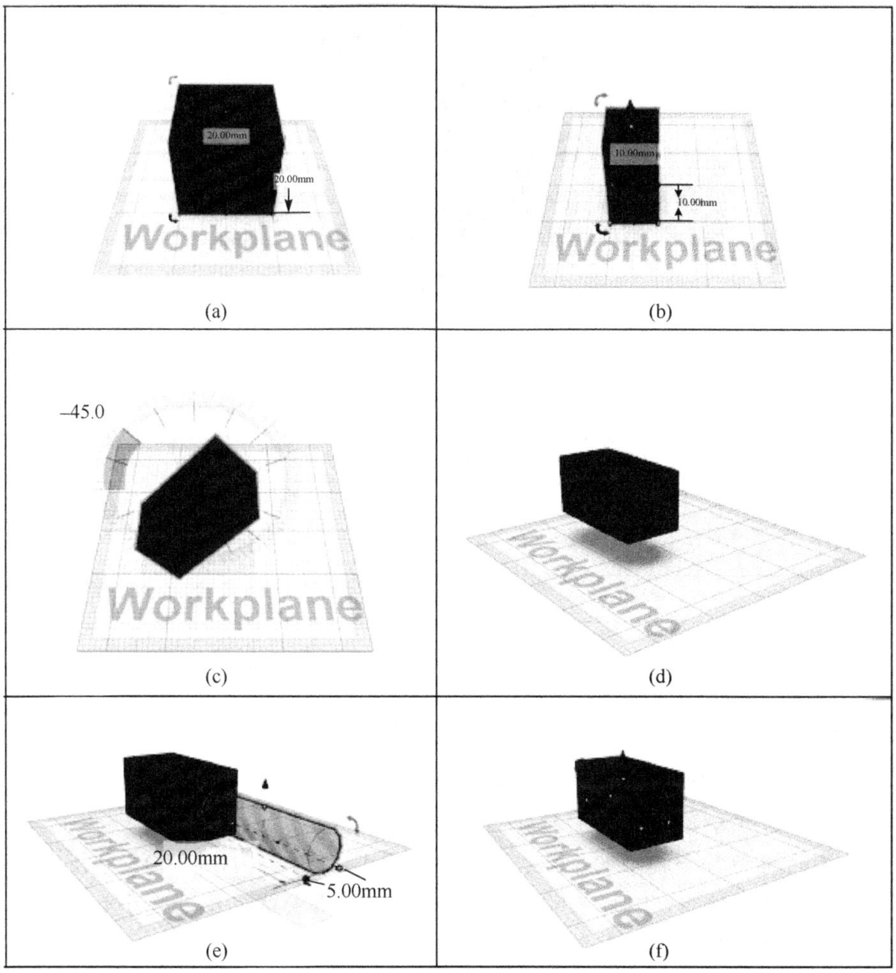

图 3-11　3D One 建模操作

❖　第 3～4 课时——设计模型

学生小组合作开始模型设计工作（图 3-12），在此过程中，教师需要向学生提供模型设计以及 3D One 建模软件操作方面的技术支持和建议。向每个小组发放设计模型的数据表（表 3-12），学生需要将每一次设计的相关数据记录下来，包括所选用的数学形状（几何形状）、计算公式、每个形状的体积大小、小孔位置及大小、总体积，并在设计过程中提醒学生需要检查设计的模型是否在限制条件之下。

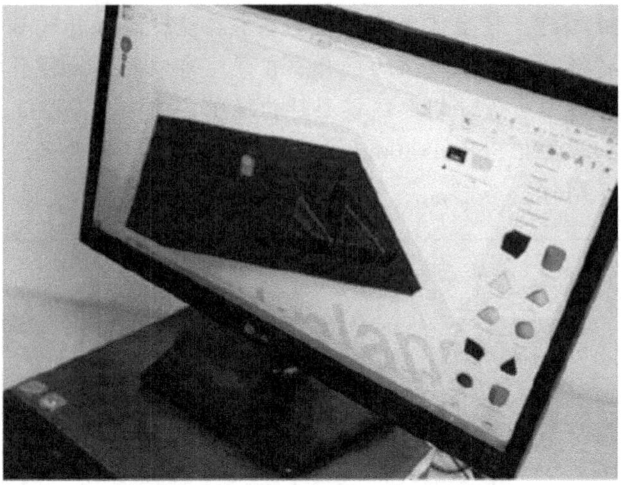

图 3-12　钥匙链设计界面

表 3-12　设计模型数据表

第（ ）小组设计模型的数据表						
	选用的数学形状	计算公式	每个形状的体积大小	小孔位置及大小	总体积/mm³	是否符合标准
第一次						
第二次						
第三次						
……						
最终确定						

当学生遇到有不懂或者不理解的问题时，根据提出问题的难易程度，选择鼓励学生在小组之内进行讨论解决，或及时提供技术支持和建议。

对于设计的模型符合标准的小组，按小组序号填写汇总表（表 3-13），汇总表内容包括设计的钥匙类型、选用的数学形状（几何形状）、计算公式、小孔大小和总体积，教师针对汇总表内容进行统计、分析及评价。

表 3-13　汇总表

小组序号	钥匙类型	选用的数学形状	计算公式	小孔大小	总体积/mm³
1					
2					
3					
4					
⋮					

❖　第 5～6 课时——书面反思

引导学生撰写书面反思，帮助学生将自己的创意书面化，并在此过程中把握教学动态，发现并解决问题。向已经设计好模型的小组发放书面反思表，要求各小组根据表中内容，写下自己小组在设计过程中所出现的问题，包括设计体积的计算过程，对设计过程的反思，以及设计过程中所面临的挑战（要求不少于 100 字）。教师根据书面反思，进行答疑解惑（表 3-14）。

表 3-14　书面反思表

<table>
<tr><td rowspan="7">设计过程</td><td rowspan="2">1. 数学计算</td><td>计算不认真</td><td>公式不熟练</td><td>书写有问题</td><td>其他</td></tr>
<tr><td></td><td></td><td></td><td></td></tr>
<tr><td rowspan="2">2. 几何图形</td><td>几何选择搭配不合适</td><td>几何参数有问题</td><td>可实现性问题</td><td>其他</td></tr>
<tr><td></td><td></td><td></td><td></td></tr>
<tr><td rowspan="2">3. 小孔设置</td><td>小孔位置</td><td>小孔大小</td><td colspan="2">其他</td></tr>
<tr><td></td><td></td><td colspan="2"></td></tr>
<tr><td>4. 限制条件</td><td colspan="4"></td></tr>
<tr><td>设计结果</td><td colspan="2">模型与现实的差距有多大</td><td colspan="2">是否始终不超过限制条件</td><td>其他</td></tr>
<tr><td></td><td colspan="2"></td><td colspan="2"></td><td></td></tr>
<tr><td>是否喜欢本课程?</td><td colspan="5"></td></tr>
<tr><td>喜欢/不喜欢的原因
(字数不得少于 100 字)</td><td colspan="5"></td></tr>
</table>

❖　第 7～8 课时——提交作品

教师首先通过使用 3D 打印机打印小茶杯来演示 3D 打印的操作过程并解释 3D 打印技术的原理，并说明注意事项及关键点。学生根据教师的演示及讲解，考虑小组模型在打印过程中可能存在的问题，对模型进行反思及修改。学生经过修改、测试、再修改后，确定最终方案并进行打印。最后，教师组织学生展示本组的设计作品，并交流设计思路（图 3-13）。

图 3-13　钥匙链作品

二、“揭秘细胞分裂”STEM 课程①

“揭秘细胞分裂”STEM 课程面向高中层次学生。案例以数学课程中的函数知识作为课程的主要内容，通过生物学学科中细胞分裂的问题“生物体内的细胞数量是怎样增加的？”“什么是细胞分裂？”“细胞分裂遵循着什么规律？”引出本课程情境，鼓励学生利用编程构建该函数公式模型，将数学与技术进行有效融合。然后根据推导出来的函数公式，运用《几何画板》绘制符合细胞分裂过程的函数图像，并通过参数控制函数图像的变化，对实践操作进行记录，探究函数的定义域、值域、底数的取值范围，以及底数的变化对函数图像的影响，进而探索函数性质。

（一）STEM 课程设计模型

在进行课程设计前，设计者可结合 M 型 STEM 课程设计模型，先对案例进行初步的设想。从总体上把握课程的设计架构，以便在后面教案的撰写过程中可以有的放矢，进一步将课程拓展与细化，图 3-14 为本案例的课程设计模型。

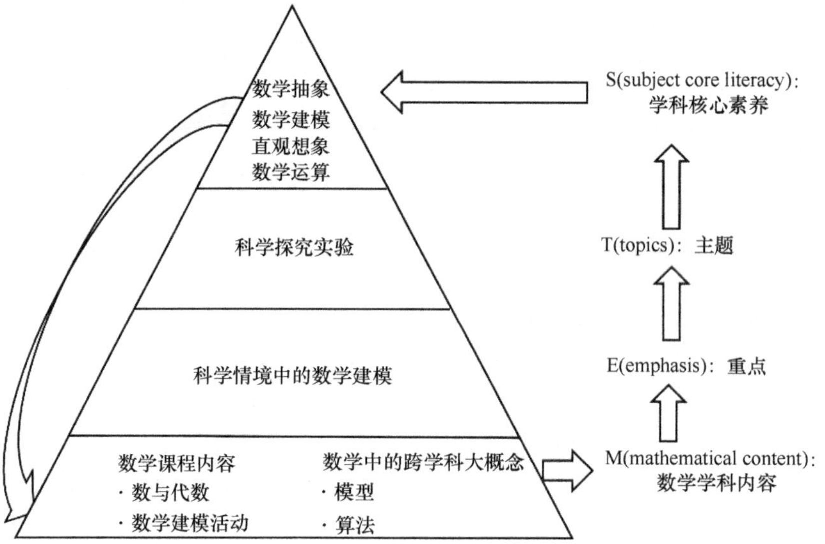

图 3-14 “揭秘细胞分裂”STEM 课程设计模型

第一步：案例选择数与代数中的指数函数作为 STEM 课程的主要内容。原因在于该课程对象为高一学生，此阶段学生已经基本掌握正比例函数、一次函数、二次函数等基本函数，对函数的图像与性质有了一定的掌握。指数函数是函数中的重要内容，学生若能将该内容与先前所学习过的函数知识进行对比，可以帮助学生更加深入地理解指数函数的概念、性质、图像，进而发现指数函数的本质。同时，参考“学科内容与核心素养对应关系表”，对于函数部分知识的学习，可以有效地提升学生的数学建模等数学学科核

① “揭秘细胞分裂”STEM 课程改编自江苏师范大学智慧教育学院 2018 级现代教育技术专业教育学硕士章璇的教学案例。

心素养，可据此设计具体的实施步骤以进行有针对性的提升。

第二步：融合领域选择科学情境中的数学建模。原因在于，细胞分裂作为生物体生长、发育和繁殖的基础，它的分裂过程遵循指数函数规律，能使单细胞生物直接生成新个体，使多细胞生物由受精卵发育成新个体，也能使多细胞生物衰老、死亡的细胞及时得到补充。该情境不仅有助于帮助学生理解生物体生长的基本过程，还为学生学习指数函数提供了真实的情境。

第三步：选择细胞分裂探究实验作为课程主题。引导学生利用编程探索细胞分裂的基本公式并进行数学建模。其后，利用《几何画板》探索该公式图像，对细胞分裂过程进行抽象、分析及表达，并在此过程中理解和掌握指数函数的定义域与值域、底数的取值范围，以及指数函数的单调性、奇偶性和对称性。

（二）STEM课程设计表

与以上模型相对应，设计者可在构想过程中根据表3-15，设计并记录课程的初步内容。本案例选取的课程内容为指数函数，该部分对应高中数学课程标准中的必修课程。可采用《普通高中课程标准实验教科书·数学（1）》（人教B版）中第二章第一节第二课（2.1.2）“指数函数及其性质”作为课程材料。案例通过探索细胞分裂过程引导学生理解指数函数的公式与性质，不仅有利于学生掌握数学及生物知识、提高学生的编程能力，还可以有效地培养学生的科学探究、数学建模、逻辑推理、计算思维等学科核心素养。

表3-15　“揭秘细胞分裂”STEM课程设计记录表

<table>
<tr><th colspan="3">学科核心素养</th><th colspan="2">学科内容</th><th rowspan="2">相匹配的学生任务或问题</th></tr>
<tr><th>学科</th><th>学科核心素养</th><th>培养方式</th><th>知识点</th><th>教材内容</th></tr>
<tr><td rowspan="4">数学</td><td>数学建模</td><td>讨论并利用编程算法进行建模，自行探索细胞分裂中新细胞数 y 与分裂次数 x 的函数公式</td><td rowspan="4">探索函数图像性质，如系数、定义域、值域、底数取值范围、经过的象限、函数的单调性与奇偶性</td><td rowspan="4">《普通高中课程标准实验教科书·数学（1）》（人教B版）中的“指数函数及其性质”</td><td>用计算机编程构建函数公式模型：$y=a^x$</td></tr>
<tr><td>直观想象</td><td>通过控制参数自变量 x 与底数a，借助《几何画板》感知函数的形态与变化</td><td>通过控制参数自变量 x 与底数a，直观反映出函数图像的变化</td></tr>
<tr><td>数学抽象</td><td>通过改变《几何画板》中的函数图像，抽象出指数函数的定义域与值域、底数的取值范围，以及其单调性、奇偶性和对称性</td><td>学习在《几何画板》中做出抽象的函数图像，归纳出函数性质</td></tr>
<tr><td>数学运算</td><td>通过对实验记录进行运算，推导函数特征及性质</td><td>根据实验记录，推导出函数的定义域、值域以及底数的取值范围</td></tr>
</table>

续表

学科核心素养			学科内容		相匹配的学生任务或问题
学科	学科核心素养	培养方式	知识点	教材内容	
信息技术	数字化学习与创新	通过编程及《几何画板》，创造性地解决细胞分裂问题，进而探索指数函数公式等知识	几何画板的使用	《几何画板》（八年级信息技术下册 人教版）	用信息技术中的《几何画板》与编程软件探索数学函数图像与性质
	计算思维	利用编程探索指数函数公式	运用 Python 语言编程算法	高中《信息技术基础》（粤教版·必修 1）的信息的加工与表达章节的“编程解决问题”	用计算机编程构建函数模型
生物	生命观念	通过观察细胞分裂过程，抽象出细胞分裂的公式及特征，并通过实证论证解释其分裂规律	细胞分裂	《高中生物》（人教版·必修 2）中的“细胞分裂”	发现并探究细胞分裂规律
	科学探究	探索细胞的分裂规律，并推导出其分裂公式			通过推理得出细胞分裂符合的数学函数公式

（三）STEM 课程实施指南

通过上述的课程架构，设计者可以对课程进行进一步的拓展与精进，并撰写课程设计方案。表 3-16 根据 M 型 STEM 课程的课程设计流程，制定了本案例的基本信息。该部分首先明确设定了本门 STEM 课程的适用范围，包括适用对象、适用课程、适用时长及适用教材，确定了实施该课程学生所需具备的认知水平及能力状况。本案例选取的对象为高一年级学生，其原因在于此时的高一年级学生已具备课程实施所需的知识基础。本课程课时较短，可以在不影响正常教学时间的情况下，鼓励并帮助学生拓展新知，激发学生的学习兴趣，有效地培养学生的探究能力等。并且其课程内容选自《普通高中课程标准实验教科书·数学（1）》（人教 B 版）中的“指数函数及其性质”；八年级信息技术下册的《几何画板》；高中《信息技术基础》（粤教版·必修 1）的信息的加工与表达章节的“编程解决问题”；《高中生物》（人教版·必修 2）中的“细胞分裂”，具备较强的综合性及复杂性。同时，本案例还根据课程的具体内容，选择了课程所需的基础工具及软硬件支持。《几何画板》作为辅助数学教学的有效工具，可以帮助学生较为直观地观察到函数的变化情况，探索并归纳其性质特征。而 Python 作为当前主流的编程语言，在人工智能、数据分析等方面发挥着重要的作用，以此作为探索指数函数的工具，可以有效地帮助学生体会指数函数的思想本质。根据课程主题，选择了与之最为贴合的课程模式，并设定了教师与学生在该课程中所对应的角色以及课程所开展的方式。本案例选取科学探究实验作为课程主题，其主要目的是帮助学生通过细胞分裂的现象运用编程构建指数函数的模型，推导函数公式。通过《几何画板》，归纳指数函数的定义域、值域、底数取值范围以及性质。因此，基于探究的课程模式可以有效地帮助教师达成这一目的，并在此过程中培养学生的自主探究能力。除此之外，案例根据高中阶段以知识建构为主的学习任务，选择利用测试题来对学生的知识掌握情况进行评价。

表 3-16　“揭秘细胞分裂”STEM 课程基本信息表

课程名称	“揭秘细胞分裂”STEM 课程
适用范围	适用对象：高一年级学生（班级人数控制在 50 人以下） 适用课程：数学，进行思维碰撞与交流讨论的课程 适用时长：高中标准课时 5 课时，共 225 分钟 适用教材：《普通高中课程标准实验教科书·数学（1）》（人教 B 版）第二章第一节第二课（2.1.2）“指数函数及其性质”；八年级信息技术下册《几何画板》；高中《信息技术基础》（粤教版·必修 1）的信息的加工与表达章节的“编程解决问题”；《高中生物》（人教版·必修 2）中的“细胞分裂”
课程资源	计算机、《几何画板》、Python 编程软件
课程模式	基于探究的课程设计模式 以任务为驱动，引导学生进行自主合作探究，教师引导整个学习过程
课程评价	课程评价采用过程性评价与总结性评价相结合的方式。课程实施过程中通过学生所设计的伪代码或流程图、代码、实验记录等，以及学生在课堂中的表现，对学生进行过程性评价。最后通过测试题对学生进行总结性评价。除此之外，教师还需及时地在课程进行过程中实施形成性评价，以根据学生的具体表现，适时地调整课程节奏及实施方式

表 3-17 在课程基本信息表的基础上，根据课程所选择的重点融合领域及课程主题，分别从数学、信息技术以及生物三个方面设定具体的课程内容，并明确学生在各阶段所需掌握的重要知识及技能。

表 3-17　“揭秘细胞分裂”STEM 课程内容

课程名称	课程内容
数学	探索并推导指数函数的定义、公式 归纳、理解并掌握指数函数的定义域与值域、底数的取值范围、指数函数的单调性、奇偶性以及对称性
信息技术	利用编程构建函数公式模型：$y=a^x$，体会编程对于解决部分数学问题的优势，提升学生计算思维，培养信息技术素养 通过控制《几何画板》中函数的参数自变量 x 与底数 a，直观地探索函数图像的变化，归纳出函数性质及定义，掌握《几何画板》在解决数学问题中的工具作用，增强学生的主动探究精神，培养创新精神
生物	探索、体会并掌握细胞分裂规律以及分裂方式与数学函数之间的关系

在课程安排之前，可以先对课程实施流程进行设定。再划分课程阶段，并设计各阶段中具体的课程安排。此时，需要注意各阶段之间的衔接性及内容安排的合理性。本案例共包含 5 个课时，具体的实施内容以【M（数学学科内容）】、【E（重点）】、【T（主题）】

进行标注，并将【S（学科核心素养）】的培养贯穿始终。表3-18为根据课程实施流程所设计的课程安排。

表3-18 “揭秘细胞分裂”STEM课程实施流程表

课程阶段	具体课时安排
第1～2课时	（1）复习反比例函数、一次函数、二次函数图像与性质 （2）学生通过编程自行探索细胞分裂的基本规律并利用编程算法进行建模，探索并推导指数函数公式
第3课时	（1）复习《几何画板》中描点作图、平移、旋转、收缩等操作 （2）根据函数公式，利用《几何画板》绘制函数图像，并尝试对该函数进行定义
第4～5课时	（1）通过在《几何画板》内改变自变量x与底数a，观察图像的变化形式，记录其相关参数以及图像的变化规律 （2）根据实验记录，推导并归纳出指数函数的定义域和值域、底数的取值范围，以及函数的性质特征 （3）通过测试题检验学生关于指数函数的掌握情况

❖ 第1～2课时

【M（数学学科内容）：一次函数、二次函数、反比例函数】

复习：一次函数$y=kx+b$（k、b是常数，$k\neq0$）、二次函数$y=ax^2+bx+c$（a、b、c为常数，且$a\neq0$）、反比例函数$y=k/x$（k为常数，$k\neq0$）公式、图像与性质。

【E（重点）：科学情境中的数学建模】【T（主题）：科学探究实验】

导入新课：学习Python语言，掌握基本算法编程流程后提出问题。细胞分裂是生物的重要生命特征。细胞以分裂方式增殖，能使单细胞生物直接繁殖新个体，使多细胞生物由受精卵发育成新个体，也能使多细胞生物衰老、死亡的细胞及时得到补充。可见，细胞分裂是生物体生长、发育、繁殖、遗传的基础。但是“生物体内的细胞数量是怎样增加的?”“细胞分裂遵循着什么规律？”例如，某种细胞在分裂时（图3-15），1个分裂成2个，2个分裂成4个……因此，第x次分裂得到新细胞数y与分裂次数x的函数关系式是怎样的呢?

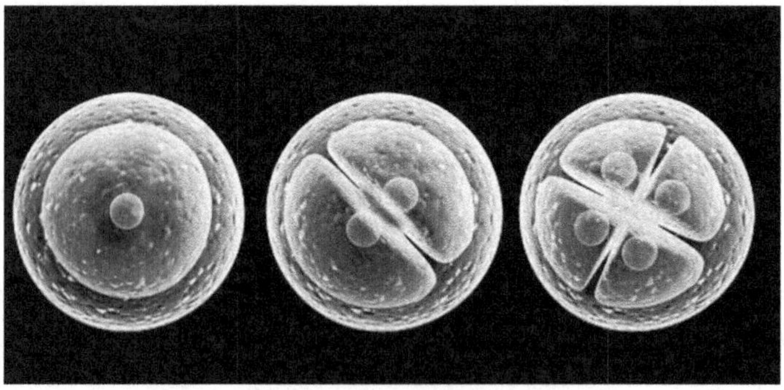

图3-15 细胞分裂图

小组讨论：讨论并利用编程算法进行建模，自行探索其公式。

抽象化：通过使用适当的表示（例如方程式或图形）来描述细胞分裂现象；提取并识别现象中的重要因素，描述因素之间的关系及其对真实现象的影响。

算法设计：认识问题解决模式并设计解决问题的过程。通过伪代码或流程图表示问题解决过程，将问题解决过程映射到合适的编程结构，并描述编程结构如何帮助解决问题。

编码：将问题解决过程转移到可执行代码，用执行代码以显示模拟的细胞分裂。

验证：解释程序的逻辑。验证程序的正确性，并通过修改因子的值和测试程序来检查对细胞分裂的理解。

引导学生发现，底数是常数，指数是自变量。进行函数模型构建：$y=2^x$。

❖　第 3 课时

【T（主题）：科学探究实验】

绘制函数图像：熟练掌握《几何画板》的基本操作后，经过列表、描点、连线，用《几何画板》绘制 $y=2^x$ 函数图像。

【M（数学学科内容）：指数函数】

调整参数、尝试定义：通过改变参数（底数 2 与自变量 x）控制函数图像，观察图像经过的象限等情况，统计实验记录。教师向学生介绍，底数是常数，指数是自变量，形式如 $y=a^x$，这就是我们这节课所要学习的指数函数。引导学生根据学过的一次函数、二次函数、反比例函数自行探索指数函数性质，并尝试对该函数进行定义。

提问：教师对学生进行提问，引导学生进行进一步的思考及讨论。

总结：教师对指数函数的性质及定义进行总结及讲解。

❖　第 4～5 课时

【M（数学学科内容）：指数函数】

探究函数图像变化规律：用《几何画板》画出坐标系，在同一个坐标系内做出函数 $y=2^x$、$y=(1/2)^x$、$y=3^x$、$y=(1/3)^x$ 的图像，先列表，然后描点，再用顺滑的曲线连接，如图 3-16 所示，标上①②③④。教师引导学生探究指数函数的一般性质，以及底数的变化对于函数图像的影响。

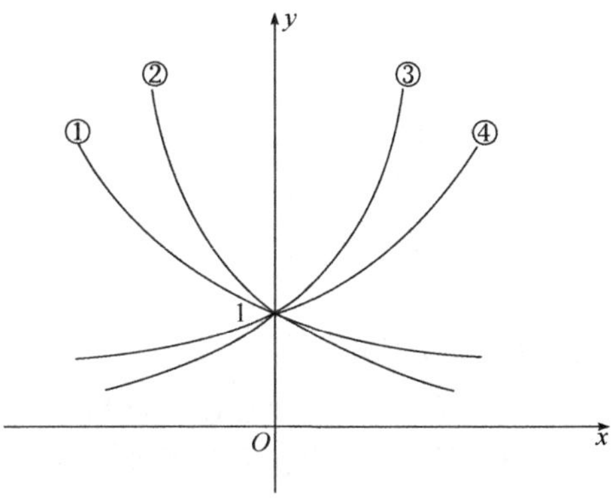

图 3-16　函数图像

探究函数性质：首先引导学生自行发现指数函数的一般规律，并进行提问。其后，引导学生从图像象限、底数变化对于函数的影响、定义域、值域、对称关系等方面思考并说明指数函数的性质规律。

（1）发现无论变量 x 如何变化，图像总是经过一、二象限；且过定点（0,1）（任何不为 0 的数的 0 次方均为 1）。

（2）底数大于 0 且不等于 1：当底数大于 1 时，如图中③④因变量 y 随 x 增大而增大，图像向坐标系两边无限延伸，始终不与 x 轴相交。

（3）当底数大于 0 小于 1 时，图像是减函数，y 值随 x 增大而减小，如图 3-16 中的①②。

（4）函数定义域为 R，无界；值域 y 大于 0。

（5）在 y 轴左侧，①底大图低；在 y 轴右侧，③底大图高；

（6）在《几何画板》内，对①④/②③进行水平旋转，发现它们能够重合，可以得出 $y=a^x$ 与 $y=(1/a)^x$ 关于 y 轴对称。

总结：教师对指数函数的性质进行总结及讲解。

巩固练习：通过比较下列各题中两值的大小，检验学生的理解程度和掌握情况。

（1）$1.7^{2.5}$ 与 1.7^3　　（2）$0.8^{-0.1}$ 与 $0.8^{-0.2}$

（3）$\left(\frac{1}{4}\right)^{0.8}$ 与 $\left(\frac{1}{2}\right)^{1.8}$　　（4）$\left(\frac{8}{7}\right)^{-\frac{3}{7}}$ 与 $\left(\frac{8}{7}\right)^{\frac{5}{12}}$

（5）$(0.3)^{-0.3}$ 与 $(0.2)^{-0.3}$

（6）$1.7^{0.3}$ 与 $0.9^{3.1}$

学生首先需要将式子抽象为《几何画板》中的图像，然后比较大小，最后将抽象的图像转化成数学运算思维，巩固并强化，做到看到底数与自变量就能比较出大小。

【思考与练习】

一、名词解释

1. 数学学科核心素养

2. M 型 STEM 课程

3. M 型 STEM 模型

二、简答题

1. 数学在 STEM 课程中扮演着怎样的角色？

2. 请简要说明 M 型 STEM 课程的设计流程。

3. 请简要说明 M 型 STEM 课程的开展方式。

三、思考题

1. 各数学学科核心素养之间具有怎样的联系？

2. M 型 STEM 课程为什么要将数学学科内容作为课程设计的基础？

3. 仔细阅读 M 型 STEM 课程设计流程，并根据自己的理解与体会设计一门 M 型 STEM 课程。

第四章　S 型 STEM 课程设计

【章节引言】

面向核心素养的 S 型 STEM 课程是以科学课程为核心、以学科核心素养为导向的 STEM 课程。学科核心素养的提出为科学教育指明了方向，科学支撑 STEM 课程融合。S 型 STEM 课程兼具相关课程融合和广域课程融合的特点，强调对知识的应用和对学科之间关系的关注。它是以科学观念为核心，整合技术、工程和数学，依托学校课程中物理学、化学、生物学课程的教学来培养学生的核心素养的融合性课程。

S 型 STEM 课程采用 5E 模型作为课程设计依据。它与建构主义教学观高度一致，是一种利用系统和协同方式组织、顺序化学生的潜在学习经历，旨在让学生通过科学探究获得更加深入理解的知识的模型。5E 模型由五个学习阶段组成：参与、探究、解释、拓展和评价。科学本质在于探究，基于探究的学习是科学教育的重要途径。探究阶段也是 S 型 STEM 课程的重点，通过不同的探究方式，促进学生科学观念的习得、科学探究技能的掌握以及科学思维、科学态度与社会责任感的培养。以 S 型 STEM 课程促进学生科学素养的提升以及学科核心素养的培养。

【知识导图】

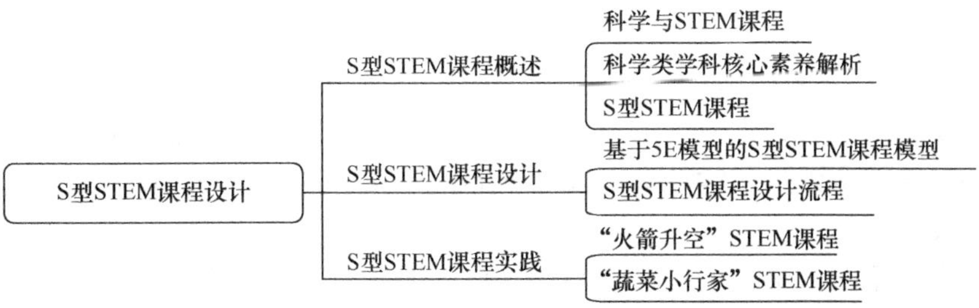

第一节　S 型 STEM 课程概述

一、科学与 STEM 课程

（一）科学与科学教育

“科学”（science），来源于拉丁语 scientia，意思为“知识”。维基百科（Wikipedia）将其解释为“是一种系统性的知识体系，它积累和组织并可检验有关于宇宙的解释和预测”。《韦氏新大学词典》将科学定义为：“基于通过实验和观察获得的事实，对自然界的了解或研究”或“涵盖一般真理或一般规律运作的知识或知识体系，特别是通过科学方法获得和测试的知识或知识体系”。可见，科学是一个建立在可检验的解释和对客观事物的形式、组织等进行预测的有序的知识系统。

通常科学可以分为自然科学与社会科学。自然科学是对自然世界的研究，是根据观察和实验的经验证据对自然现象进行描述、预测和理解。它可以分为两个主要分支，即生命科学（或生物科学）和物理科学，物理科学又被细分为物理、化学、天文学和地球科学等分支。这两个分支可进一步划分为更专门的学科，基础教育中的科学教育就是围绕着这两个分支展开的。科学教育是一种以传授基本科学知识为手段（载体），以素质教育为依托，体验科学思维方法和科学探究方法，培养科学精神与科学态度，建立完整的科学知识观与价值观，进行科研基础能力训练和科学技术应用的教育。

科学教育的产生与发展经历了漫长的演进过程。在19世纪以前，以文学和艺术为主要内容的古典教育在大学和中学中占据着统治地位。19世纪初，科学开始进入大学并逐渐延伸到中学，古典教育的削弱与科学教育的兴盛经历了一场相当持久的拉锯战，直到19世纪后期才以科学教育的最终胜利而告终。1860年，英国哲学家斯宾塞的名著《教育论》出版，这本书被认为是现代国际科学教育的一个起点。在19世纪，哲学家、科学家和教育家们对科学教育的目标、内容和方法进行了全面的探索，形成了科学教育的基本体系。其中，19世纪形成的科学教育主要涉及数学、化学、物理、生物学（包括植物学、动物学、生理解剖学和遗传学）等学科，内容主要包括科学研究长期积累的基本事实，或者对被认为自身具有完善体系的科学知识进行概括和简化。20世纪初，杜威提出“以儿童为中心”的教育改革，对以知识系统的逻辑结构为中心的科学教育造成了强烈的冲击，使得科学教育从注重知识转向注重儿童的经验。到了20世纪中期，科技的强大使得政府、专家、教育学家通力合作，进行科学课程改革。为满足21世纪普通公民的科技文化要求，美国于1985年启动了面向21世纪、致力于科学知识普及的中小学课程改革工程——“2061计划”。该计划将物理、生物和其他各课程间的界限弱化，强调了互相之间的联系，并从重事实转为重原则、理论和技巧。随着科技与人类生产生活的关系越来越密切，人们越来越意识到科学教育不仅是培养科学家和工程师的活动，也是一种面向大众的文化建设活动[①]。

科学知识的不断精细化、系统化和理论化，促使科学研究逐渐从宏观视角转向微观视角，表现出研究对象更加聚焦、研究方法更加多元、研究内容更加分化、研究结果更加专业的特点。科学的纵深化发展在促使科学突破自然边界的同时，也逐渐实现科学本体的内在精细和外在扩张。相应地，科学教育也从综合性的科学丛林中分化出物理学、化学、生物学等不同科目[②]。因而，中小学科学类教育不仅包含综合型的科学教育，也包含细化的物理学、化学和生物学学科。

新中国成立初期，中小学科学教育反映了当时政治领域的要求。由于当时我国政治与经济都处于建设初期，国家急需一大批具有专长的建设人才，特别是具有一定自然科

---

① 崔鸿，张海珠. 新理念科学教学论[M]. 北京：北京大学出版社，2009: 4-6.

② 周福盛，毕吉利. 从“真理至上”到“尊重生命”：科学教育的本质回归——基于科学价值论的视角[J]. 自然辩证法研究，2019, 35(6): 107-112.

学知识的专业人才。但是，当时的科学课程内容比较陈旧和贫乏，脱离生活实际，不能充分、有效地传授给学生基本科学知识和实际操作技能，满足不了国家对建设人才的需求。因而，新中国成立初期，我国将科学教育的重点集中在生产实际和科学技术方面上。在课程目标上，不仅注重学生的德智体美全方位发展，而且注重马列主义理论和毛泽东思想的学习；在课程内容上，既注重科学性与理论性相结合，又注重文化知识教学与生产劳动教育相结合。

20 世纪 80 年代后，由于国际科学技术发展的影响，我国开始重视科学教育的发展。在科学教育目标上，强调以“双基”为核心，注重与时俱进，培养与社会经济发展相适应、满足社会需求的人才。

21 世纪以来，国家不断强调科学教育的重要性，致力于发展科学教育，培养具有高科学素质的社会主义接班人。党的十九大报告指出我国要“加快建设创新型国家”，“要瞄准科技前沿，强化基础研究，实现前瞻性基础研究、引领原创成果的重大突破”，并提出要“培养造就一大批具有国际水平的战略科技人才、科技领军人才、青年科技人才和高水平创新团队”。科技强国建设核心在创新人才，创新人才培养关键在教育。随着人才培养占据科技战略布局的重要位置，物理学、化学、生物学等科学教育的重要性正逐渐加强。

【拓展阅读】 科学教育的内涵与原则

一、科学教育的内涵

	科学教育的内涵
孙宏安	科学教育分为广义和狭义两部分。广义的科学教育指全体公民的科学素养的培养教育，狭义的科学教育指在各级各类学校和其他教育机构中相对于人文科学和社会科学教育而言的数学和自然科学、技术科学等的学科教育
蔡铁权、姜旭英	科学教育是致力于科学技术时代人们所必需的科学素养的一种养成教育，将科学的知识与能力、过程与方法、情感态度与价值观作为整体的体系，并使其内化成为受教育者的理念与行为的教育活动
周青	科学教育是一种通过现代科学技术知识及其社会价值的教育，将科学知识、科学思想、科学方法、科学精神内化成为学生的信念和行为，培养学生的社会责任感，形成保护自然的意识和社会可持续发展的意识，养成健康的生活方式，能够理性地解决个人生活、工作和社会决策中可能遇到的问题，以提高全民科学素养为目的的教育活动

二、科学教育的十大原则

W. Harlen 在 2010 年 *Principles and Big Ideas of Science Education* 一书中总结了科学教育的十个原则[①]。

（1）在整个义务教育阶段，学校应通过其科学教育计划，系统地发展和维持学习者对世界的好奇心，享受科学活动和理解如何解释自然现象。

① Harlen W. Principles and Big Ideas of Science Education[M]. Hatfield: Association for Science Education, 2010: 6-15.

(2) 科学教育的主要目的应该是使每个人能够在决策中做出明智的贡献，并采取适当的行动，这对他们的幸福、社会福祉和环境有影响。

(3) 科学教育有多个目标，它旨在理解科学“大概念”，包括科学思想及其在社会中所起的作用、收集和使用证据的科学能力、科学态度。

(4) 科学教育的目标应该有一个明确的进展，基于对概念的仔细分析和当前的研究以及对学习方式的理解，指出需要在各个方面实现的想法。

(5) 通过研究学生感兴趣的和与他们生活相关的主题，可以实现大概念的进展。

(6) 学习经验应反映科学知识和科学探究的观点，这种观点是明确的，符合当前的科学和教育思想。

(7) 所有科学课程活动都应加深对科学思想的理解，并同时考虑其他可能的目标，如培养态度和能力。

(8) 学生的学习计划，以及教师的初步培训和专业发展，应与实现原则三中规定的目标所需的教学目标相一致。

(9) 评估在科学教育中起着关键作用，对学生学习的过程性评估和对其进步的总结性评估必须适用于所有目标。

(10) 为实现这些目标，学校的科学计划应促进教师之间的合作和社区的参与，包括科学家的参与。

（二）科学支撑 STEM 课程融合

科学包括与物理学、化学、生物学有关的自然法则，以及与这些学科相关的事实、原则、概念或常规的应用①。2017 年教育部出台《义务教育小学科学课程标准》，首次在基础教育中将科学与工程、技术结合起来，展现出科学课程跨学科性、项目化等特点以及 STEM 教育的发展趋势。小学科学课程针对学生身边的现象，从物质科学、生命科学、地球和宇宙科学、技术与工程四个领域，综合呈现科学知识和科学方法，强调这四个领域知识之间的相互渗透和相互联系（注重自然世界的整体性，发挥不同知识领域的教育功能和思维培养功能；注重学习内容与已有经验的结合、动手与动脑的结合、书本知识学习与社会实践的结合、理解自然与解决问题的结合，着力提高学生的综合能力；强调科学课程与并行开设的语文、数学等课程相互渗透，促进学生的全面发展）。小学阶段的科学教育是全科教学，融合了“物质科学、生命科学、地球和宇宙科学、技术与工程”四个领域的内容；进入中学后，科学教育实行分科教学，通过物理学、化学、生物学、地理学等学科开展教育教学。作为自然科学领域的基础学科，物理学学科的研究对象是自然界的物质，主要研究其基本结构、相互作用和运动规律；化学学科的研究对象是原子、分子水平的物质，主要研究其组成、结构、性质、转化和应用；生物学学科的研究对象为生命，主要研究生命现象和活动规律。物理学、化学和生物学共同研究了从微观

---

① 赵中建. 美国中小学 STEM 教育研究[M]. 上海: 上海科技教育出版社, 2017: 31.

到宏观的自然界，而地理学是研究地理环境以及人类活动与地理环境关系的科学，其学科体系包含自然地理学、人文地理学和区域地理学。本书中 S 型 STEM 课程中的科学指向的是自然科学，虽然地理学兼具自然科学和人文社会科学的性质，但作为学科真正落实 STEM 课程时，自然科学所占比例小，科学核心素养体现不明显，为在学校更好地落实 STEM 教育，体现自然科学属性及科学核心素养，地理学学科不做核心考虑。

STEM 教育强调学科的整合。科学知识在不断地精细化、系统化和理论化，同时内部的联系也在不断加深，交叉学科的出现更是表明了学科融合的必然趋势。科学作为 STEM 课程的重要组成部分，为 STEM 课程融合提供有效支撑。首先，科学知识为数学、技术和工程的发展与问题解决提供科学理论支撑，为综合性 STEM 问题解决提供一定的理论指导和方法论的启发；其次，学生经过学习科学后所形成的科学方法、科学思维、科学态度为解决综合性 STEM 问题提供科学方法与科学思维的支撑。例如，利用力系平衡原理解决平面几何问题，利用动量守恒定律解决数学应用问题等①；激光原理（自发辐射与受激辐射、粒子数反转、光学谐振腔、纵模与横模）为激光测距、激光医疗等技术的发展提供科学原理支持，依据科学知识提出技术方案，依据科学证据完善技术方案；流体力学（主要研究流体本身的静止状态和运动状态，以及流体和固体界壁间有相对运动时的相互作用和流动的规律）促进了能源（如节能型建筑、水电站）、环境（如污水净化）、航空航天、石油开采等工程的发展。与此同时，物理学、化学、生物学之间的学科融合为 STEM 课程融合提供科学视角，科学由内到外支撑着 STEM 课程的融合。

二、科学类学科核心素养解析

学科核心素养的提出为科学教育指明了方向，为学科融合提供了新的思路与方法，为 STEM 课程设计提供了上位的指导，为 S 型 STEM 课程的组织与开展提供了方向。科学类课程具体包含物理学课程、化学课程和生物学课程，科学类学科核心素养指向物理学学科核心素养（表 4-1）、化学学科核心素养（表 4-2）以及生物学学科核心素养（表 4-3）。

表 4-1　物理学学科核心素养

核心素养	内涵
物理观念	“物理观念”是从物理学视角形成的关于物质、运动与相互作用、能量等的基本认识；是物理概念和规律等在头脑中的提炼与升华；是从物理学视角解释自然现象和解决实际问题的基础。“物理观念”主要包括物质观、运动与相互作用观、能量观等要素
科学思维	“科学思维”是从物理学视角对客观事物的本质属性、内在规律及相互关系的认识方式；是基于经验事实建构物理模型的抽象概括过程；是分析综合、推理论证等方法在科学领域的具体运用；是基于事实证据和科学推理对不同观点和结论提出疑问和批判，进行检验和修正，进而提出创造性见解的能力与品格。“科学思维”主要包括模型建构、科学推理、科学论证、质疑创新等要素
科学探究	“科学探究”是指基于观察和实验提出物理问题、形成猜想和假设、设计实验与制订方案、获取和处理信息、基于证据得出结论并作出解释，以及对科学探究过程和结果进行交流、评估、反思的能力。“科学探究”主要包括问题、证据、解释、交流等要素

① 胡建军. 物理学原理在中学数学中的应用[J]. 数学通报, 2005, (11): 33-35.

续表

核心素养	内涵
科学态度与责任	“科学态度与责任”是指在认识科学本质，认识科学·技术·社会·环境关系的基础上，逐渐形成的探索自然的内在动力，严谨认真、实事求是和持之以恒的科学态度，以及遵守道德规范，保护环境并推动可持续发展的责任感。“科学态度与责任”主要包括科学本质、科学态度、社会责任等要素

表4-2 化学学科核心素养

核心素养	内涵
宏观辨识与微观探析	能从不同层次认识物质的多样性，并对物质进行分类；能从元素和原子、分子水平认识物质的组成、结构、性质和变化，形成“结构决定性质”的观念；能从宏观和微观相结合的视角分析与解决实际问题
变化观念与平衡思想	能认识物质是运动和变化的，知道化学变化需要一定的条件，并遵循一定规律；认识化学变化的本质特征是有新物质生成，并伴有能量转化；认识化学变化有一定限度、速率，是可以调控的；能多角度、动态地分析化学变化，运用化学反应原理解决简单的实际问题
证据推理与模型认知	具有证据意识，能基于证据对物质组成、结构及其变化提出可能的假设，通过分析推理加以证实或证伪；建立观点、结论和证据之间的逻辑关系；知道可以通过分析、推理等方法认识研究对象的本质特征、构成要素及其相互关系，建立认知模型，并能运用模型解释化学现象，揭示现象的本质和规律
科学探究与创新意识	认识科学探究是进行科学解释和发现、创造和应用的科学实践活动；能发现和提出有探究价值的问题；能从问题和假设出发，依据探究目的，设计探究方案，运用化学实验、调查等方法进行实验探究；勤于实践，善于合作，敢于质疑，勇于创新
科学态度与社会责任	具有安全意识和严谨求实的科学态度，具有探索未知、崇尚真理的意识；深刻认识化学对创造更多物质财富和精神财富、满足人民日益增长的美好生活需要的重大贡献；具有节约资源、保护环境的可持续发展意识，从自身做起，形成简约适度、绿色低碳的生活方式；能对与化学有关的社会热点问题作出正确的价值判断，能参与有关化学问题的社会实践活动

表4-3 生物学学科核心素养

核心素养	内涵
生命观念	“生命观念”是指对观察到的生命现象及相互关系或特性进行解释后的抽象，是人们经过实证后的观点，是能够理解或解释生物学相关事件和现象的意识、观念和思想方法。学生应该在较好地理解生物学概念的基础上形成生命观念，如结构与功能观、进化与适应观、稳态与平衡观、物质与能量观等；能够用生命观念认识生物的多样性、统一性、独特性和复杂性，形成科学的自然观和世界观，并以此指导探究生命活动规律，解决实际问题
科学思维	“科学思维”是指尊重事实和证据，崇尚严谨和务实的求知态度，运用科学的思维方法认识事物、解决实际问题的思维习惯和能力。学生应该在学习过程中逐步发展科学思维，如能够基于生物学事实和证据运用归纳与概括、演绎与推理、模型与建模、批判性思维、创造性思维等方法，探讨、阐释生命现象及规律，审视或论证生物学社会议题
科学探究	“科学探究”是指能够发现现实世界中的生物学问题，针对特定的生物学现象，进行观察、提问、实验设计、方案实施以及对结果的交流与讨论的能力。学生应在探究过程中，逐步增强对自然现象的好奇心和求知欲，掌握科学探究的基本思路和方法，提高实践能力；在探究中，乐于并善于团队合作，勇于创新

续表

核心素养	内涵
社会责任	"社会责任"是指基于生物学的认识，参与个人与社会事务的讨论，作出理性解释和判断，解决生产生活问题的担当和能力。学生应能够以造福人类的态度和价值观，积极运用生物学的知识和方法，关注社会议题，参与讨论并作出理性解释，辨别迷信和伪科学；结合本地资源开展科学实践，尝试解决现实生活问题；树立和践行"绿水青山就是金山银山"的理念，形成生态意识，参与环境保护实践；主动向他人宣传关爱生命的观念和知识，崇尚健康文明的生活方式，成为健康中国的促进者和实践者

科学类学科核心素养是物理学学科核心素养、化学学科核心素养以及生物学学科核心素养的提炼与综合。首先从词频角度出发，表4-4为科学类相关学科（物理学、化学、生物学）的学科核心素养词频分析结果。在中小学课程体系中，物理学、化学和生物学学科是科学教育开展的主要载体。对比这三个学科的高频词，可以发现物理学、化学和生物学学科的学科核心素养相似性极高，均强调"问题解决""观念""思维""模型""探究""推理""态度""证据""物质""科学"，强调科学探究与科学思维。

表4-4 科学类相关学科核心素养词频分析表

学科	高频词
物理学	问题解决、观念、思维、模型、探究、推理、态度、证据、物质、科学
化学	问题解决、观念、思维、模型、探究、推理、态度、证据、物质、科学、生命
生物学	问题解决、观念、思维、模型、探究、推理、态度、证据、物质、科学、生命

虽然在科学探究、科学思维层面，物理学、化学和生物学学科核心素养展现了高度的相似性，但在"观念"上有所区别。"观念"指向了知识层，代表了学科观念。学科观念代表了学科属性，是区别于其他学科的核心。不同学科的学科本质不同，导致相关的科学观念具有倾向性。物理学学科研究世界最基本的粒子结构、最普遍的相互作用及最一般的运动规律，是研究物质世界的基础，包括微观、宏观两个角度，因而其学科观念侧重"物质观""运动与相互作用观""能量观"；化学是在基本粒子的基础上，研究物质的组成、结构和变化规律，其学科观念侧重"元素观""微粒观""结构观""变化观"。但当化学变化深入至原子范畴时，便进入物理研究的范围，物理与化学间相互融通。生物学学科研究由各种粒子（原子、分子、离子等）构成的生物结构、功能、发生和发展规律，其学科概念侧重"结构与功能观""进化与适应观""稳态与平衡观""物质与能量观"。因为宏观上，生物研究的是生物个体、群体的起源进化及生物与环境的关系，微观上研究的是生物大分子（DNA、蛋白质等）及生物大分子内部构造（氨基酸、碱基、化学键、原子等）的功能意义与化学调控，而这个层次的生命问题又属于化学研究范畴。由此可见，科学类的课程（物理学、化学、生物学）在宏观与微观上相互联系、相互作用，为各学科的融合提供大观念的支持。

根据以上分析，结合物理学学科核心素养、化学学科核心素养以及生物学学科核心素养，可将科学类学科核心素养概括为4个部分：科学观念、科学思维、科学探究和科学态度与社会责任（表 4-5）。

表 4-5　科学类学科核心素养

科学类学科核心素养	物理学	化学	生物学
科学观念	物理观念	宏观辨识与微观探析 变化观念与平衡思想	生命观念
科学思维	科学思维	证据推理与模型认知	科学思维
科学探究	科学探究	科学探究与创新意识	科学探究
科学态度与社会责任	科学态度与社会责任	科学态度与社会责任	社会责任

（一）科学观念

学科知识是学科核心素养形成的主要载体[①]，而核心观念位于学科知识金字塔的顶端，反映了学科的本质，具有高度的抽象性、概括性、包容性和解释性，是最能转化为素养的知识。科学观念包含了与科学相关的所有学科知识。

物理观念是物理学中最重要的科学观念。物理学学科核心概念是组织整合物理学学科知识内容的少数关键概念，是将众多物理知识联为一致整体的物理学习的核心内容，是学生理解或探究更复杂概念的关键工具，与学生的生活实际和重大社会议题紧密相关，贯通整个基础教育阶段物理学课程的学习过程[②]。物理学学科的核心概念包括物质观、运动与相互作用观和能量观。

化学学科既研究物质微观上的组成与结构，又研究物质宏观上的性质与应用，并且还能用自身特有的符号形式对物质的组成、结构、性质等进行解释或描述[③]（即从微观层次认识物质；以符号形式描述物质；在不同层面创造物质）。其学科核心素养所对应的核心观念在于宏观辨识与微观探析以及变化观念与平衡思想，具体核心观念为元素观、微粒观、结构观以及变化观。

生命观念反映了科学家对生物学主题或核心概念的理解和认识，是生物学核心概念的呈现方式，是贯穿本学科不同内容的主线，也是高中生可以学习和能够理解的学习内容[④]。生物学学科核心素养的核心概念包括结构与功能观、进化与适应观、稳态与平衡观以及物质与能量观。

表 4-6 总结了物理学、化学、生物学学科的核心观念。物理学学科核心观念包含三大部分，分别为物质观、运动与相互作用观以及能量观；化学学科核心观念包含四大部分，分别为元素观、微粒观、结构观和变化观；生物学学科核心观念包含四大部分，分

① 余文森. 论学科核心素养形成的机制[J]. 课程·教材·教法, 2018, 38(1): 4-11.

② 郭玉英, 姚建欣, 张玉峰, 等. 基于学生核心素养的物理学科能力研究[M]. 北京: 北京师范大学出版社, 2017: 2.

③ 陆军. 化学思维及其能力培养[J]. 中小学教师培训, 2018, (6): 61-65.

④ 刘恩山. 生命观念是生物学学科核心素养的标志[J]. 生物学通报, 2018, 53(1): 18-20.

别为结构与功能观、进化与适应观、稳态与平衡观和物质与能量观。

表 4-6　物理学、化学、生物学学科核心观念

学科	核心观念	举例
物理学（物理观念）	物质观	电荷守恒定律
	运动与相互作用观	分子间的相互作用力及规律
	能量观	能量守恒定律
化学（宏观辨识与微观探析 变化观念与平衡思想）	元素观	氧化还原反应
	微粒观	微粒间的相互作用
	结构观	物质结构与性质
	变化观	化学反应与能量转化
生物学（生命观念）	结构与功能观	细胞是生物体结构与生命活动的基本单位
	进化与适应观	生物的多样性和适应性是进化的结果
	稳态与平衡观	生命个体的结构与功能相适应，各结构协调统一共同完成复杂的生命活动，并通过一定的调节机制保持稳态
	物质与能量观	细胞的生存需要能量和营养物质，并通过分裂实现增殖

【拓展阅读】　学科大概念

2018 年 1 月教育部发布最新的《普通高中课程标准》，强调以学科大概念为核心引领课程改革，促进学科核心素养的落实。

概念是基于学科的基本结构和方法，它们不是具有简单的具体答案的事实问题，大概念指向的是具体知识背后的核心内容，具有中心性、可持久性、网络状和可迁移性的特征①。

大概念指的是反映学科本质及其特殊性的、构成学科框架的概念，它"是一种高度形式化、兼具认识论与方法论意义、普适性极强的概念；大概念已经不再仅仅是一个简单词汇，它背后潜藏着一个意义的世界，它超出了一个普通概念的应有内涵与外延，作为一种深刻思想、学说的负载体，已成为'思想之网'的联结枢纽"②。例如，信息技术学科大概念——数据、算法、信息系统和信息社会，通用技术学科大概念——结构、流程、系统、控制，它们既是学科的知识又是学科的方法和思想。

学科大概念是学科知识的精华所在，是最有价值的知识，是最能转化为素养的知识。学科大概念是教学内容选择的优先对象和主体对象，凸显学科大概念，实现学科教学内容的"少而精"，从而有助于实现学生的"精细化"学习。只有"精细化"的学

① 李刚，吕立杰. 国外围绕大概念进行课程设计模式探析及其启示[J]. 比较教育研究, 2018, 40(9): 35-43.

② 赵康. 大概念的引入与教育学变革[J]. 教育研究, 2015, (2): 33-40.

习，才会有真正的消化和吸收，进而促成知识向素养的转化。多而杂的内容和学习无助于核心素养的形成，也直接导致过重的学业负担。教学中真正宝贵的东西是学生的经历、体验、感悟、状态，是思维、思想、见解、眼光、境界，而不是容量和进度。学科教学内容的组织必须以学科大概念为中心、为纲领、为主线，平铺直叙和平均用力的教材和教法，同样无助于学科素养的形成①。

（二）科学思维

科学思维是学生形成核心观念的重要途径，是在学习课程后应达成的关键能力，是学科核心素养的重要组成部分。不同的学科核心素养指向不同的科学思维内涵，如表 4-7 所示。

表 4-7　物理学、化学、生物学学科的科学思维

学科	科学思维
物理学	模型建构
	科学推理
	科学论证
	质疑创新
化学	证据推理
	模型认知
生物学	归纳与概括
	演绎与推理
	模型与建模
	批判性思维
	创造性思维

明确科学思维的教育内容是促进学生科学思维发展的基础和依据②。物理学的科学思维强调模型建构、科学推理、科学论证与质疑创新，化学的科学思维强调证据推理与模型认知，生物学的科学思维包括归纳与概括、演绎与推理、模型与建模、批判性思维以及创造性思维。但无论何种解释，均指向运用科学的思维方法认识事物、解决实际问题的思维习惯和能力。

（三）科学探究

科学本质在于探究，基于探究的学习是科学教育的重要途径。通过物理学、化学和生物学学科核心素养中对“科学探究”的解释（表 4-8），可以发现，科学探究是一

① 余文森. 核心素养导向的课堂教学[M]. 上海：上海教育出版社，2017: 65.

② 李正福，谷雅慧. 论物理核心素养视野下的科学思维教育内容[J]. 课程·教材·教法，2018, 38(2): 97-102.

种集观察、提出问题、做出假设、实验设计与实施以及得出结论并作出解释于一体的综合能力。

表 4-8 物理学、化学与生物学学科核心素养之“科学探究”内涵

学科	具体内涵
物理学	“科学探究”是指基于观察和实验提出物理问题、形成猜想和假设、设计实验与制订方案、获取和处理信息、基于证据得出结论并作出解释，以及对科学探究过程和结果进行交流、评估、反思的能力
化学	认识科学探究是进行科学解释和发现、创造和应用的科学实践活动；能发现和提出有探究价值的问题；能从问题和假设出发，依据探究目的，设计探究方案，运用化学实验、调查等方法进行实验探究；勤于实践，善于合作，敢于质疑，勇于创新
生物学	“科学探究”是指能够发现现实世界中的生物学问题，针对特定的生物学现象，进行观察、提问、实验设计、方案实施以及对结果的交流与讨论的能力

（四）科学态度与社会责任

科学态度与社会责任是课程学习后学生形成的正确价值观与必备品格，如物理学课程关注严谨认真、实事求是和持之以恒的科学态度，以及遵守道德规范，保护环境并推动可持续发展的责任感；化学课程关注安全意识和严谨求实的科学态度，具有探索未知、崇尚真理以及节约资源、保护环境的可持续发展意识，能对与化学有关的社会热点问题做出正确的价值判断等；生物学课程关注基于生物学的认识，参与个人与社会事务的讨论，做出理性解释和判断，解决生产生活问题的担当和能力。科学类学科核心素养关注态度与责任，提倡正确的科学态度，培养具有社会责任感的时代公民。

三、S 型 STEM 课程

（一）S 型 STEM 课程内容分析

在 STEM 语境下，知识的跨学科整合意味着任何一种科学现象或者科学问题，都包含了技术、工程与数学的意蕴；而要解决一个现实问题，不再将重点放在单一学科或局限于特定学科，它不仅需要科学知识，同时也要具有把现实问题转化为技术、工程与数学问题的能力；它强调实现技术创新，是未来世界的创新者从多学科知识综合的角度，通过技术、设计、工程与数学素养协同参与的过程[①]。STEM 课程是从学科内部和学科之间的相互联系出发，将散乱的学科知识有机组合，以实际应用的方式进行基础学习的课程。

S 型 STEM 课程是以科学为核心，其科学观念包含物理学观念、化学观念和生物学观念三个部分。每个部分又包含了内在的核心观念，主要内容从属于核心观念。表 4-9 是基于物理学课程标准、化学课程标准以及生物学课程标准中提及的必修和选择性必修课程内容的整理。

① 王林. 从“分科”到“融合”: STEM 课程整合的困境与创新路径[J]. 上海教育科研, 2018, (12): 71-75.

表 4-9　物理学、化学与生物学课程内容表

学科	核心观念		主要内容
物理学 （物理观念）	物质观		原子与原子核 热力学 静电场 固体、液体和气体 电路及其应用 电磁振荡与电磁波 电磁场与电磁波初步 磁场 传感器 波粒二象性
	运动与相互作用观		相互作用与运动规律 曲线运动与万有引力定律 牛顿力学的局限性与相对论初步 静电场 机械振动与机械波 机械运动与物理模型 机械能及其守恒定律 光及其相互作用 动量与动量守恒定律 电路及其应用 电磁振荡与电磁波 电磁感应及其应用 电磁场与电磁波初步 磁场
	能量观		能源与可持续发展 静电场 机械能及其守恒定律 动量与动量守恒定律 电路及其应用 电磁感应及其应用 电磁场与电磁波初步
化学 （宏观辨识与微观探析 变化观念与平衡思想）	物质观	元素观	原子结构与元素周期律
		微粒观	微粒间的相互作用与物质的性质
		结构观	物质结构基础与化学反应规律
			原子结构与元素的性质
	变化观		物质结构基础与化学反应规律 水溶液中的离子反应与平衡 化学反应与能量 化学反应的方向、限度和速率 典型有机化合物的性质 常见的无机物及其应用

续表

学科	核心观念	主要内容
生物学（生命观念）	结构与功能观	细胞是生物体结构与生命活动的基本单位
		细胞工程通过细胞水平上的操作，获得有用的生物体或其产品
		细胞的生存需要能量和营养物质，并通过分裂实现增殖
		发酵工程利用微生物的特定功能规模化生产对人类有用的产品
	进化与适应观	遗传信息控制生物性状，并代代相传
		生物的多样性和适应性是进化的结果
		基因工程赋予生物新的遗传特性
	稳态与平衡观	生物技术在造福人类社会的同时也可能会带来安全与伦理问题
		生态系统中的各种成分相互影响，共同实现系统的物质循环、能量流动和信息传递，生态系统通过自我调节保持相对稳定的状态
		生命个体的结构与功能相适应，各结构协调统一共同完成复杂的生命活动，并通过一定的调节机制保持稳态
	物质与能量观	细胞的生存需要能量和营养物质，并通过分裂实现增殖

不同的核心观念包含不同的内容，以生物学学科为例，主要内容部分可以进一步细化，如表 4-10 所示。

表 4-10　生物学学科具体内容

核心观念	主要内容	具体内容
结构与功能观	细胞是生物体结构与生命活动的基本单位	细胞由多种多样的分子组成，包括水、无机盐、糖类、脂质、蛋白质和核酸等，其中蛋白质和核酸是两类最重要的生物大分子
		细胞各部分结构既分工又合作，共同执行细胞的各项生命活动
		各种细胞具有相似的基本结构，但在形态与功能上有所差异
	细胞工程通过细胞水平上的操作，获得有用的生物体或其产品	植物细胞工程包括组织培养和体细胞杂交等技术
		对动物早期胚胎或配子进行显微操作和处理以获得目标个体
		动物细胞工程包括细胞培养、核移植、细胞融合和干细胞的应用等技术
	细胞的生存需要能量和营养物质，并通过分裂实现增殖	细胞会经历生长、增殖、分化、衰老和死亡等生命进程
		细胞的功能绝大多数基于化学反应，这些反应发生在细胞的特定区域
		物质通过被动运输、主动运输等方式进出细胞，以维持细胞的正常代谢活动
	发酵工程利用微生物的特定功能规模化生产对人类有用的产品	获得纯净的微生物培养物是发酵工程的基础
		发酵工程为人类提供多样的生物产品

续表

核心观念	主要内容	具体内容
进化与适应观	遗传信息控制生物性状，并代代相传	有性生殖中基因的分离和重组导致双亲后代的基因组合有多种可能
		由基因突变、染色体变异和基因重组引起的变异是可以遗传的
		亲代传递给子代的遗传信息主要编码在 DNA 分子上
	生物的多样性和适应性是进化的结果	适应是自然选择的结果
		地球上的现存物种丰富多样，它们来自共同祖先
	基因工程赋予生物新的遗传特性	基因工程是一种重组 DNA 技术
		蛋白质工程是基因工程的延伸
稳态与平衡观	生物技术在造福人类社会的同时也可能会带来安全与伦理问题	转基因产品的安全性引发社会的广泛关注
		中国禁止生殖性克隆人
		世界范围内应全面禁止生物武器
	生态系统中的各种成分相互影响，共同实现系统的物质循环、能量流动和信息传递，生态系统通过自我调节保持相对稳定的状态	生物群落与非生物的环境因素相互作用形成多样化的生态系统，完成物质循环、能量流动和信息传递
		生态系统通过自我调节作用抵御和消除一定限度的外来干扰，保持或恢复自身结构和功能的相对稳定
		人类活动对生态系统的动态平衡有着深远的影响，依据生态学原理保护环境是人类生存和可持续发展的必要条件
		不同种群的生物在长期适应环境和彼此相互适应的过程中形成动态的生物群落
	生命个体的结构与功能相适应，各结构协调统一共同完成复杂的生命活动，并通过一定的调节机制保持稳态	植物生命活动受到多种因素的调节，其中最重要的是植物激素的调节
		神经系统能够及时感知机体内、外环境的变化，并作出反应以调控各器官、系统的活动，实现机体稳态
		内环境为机体细胞提供适宜的生存环境，机体细胞通过内环境与外界环境进行物质交换
		内环境的变化会引发机体的自动调节，以维持内环境的稳态
		内分泌系统产生的多种类型的激素，通过体液传送而发挥调节作用，实现机体稳态
		免疫系统能够抵御病原体的侵袭，识别并清除机体内衰老、死亡或异常的细胞，实现机体稳态
物质与能量观	细胞的生存需要能量和营养物质，并通过分裂实现增殖	细胞的功能绝大多数基于化学反应，这些反应发生在细胞的特定区域
		物质通过被动运输、主动运输等方式进出细胞，以维持细胞的正常代谢活动

（二）S型STEM课程融合方式

科学、技术、工程和数学融合已进入高中课程标准，分析教育部发布的2017版《物理课程标准》《化学课程标准》《生物课程标准》《数学课程标准》《信息技术课程标准和数学课程标准》（图4-1），STEM理念体现明显。《物理课程标准》从课程性质上强调STEM的融合：引领学生认识科学·技术·社会·环境（STSE）的关系。《化学课程标准》从课程内容出发，以STSE综合实践为课程内容，通过STSE综合实践活动，关注与化学有关的社会热点问题，认识和赞赏化学对社会发展的重大贡献，发展综合分析、解决问题的能力。《生物课程标准》从学业质量水平上直观地指出了能综合运用科学、技术、工程学和数学（STEM）知识和能力，设计方案，解决特定问题的质量描述。《数学课程标准》更是在核心素养层面提出了数学与科学、技术、工程的融合与应用：数学模型在科学、技术、社会、工程技术等领域的应用，数学分析在科学、技术、工程和现代社会生活的深入应用。《信息技术课程标准》在课程内容中指出要在信息技术课程中实现科学、技术、工程、人文艺术与数学（STEAM）教育的理想方法，发展学生科学、技术、工程、人文艺术、数学等学科综合性的思维能力。跨学科融合已成为学科教学的必然趋势，STEM课程作为跨学科融合的代表，如何依托学校课程，进行S型STEM课程融合，是S型STEM课程设计的关键。

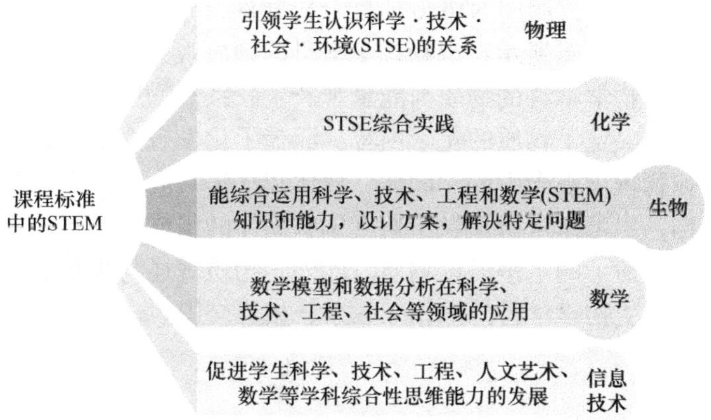

图4-1　课程标准中的STEM

面向学科核心素养的相关课程融合模式包含相关课程融合和广域课程融合两种模式。其中相关课程融合是以学科观念重组学科内容，辅之以真实情境；广域课程融合则是以真实情境重组课程内容，融合相关科学观念。物理学、化学和生物学学科作为自然科学的一部分，是科学教育的重要部分，以相关课程融合的方式重组学科内容，培养学生特定学科（物理学/化学/生物学）核心素养；科学学科作为一门综合性学科，以广域课程融合的方式重组课程内容，培养学生的科学类学科核心素养。因而，S型STEM课程整合既是相关课程的整合，又是广域课程的整合。

S型STEM课程兼具相关课程融合的特点和广域课程融合的特点。面向核心素养的S型STEM课程是以科学为导向的STEM课程，是以科学大观念为核心，整合技术、工程和数学，依托学校课程中物理学、化学、生物学课程的教学来培养学生的学科核心素养的整合性课程。根据科学的分支，可将 S 型 STEM 课程细分为以物理学学科为核心的 S 型 STEM 课程、以化学学科为核心的 S 型 STEM 课程以及以生物学学科为核心的 S 型 STEM 课程。而物理学、化学和生物学学科间的相互联系使得 S 型 STEM 课程包含了科学类学科大融合的 S 型 STEM 课程，而融合的方式在于各学科间的内在联系。可以从学科内部以及跨学科角度出发。下面从物理观念的角度出发，探讨各学科间的联系。

物理观念由三部分组成：物质观、运动与相互作用观以及能量观。

化学观念由两部分组成：物质观（元素观、微粒观、结构观）和变化观。

生物观念由四部分组成：结构与功能观、进化与适应观、稳态与平衡观和物质与能量观。

1. 物质观的学科内容融合

从物理学学科内部出发，物质观与运动与相互作用观以及能量观相关联，例如，电在进行磁场与电磁波内容教学时不仅可以从物质观出发理解电磁场、电磁波的内涵，而且可以从运动与相互作用观感受电磁感应现象，从能量观的角度理解光是一种电磁波，知道光的能量是不连续的，初步了解微观世界的量子化特征。学科内部的联系是必不可少的，也是课程设计时进行内容融合的核心。

从跨学科的角度出发，运用 NVivo 质性分析软件，分析物理观念、化学观念和生物观念之间的联系，如图 4-2 所示，以物理学学科的物质观为核心，可以与化学学科的物质观、变化观以及生物学学科的物质与能量观产生联系。物质的多样性、物质是运动和变化的、物质的结构决定了物质的化学内容，涵盖了化学观念的元素观、微粒观、结构观以及变化观，如物理学观念中的“固体、液体和气体”内容，可以从化学微观角度了解固体的微观结构，也可以从微观粒子角度了解固体的组成、结构和变化规律。生物学学科更是从细胞（生命）的水平讨论物质。此外，物质观还与生物的结构与功能观相联系。物理学、化学、生物学学科内部相互联系、相互交织。

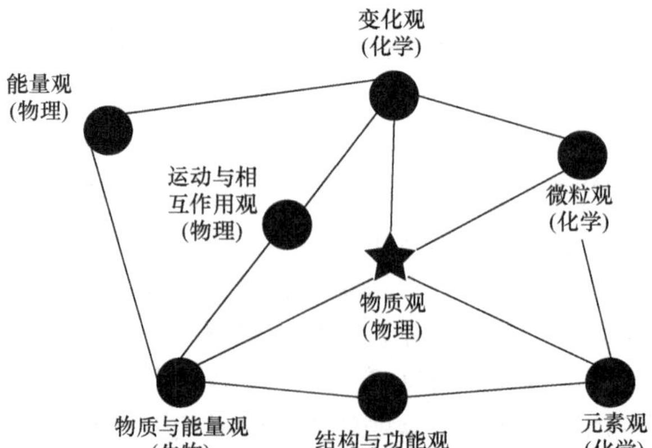

图 4-2 物质观与化学、生物学的学科联系

2. 运动与相互作用观的学科内容融合

从物理学学科内部出发，运动与相互作用观同样与物质观以及能量观相关联，例如，在进行静电场中“两个点电荷相互作用规律”的教学时可以融合物质观的静电现象以及能量观的电势能共同展开。

从跨学科的角度出发，运用 NVivo 质性分析软件，分析物理观念、化学观念和生物观念之间的联系，如图 4-3 所示，以物理学学科的运动与相互作用观为核心，可以与化学学科的变化观、微粒观、元素观相互联系。例如，在运用牛顿运动定律解释生产生活中的有关现象、解决有关问题时可以恰当地融入化学学科的化学反应（现象），即化学学科的变化观内容。此外，物理学学科的运动与相互作用观与生物学学科的稳态与平衡观、物质与能量观相关联。

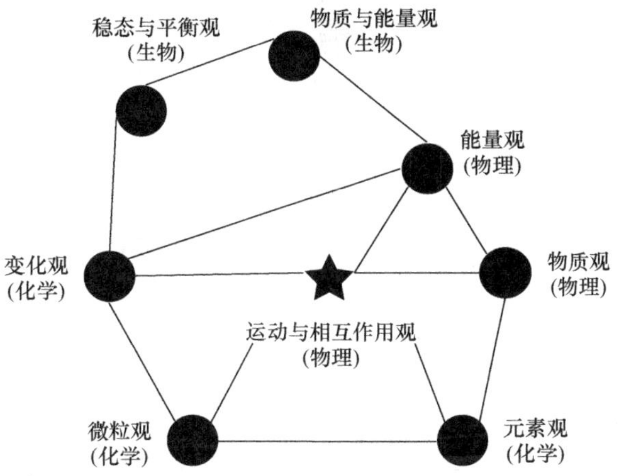

图 4-3 运动与相互作用观与化学、生物学的学科联系

3. 能量观的学科内容融合

从物理学学科内部出发，能量观同样与物质观以及运动与相互作用观相关联，例如，在进行动量与动量守恒定律的教学时，不仅可以从能量观出发理解能量守恒，而且可以从物质观感受热力学，从运动与相互作用观了解弹性碰撞和非弹性碰撞的特点，用守恒定律分析物理问题的方法，体会自然界的和谐与统一。

从跨学科的角度出发，运用 NVivo 质性分析软件，分析物理观念、化学观念和生物观念之间的联系，如图 4-4 所示，以物理学学科的能量观为核心，可以与化学学科的变化观以及生物学学科的物质与能量观直接关联。例如，化学中的“化学反应与能量”，生物学学科的“细胞的生存需要能量和营养物质”从微观角度探讨物质与生命，遵循能量守恒。此外，能量观也与生物学学科的稳态与平衡观以及化学学科的微粒观相关联。

物理学、化学、生物学在学生属性上具有内容融合的独特优势，从不同的学科角度出发，可融合的内容不同，融合的形式也不同。上文所描述的仅仅是从物理学学科出发的内容融合方式，均是以某一科学观念为核心，融合相关的跨学科内容。化学、生物学学科内容的融合也如此，此处不做具体阐释（可参考物理学学科）。

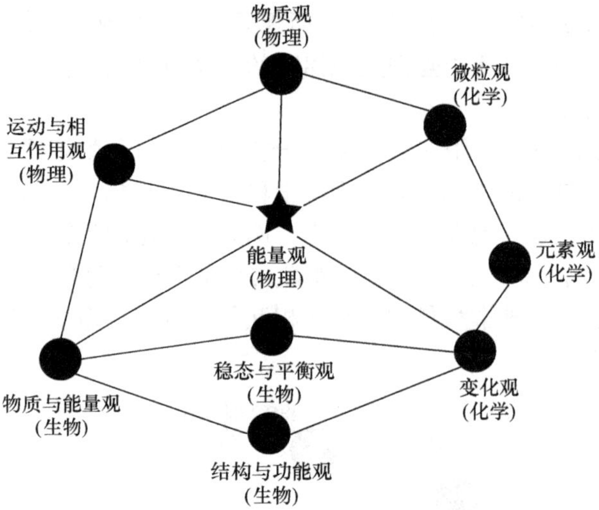

图 4-4 能量观与化学、生物学的学科联系

第二节 S 型 STEM 课程设计

一、基于 5E 模型的 S 型 STEM 课程模型

5E 模型源于生物学科学课程研究，是 20 世纪 80 年代在贝比的领导下开发的。与传统的解释模型不同，5E 模型的目的是让学生从科学调查中获得实验性的概念和原理。该模型由五个学习阶段组成：参与、探究、解释、拓展和评价。每个阶段都有特定的功能，有助于教师的连贯教学，使学生更好地理解科学技术知识、态度和技能，如表 4-11 所示。

表 4-11 BSCS 5E 模型

阶段	解释
参与 （engage）	教师或课程任务通过使用促进好奇心和引出先前知识的短期活动访问学习者的先前知识，并帮助他们参与新概念。该活动应将过去和现在的学习经历联系起来，揭示先前的概念，并组织学生对当前活动的学习成果的思考
探究 （explore）	探索经验为学生提供了共同的活动基础，在这些活动中，识别当前的概念（即误解）、过程和技能，并促进概念变化。学习者可以完成实验室活动，帮助他们使用先前的知识来产生新的想法，探索问题和可能性，并设计和进行初步调查
解释 （explain）	解释阶段将学生的注意力集中在他们参与和探索经历的特定方面，并提供展示他们的概念理解、过程和技能或行为的机会。这一阶段还为教师提供了直接介绍概念、过程或技能的机会。学习者解释他们对这个概念的理解。教师或课程的解释可以指导他们进行更深入的理解，这是这一阶段的关键部分
拓展 （extend/elaborate）	教师挑战并扩展学生的概念理解和技能。通过新的经验，学生可以获得更深入、更广泛的理解，以及更多的信息和足够的技能。学生通过开展其他活动来应用他们对概念的理解
评价 （evaluate）	评估阶段鼓励学生评估他们的理解和能力，并为教师提供评估学生教育目标的达成情况的机会

（一）5E模型的起源①

BSCS的5E模型源于Atkin-Karplus学习周期，由阿特金斯（J. M. Atkin）和卡普拉斯（R. Karplus）合作开发。Atkin-Karplus学习周期（也称SCIS学习周期或SCIS模型）是将皮亚杰的发展心理学与教材设计和科学教学的设计联系起来而开发并不断完善的模型。Atkin-Karplus学习周期包括三个阶段：探究、发明和发现（表4-12）。探究是指学生收集新信息的相对非结构化的经历。发明是指一种正式的陈述，通常是一个新概念的定义和术语。在探究之后，发明阶段允许通过对先前概念的重组来解释新获取的信息。发现阶段包括将新概念应用于另一种新情况。在这一阶段，学习者继续发展一个新的认知组织，并试图将他所学到的东西转移到新的环境中。

表4-12　Atkin-Karplus学习周期

阶段	解释
探究	学生对现象有初步的体验
发明	向学生介绍与作为研究对象的概念相关的新术语
发现	学生在新的相关情况下应用概念和术语

20世纪80年代BSCS进行了一项“为小学制定新的科学和健康课程规范”的设计研究，提出了BSCS 5E教学模式，该模式的中间三个要素基本等价于SCIS学习周期的三个阶段，如表4-13所示。

表4-13　SCIS和BSCS 5E模型各阶段的比较

SCIS模型	BSCS 5E教学模式
	参与（新阶段）
探究	探究（改编自SCIS）
发明（术语介绍）	解释（改编自SCIS）
发现（概念应用）	拓展（改编自SCIS）
	评价（新阶段）

1. 参与

参与阶段是让学生参与学习任务。学生们把注意力集中在某一事物、问题、情况或事件上。这一阶段的活动与过去的经历有联系，并暴露了学生的错误观念，因此有助于缓解认知失衡。

① Bybee R W, Taylor J A, Gardner A, et al. The BSCS 5E instructional model: origins and effectiveness[J]. Colorado Springs, Co: BSCS, 2006, (5): 88-98.

2. 探究

探究活动的设计，能够使学生在课堂上获得共同的、具体的经验。通过参与阶段感知认知的不平衡，以探究活动的形式平衡学生的认知。这一阶段应该是具体的和实际的，且可以使用教育软件或相关技术来协助初步制定适当、科学准确的概念。探究活动的目的是丰富教师和学生介绍和讨论相关概念、过程或技能的经验。在活动中，学生们有时间去探索事物、事件或情境。由于他们的心理和身体参与活动，学生建立联系，观察模式，确定变量，并提出问题。

3. 解释

"解释"一词指的是概念、过程或技能变得简单、可理解和清晰的行为或过程。解释过程为学生和教师提供了与学习任务相关的术语的通用用法。在这一阶段，教师引导学生注意参与和探究经验的具体方面（如科学概念、科学方法、科学思维）。第一，教师要求学生们给出他们的解释。第二，教师以直接、明确和正式的方式介绍科学或技术。

解释是为探究经验（流程）排序的方式。教师应将这一阶段的最初部分建立在学生解释的基础上，并在教学模式的参与和探究阶段将解释与经验清晰地联系起来。这个阶段的关键是简要、简单、清晰和直接地介绍概念、过程或技能，然后进入下一个阶段。

4. 拓展

拓展这一阶段是让学生进一步扩展或详细阐述概念、过程或技能。这一阶段有助于将概念转移到与之密切相关的新的情境中。在某些情况下，学生可能仍然有错误的观念，或者他们可能只理解一个概念的探索性经验。拓展活动为学习提供了更多的时间和经验。这一阶段提供给学生参与需要迁移相同或类似概念的新情况和新问题的一个机会，概括概念、过程或技能是其主要目的。

5. 评价

评价阶段包括学生他们所学到的技能以及教师评估学生对于概念的理解，是教师进行评估以确定每个学生的理解水平的阶段。学生应该收到关于他们的解释是否充分的反馈。非正式评估可以在 5E 的开始和整个过程中进行。在拓展阶段之后，教师可以完成正式的评估。在一项实际的教学工作中，教师必须对教学效果进行评估。

SCIS 和 BSCS 的 5E 的理论基础都认为学习是动态的和互动的。个体通过与环境、其他个体或两者的交互来重新定义、重组、细化和改变他们最初的概念。学习者解释对象和现象，并根据当前所遇到的经验将解释内化。BSCS 5E 教学模式建立在健全的教育理论基础之上，为其有效性提供了越来越多的研究基础，并对科学教育产生了重大影响。

【拓展阅读】 BSCS 5E 模型起源①

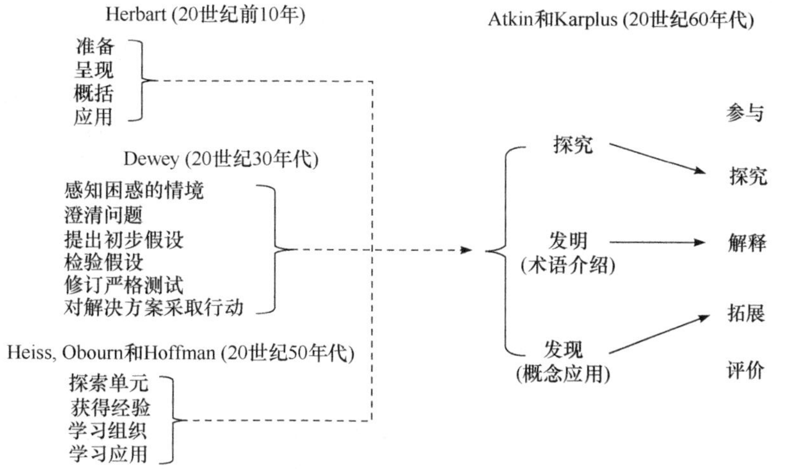

（二）5E 模型可行性

1. 理论支撑

建构主义理论主张学习是学生在已有经验的基础上，对经验赋予新的意义并进行主动建构的过程。在这个过程中，新的经验与学生已有的经验经过同化和顺应，最后形成了学生新的认知结构。利用建构主义能较好地说明学习的过程、建构意义的过程、概念形成的过程。建构主义认为，科学概念的学习就是学生由前概念向科学概念转变的过程。

建构主义理论可以通过许多不同的教学模式或设计来实现，其中之一便是 5E 教学模式，它是一种基于皮亚杰理论的教学模式，可以用来实现一种隐式建构主义（更具体地说是新皮亚杰主义、人类建构主义或社会建构主义）的教与学观②。5E 模型以一种与建构主义教学观高度一致的、利用系统和协同方式组织和顺序化学生潜在的学习经历，旨在让学生通过科学探究获得更加深入理解的知识。该模式描述的教学顺序可用于全部课程、特定单元以及单个课时的设计及教学，且较之于以往的教学模式更能够提高学生的学业成就和学习兴趣。5E 教学模式认为：个体通过与环境、其他个体或两者的交互来重新定义、重组、细化和改变他们最初的概念。学习者解释对象和现象，并根据当前所遇到的经验将解释内化②。

该理论倡导情境，提倡“以教师为主导、学生为主体”的授课形式。建构主义的学习观强调，教师帮助学生形成动机，途径是创设情境，这是 5E 教学模式的第一环节；建

① Bybee R W, Taylor J A, Gardner A, et al. The BSCS 5E instructional model: Origins and effectiveness[J]. Colorado Springs, Co: BSCS, 2006, 5: 88-98.

② Boddy N, Watson K, Aubusson P. A trial of the five Es: a referent model for constructivist teaching and learning[J]. Research in Science Education, 2003, 33(1): 27-42.

构主义的学习观还强调，通过原有知识构建新知识，这是 5E 教学模式的“探究”和“解释”环节；建构更加有效的概念，教师应尽可能地开展讨论与交流，对应 5E 教学模式的“拓展”和“评价”环节，途径为提出问题以引起学生的讨论。要提示学生自己去发现规律而不是间接告诉。比如，产生的气体为氧气时，教师不要说尝试用带火星的小木条去检验，而是提问学生：产生的气体是什么呢？让学生自己设计实验方案，自己获取新的认识[①]。

2. 科学探究的本质

科学本质在于探究，基于探究的学习是科学教育的重要途径。探究在科学教育中包含三种不同的活动：科学家做什么、学生如何学习以及教师采用何种教学方法。以探究为基础的教学法是一种以学生为中心的教学方法，它鼓励利用科学过程，通过亲自调查活动建立自己的知识，使学生积极参与学习，包括教授科学家如何使用探究方法开展探究活动、教授科学知识和技能、教授探究的阶段以及如何开展探究过程的技能。

基于探究的学习旨在让学生参与真实的科学发现过程。学习者通过观察或实验提出假设并进行验证，发现新的因果关系。研究发现，探究学习与其他形式的教学相比，具有积极的表现，如基于网络的引导式探究学习可以提高识别问题、提出问题或假设、计划、实验、收集分析数据等不同的技能。从教学的角度来看，复杂的科学过程被分为较小的、逻辑相连的单元，引导并引起学生关注科学思维的重要特征[②]。波波夫（O. Popov）和特维尔（I. Tevel）将物理探究阶段分为问题、预测、实验、模型和应用五个阶段[③]；斯普朗肯·史密斯（R. Spronken-Simath）和金汉姆（S. Kingham）将地理探究教学的阶段概括为八个部分：开发一个问题、确定需要知道的内容、确定资源、收集数据、评估数据、初步结论、交流获得新理解以及评估。此外，便是贝尔等人提出的 5E 教学模式，包括参与、探究、解释、拓展和评价。5E 教学模式的五个阶段契合了科学探究的整个过程，为 S 型 STEM 课程设计提供了模式。

（三）基于 5E 的 S 型 STEM 课程模式

科学探究具有两种形式：稳定性探究和流动性探究。稳定性探究是探究已有科学知识，是沿着事先的假设进行探究，不会超出这个假设，是依据事先假设好的框架固定进行某些探究；但在有些情况下，在稳定性探究中，探究出了超出假设之外的新结论，原有的原则不再限制这种探究。那么这样的探究就由稳定性探究转变成了流动性探究。根据探究内容的不同，又可将探究划分为理论探究和问题探究。理论探究指向概念、定理、

---

① 刘鑫. 新课标下“5E”教学模式在高中化学教学中的案例研究[D]. 哈尔滨师范大学硕士学位论文, 2019.

② Pedaste M, Mäeots M, Siiman L A, et al. Phases of inquiry-based learning: Definitions and the inquiry cycle[J]. Educational Research Review, 2015, 14: 47-61.

③ Popov O, Tevel I. Developing prospective physics teachers' skill of independent experimental work using outdoors approach[J]. Baltic Journal of Science Education, 2007, 6(1): 47-57.

原理等理论的探究活动，其核心在于理论的实证探究；问题探究指向问题的探究活动，其核心在于解决问题(此问题包含一切非理论性的问题)。无论是理论探究还是问题研究，都需要学习者通过观察或实验提出假设并进行验证，在提出问题或假设、计划、探索、收集分析数据等过程中培养科学思维。科学探究中，不同的问题有不同的探索形式，如公式定理的探索可以是实验验证（即实验探究）也可以是理论推导（即推理探索），与生活相关的现象可以是实验探究也可以是调查研究。因此基于 5E 的 S 型 STEM 课程模式如图 4-5 所示，将探究划分为理论驱动与问题驱动两种形式，并在探究过程中采用适当的探索形式进行稳定性探究与流动性探究。

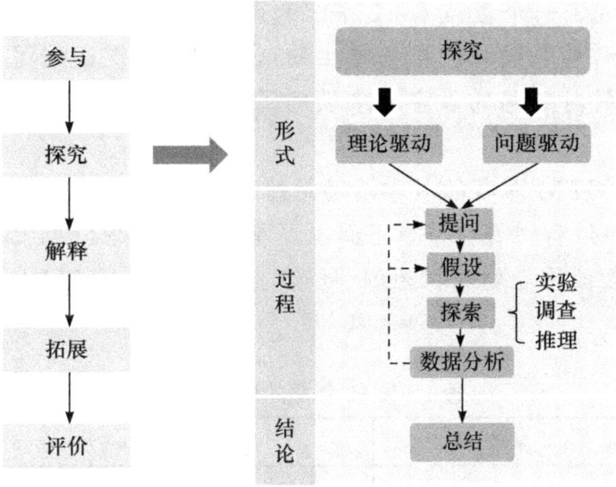

图 4-5　基于 5E 的 S 型 STEM 课程模式

1. 理论驱动性课程设计模式

理论驱动的 S 型课程设计模式是在 5E 模型的基础上，从学科概念、定理、原理的角度出发，为学生提供情境展开实证研究，在探究的过程中，帮助学生深度理解其原理，培养学生的科学思维。学生根据对理论的理解，确定探究的问题，基于已有的知识经验和想法提出假设，并为其做出探索计划，展开推理论证或实验研究，通过对实验/推理的数据收集与分析，解释数据，比较分析结果与假设，得出结论。若在这个过程中出现假设之外的新结论，可在稳定性探究的基础上进行流动性探究，重新开展提问或假设，进行新一轮的探究，即探究的过程是循环迭代的。理论驱动性课程设计模式适用于抽象理论与概念的验证、应用等方面。

2. 问题驱动性课程设计模型

问题驱动的探究模式从问题出发，教师依据教学目标、教学内容，为学生提供一个或多个探究的主题或方向，学生基于教师提供的情境，提出问题，生成假设，进行实验或调查研究，并通过数据的处理与分析，获得结论。同理论驱动性课程设计模式类似，实验探究或调查是循环迭代的，直至获得准确的结果。教师设计驱动性问题，充分利用高阶提问的优势引导学生开展探究活动，激发学生的探究兴趣，保证探究顺利开展。问题驱动的教学模式适用于真实情境下的问题解决。

【拓展阅读】 美国火星教育项目STEM课程——基于5E教学模式①

火星教育项目致力于开发系统的STEM教育解决方案，鼓励教育工作者和学生在现实或模拟的环境中参与体验美国国家航空航天局（NASA）专业的科学研究和工程技术活动，是一种真实的、实践的、探究式的课程。根据NASA真实火星探测项目过程中需要开展的科学研究和工程实践活动，火星教育项目STEM课程内容划分为“概念建模”“工程”“我们如何探索”“科学研究”四个领域，每个领域由一系列主题课程组成，形成了一个覆盖K-12年级的课程计划，见表1。整个课程围绕学科核心概念进行跨学科整合设计，根据学生的认知水平呈现逐渐深入、螺旋上升的框架结构，每门课程针对不同的教学对象设定了不同的教学目标并开发了相应的教学活动方案。

火星教育项目STEM课程的教学活动是基于5E教学模式设计的，包括参与、探索、解释、迁移、评估和拓展环节。下面以火星教育项目STEM课程中“在太阳系中寻找生命”这一代表性的专题课程为例，介绍其面向中学（MS）的课程教学活动具体实施流程（表1）。

表1 K-12年级的课程计划

领域	课程	部分教学计划活动内容
概念建模	地球、月球和火星模型	学生利用气球建立地球、月球和火星模型，借此来理解三者的相对大小和距离，并反思科学家是如何使用模型来研究问题的
	太阳系的比例和大小	学生用珠子和绳子制作一个太阳系模型，使用常见的水果和种子来比较行星的大小，涵盖太阳系的大小和距离的关系，强化了学生在学习比例和距离方面所遇到的概念以及使用模型帮助学生理解
工程	在太阳系中寻找生命	通过交互式卡片模拟，学生体验工程设计过程的基本原理，开发一项在太阳系中寻找满足约束条件和标准的生命体探索任务
	火星上的建造者	学生使用各种工具和材料来解决火星上人类居住的问题，建造一个原型
	飞向火星	通过交互式卡片模拟，学生体验工程设计过程的基本原理，开发一项满足约束条件和标准的火星飞行器，并引入技术教育中的一些内容，包括机器人和火箭
	探测者比赛	学生体验设计通信协议所涉及的过程。为达到目标，学生须在限制和参数的范围内创建一个校准的解决方案，在火星上与探测器进行交流，促进学生对工程设计和科学目标的理解
	苏打吸管火箭	使用简单的材料（苏打吸管和纸），体验设计火箭的过程。进行工程测试，学生通过收集和分析数据来找出最佳的鼻锥长度并预测火箭模型的运动

① 杨彦军，饶菲菲. 跨学科整合型STEM课程开发案例研究及启示——以美国火星教育项目STEM课程为例[J]. 电化教育研究, 2019, 40(2): 113-122.

续表

领域	课程	部分教学计划活动内容
我们如何探索	熔岩分层	学生对由多次火山爆发产生的熔岩流进行排序。使用小苏打、醋和生面团模拟流动的熔岩流。学生要观察流向、建立模型、解释地层学
	探索来自神秘星球的地壳物质	探索来自一个神秘星球的地壳样本。利用排序或分类，从这个区域收集样本并推断出这个神秘星球上曾经存在的生命或生命潜力来解释这个区域的地质历史
	奇怪的新行星	展示如何利用遥感技术发现行星特征。体验到行星探索的不同阶段，包括望远镜观测、飞行任务、轨道飞行器、着陆器、漫游车以及学生关于人类探索的想法
	极端微生物	对特定火星环境下极端微生物的生存能力进行调查和解释。总结关于地球和火星的信息以及极端微生物的类型；认识到生物和非生物之间的区别；推断出在火星极端环境中生命的潜力；解释火星上哪些区域最有可能找到这些极端微生物
	这是生命吗	在教师引导的讨论中结合学生自己的想法研制生命标准，使用这个标准来确定三个不同土壤样本中是否有生命存在。在收集样本和调查数据时进行观察并绘制图片，促成学生使用批判性思维和协作方式来识别和应用生命标准
	通过自然事件澄清科学	学生研究一种自然事件，了解为什么会发生、可能发生的地点、是什么造成了伤害、什么条件造成了破坏性的事件，以及破坏性事件的概率是多少。思考如何减少破坏性自然事件的负面影响
科学研究	关于火星成像学生项目（MISP）	基于探究式和以学生为中心的教育项目，学生参与真实的科学过程和实践
	火星图像分析	利用火星教育项目提供的火星图像来识别火星表面的特征，确定该区域的表面历史，计算特征的大小，形成研究问题
	寻找火星研究问题	使用火星图像分析活动中确定的主题来建立关于火星表面的假设和问题

1. 参与环节

本环节的主要目标是创设任务规划的情境。教师首先通过提供墙报或阅读材料的方式，向学生简要解释类似系统、系统模型、科学本质等跨学科概念的内涵和工程实践的常规工作。其次，通过朗读指导语的方式为学生创设“在太阳系中寻找生命”的任务情境。接着，通过讨论“我们在太空中寻找什么”“我们的探索活动需要回答什么主要问题”等问题引发学生思考，明确项目目标与任务。再次，引导学生讨论“如何对生物与非生物进行界定”“生命体的特征是什么”等问题，并让学生在延伸学习“这是生命吗？”这一微课程的过程中体验通过探索研究发现生物特征的历程。最后，教师向学生解释接下来将采用玩牌模拟的方式来设计一个在太阳系中寻找生命的任务，并让学生填写前科学概念调查单以确认学生当前对任务规划和工程限制的理解，作为后续教学效果评价的依据。

2. 探索环节

本环节的主要目标是确定一个需要进行技术设计的目标。第一个活动是了解NASA天体生物学研究所的工作。首先，教师与学生围绕“生命是如何开始和进化的”等几个基本问题进行讨论，了解NASA天体生物学研究所的研究目标。接着，和学生讨论一些关键词（如能量、生命信号）的含义以辅助学生的后续学习。最后，让学生在完成“极端微生物”微课程的过程中了解通过探索研究发现各类生物体及其分布的过程。第二个活动是区分科学的任务目标和技术解决方案。首先，教师告诉学生科学家经常会为任务选择一个科学目标，然后，让学生小组讨论他们可能的科学目标并最终确定一个合适的技术设计任务目标，进而调查研究什么是生物特征以及选择驾驶哪种航天器执行寻找生命的任务。第三个活动是设计一个技术解决方案。学生小组合作设计用于完成火星探索任务的实用航天器，航天器的设计可以采用卡片模拟的方式进行。该教育项目提供的交易卡上展示了每一个航天器的典型系统，并且每张卡片上都提供了有关这一特定硬件的使用功能及其本身所存在的缺陷的相关信息，学生可以根据他们的科学目标选择合适的卡片来组装、设计航天器。

3. 解释环节

本环节的主要目标是分析技术设计过程中的约束条件。第一个活动关注的是工程约束的概念。首先，让学生确定他们在进行工程设计时具体经历了工程设计周期的哪些环节，同时举例说明，并把每个例子写在“工程设计周期”的学习任务单上。接着，让学生思考以下问题：影响任务完成的限制条件、团队如何解决问题以及如何测试解决方案。第二个活动是学生分享他们在工程设计过程中遇到的约束事项以及相应的调整方案。首先，学生批判性地倾听同伴的解释，汇报他们自己的解决方案，并质疑其他人的解释。然后，在班级共享后，花几分钟时间讨论并重申他们可能提到的一些约束事项并突出强调那些被忽视的约束事项。第三个活动是把学生进行分组以开展讨论。首先，分发关于科学和工程实践、跨学科概念、科学的本质的相关材料，小组讨论10~15分钟。接着，小组与全班分享他们对科学本质和实践的理解并陈述理由，由教师在黑板上记录每个组的讨论结果。

4. 迁移环节

本环节的主要目标是促使学生将技术设计技能应用于新的问题解决过程。从两个任务中任选其一完成：任务一是让团队之间交换任务方案进行互评，即每个任务组将自己的任务方案与另外一个小组交换，由对方作为评估组对任务组方案中的科学目标、工程目的、约束条件等进行评估，并给出改进建议；任务二是重新运行模拟并设计一个火星取样返回任务，任务可以是地表取样返回或轨道取样返回。

5. 评估环节

本环节的主要目标是评价学生解决工程问题的能力变化情况。评估活动主要通过调查学生学习后对相关科学概念的理解情况，如回答诸如“你认为寻找生命任务计划最困难的部分”“解释你这么认为的原因”等问题，或者让学生对照前科学概念调查结果，比较其对相关概念理解的前后变化情况，并分析其原因。评估活动也可能采用基于《下一代科学标准》的评价量规进行形成性和总结性评估，允许学生在教学过程中发现并改进他们学习中的错误。

6. 拓展环节

本环节的主要目标是让学生继续进行迁移训练或完成项目的后续科学探索工作。任务一是让学生完成前面迁移环节中的另外一个任务；任务二是让学生提交一份正式的项目申报书，为他们的任务方案争取额外的资助，并提供申报书样例。

二、S型STEM课程设计流程

在S型STEM课程设计模型的基础上，充分考虑了S型STEM课程设计要素，提出了S型STEM课程设计流程，如图4-6所示。S型的STEM课程设计以学科核心素养为核心，从核心概念、科学思维、科学探究和科学态度这四个角度展开课程的设计。在这个过程中，以核心概念作为设计基础，根据创设的情境，展开科学探究活动，培养学生的科学思维，并在科学探究结果的基础上，进行以学科观念为核心，融合科学、信息技术、数学和工程等内容的“解释”与“拓展”，使用相关的辅助资源，采取适当的课程探究模式，展开教学与评价，进而达到培养学生学科核心素养的课程目标。

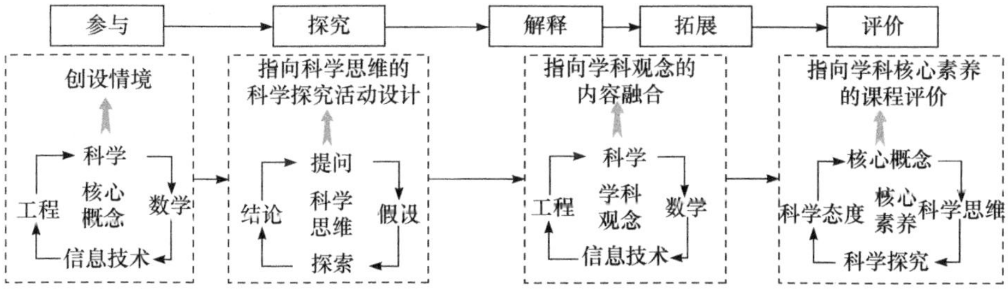

图4-6 S型STEM课程设计流程

1. 参与：基于核心概念的问题情境创设

参与阶段是让学生参与学习任务，教师通过提问等方式挖掘学生感兴趣的话题，从而使其获得先验知识，而学生则在提问或回答问题等行为下对所学课程产生兴趣。在这一阶段可以采用创设问题情境的方式提高学生的学习兴趣。无论是物理学、化学还是生物学，在普通高中课程标准中均强调了创设情境的重要性。例如，在物理学学科中，物理概念的建立需要创设情境；在化学学科中，倡导真实问题情境的创设，开展以化学实验为主的多种探究活动并在课程标准中提供情境素材建议；生物学学科更是在生物学学科核心素养的概念中体现了情境在生物学学习过程中的重要性，生物学学科核心素养是学生在生物学课程学习过程中逐渐发展起来的，在解决真实情境中的实际问题时所表现出来的价值观念、必备品格与关键能力。此外，数学学科、信息技术学科无不强调情境的重要性，如图4-7、表4-14所示。

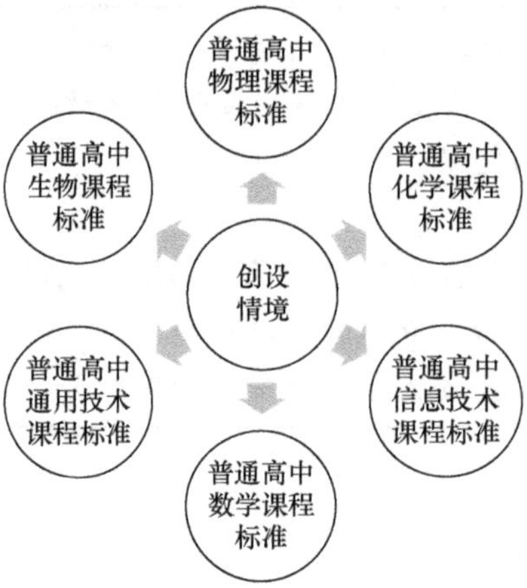

图 4-7 创设情境与各学科课程标准

表 4-14 各学科课程标准中的创设情境

学科	各学科课程标准中的创设情境
物理学	在教学设计和教学实施过程中重视情境的创设
化学	倡导真实问题情境的创设，开展以化学实验为主的多种探究活动
生物学	在解决真实情境中的实际问题时培养学生的生物学学科核心素养
信息技术	鼓励学生在不同的问题情境中，运用计算思维形成解决问题的方案，体验信息技术行业实践者真实的工作模式和思考方式；通过丰富多彩的任务情境，鼓励学生在数字化环境中学习与实践
通用技术	根据学生的身心发展规律和技术学习特点，立足学生的直接经验和亲身参与，充分利用现代信息技术，精心设计和组织学生的学习活动，注重创设与学生已有经验相联系的多样化学习情境，采取自主、合作、探究等学习方式，进行技术体验、技术设计、技术制作、技术试验等实践活动，促进学生学科核心素养的形成与发展

余胜泉教授在描述STEM教育的核心特征时便提到了情境性：STEM教育具有情境性特征，它不是教授学生孤立、抽象的学科知识，而强调把知识还原于丰富的生活，结合生活中有趣、有挑战性的问题，通过学生的问题解决完成教学①。那么S型STEM课程如何创设情境呢？情境的创设是为了有意义的学习，是为了学生在情境中解决问题，建构知识，因而不能脱离学科，不能脱离课程的核心概念，不能脱离学科观念。因此，基于核心概念创设问题情境是S型课程设计的第一部分（即“参与”阶段）。

【案例1】 “火箭升空”课程设计之“参与”

本课程的核心概念在于“物质结构基础与化学反应规律”（变化观）。可以播放火箭升空的视频来创设问题情境，激发学生的学习兴趣，从而使其进入火箭升空的问题解决中。

① 余胜泉，胡翔. STEM教育理念与跨学科整合模式[J]. 开放教育研究, 2015, 21(4): 13-22.

2. 探究：指向科学思维的科学探究活动设计

探究是具有科学性质的活动，是培养科学思维的主要方式。探究活动是实施课程探究的重要载体，每一个探究活动都蕴含一定的学科知识结构，蕴含一定的学科思维。那么作为 S 型 STEM 课程设计模型中重要的一环，“探究”如何展开呢？①

1）确定探究目标

探究目标是对学生经历过科学探究后应该表现出来的可见行为的具体描述，探究目标是否明确、具体、规范，直接影响到探究教学是否能沿着预定的、正确的方向前进。课程标准中科学探究的内容标准指的是某个阶段实施科学探究教学后的总的目标和期望，是对科学探究教学的一种原则性规定，要使总的目标落实到整个科学探究活动的各个具体探究活动中去，就必须将其分解为一个个的分目标、小目标。

如在“火箭升空”的课程中，探究活动的总目标为：模拟火箭升空。那么如何模拟火箭升空呢？这需要学生探索火箭升空的原理，将原理的探索细分为一个个小活动，如：燃烧的条件有哪些？展开探究，最后完成“火箭升空”的终极探索。

2）分析探究内容

在探究活动中，探究的内容往往便是教学内容（课程内容）。因此，探究的内容既规定了学习的方式——探究式，又规定了探究的范围——探究内容所涉及的知识和技能，同时又规定了学习的目标——知道探究的结果和经历探究的过程。分析探究内容将有利于以下几个方面的内容：①检验探究教学目标设计的合理性。分析探究内容有利于进一步检验、反思探究目标制定的合理性，及时对课程的设计做出修正或调整。②确定探究的类型。弄清探究内容是侧重探究结果、探究过程还是情感体验，该探究内容适合对学生哪方面的能力进行重点培养，为后续的设计奠定基础。③理清学科结构。通过分析探究内容，把握该部分知识的结构和顺序，了解诸如探究的问题、涉及的学科知识和技能、学生是否具备所需知识和技能，进而决定探究教学的顺序、重点和难点。同时确定内容融合是单学科主导的融合还是两学科或多学科的大融合。④确定信息加工的心理模式。根据探究内容所呈现的学习特点、抽象水平和复杂程度，选择合理的心理加工模式，确定科学的学习程序和步骤。⑤确定探究所需要的条件。探究教学的实施必须在一定的条件下才能进行，不同的探究内容需要的探究条件不同。除具备常规的教学条件外，一个特定的探究内容所需要的探究条件还包括是否具备充足的与探究相关的信息材料、是否具备必需的实物器材、是否需要加工或自制教具、是否具有充足的探究时间等。

3）确定探究方案

探究方案是整个科学探究的核心。在本书中，将 S 型 STEM 课程划分为理论驱动的探究和问题驱动的探究。在确定探究内容后，探究方式便能确定。若是概念、理论的探究，则选择理论驱动的探究模式，遵循探究过程，选择适合的实验探索方式或推理验证型探索方式；若是真实情境的问题解决（非理论型探究），则选择问题驱动的探究模式，

---

① 王慧君. 科学探究教学设计：依据、实施与评价[J]. 中国电化教育, 2013, (9): 102-106, 126.

遵循探究过程，选择适合的实验探索方式或调查探索方式。在此基础上，设计探究方案。在此过程中要特别注意，根据学生的学习及发展水平，遵循渐进原则，确立合适的开放程度，太难或太容易的探究方案均不利于促进学生的发展。

【案例2】 "火箭升空"课程设计之"探究"

探究阶段的主要目的在于帮助学习者运用先前的知识来产生新的想法，探索问题和可能性，并通过探究的方式获得新知识与新技能，掌握新思想。显而易见，火箭升空并非理论探索，而是一定情境下的问题解决。因此，本课程是问题驱动性的实验探索方式。根据循序渐进原则，本阶段的实验探究由以下四个部分组成：

✧ 探究活动1：燃烧的条件有哪些？
✧ 探究活动2：为什么有些物质难以燃烧？
✧ 探究活动3：不同物质燃烧现象为什么各不相同？
✧ 探究活动4：物质燃烧所需的热能之后转化成什么？

3. 解释：指向学科观念的内容融合

学生进行探究活动，发现并体验关键概念，掌握新技能，在探索中构建科学知识，培养科学思维。但是科学探究仅仅是一个探究过程，正确的、科学的概念理解与知识建构需要教师在"解释"环节帮助学生获得。教师帮助学生将先前的知识与新发现的知识联系起来便是"解释"阶段。在这一阶段中，学科概念是核心，是基础。

【案例3】 "火箭升空"课程设计之"解释"

解释是对探究阶段结果的思考与探讨，是对概念理解的升华。在四个探究活动结束后，是对探究结果的思考与对概念的理解，因此，在这一阶段，学生的主要任务是根据探究结果，撰写火箭底座燃烧现象说明报告。教师可以再次启发学生，探究解释火箭升空的受力情况。

4. 拓展：指向学科观念的内容融合

拓展是指将新的学习应用到新的或者类似的情境中。在这一阶段，学生使用先前所学内容并在新的情境下应用或者拓展新的知识与技能。

【案例4】 "火箭升空"课程设计之"拓展"

拓展阶段的主要目的在于帮助学生拓展概念和技能，使其获得更深入、更广泛的理解。教师可以通过知识点的深入或者是知识的迁移来对其"拓展"。在这一阶段，针对火箭升空的实验结果，教师可以从受力分析的角度，引导学生根据火箭升空受力分析数据，完善火箭升空的说明报告，并制作纸火箭升空模型，来模拟火箭发射。

5. 评价：指向学科核心素养的课程评价

评价是评估学生的理解，包含了学生自评、学生互评、教师评价等方式。评价贯穿课程始终。教师可以在学生探究和应用新知识、新技能时观察他们的行为来评价学生的理解。无论是物理学学科核心素养、化学学科核心素养还是生物学学科核心素养，都指向了核心概念、科学思维、科学探究和科学态度，因此，在评价环节，学科核心素养必不可缺。

【案例 5】　“火箭升空”课程设计之“评价”

在课程的最后，通过模拟火箭升空方案招标现场，挑选出最满意的火箭升空方案，从核心概念、科学思维、科学探究和科学态度这四个维度综合考查学生。

第三节　S 型 STEM 课程实践

一、“火箭升空”STEM 课程[①]

火箭升空 STEM 课程以火箭升空这一航天科学知识为主题，整合化学、物理学、数学等多门学科，运用工程思想和技术，培养学生的核心素养和问题解决能力。

该课程共有 8 个课时，采用 S 型 STEM 课程设计模式进行设计，对火箭升空原理进行科学解释，最终形成一个火箭升空解释模型。通过本课程学习，学生对燃烧放热反应形成一个宏观认识和微观理解，可以从原子的角度解释化学反应能量变化，进而与物理能量守恒相联系，了解牛顿三大定律。同时，教师通过合作探究的方式，创设情境，吸引学生的注意，提高学生的参与度，使学生在解决问题的同时培养其合作交流能力、分析问题与解决问题的能力。

（一）STEM 课程设计模型

在进行课程设计前，设计者可结合 S 型 STEM 课程设计模型，先对案例进行初步的设想。本案例依据 S 型 STEM 课程设计模型，设计 STEM 课程（图 4-6），培养学生的科学类学科核心素养。

参与环节：根据“物质结构基础与化学反应规律”（变化观）的核心概念，确定火箭升空这一情境。通过播放火箭升空的视频并提出问题，即火箭是如何实现升空的，来引导学生积极思考并提出猜想。猜想 1：火箭是依靠燃料燃烧而升空的。猜想 2：火箭是靠力而升空的。在此情境下，引导学生针对两个猜想提出若干问题，形成问题清单，并展开探究活动。

① “火箭升空”改编自江苏师范大学智慧教育学院 2018 级现代教育技术专业教育学硕士陈菲的教学案例。

探究环节：探究就是问题解决的过程，需要学生敢于提出疑问并逐步激发探究思维，构建对新概念的认知。学生在教师的引导下，探究燃烧的条件有哪些，探究为什么有些物质难以燃烧，探究不同物质燃烧现象为什么各不相同，探究物质燃烧所需的热能之后转化成什么，进而体验“变化观”核心概念。

解释环节：通过师生答疑、演讲辩论等方式，帮助学生构建正确的知识。

拓展环节：进一步引导学生，如若燃烧所放出的能量不足以让火箭升空，那是什么使火箭升空的？教师再次启发学生，对一开始提出的猜想 2 进行验证，将物理学学科知识与化学学科知识进行整合。此外，设计模拟火箭发射的活动，迁移应用。

评价环节：“火箭升空”STEM 课程评价采用多元化评价方式，学习过程中以活动记录表的形式进行形成性评价，最终的学习成果以一个模拟火箭升空方案招标会的形式进行，挑选出最满意的火箭升空方案。评价包含教师评价、自我评价和小组互评等评价方式，从多方面对学生学习效果进行评估。

（二）STEM 课程设计表

S 型 STEM 课程是以科学教育为核心的 STEM 课程，其目的是培养学生的物理学、化学、生物学等学科的核心素养，即科学素养。因此，除上述表格外，设计者还应确定科学探究的模式，即是理论驱动性的探究还是问题驱动性的探究，并进一步确认探究的方式，是验证型、实验型还是调查型，进而设计及细化课程的设计流程，以及各项核心素养的培养方式，如表 4-15。STEM 课程设计表中包含对学科核心素养、学科内容、学习任务与问题的设计与分析，并生成了相应的课程目标，通过表格梳理思路，形成清晰的课程设计指导，在 S 型课程设计模型的指导下，后续教学过程中也可根据实际情况进行相应修改。

表 4-15 “火箭升空”STEM 课程设计表

<table>
<tr><th colspan="3">学科核心素养</th><th colspan="2">学科内容</th><th rowspan="2">相匹配的学习任务或问题</th></tr>
<tr><th>学科</th><th>核心素养</th><th>培养方式</th><th>知识点</th><th>课标位置</th></tr>
<tr><td rowspan="2">化学</td><td>宏观辨识与微观探析</td><td>通过探究燃烧条件从不同层次认识燃烧，了解元素与物质及相关的化学反应</td><td rowspan="2">化学学科的主要特征；元素与物质；原子结构与元素周期表</td><td rowspan="2">主题 3：物质结构基础与化学反应规律</td><td>火箭是如何升空的？
探究活动 1：燃烧的条件有哪些？</td></tr>
<tr><td>变化观念与平衡思想</td><td>通过探究难以燃烧的物质和燃烧的不同形象，在实验的过程中认识到物质是运动和变化的，知道化学变化需要一定的条件，并遵循一定规律，认识化学变化的本质特征是有新物质生成，并伴有能量转化；认识化学变化有一定限度、速率，是可以调控的；能多角度、动态地分析化学变化，运用化学反应原理解决简单的实际问题</td><td>探究活动 2：为什么有些物质难以燃烧？
探究活动 3：不同物质燃烧现象为什么各不相同？</td></tr>
</table>

续表

学科核心素养			学科内容		相匹配的学习任务或问题
学科	核心素养	培养方式	知识点	课标位置	
化学	证据推理与模型认知	基于实验证据对燃烧现象各不相同的原因提出可能的假设，并通过实验探究进行证实或证伪。此外知道通过分析、推理等方法了解热能，并建立认知模型，运用模型解释热能转化	化学反应与能量转化	主题3：物质结构基础与化学反应规律	探究活动3：不同物质燃烧现象为什么各不相同？ 探究活动4：物质燃烧所需的热能之后转化成什么？
	科学探究与创新意识	从问题和假设出发，依据探究目的，设计探究方案，运用化学实验进行实验探究	化学反应与能量转化	主题3：物质结构基础与化学反应规律	如果火箭点火本身不能使其离开地面，那么是什么使火箭升空？
	科学态度与社会责任	设计火箭模型时，从节约资源、保护环境的可持续发展角度出发，培养简约适度、绿色低碳的生活方式	化学促进可持续发展；化学科学在材料科学、人类健康等方面的重要作用	主题5：化学与社会发展	火箭燃料材料的选择有哪些？各发生什么样的化学反应？
物理学	物理观念	“物理观念”是从物理学视角形成的关于物质、运动与相互作用、能量等的基本认识；是物理概念和规律等在头脑中的提炼与升华；是从物理学视角解释自然现象和解决实际问题的基础。在火箭升空课程中通过火箭升空的动力探索形成相关的物质观、运动观和能量观	机械运动与物理模型；相互作用与运动定律；机械能及其守恒定律；曲线运动与万有引力定律	必修1：机械运动与物理模型，相互作用与运动定律 必修2：机械能及其守恒定律，曲线运动与万有引力定律，牛顿力学的局限性与相对论初步	如果火箭点火本身不能使其离开地面，那么是什么使火箭升空？
	科学思维	“科学思维”主要包括模型建构、科学推理、科学论证、质疑创新等要素。主要通过化学实验的探究过程帮助学生形成相应的技能	牛顿第三定律	必修2	如果火箭点火本身不能使其离开地面，那么是什么使火箭升空？
	科学探究	以制作纸火箭模型的形式，参与探究的各个环节，形成科学探究能力以及交流、评估、反思的能力	相互作用与运动定律；牛顿第三定律	必修1 必修2	纸火箭模型制作； 人坐在滑轮椅上扔铁球实验

（三）STEM课程实施指南

通过上述的课程架构，设计者可以对课程进行进一步的拓展与精进，并撰写教学设计，如表4-16所示。对该案例的设计方案进行分析，可以清晰地看出案例所存在的优势及不足。

表 4-16 “火箭升空”STEM 课程基本信息

课程名称	“火箭升空”STEM 课程
适用范围	适用对象：班级人数在 40 人以下的高一学生 （适用于《高中化学必修一》和《高中化学必修二》学习之后，学生对化学反应原理及物质有一定了解，掌握了一些基本的化学实验操作如加热、燃烧等） 适用课程：化学，综合实践课程 适用时长：高中标准课 9 课时，共 405 分钟 适用教材：主题 3：物质结构基础与化学反应规律
课程资源	火箭升空视频；化学实验器材（酒精灯、镁条、铁丝、钢丝棉、烤箱等），纸火箭制作材料；过程性与总结性评价量表
课程模式	基于探究的课程设计模式 【问题驱动性 STEM 课程模式（实验探究）】
课程安排	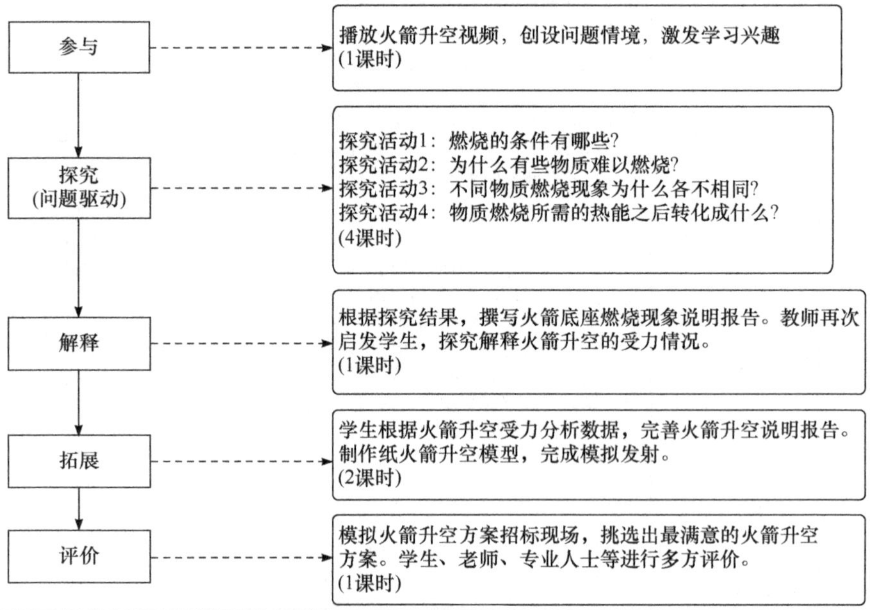
课程评价	在课程实施过程中，采用活动记录单等的形式对学习内容进行过程性评价。此外，通过小组合作评价、同伴评价、教师观察评价等评价方式对学生展开学习评价 在课程实施后，由教师和各小组对最终成果进行评价，来评估课程实施与课程教学效果
课程预期结果	❖ 火箭升空展板 ❖ 纸火箭模型 ❖ 火箭升空解释说明模型

表 4-16 为本案例的基本信息。本案例以火箭升空为主题展开教学设计，该部分明确设定了课程的适用对象、课程及教材，确定了实施该课程学生所需具备的认知水平及能力状况。并且课程内容严格对应课程标准中高中一年级的“物质结构基础与化学反应规律”的学科内容，具备较强的实际操作性。教师在运用过程中，需注意适用条件，也可根据自身学科特质和现实状况修改教学过程。

“火箭升空”的课程旨在通过对火箭升空的原理进行科学解释，最终形成一个火箭升空解释模型，让学生将所学的科学知识和科学方法运用到具体的实践活动中，以培养学生的科学素养和问题解决能力。在教学目标上，核心概念在于火箭升空的原理，即化学课程的变化观。基于核心概念，其课程核心内容如下。

（1）化学：物质的组成和性质；原子结构、元素性质与元素在元素周期表中位置的关系；化学键；化学反应中物质变化的实质及能量变化的主要原因；化学反应快慢的影响因素。

（2）物理学：运动和静止的关系；力及其相互作用条件；牛顿三大定律。

"火箭升空"STEM课程设计以S型STEM课程设计模型为指导，课程设计包含参与、探究、解释、拓展和评价五个环节，其中探究阶段主要为以实验探究为核心的问题驱动性探究。本课程具体实施环节按照表4-16中的课程安排进行。

❖　第1课时——参与

这一环节是学生对STEM情境的初体验环节。课前，教师了解学生对于新学任务的前概念；课中，教师将学生引入STEM项目所创设的情境中，并以问题为导向，将STEM课程内容置于有意义的活动、生活实例中，促使学生思考并引发新旧概念的认知冲突，进而激发学习兴趣和探究意识。在本案例中，教师在课上播放火箭升空的视频并提出问题：火箭是如何实现升空的？学生积极思考提出猜想，主要有两大猜想，猜想1：火箭是依靠燃料燃烧而升空的。猜想2：火箭是靠力而升空的。学生针对两个猜想提出若干问题，形成问题清单，并根据自己的猜想以3～4人小组形式完成一份验证猜想的设计研究方案。

❖　第2～5课时——实验探究

这一环节是教学的中心环节。学生是探究活动的主体，采取自主、合作探究的方式参与，通过观察描述、比较分类、交流讨论等形式建立事物之间的联系；教师是探究活动的主导，运用STEM知识进行启发式教学，对学生给予个性化指导，并提供"支架式"支持。"火箭升空"STEM课程的探究环节主要由以下四个探究活动组成：一是探究燃烧的条件有哪些；二是探究为什么有些物质难以燃烧；三是探究不同物质燃烧现象为什么各不相同；四是探究物质燃烧所需的热能之后转化成什么（具体活动设计见表2-3）。问题提出的具体操作模式为：产生问题情境1→分析情境提出问题1→引导学生分析问题1→讨论找到方法解决问题1→产生问题情境2→分析情境提出问题2……构建问题框架，总结教学内容。通过一系列探究活动，各小组完成初步的火箭升空解释模型。

问题一：燃烧的条件有哪些？

活动一　学生提出假设：燃烧的条件需要可燃物、温度达到一定着火点和氧气。针对假设所提出的三个要素设计实验1和实验2。实验1：燃烧棉花、木头、纸、铁条等材料，观察是否会燃烧。实验2：点燃两支蜡烛，其中一支蜡烛罩上烧杯。学生观察现象，实验1中棉花、木头和纸均能燃烧，而铁条没有燃烧。实验2中罩上烧杯的蜡烛很快熄灭。验证假设，燃烧的条件需要氧气。针对实验1，学生进一步分析其影响因素，提出假设：①该物质不可燃；②该物质可燃但未达到其燃点（图4-8）。

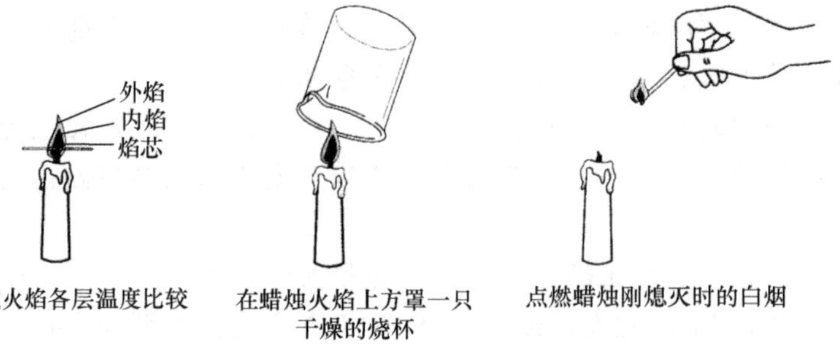

图 4-8 燃烧的条件实验

问题二：根据活动一实验 1 现象，验证两个假设的正确性，提出问题：为什么有些物质难以燃烧？

活动二 教师引导学生形成物质概念，物质由微小原子组成，不同类型的物质有着不同的原子结构。学生探索不易燃烧的物质都有着怎样的原子结构，有没有单原子结构的物质，多原子结构的物质是如何形成原子与原子间的组合的。学生发现不易燃的物质原子结构都简单稳定，并列出了常见的防火材料。单原子物质主要为金属单质、固体非金属单质和稀有气体。原子间主要靠键结合，断裂原子键需要能量。学生通过键能图表和表格（表 4-17），观察原子和键合原子的相对能量，通过数学公式计算得出结论，即原子结合需要能量，且原子通常在结合后会变得更加稳定。学生完成活动记录单，画出反应中原子断裂结合时化学键的变化。

表 4-17 化学键与键能（单位：kJ/mol）

化学键	键能	化学键	键能
H—H	436.2	C—H	413.6
H—C	347.9	C—F	441.2
C=C	607.0	C—N	291.2
C≡C	828.8	C≡N	791.2
S—H	339.1	C—O	351.6
S—S	268.0	C=O（CO_2）	724.2
O=O	490.6	O—H	463.0

问题三：确定不同物质结构会影响反应后，进一步追问为什么不同物质燃烧现象各不相同。

活动三 通过观察铁丝、钢丝棉和镁条燃烧（图 4-9），发现镁条燃烧剧烈而铁丝反应缓和，提出假设：不同化合物或金属中原子的结合方式（紧密或松散）会直接影响到分离原子所需热量或能量的强度。学生观察镁和铁原子结构图，及其发生氧化还原反应后的原子结构图，计算反应前后能量变化，验证假设是正确的，并将结果填写于活动记录单中。

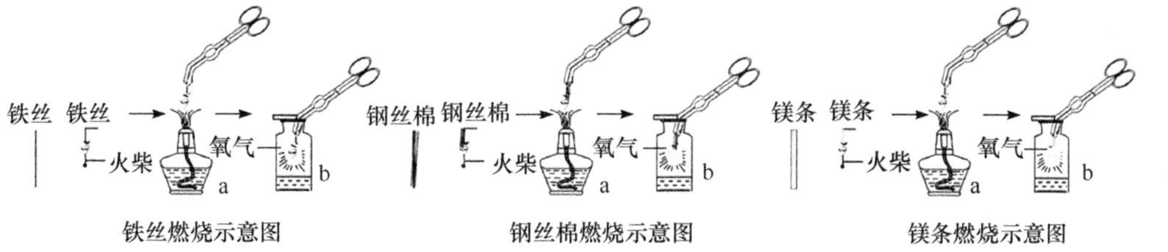

图 4-9　不同物质的燃烧实验

问题四：物质燃烧所需的热能之后转化成什么？

活动四　学生通过活动三计算发现能量在反应中是守恒的，但并不知道能量在原子重新组合中发挥什么作用，这些能量来自哪里。基于此，学生设计对照实验：一个是将纸张暴露于空气中不加热；一个是将纸张置于烤箱/微波炉中并加热。观察到直接暴露于空气中的纸不会燃烧，而在烤箱中加热的纸燃烧了。学生运用控制变量法，分小组再次设计实验，观察小苏打和醋在室温和低温下的反应，荧光棒在冷水和热水中的反应，探究影响化学反应速率的因素。通过实验和模拟原子结构变化，可以得出能量在化学反应中是守恒的。化学反应的实质是原子的重新组合，重新组合后的物质与最初的物质相比，维持原子组合所需的能量不同。

❖　第 6 课时——解释

解释即揭示探究的意义，学生完成探究后通过师生答疑、演讲辩论、虚拟演示等方式展示方案——由于探究问题具有开放性，故所得方案也将具有多样性。火箭升空的解释环节由学生自主完成一份火箭底座燃烧现象说明报告。学生以小组汇报的形式展示自己的学习成果，教师在过程中提供指导并进一步引导学生：如若燃烧所放出的能量不足以让火箭升空，那是什么使火箭升空的？教师再次启发学生，对一开始提出的猜想 2 进行验证，将物理学学科知识与化学学科知识进行整合。

❖　第 7～8 课时——拓展

该环节是对解释环节中所获取新概念的迁移运用。在火箭升空案例的进阶环节中，学生将从化学中获取的知识迁移到物理学习中，对火箭升空所涉及的物理知识进行进一步探究，通过实验探究形式学习牛顿第三定律。学生通过纸火箭制作和发射活动，在活动中体验力的相互作用是如何应用于火箭发射的。模拟发射后，学生进一步完善其火箭升空解释说明报告，形成最终的火箭升空方案。

重新定义问题：火箭是如何升空的？

活动 1　观察火箭发射的结构装置，猜想火箭是依靠一个向上推的作用力实现升空的。学生自主设计实验，依靠气球皮等材料制作一个简易的模拟火箭发射装置，发现火箭升空就像小气球飞上天一样应用了反冲原理，通过燃烧，火箭发动机向下喷出气流，产生极强的推动力将火箭推送上天，进而学习牛顿第三定律。

活动 2　学生体验坐在带轮子的椅子上将铅球抛出，发现球向前的同时椅子和人向后移动，进一步了解力的作用是相互的，加深对牛顿第三定律的理解。

活动 3　在了解火箭升空原理后，引导学生自己制作一个简单的纸火箭模型实现升空。学生通过选用纸片、吸管、塑料瓶等材料制作纸火箭并发射，对牛顿第三定律和能量守恒有更深的理解，修改其火箭升空解释说明报告，完成火箭升空方案设计。

❖ 第 9 课时——评价

贯穿于整个教学过程。STEM 教育的评价具有多样化特征，不仅包括学生学习反馈、探究积极性等课堂评价，还包括教师评价、学生自评与互评。评价的方法除了过程性评价和总结性评价，还应关注发展性评价，其中学生的科学精神、创新能力和合作能力应是重点考核的指标。“火箭升空” STEM 课程评价采用多元化评价方式，学习过程中以活动记录表的形式进行形成性评价，最终的学习成果以一个模拟的火箭升空方案招标会的形式进行，挑选出最满意的火箭升空方案。评价包含教师评价、自我评价和小组互评等评价方式，从多方面对学生学习效果进行评估。

案例评价主要是由学生和老师对小组作品和学生表现进行评价，包括教师评价、学生自评和学生互评。由教师和各小组对小组的最终成果（包括展板、纸火箭模型、火箭升空解释说明模型等）从多个方面进行评价（评价量表见表 4-18），来评估课程教学效果，同时也能体现出学生的实践能力与创新能力。课程实施过程中的化学实验记录如表 4-19 所示，采用活动记录单的形式对学习内容进行形成性评价（活动记录单见表 4-20）。由教师和各位同学对学生在课程学习中的表现进行评价，主要包括小组合作评价、同伴评价、教师观察评价，可以用来评估学生的团队意识、合作能力、问题解决能力等。最后，可以结合师生访谈来对整个课程进行评估。

表 4-18 “火箭升空”方案评价量表

方案要素：	等级（ABCDE）
● 燃料是必要的 ● 燃料由化学物质组成，而化学物质又由键合原子组成 ● 能量储存在化学键中 ● 化学反应将原子进行重新排列 ● 通过破坏和重整引起总能量变化的键发生化学反应 ● 能量是破坏原子结构所必需的 ● 释放的能量会引起物质的变化，从而产生发射火箭的力量（牛顿第三定律）	
模型设计：	
● 选用材料是否环保、低能耗 ● 火箭外观是否美观 ● 实现所需成本花费 ● 模拟发射高度	
展板设计：	
● 展板排版是否简洁美观 ● 海报绘制工具选择是否丰富 ● 文字部分说明是否具有科学性 ● 色彩搭配是否和谐	
汇报表现：	
● 声音是否洪亮清晰 ● 语言表达是否通顺流畅，具有逻辑性 ● 汇报过程中是否有交互 ● 汇报内容是否完整详尽	

表 4-19 化学实验记录表

姓名：	组员：	日期：	实验题目：
实验目的：			
实验器材：			
实验步骤：			
实验现象：			
分析及结论：			

表 4-20 “火箭升空”活动记录单

姓名：			组别：		同组成员：
评价内容/等级	A	B	C	D	E
实验前准备					
实验方案设计					
实验中参与程度和遇到的问题					
实验结果及自我反思					
小组成员对我的评价及建议					
教师对我的评价及建议					

“火箭升空”是以问题为驱动的S型STEM课程，以核心素养为导向设计课程目标，在跨学科的真实情境中整合多学科内容，以探究的方式引导学生学习探究核心概念（与化学反应相关的物质观、运动与相互作用观以及能量观）。教师在进行课程设计时，不能为了跨学科而去跨学科，而是应该找到学科间的真正的联系，如化学燃烧与物质能量，这样才能做到真正的融合。“火箭升空”的评价采用多元化评价方式，学习过程中以活动记录表、小组合作评价、同伴评价、教师观察评价等形式进行过程性评价，最终的学习成果以一个模拟火箭升空方案招标会的形式进行，挑选出最满意的“火箭升空”方案（“火箭升空”方案评价量表见表4-18）。其中，火箭升空方案招标会的设计，既充分调动了学生的参与度，又增强了评价的可行性与趣味性。除此以外，通过整个探究过程中的探究成果，如展板、纸火箭模型、火箭升空解释说明模型等，来评估课程教学效果，与上述所提的S型STEM课程设计的评价表不谋而合。教师在设计评价表时，可以结合表4-18，设计评价主体多元化、评价方式多样化的评价表，发挥其诊断、激励、调节等作用。

“火箭升空”是典型的相关课程融合，是从单学科角度出发的多学科融合，接下来将为大家介绍广域课程融合的案例——“蔬菜小行家”。

二、“蔬菜小行家”STEM 课程①

“蔬菜小行家”案例主要以小学三年级科学为主要支撑学科，涉及观察植物、植物的种子、植物的生长、植物生长环境、植物和我们等章节内容，将其与数学的温度计、湿度计读数等章节内容以及信息技术中的 3D 打印、人工智能、智能浇灌系统组装等章节内容进行整合。

该课程共有 6 个课时，采用 S 型 STEM 课程设计模式进行设计，以六一儿童节的创意活动为驱动性问题，将“种植番茄”与学校科学课程紧密结合，以跨学科的问题解决作为突破口，围绕“我们在六一儿童节可以卖哪些自己种植的蔬菜，获得更多的利润，捐给学校公益基金？”提炼驱动性问题，以经验、创新、能力为主线，通过多种学习实践，形成项目学习成果。

（一）STEM 课程设计模型

在进行课程设计前，设计者可结合 S 型 STEM 课程设计模型，先对案例进行初步的设想。本案例依据 S 型 STEM 课程设计模型，设计 STEM 课程，培养学生的科学类学科核心素养（图 4-6）。

参与环节：根据“生命科学”（植物能适应环境，可制造和获取养分来维持自身的生存）的核心概念，确定植物种植这一情境。设置六一儿童节的创意活动情境，围绕“我们在六一儿童节可以卖哪些自己种植的蔬菜，获得更多的利润，捐给学校公益基金？”提炼驱动性问题，将“种植番茄”这一跨学科的问题解决作为突破口，展开植物小行家的课程，引出探究活动。

探究环节：学生在教师的引导下，展开调查研究，探究植物的生长，包含以下探究活动：①蔬菜种植前期调查。根据实际条件，学生自主选择蔬菜品种。②菜园的选择。是不是学校的绿化地，土壤是否适合种植蔬菜，光照以及温度如何控制。③种子培育。控制实验菜园的温度和湿度让其适合种子发芽。④蔬菜后期管理。除草、施肥、灭虫、搭架等。⑤蔬菜采摘。果实成熟的程度，六一展销会的举办。

解释环节：教师鼓励学生用自己的笔记本记录下蔬菜的生长过程以及在这期间发现的问题，理论讲解“植物的生长”这一章节的知识后，用自己的专业术语去给学生解释植物的种子，帮助学生构建正确的知识。

拓展环节：进一步引导学生展开智能浇灌系统的设计，进行拓展应用。

评价环节：采用多元化评价方式，鼓励学生在学习过程中以各种记录单的形式进行形成性评价，最终的学习成果以展销会形式进行。评价包含教师评价、自我评价和小组互评等评价方式，从多方面对学生学习效果进行评估。

---

① “蔬菜小行家”改编自江苏师范大学智慧教育学院 2018 级现代教育技术专业教育学硕士王梦娜的教学案例。

（二）STEM课程设计表

S型STEM课程是以科学教育为核心的STEM课程，其目的是培养学生的物理学、化学、生物学等学科的核心素养，即科学素养。因此，除上述表格外，设计者还应确定科学探究的模式，即理论驱动性的探究还是问题驱动性的探究，并进一步确认探究的方式，是验证型、实验型还是调查型，进而设计及细化课程的设计流程，以及各项核心素养的培养方式，如表4-21所示。STEM课程设计表中包含对学科核心素养、学科内容、学生任务或问题的设计与分析，并生成了相应的课程目标，通过表格梳理思路，形成清晰的课程设计指导，在S型课程设计模型的指导下，教师在后续教学过程中也可根据实际情况进行相应修改。

表4-21 “蔬菜小行家”STEM课程设计表

学科核心素养			学科内容		相匹配的学生任务或问题
学科	核心素养	培养方式	知识点	课标位置	
数学	数学运算	在明晰运算对象的基础上，依据植物生长规律解决数学问题的素养	温度计、湿度计的读数	五年级：《温度计上的数学》	学生种植的蔬菜生长环境的温度及湿度
	数据分析	获取温度计、湿度计数据，运用数学方法对数据进行整理、分析、推断，对温度和湿度进行相关调整	温度升降、湿度升降	五年级：《温度计上的数学》	学生改变种植的蔬菜生长环境的温度及湿度，使其达到最优标准
科学	生命观念	对蔬菜生长的生命现象的解释与理解	植物的生长	三年级：《植物的生长变化》	学生观察植物的生长状况，了解植物不同阶段的生长现象
	科学探究	现实世界中植物生长问题	植物的生长	三年级：《植物的生长变化》	学生观察植物的生长历程，并做好记录
信息技术	信息意识	对于蔬菜生长信息、市场情况的查询	查找信息	三年级：《查找信息》	学生利用网络查询信息
	信息社会责任	学生在文化修养、道德规范、行为自律方面的责任	网络信息安全	四年级：《计算机病毒》	学生合理上网
	数字化学习与创新	评估并选用数字化智能工具对蔬菜进行一体化管理	人工智能、3D打印	四年级：《人工智能》	智能浇灌系统

（三）STEM课程实施指南

通过上述的课程架构，设计者可以对课程进行进一步的拓展与精进，并撰写教学设计，如表4-22所示。对该案例的设计方案进行分析，可以清晰地看出案例所存在的优势及不足。

表 4-22 “蔬菜小行家”STEM 课程基本信息

课程名称	“蔬菜小行家”STEM 课程
适用范围	适用对象：小学三四年级学生 适用课程：小学科学，进行动手操作与生命体验类的课程
课程资源	多媒体；智能浇灌系统组件；各类调查表格
课程模式	基于项目的课程设计模式 【问题驱动性 STEM 课程模式（调查探究）】
课程安排	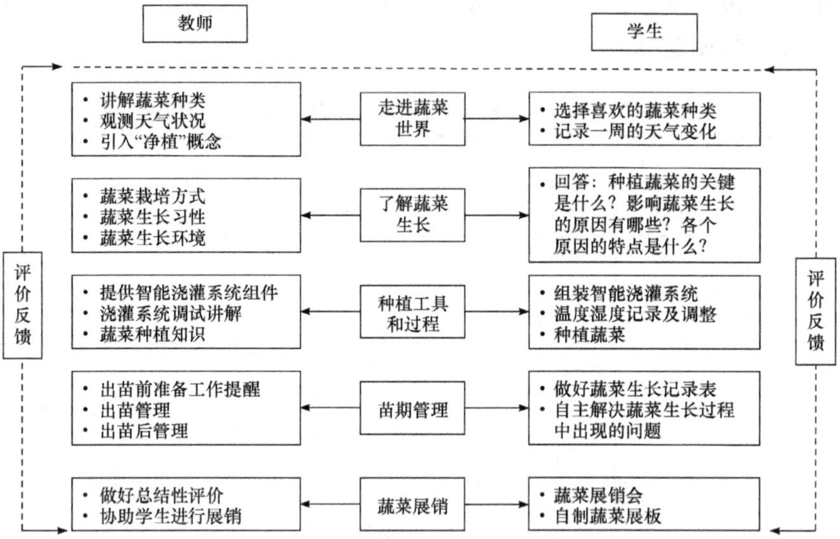
教学建议	时间安排： 小学标准课 6 课时，观察整个蔬菜的生长周期。 环节安排： 提前在寒假期间进行学校蔬菜种植场地调查表、蔬菜生长条件及市场情况调查表的填写，学校平台上上传学习资源→学生查阅资料、社会调研并完成相关种植设计→课堂理论教学→实践活动课程→合作探究，分组汇报→讨论总结经验→果实采摘→利用六一儿童节展销会进行海报（蔬菜简介、种植过程、果实采摘等方面）展示以及蔬菜买卖、爱心捐款。 人数要求： 依据学校给出的土地资源来衡量人数的多少。 教学方法： 项目式教学为主，讲授点评为辅。 工具选择： 智能浇灌系统组件、多媒体、学生手机。 组织引导： 教师理论讲解清晰，预习要求明确； 提供给学生必要的参考资料、智能浇灌系统的组装组件、编程方法； 给予学习者必要的调查技能训练，便于调查工作展开； 学生课下种植需要及时指导并给出建议。 活动设计建议： 寒假给予一定的调查指导，课上对植物生长的正式语言进行详细说明，与学生的非正式语言联系起来，如光合作用、植物生长、养分传输等，保证智能浇灌系统组件能正常使用。课前做好分组，下课后教师及时总结项目式教学的得失，以便改进后续的教学行为。

续表

课程名称	“蔬菜小行家”STEM 课程
教学建议	案例具体实践过程中，小组合作探究最具有特色。首先，学校对场地进行选取与提供，其次，学生根据自己的喜好选择种植的蔬菜（种类由教师提供，需是 6 月可以展销的蔬菜种类），根据蔬菜种类进行分组（学生也可以根据蔬菜生长习性分组），发布蔬菜种植的相关合作探究任务，各组之间的探究内容根据蔬菜的种类而有所不同。本次实施过程中分为 3～4 个小组，每组种植蔬菜种类不同。通过组内的协作种植，生成果实进行展销，最后各组进行汇报与总结

表 4-22 为本案例的基本信息。本案例以蔬菜种植为主题展开教学设计。本案例的教学对象为小学三、四年级的学生。该阶段尚未进行分科教学，而是以课程的形式开展科学教育。本案例详细说明了教学建议。该案例主要涉及三门学科：小学科学、信息技术、数学。科学体现在学生知道蔬菜的生长所需，能根据适宜的条件来种植蔬菜，根据自己的调查构思蔬菜种植的时间与地点等；信息技术体现在利用网络多媒体工具进行相关信息的查询工作，学习 3D 打印机的使用等；数学则体现在对温度计、湿度计的度数和正负数的初步认知，蔬菜架的简易搭建等。教师在实际使用时可根据现实情况加以修改，以更好地实现学生核心素养的培养。

“蔬菜小行家”是基于小学科学、生命科学、基础数学以及信息技术四大领域具体的学科核心概念进行课程所要解决的核心问题和基本组成问题的设计，从核心问题出发确定课程目标。

因本案例的核心概念为小学科学的生命科学领域，具体内容指向：“植物能适应环境，可通过制造和获取养分来维持自身的生存”，结合信息技术与数学，课程内容如下。

（1）科学：观察春天的植物；植物的种子；是什么在影响植物生长；植物生活的土地。

（2）信息技术：信息搜索（天气、蔬菜种植方法、蔬菜市场营销等信息）；3D 建模——浇灌喷头。

（3）数学：温度计的使用及读数；正负数的代表意义。

“蔬菜小行家”STEM 课程设计以 S 型 STEM 课程设计模型为指导，课程设计包含参与、探究、解释、拓展和评价五个环节，其中探究阶段主要为以调查探究为核心的问题驱动性探究。具体的课程安排如下。

❖ 第 1 课时——参与

教师以六一儿童节的创意活动为驱动性问题，将“种植番茄”与学校 STEM 课程紧密结合，以跨学科的问题解决作为突破口，围绕“我们在六一儿童节可以卖哪些自己种植的蔬菜，获得更多的利润，捐给学校公益基金？”提炼驱动性问题，以经验、创新、能力为主线，通过多种学习实践，形成项目学习成果。学生自主设计调查关于各种蔬菜适宜的生长条件与市场售价，调查表参照表 4-23，旨在调查了解蔬菜的生长规律，从而思考解决真实问题。利用寒假时间，学生通过历史调研对各种蔬菜适宜的生长条件与市场售价进行整理。学生可以选择自己喜欢的蔬菜或者可能具有较大盈利的蔬菜进行种植，在六一儿童节的展销会上进行售卖，为学校的公益基金做出自己的贡献。

表 4-23 蔬菜适宜的生长条件与市场售价（参照）

蔬菜种类	生长条件	市场售价
番茄	湿度	4月
	温度	5月
	土壤	6月
	适宜种植时间	7月
荷兰豆	湿度	4月
	温度	5月
	土壤	6月
	适宜种植时间	7月
黄瓜	湿度	4月
	温度	5月
	土壤	6月
	适宜种植时间	7月
茄子	湿度	4月
	温度	5月
	土壤	6月
	适宜种植时间	7月
豆角	湿度	4月
	温度	5月
	土壤	6月
	适宜种植时间	7月
⋮	⋮	⋮

❖ 第2～3课时——探究

教师在STEM课程中充当促进者，让学生自主探究蔬菜的种植技巧，以及蔬菜的市场销售情况，提出蔬菜种植的浇灌问题等，帮助学生分组。学生自主上网以查找蔬菜的种植技巧，运用科学思维解决在蔬菜自动浇灌当中遇到的实际问题，小组交流解决问题的方法，提高逻辑思维，并将其应用到具体的蔬菜种植中从而发现问题，以进行反思与改良。

学生在寒假期间完成历史调研——蔬菜大棚、集市、超市，个人完成自己选择种植的蔬菜生长条件及市场售价调查表。学生通过参观学习与资料查找，回答以下问题：蔬菜的生长周期有哪些？每个周期的时长？蔬菜生长过程中要注意什么？你认为种植这类蔬菜的可行性如何？怎样让它可以硕果累累？蔬菜售价应该如何判定？在回答以上问题的基础上初步形成设计想法。

开学后，进行第一课"天气与植物"，学生观察开学后一周的天气状况，判断出适不适合种植蔬菜，适合种植哪一种蔬菜。学生根据调查表确定自己种植的蔬菜种类，以学校屋顶花园为种植基地，教师和学生合作完成蔬菜的种植设计，完成基本的知识建构。对于蔬菜的种植，可大致分为五部分展开构建：①蔬菜种植前期调查。根据实际条件，学生自主选择蔬菜品种。②菜园的选择。是不是学校的绿化地，土壤是否适合种植蔬菜，光照以及温度如何控制。③种子培育。控制实验菜园的温度和湿度让其适合种子发芽。④蔬菜后期管理。除草、施肥、灭虫、搭架等。⑤蔬菜采摘。果实成熟的程度，六一展销会的举办。

❖ 第4课时——解释

教师鼓励学生记录下蔬菜的生长过程以及在这期间发现的问题，理论讲解“植物的生长”这一章节的知识后，用自己的专业术语去给学生解释植物的种子，让学生观察他们所选蔬菜种子的区别，感悟不同植物的种子在形状、颜色、大小上各不相同，组织学生把自己的种子种到小组分配好的土壤里，观察种子的生长发育，并做好记录。在此期间能够让学生学习到以下内容：植物种子萌发先长根，再长茎和叶，植物的根向下生长，根的生长速度较快，以及根的作用。在探讨影响植物生长的因素，如阳光、水分、温度这几个条件时，教师提出由于蔬菜种植在学校基地，周末、节假日难免会出现漏浇水、忘浇水的情况，引发学生思考，并给出解决方案——智能浇灌系统。

❖ 第5课时——拓展

小组合作搭建自动浇灌机，自动浇灌机是基于Arduino的自动浇花套件“Free Life”，首先，将潜水泵的接头连到控制器的Solenoid Valve端子，蓝色接负极（−），棕色接正极（+）；其次，将电源连接头接到PWRIN端子，黑色接负极（−），红色接正极（+），将控制板安装到白色外壳底板；最后，将土壤湿度传感器连上控制板接口，将DHT11湿度传感器连上控制板接口，使用Micro USB线把程序写到控制器（其实控制板出厂的时候已经写好程序，可直接使用）。在植物附近放一桶水，把水管的一端连接潜水泵，另一端“喷”向植物。需要注意的是，潜水泵必须在水里面使用，在空气中使用会损坏，将潜水泵和电池盒（或者电源适配器）连接到潜水泵接口和电源接口，通上电后，控制器会根据土壤湿度传感器回传的信号来判断是否需要抽水浇花。学生选择不同的植物，而不同的植物对土壤的湿度需求又各不相同，所以学生可以通过调整控制器上的湿度调整电位器来改变浇水阈值，以适应不同的植物对土壤的湿度需求。至于具体的浇水量，学生可以在库文件进行修改，这一浇灌工具的选择对于小学生来讲是能够简易操作的。该系统自带一个浇灌喷头，可以在实际应用过程中，根据小组需求或者个人喜好，应用3D打印技术打印一个喷头，达到调整目的。这样既增加了学生在信息技术方面的认知，又很好地解决了植物浇灌问题。

待蔬菜生长一段时间，教师课堂授课“植物的结构”“植物光合作用”，让学生对植物的根、茎、叶有一个理论层面的理解，而后小组观察自己种植的蔬菜根、茎、叶的特点是否与书本中的知识符合，不同蔬菜的根、茎、叶有什么不同。每个小组还可以选取两株大致相同的植物进行光合作用的对比试验，从而得出阳光是植物光合作用必不可少的条件。小组讨论，制定种植计划，记录种植情况，分析与反思种植过程中出现的问题，制作植物生长表，见表4-24。

表 4-24　××蔬菜生长记录表（参照）

周数	照片记录	文字描述记录
第一周	小朋友种××蔬菜的照片	今天，种下了××蔬菜的种子，它长得××（样子），大小1～2厘米……
第二周	××蔬菜发芽的照片	……
第三周	……	……

蔬菜生长到关键时期，大概在快要结果实的时候，教师在此过程中，引导学生思考如下问题：没有种活的蔬菜是什么原因？不同蔬菜的种植区别在哪？自动浇灌系统如何根据天气预报进行调配？蔬菜果实可以更换外形吗？学习了植物生长的土地，那么我们可不可以进行无土栽培？应该怎么设计？从而完善学生对自己、同伴的过程性评价。利用周末、节假日，教师带领学生走进社会，参观蔬菜大棚和无土栽培大棚，向专业人士请教种植技术，在“植物和我们”这一内容的学习上得以升华，让学生将知识与社会实践进行连接。学生比较蔬菜大棚的蔬菜生长状况与自己种植的蔬菜之间的差别，思考并尝试解决蔬菜种植中出现的问题。

❖　第6课时——评价

六一儿童节即将来临，六月的时令蔬菜也差不多都结出了果实，每个小组进行果实采摘，计算成本以及要展销的价格。教师进行过程性评价，利用测试卷的评价方式，针对项目中含有的核心知识进行评价，收集学生的学校蔬菜种植场地调查表、蔬菜生长条件及市场情况调查表，提出修改意见，根据不同类型的蔬菜的种植条件，进一步修正调查报告。学生自己、同伴、教师进行总结性评价，针对最终的学习成果展示，教师利用量规（表4-25），让学生知道老师希望自己怎么做，给教师提供一定的教学指导。

表 4-25　教师评价量表

学校蔬菜种植场地调查表	蔬菜生长条件及市场情况调查表	知识点
场地光照分析是否全面	生长条件分析是否全面	植物的生长条件是否掌握
场地温度分析是否全面	市场价格变化趋势	土壤成分是否清晰
⋮	⋮	⋮

六一儿童节前后，学生带着自己的蔬菜果实以及自己设计的产品展板，在六一儿童节的蔬菜展销会上，向大家进行蔬菜成果的介绍与演示推销。同时学校还可以邀请家长、蔬菜农户的专业团队共同参与，学生充当蔬菜导游+导购，带领家长、蔬菜农户参观屋顶花园的种植区，讲解在种植过程中的故事，展销各小组的蔬菜成果。

教师以六一儿童节的创意活动为驱动性问题，将“种植番茄”与学校科学课程紧密结合，以跨学科的问题解决作为突破口，围绕“我们在六一儿童节可以卖哪些自己种植的蔬菜，获得更多的利润，捐给学校公益基金？”提炼驱动性问题，形成驱动性问题链，以经验、创新、能力为主线，通过多种学习实践，形成项目学习成果。学生自主设计调查关于各种蔬菜适宜的生长条件与市场售价，旨在调查了解蔬菜的生长规律，从而思考解决真实问题。利用寒假时间，学生通过历史调研对各种蔬菜适宜的生长条件与市场售价进行整理。学生可以选择自己喜欢的蔬菜或者可能具有较大盈利的蔬菜进行种植，在六一儿童节的展销会上进行售卖，为学校的公益基金做出自己的贡献。本课程以项目的形式开展，最终通过蔬菜的种植和展销进行过程性评价和总结性评价，如以蔬菜生长记录表为主的过程性评价、以教师评价量表为主的总结性评价。

"蔬菜小行家"是以问题为驱动的 S 型 STEM 课程，属于广域课程融合范畴。本课程指向 STEM 项目的驱动性问题链，以核心素养为导向进行 STEM 课程整合。"驱动性问题链"是问题解决教学的核心策略。问题解决教学通过教师精心设计真实的驱动性问题，以问题贯穿整个教学过程，促使学生在设问和回答的过程中萌生自主学习的动机和欲望，在分析和解决问题的过程中获得知识和技能，逐渐形成问题解决能力。"驱动性问题链"是一串层层推进的问题，是解决问题的阶梯。"驱动性问题链"中的每一个问题都需要具有一定的驱动性效果，问题与问题之间具有逻辑性和激发性，能展现和揭示学习过程与思想方法，使问题的解决过程具有普遍的知识性和方法论的意义①。提问能够支持教师在基于探究的科学教学中启发学生的思想，并敦促学生使用科学证据来解释他们的思维。在以问题驱动为导向的课程设计时，需要抓住问题，真正驱动课程开展。

【思考与练习】

一、名词解释

1. 物理学学科核心素养
2. 化学学科核心素养
3. 生物学学科核心素养
4. 核心观念

二、简答题

1. 请简述基于 5E 模型的 S 型 STEM 课程模式。
2. 请简述 S 型 STEM 课程设计流程。

三、思考题

1. S 型 STEM 课程的特色是什么？
2. 科学类课程（物理学、化学、生物学）之间的联系有哪些？
3. 验证型探究、实验型探究以及调查型探究在定义、适用情况上有哪些区别？
4. 尝试根据 S 型 STEM 课程设计流程设计一门 S 型 STEM 课程。

---

① 胡久华，郇乐．促进学生认识发展的驱动性问题链的设计[J]．教育科学研究，2012，(9)：50-55.

第五章 T 型 STEM 课程设计

【章节引言】

面向核心素养的T型STEM课程是以技术为核心、以技术类学科核心素养为导向的STEM课程。技术的普适性、功能性特征使其具有催化融合STEM课程的重要作用，是促进与优化各学科实践的桥梁中介。立足于学科，T型STEM课程依托通用技术课程、信息技术课程（含智能技术课程）与劳动教育开展融合性课程，主张从培育学生意识、思维、实践能力与责任态度来拓展学生技术认知，强调技术实践对人类生存的重要意义。

T型STEM课程以斯坦福设计思维模型为课程设计依据。设计思维是一种拆解问题的思维技巧，将问题解决的过程拆解为发现问题、分析问题、解决问题等流程，并在流程中对解决方案进行生成、验证、反思等迭代循环，进而在此过程中提升个体综合创新能力，为技术实践提供了一条明晰的践行规则。斯坦福设计思维模型作为设计指导依据，分为共情、定义、构想、原型、测试五个阶段，通过各个阶段的探究与反思，T型STEM课程旨在培育学习者实用技能与创新思维的综合发展。

【知识导图】

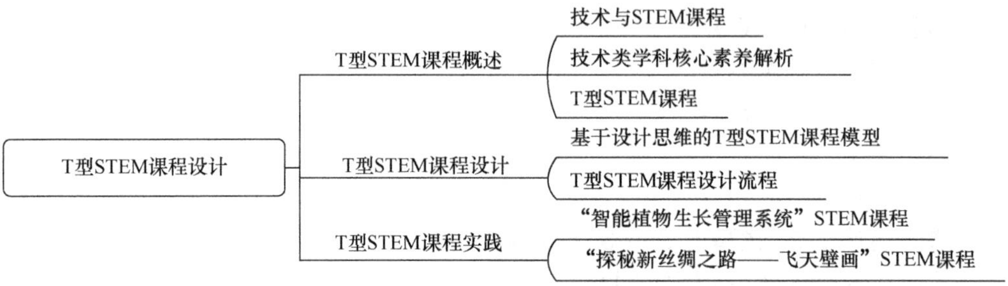

第一节 T 型 STEM 课程概述

一、技术与 STEM 课程

（一）技术与技术教育

人们常说，技术推进时代发展，技术改变生活。技术使人们的生活变得便捷，让人们的生活日益丰富且高效。步入信息化时代，迈向教育现代化，理解技术、掌握技术、选择技术和应用技术的能力应当成为个体在未来社会中生存的必备能力，是终身学习与改善生活的重要前提。

通俗来说，技术由人类的创造力所驱动，通过解决问题帮助人类生活，因而对技术的简明定义为“人类创造”①。单从物质来看，技术是“工具、机器”，是一切可利用的物质。将技术挪移到人身上，则是指人类从需求出发，秉持一定的价值理念，运用各种物质及装置、工艺方法、知识技能与经验等，代表着一种素养与能力，凭借这样的素养，人类可以开展实现工具使用价值的创造性实践活动。技术是人类文明的重要组成部分，是社会生产力水平的重要标志之一，是人类物质财富和精神财富的积累形式。

对于技术的工具属性，其作为“方法、手段”的价值存在，说明技术的能量不在于技术本身，而在于使用者的意识与能力。因此，技术素养成为人类快速适应技术社会，并在技术社会中快速发展的必备基本能力。技术教育是时代变迁、科技发展的共同产物，是素质教育的基本组成部分，是学生技术素养形成的重要途径，对落实立德树人根本任务、实施国家创新驱动发展战略、弘扬中华优秀传统文化和提高全民技术素养都具有重要的作用②。

立足于学科教育，本书认为通用技术、信息技术、智能技术及劳动教育中都隐含着技术教育，可整合为技术类教育，培养个体“懂方法，会应用”的能力，从意识、思维、实践能力、责任态度四个层面学会认识世界、理解世界、改造世界（表5-1）。

表5-1　技术类教育涉及学科与定位

技术类教育	定位
通用技术	通用技术是指当代技术体系中较为基础、在日常生活中应用较为广泛、育人价值较为丰富并与专业技术相区别的技术，是学生适应社会生活、高等教育和职业发展所必需的技术
信息技术	信息技术是一门独立的学科分支，也是重要的技术分支，是在时代的潮流中蜕变深化为改造人类生产与生活方式的基本手段。信息技术的发展进步将推动产业融合发展、拓展信息交流的时空，已经日益广泛地渗透到了教育、经济、政治等领域
智能技术	智能技术属于信息技术引申的分支，是科技进步的新时代产物。在中小学教育中，更多地将编程教育与人工智能教育视为对智能技术的学习。智能技术将成为个体融入智能世界的桥梁
劳动教育	劳动教育是中国特色社会主义教育制度的重要内容，直接决定社会主义建设者和接班人的劳动精神面貌、劳动价值取向和劳动技能水平

普通高中通用技术课程，以提高学生的学科核心素养为主旨，以设计学习、操作学习为主要特征，是一门立足实践、注重创造、体现科技与人文相统一的课程。通用技术课程有助于学生通过技术实践活动构建默会知识和程序性知识；有助于强化学生的手脑并用与知行合一，增强技术思想和方法的学习与运用，发展工程思维和创造能力；有助于学生图样表达和物化能力的培养，提高解决技术问题的综合能力；有助于增强学生对技术文化的理解，形成良好的技术理性和个性品质。

信息技术课程则是要让学生掌握基本的信息技术技能，学会运用信息技术促进交流与合作，让每个学生有自身的个性化发展，勇于创新，最终形成解决实际问题和终身学

①罗伯特•M.卡普拉罗，玛丽•玛格丽特•卡普拉罗，詹姆斯•R. 摩根. 基于项目的STEM学习——一种整合科学、技术、工程和数学的学习方式[M]. 王雪华，屈梅译. 上海：上海科技教育出版社，2016: 100.

② 中华人民共和国教育部. 普通高中通用技术课程标准(2017年版)[M]. 北京：人民教育出版社，2018: 1.

习的能力。《普通高中信息技术课程标准（2017年版）》中明确了信息时代下信息社会公民的权利与义务、伦理与法规、价值观与责任感，这为适应未来学习型社会提供必要保证。

随着信息时代的来临，人类生产生活数据基础和信息环境有了大幅提升，人工智能正从学术驱动转变为应用驱动，从专用智能迈向通用智能，比历史上任何一个时期都要更加接近于人类智能水平。智能技术相当于未来社会的敲门砖，比起信息技术的培育更强调个体思维与创造的提升，真正培养学生从一个技术的消费者转变成技术的创新者，从而培育新时代社会主义接班人，综合提升我国在人工智能时代的人才竞争力①。

劳动教育则是2020年3月在中共中央国务院发布《关于全面加强新时代大中小学劳动教育的意见》中被强调。近年来，一些青少年中出现了不珍惜劳动成果、不想劳动、不会劳动的现象，劳动的独特育人价值在一定程度上被忽视，劳动教育正被淡化、弱化。对此，全党全社会必须高度重视。《关于全面加强新时代大中小学劳动教育的意见》指出从历史唯物主义的视角看，劳动是人类社会赖以生存和发展的前提，正所谓“劳动创造了世界，劳动创造了历史，劳动创造了人本身”。从马克思主义哲学的视角看，劳动是人有意识地、自觉地改变环境、改变世界的活动②。“学会”劳动，事实上就体现了技术的工具性质在其中。很多劳动离不开技术和工具，现代劳动工具、设备技术含量高，劳动教育必须加强技术学习指导，但是仅有技术学习还不是完整的劳动教育。劳动教育要以技术为重要载体，培养学生的劳动情感、劳动能力和劳动品质，在劳动素养的培育上下功夫③。

技术发展日新月异，大数据、人工智能、虚拟现实、新材料、新能源技术等开始走进日常生活，伴随着互联网和智能终端的普及，学习环境正逐渐转向“网络化、数字化、个性化”的方式，这使未来的教育教学信息化、智能化充满新的挑战。社会进步、科技发展无一不推动着人类的发展，技术教育势必要在人才教育中占据重要的一席之地。

（二）技术催化STEM课程融合

T型STEM课程的教学目标是通过融合性课程培养学生的技术素养。在STEM课程当中，S、T、E、M四种要素相互关联与渗透。如果用人的肢体来比喻，科学便是肌肉骨骼系统，工程是大脑，技术是手，数学是心脏和血液。数学素养是基础，贯穿始终。科学的探究离不开数学知识，知识的迁移离不开技术的支持。工程素养要求人们利用科学知识，借助相关技术，用工程设计的思路解决问题，做出正确决断。

人类对时代、科技的适应速度远低于科技与社会的发展速度，教师习惯于采用从古到今的传统教学形式，技术在教学中的作用明显被低估。心理学家揭示了婴儿具有天生

① 熊璋，杨晓哲．编程热引发思考 专家：推动信息素养教育刻不容缓[EB/OL]. http://edu.people.com.cn/n1/2019/0508/c1006-31073827.html.[2021-09-29].

② 央视网．中共中央国务院发布《关于全面加强新时代大中小学劳动教育的意见》[EB/OL]. http://news.cctv.com/2020/03/26/ARTIJVMlXKWy1GcEV1ZZpsm1200326.shtml.[2021-09-29].

③ 中华人民共和国国务院新闻办公室．教育部就《大中小学劳动教育指导纲要(试行)》答问[EB/OL]. http://www.scio.gov.cn/xwfbh/gbwxwfbh/xwfbh/jyb/Document/1683565/1683565.htm.[2021-09-29].

的“物理”知识，但是不会自动成为一个物理学家，因为婴儿的知识发生和物理学家的知识生产是两种不同的机制。同样，一个大国数以亿计的数字土著青少年，如果不在关键的发展阶段接受严谨的关于数据、计算的底层逻辑的教育，对数字科技领域的敏感与创新有着决定作用的计算思维方式是不会自动发生的，“会用计算机”和“会用计算机解决问题”是两种不同的能力。尽管信息科技教育并不独立决定科技创新人才的培养，但是从儿时即开始培育计算思维，将为一代青少年乃至幼儿做好成为在云上云下共存世界中的生力军而准备[①]。

回顾STEM领域的研究，STEM中的T元素通常以三种形式出现[②]：①作为辅助学习的工具；②作为E（工程）的产物；③辅助人类参与计算，包括编程能力与计算思维。其中辅助学习工具又分为两种，一种是通用的教育技术工具，适用于STEM和其他学科领域；一种是STEM特定的学习技术工具，用于增强STEM的学习。

通用的教育技术最显著的特点在于通过多种模式来增强学生的学习体验，首先，学习者可以使用新技术来替代旧技术。比如数学和科学课程中的技术整合可以是“学生利用技术工具进行数字建模、数字构造，用于传达他们对于相关知识概念的理解、应用、分析或评估”，用数字工具来替代过往使用的“学习报告”“书面总结”等旧技术。其次，T元素作为STEM中的学习技术概念时，更强调其对科学与工程的作用，比如传感器等仪器通过取代手动收集实验数据等活动，让学生参与实时传感与数据采集；使用运动检测传感器可以对运动学以及时间、距离、速度和加速度之间的关系进行建模，增强了动手实践、团队协作能力，以及丰富了实验室工作经验，使得学习者拥有更多接触学习内容的机会，有助于更有效地利用时间开展实践。最后，在学习者可能已经比较熟悉技术的情况下，通过iPad等移动设备开展移动学习，能够借助虚拟现实等智能技术使学习者通过视觉、听觉或触觉等方式参与课程，以满足不同学习风格、文化水平学习者的需求。总体来说，通用的教育技术在STEM中的整合使更广泛的学习者能够参与其中，增强其自我学习的动机，提升了教育公平。

将T元素作为工程的产物，是以往研究中出现较多的一种角色定位。学习者在工程设计中被视为交互设计师，在基于设计的学习中应用问题解决和批判性思维技能，来获得技术解决方案或工程成品。首先，必须明确工程是学生在课堂上学习科学、数学与技术并将其情景化的方法，学生在工程中可能需要设计、测试、优化技术，技术被描述为在工程环境中设计、组装的模型或工件，是工程解决方案中的一个组成部分。其次，将T视为工程的产物有助于学生消除误解，并帮助教师深入了解学习者对概念的理解。因为学习者在设计模型和工件时，有很多的机会提出问题，并开展反思，其思考与学习成果都体现在他们的技术工程产品之上。最后，工程与技术的集成强调了跨学科方法对于设计的重要性，以及对内容知识的探索与反思。因为工程背景会迫使学习者仔细思考材

---

① 赵健，熊璋. 信息技术教育从“芯”痛到行动，解决芯片危机从根发力[EB/OL]. https://mp.weixin.qq.com/s/BtoVs_uYljndwz1MyMhp5w. [2021-09-29].

② Sivaraj R, Ellis J, Roehrig G. Conceptualizing the T in STEM: a systematic review[C]//Ruppert N. Society for Information Technology & Teacher Education International Conference. Association for the Advancement of Computing in Education(AACE), 2019: 1245-1254.

料的选择和设计的元素，基于现实环境的工程设计突出了时间和物质方面的种种限制，常常迫使学习者寻找更高效的技术解决方案。

辅助人类参与计算的含义为“让个体形成与他人一起解决问题、为他人设计系统以及利用计算机科学概念、观点的能力”。当今时代学习者群体有更多的机会接触数字技术，他们在网络化的世界中成长，在这个世界里，技术不是新鲜事物，而是日常生活中的一种规范。编程、计算思维等新的媒体素养技能，对计算的参与能够使学习者充分参与学习，并将科学的思想融入自己的思维当中。主要的参与计算的方式可分为两大类，一是编程与计算思维，基于计算思维开展编程，以此集成数字工具来加强对STEM课程的学习。例如，编写代码或使用数字接口（如Scratch）创建程序、设计数字产品，通过构建和模拟科学现象模型来学习科学、数学等学科知识。二是将计算机科学原理与STEM中的E集成，重点是学习者在工程构建的现实环境中使用计算工具解决问题。例如，让学生使用树莓派操纵声音进行实验，自主开展编程、整合音频，提高学生的参与兴趣，以此来促进对STEM课程的学习。

STEM课程有着巨大的潜力以让学习者有准备地应对未来社会的复杂挑战，以上三点T在STEM中的作用，突出了技术本身可挖掘的潜力，还需要教师结合现实情况集成、分割、融合技术的不同作用，以达到最为合适的STEM教学效果。技术本身的功能特性，强调其需要通过与科学、数学、工程的实践融合，来将学习成效最优化。教育工作者们需要意识到技术在STEM课程中的催化作用，通过积极地处理和批判性地参与，考虑更多元化的技术整合模式，从而发展成为未来称职且具创造性的知识开发者。

（三）未来技术核心——编程与人工智能

随着互联网的普及、传感器的泛在、大数据的涌现、电子商务的发展、信息社区的兴起，数据和知识在人类社会、物理空间和信息空间之间交叉融合、相互作用，人们所处的信息环境和数据基础发生了巨大而深刻的变化，这些变化驱使着技术发展走向新的阶段。

继2018年4月美国对我国的中兴通讯股份有限公司实施出口禁令、10月美国商务部以国家安全为由禁止美国公司对我国芯片制造商晋华公司销售零部件后，2019年华为被美国政府全方位封杀，一直到2020年5月15日美国商务部宣布新规，实施彻底切断华为全球芯片代工来源。芯片，已经成为中国互联网产业的扼喉之痛。至2020年7月，几所中国高校被美国政府列入受限制实体名单，师生常用的商业数学与科学计算软件MATLAB（矩阵实验室）被开发公司取消授权，芯片之殇从产业界弥漫到学界。这已经不是华为一家面临的挑战，而是整个高科技行业在饮下我们在高速发展应用产业的同时缺乏“根”技术的“苦酒”。国与国之间的较量，归根结底是科技的角逐。教育本身需要技术来促进，学生需要学习技术才能符合其未来的全面发展。美国向来重视科技，前总统奥巴马在2015年接受科技网站Re/code采访时表示，必须重视科技教育：“我们需要让孩子们参与数学和科学，不仅仅是一小部分孩子，而应该是所有人。”这不仅表示科技人才培养的重要性，同时也强调了数学、科学、技术实际上是不可割离的整体。事实上，STEM概念的提出，本身就是美国为了避免在全球化背景下，自身科技竞争力的下降，所提出的科技教育方面的战略。

阿里巴巴创始人马云说，“未来最大的能源不是石油，而是大数据”；中国工程院院士王坚认为，“世界上最遥远的距离不是从南极到北极，而是从红绿灯到交通摄像头”。面对数据量的快速增长、计算能力的大幅提升以及机器学习算法的持续优化，以“大数据”为时代特征的信息社会，数据的获取、分析、处理与应用能力愈发重要。如今，编程教育已经走进中小学，编程能力将成为学生融入智能世界的桥梁①，为培养学生问题解决的能力提供新的思路与方法，各个国家都在积极尝试编程教育。英国于2014年成为世界上第一个强制5～12岁儿童接受编程教育的国家；2017年，美国少儿编程教育渗透率达44.8%，远远超过排名第二的澳大利亚（10.3%）；澳大利亚的学生在10岁时开始学习编程，12岁左右便可在计算机上进行编程实操；芬兰则将编程纳入小学教学大纲，从小学一年级开始教授编程。

国际上关于编程学习有一种理念，称为code to learn，而不是learn to code，青少年学习编程不是为了掌握代码，掌握编程技能本身，而是通过编程，来学习、理解、改变这个世界。西摩·佩帕特早在20世纪80年代解释“logo语言”在儿童学习中的价值时，就以大量的实验论证了“计算改变思维”。当孩子们编程指挥小龟创造各种数学模型时，实际上是在建立一种人通过机器和世界对话的语言，这种语言又承载了一种不同于其他学科的文化。在为小龟编程并完成学习者所期待的动作时，儿童不仅是在操作，不仅是在编程，而是在掌握一种新的人类语言，经历一种文化认同和身份认同的过程。这样的认识，在今天的基础教育界依然显得很有冲击力②。人工智能有三个支柱——大数据、计算能力和建模算法，而中学阶段最能够落地培养的就是建模算法，这也是数学和信息技术这两块新课标的直接体现。因此，人工智能+人才培养的第一步，就是培养其建模和仿真这一核心竞争力。

编程教学应该兼具实用性和适用性，编程语言首先是工具，应当服务于那些真正需要编程的地方，比如大数据、人工智能与开源硬件。当下Scratch在中小学中盛行，Python在开源硬件的学习中更为流行，教师们不必纠结哪种语言更适合、更易学，不要花过多的时间去弄懂每段代码，也不必为学生详细讲解各种语言特性。国家多次强调，非专业的编程教学并不是为了培养出更多的“码农”，而是以“授之以渔”的方式培养学生的编程思维、计算思维，让学生在实际应用中逐渐体会，培养学生的创造能力。通过适当地应用编程，帮助学生掌握Python处理数据、可视化和人工智能的基本方法，为后续模块的深入应用做好准备。此外，基础硬件方面的编程需得到重视，改变信息技术课严重“偏软”的现象。

《普通高中信息技术课程标准（2017年版）》强调，信息素养的培养并非简单的代码学习、编程操作，而是需要将培养目标上升到意识层面、思维层面、创新层面与责任层

① 周邵锦，王帆. K-12人工智能教育的逻辑思考：学生智慧生成之路——兼论K-12人工智能教材[J]. 现代教育技术，2019, 29(4): 12-18.

② 赵健，熊璋. 信息技术教育从“芯”痛到行动，解决芯片危机从根发[EB/OL]. https://mp.weixin.qq.com/s/BtoVs_uYljndwz1MyMhp5w. [2021-09-29].

面，进一步地发展学生们应用计算机面对问题、发现问题、解决问题的综合能力，强调理解计算机科学以及它与数学、工程、科学、人文之间的关系。通过信息素养的教育，培养学生们全新问题解决的思维方式，将计算思维看作是学生解决问题所需的系统方法，让学生们思考如何利用信息技术改变我们的生活、工作和学习，培养学生们基于数据层面去理解信息和应用信息，并养成把握数据、算法、信息系统与信息社会间层层关系的能力。真正培养学生从一个技术的消费者转变成技术的创新者，从而培育新时代社会主义接班人，综合提升我国在人工智能时代的人才竞争力①。

【拓展阅读】 关于编程教育与人工智能教育的政策文件

从2018年以来，中央及地方下发的编程教育部分政策来看，少儿编程正在以政策为导向，经济为依托，社会为基础，迎来整个行业的快速且高质量发展。也可以从这些文件中了解到教育部对发展机器人、编程教育的决心！②

2018年1月5日，教育部在关于印发《普通高中课程方案和语文等学科课程标准（2017年版）》的通知中提出，要将三维设计、开源硬件、人工智能正式划入新课标，使其成为高中学习的必修课。

江苏省南京市将编程列入特长生招生计划。2018年4月11日，南京市教育局发布的《关于做好2018年南京市普通高中科技、学科特长生招生工作的通知》中明确指出：具备科技特长生和学科特长生招生资格的学校，要统筹考虑招生项目和计划。科技特招生要求在初中阶段有一定关于科技创新实践活动的特长，或在市级及以上的相关竞赛中获得三级及以上证书。在规定的七大类科技特长生中，青少年科技创新大赛、三模一电、智能控制、机器人设计与制作其考试的本质都与编程息息相关。

2019年3月13日，教育部公布的《2019年教育信息化和网络安全工作要点》透露，今年将启动中小学生信息素养测评，并推动在中小学阶段设置人工智能相关课程，逐步推广编程教育。也将编制《中国智能教育发展方案》，举办国际人工智能与教育大会。

2020年2月25日，教育部公布了《2019年度普通高等学校本科专业备案和审批结果》，确定了通过人工智能专业审批的高校达到180所。

2020年5月19日，教育部学校规划建设发展中心决定开展未来学校创新发展课题——编程课程体系与教学模式专题研究工作。

在立德树人理念的总体导向下，《普通高中信息技术课程标准（2017年版）》围绕培养具有核心素养的数字公民，提出了信息意识、计算思维、数字化学习与创新、信息社会责任等四大学科核心素养。基于对当今世界各国同类教学改革的比较研究，基于对信

① 熊璋，杨晓哲．编程热引发思考 专家：推动信息素养教育刻不容缓[EB/OL]. http://edu.people.com.cn/n1/2019/0508/c1006-31073827.html?from=timeline&isappinstalled=0. [2021-09-29].

② 机器人教师联合发展会．教育部大动作!机器人、编程教育势不可挡![EB/OL]. https://mp.weixin.qq.com/s/XARoZH_dSV3TBo62XR4dKA. [2021-09-29].

息社会发展趋势的理性判断，基于培养下一代在全球化时代的数字化胜任力的责任担当，课程标准还明确提出要通过一定形式的编程和算法教学，促进全体高中学生养成计算思维。

课程改革坚持立德树人的课程价值观，关注学生通过技术学习之后对个人与社会关系、人类社会的思考，关注学习者在信息社会中的成长。在课程结构上，追求能够满足学生多元需求的课程结构，以促进学生的个性化发展，既提供具有系统性和迁移性的必修课程，同时致力于拓展学生的学习兴趣，提升课程的广度与深度，利用丰富的选择性必修与选修课程为学生提供更具挑战性的学习内容；在课程内容上，选择体现时代性和基础性的课程内容，来支撑学生信息素养的发展，紧扣数据、算法、信息系统和信息社会的学科大概念，促进综合素养的发展；在课程目标上，坚持以学习为中心，重视问题解决的方式，鼓励学生在不同的问题情境中学会利用信息技术来发现问题、思考问题、解决问题，让学生感受信息技术所引发的不同价值观的碰撞，思考个体信息行为对自然环境与人文环境的影响；在课程评价上，基于学科核心素养开展评价，利用多元方式跟踪学生的学习过程，采集学习数据，注重情境中的评价与整体性评价。

由人工智能与开源硬件来承载信息技术学科必修课程是目前的改革趋势（图 5-1）。在时代背景与相关政策的影响下，课程在硬件上需要更多的变化，在“软件”上，也就是人才软实力的培养上同样需要改变。2015 年 5 月 18 日，国际人工智能与教育大会结束，大会强调“人工智能是引领新一轮科技革命和产业变革的重要驱动力”、“培养大批具有创新能力和合作精神的人工智能高端人才，是教育的重要使命”。并且决定“在中小学设置人工智能相关课程，推进普及教育；在职业院校，完善大数据、人工智能相关专业和课程建设，培养技术技能人才；在高校，布局人工智能相关的学科、专业体系，探索‘人工智能+X’人才培养模式”。随着信息技术的发展，信息化教育已经从远程学习、数字学习、移动学习、泛在学习过渡到了基于大数据和人工智能技术的智慧学习阶段，不断强化了学习者的学习。不同学习者的学习需求千差万别，如何应对学生的个体差异，真正做到“因材施教”的个性化教学和学习，一直是摆在每个教育工作者面前的课题[①]。人工智能技术日趋成熟，成为催化因材施教的重要元素。大数据与人工智能让教师容易把握每一个学生的个体区别，如认知水平、学习习惯、兴趣与爱好等，因材施教有了很好的基础和起跑线。许多主要用于培养学生的技术知识和编程技能的教学方法大多是以理论为导向的，它们基于传统的教师和学生之间完成知识转移的模式。在教师和导师的监督下，教育机器人项目进入学校教育，有可能改变学生通过自己的工作和实验获得知识和技能的机会。未来，机器人技术的加入，可以进一步发展智能导师系统，人工智能能够成为教师教学的助手、学生学习的伙伴，从而培养学生的数字化实践力，实现更为广泛的教育公平。

① 熊璋，欧阳元新．融合从因材施教开始[EB/OL]. http://m.jyb.cn/rmtzgjyb/201907/t20190706_246395_wap.html?from=timeline&isappinstalled=0. [2021-09-29].

图 5-1　人工智能（技术/教育）改革趋势

国际人工智能与教育大会成果文件——《北京共识——人工智能与教育》①一文中提出一系列行动，建议联合国教科文组织会员国政府及其他利益攸关方根据其法律、公共政策和公共惯例，考虑实施以下行动，以应对人工智能带来的相关教育机遇和挑战。

第一，要以人工智能促进学习和学习评价，认识到人工智能在支持学习和学习评价潜能方面的发展趋势，评估并调整课程，以促进人工智能与学习方式变革的深度融合。第二，学会应用或开发人工智能工具以支持动态适应性学习过程；发掘数据潜能，支持学生综合能力的多维度评价；支持大规模远程评价。第三，在使用人工智能的惠益明显大于其风险的领域，考虑应用现有的人工智能工具或开发创新性人工智能解决方案，辅助不同学科领域中明确界定的学习任务，并为开发跨学科技能和能力所需的人工智能工具提供支持。第四，强调人工智能教育要注重培养人工智能时代生活和工作所需的价值观和技能，认识到进行有效的人机协作需要具备一系列人工智能素养，同时不能忽视对识字和算术等基本技能的需求。第五，采取体制化的行动，提高社会各个层面所需的基本人工智能素养。

因此，在面向核心素养的 T 型 STEM 课程设计中，如上文软件与硬件变化的“必由之路”一般，需更多考虑编程与人工智能技术的辅助与融合，设计面向未来的 T 型 STEM 课程。

二、技术类学科核心素养解析

STEM 课程强调 STEM 各类型学科之间的相互联系，同时强调对学科核心素养和 21 世纪创造力、批判性思维、沟通和协作技能的深刻理解。为了应对时代发展所带来的复杂问题与挑战，在学习过程中要培养对不同专业领域的概念理解能力，强化对技术类学科的理解，有助于提升个体“事半功倍”的能力。核心素养是学生在接受教育的过程中逐步形成的，教师需要充分理解其内涵，抓住其具体表现。技术类学科核心素养要求教师通过教学强化学生的技术意识，启迪学生发散思维，并培养他们的实践与创新能力，赋予学生社会责任，将学生培育成为有意识、有理念、会设计、能动手、善创造的个体。

技术类课程具体涉及通用技术课程、信息技术课程（含智能技术）以及劳动教育相

---

① 中华人民共和国教育部. 联合国教科文组织正式发布国际人工智能与教育大会成果文件《北京共识——人工智能与教育》[EB/OL]. http://www.moe.gov.cn/jyb_xwfb/gzdt_gzdt/s5987/201908/t20190828_396185.html. [2019-09-29].

关课程。技术类学科核心素养指向通用技术学科核心素养（表5-2）、信息技术学科核心素养（表5-3）以及劳动教育总体培养目标（表5-4）。华东师范大学顾小清教授在其《Adopting AI in Schools ECNU的AIED研究》的学术报告中提出了人工智能教学四大学科关键能力（表5-5）——人工智能意识、实践创新思维、智能技术应用与智能社会责任，表明了目前智能技术教育对素养培育的主要方向。劳动教育是新时期党对教育的新要求，是中国特色社会主义教育制度的重要内容，意义重大。它并不如同其他两门学科一般有其具体的课标指示，它严格来说是一种类型性的教育活动，是全面发展教育体系的重要组成部分，是大中小学必须开展的教育活动。为解析劳动教育的素养培育指向，本书依托的是教育部于2020年7月中旬所印发的《大中小学劳动教育指导纲要（试行）》，其是《关于全面加强新时代大中小学劳动教育的意见》的配套文件，主要面向教育系统内部，依据《关于全面加强新时代大中小学劳动教育的意见》，细化有关要求，重点解决劳动教育是什么、教什么、怎么教等问题。

表5-2　通用技术学科核心素养①

核心素养	内涵
技术意识	技术意识是对技术现象及技术问题的感知与体悟。学生能形成对人工世界和人技关系的基本观念，技术的规范、标准与专利意识；能就某一技术领域对人、社会、环境的影响作出一定的理性分析，形成技术的安全和责任意识、生态文明与环保意识、技术伦理与道德意识；能把握技术的基本性质，理解技术与人类文明的有机联系，形成对技术文化的理解与主动适应
工程思维	工程思维是以系统分析和比较权衡为核心的一种筹划性思维。学生能认识系统与工程的多样性和复杂性；能运用系统分析的方法，针对某一具体技术领域的问题进行要素分析、整体规划，并运用模拟和简易建模等方法进行设计；能领悟结构、流程、系统、控制等基本思想和方法并加以运用；能进行简单的风险评估和综合决策
创新设计	创新设计是指基于技术问题进行创新性方案构思的一系列问题解决过程。学生能在发现与明确问题的基础上，收集相关信息，并运用人机关系及相关理论进行综合分析，提出符合设计原则且具有一定创造性的构思方案；能进行技术性能和指标的技术试验、技术探究等实践操作，准确地观测、记录与分析；能综合各种社会文化因素评价设计方案并加以优化
图样表达	图样表达是指运用图形样式对意念中或客观存在的技术对象进行可视化的描述和交流。学生能识读简单的机械加工图及控制框图等常见的技术图样；能分析技术对象的图样特征，会用手工和二维、三维设计软件绘制简单的技术图样等；能通过图样表达设计构想，用技术语言实现有形与无形、抽象与具体的思维转换
物化能力	物化能力是指采用一定的工艺方法等将意念、方案转化为有用物品，或对已有物品进行改进与优化的能力。学生能知道常见材料的属性和常用工具、基本设备的使用方法，了解一些常见工艺方法，并形成一定的操作经验积累和感悟；能根据方案设计要求，进行材料选择、测试与规划，工具选择与使用，工艺设计与产品制作等；能独立完成模型或产品的成型制作、装配及测试，具有较强的动手实践与创造能力；能体验工匠精神对技术制造质量的独特作用，形成物化过程中严谨细致、精益求精、追求卓越的工作态度

① 中华人民共和国教育部. 普通高中通用技术课程标准(2017年版)[M]. 北京：人民教育出版社，2018. 4-5.

表 5-3 信息技术学科核心素养①

核心素养	内涵
信息意识	信息意识是个体在参与和信息相关的活动中产生的知觉、感觉等以及对信息活动的判断与认知能力。其表现为个体对信息发展变化的感知；根据解决问题的需要，获取、加工、交流信息的自觉性；对信息的判断力等
计算思维	计算思维是指个体运用计算机科学领域的思想方法，在形成问题解决方案的过程中产生的一系列思维活动。具备计算思维的学生，在信息活动中能够采用计算机可以处理的方式界定问题、抽象特征、建立结构模型、合理组织数据；通过判断、分析与综合各种信息资源，运用合理的算法形成解决问题的方案；总结利用计算机解决问题的过程与方法，并迁移到与之相关的其他问题解决中
数字化学习与创新	数字化学习与创新是指个体通过评估并选用常见的数字化资源与工具，有效地管理学习过程与学习资源，创造性地解决问题，从而完成学习任务，形成创新作品的能力。具备数字化学习与创新的学生，能够认识数字化学习环境的优势和局限性，适应数字化学习环境，养成数字化学习与创新的习惯；掌握数字化学习系统、学习资源与学习工具的操作技能，用于开展自主学习、协同工作、知识分享与创新创造，助力终身学习能力的提高
信息社会责任	信息社会责任是指信息社会中的个体在文化修养、道德规范和行为自律等方面应尽的责任。具备信息社会责任的学生，具有一定的信息安全意识与能力，能够遵守信息法律法规，信守信息社会的道德与伦理准则，在现实空间和虚拟空间中遵守公共规范，既能有效维护信息活动中个人的合法权益，又能积极维护他人合法权益和公共信息安全；关注信息技术革命所带来的环境问题与人文问题；对于信息技术创新所产生的新观念和新事物，具有积极学习的态度、理性判断和负责行动的能力

表 5-4 劳动教育总体培养目标②

类型	目标	内涵
基本理念	强化劳动观念，弘扬劳动精神	将劳动观念和劳动精神教育贯穿人才培养的全过程，贯穿家庭、学校、社会各方面。注重让学生在学习和掌握基本劳动知识技能的过程中，领悟劳动的意义价值，形成勤俭、奋斗、创新、奉献的劳动精神
	强调身心参与，注重手脑并用	把握劳动教育的根本特征，让学生面对真实的个人生活、生产和社会性服务任务情境，亲历实际的劳动过程，善于观察思考，注重运用所学知识解决实际问题，提高劳动质量和效率
	继承优良传统，彰显时代特征	在充分发挥传统劳动、传统工艺项目育人功能的同时，紧跟科技发展和产业变革，准确把握新时代劳动工具、劳动技术、劳动形态的新变化，创新劳动教育内容、途径、方式，增强劳动教育的时代性
	发挥主体作用，激发创新创造	关注学生劳动过程中的体验和感悟，引导学生感受劳动的艰辛和收获的快乐，增强获得感、成就感、荣誉感。鼓励学生在学习和借鉴他人丰富经验、技艺的基础上，尝试新方法、探索新技术，打破僵化思维方式，推陈出新

① 中华人民共和国教育部. 普通高中信息技术课程标准(2017 年版)[M]. 北京：人民教育出版社，2018: 5-6.

② 中华人民共和国教育部. 教育部印发《大中小学劳动教育指导纲要(试行)》[EB/OL]. http://www.moe.gov.cn/jyb_xwfb/gzdt_gzdt/s5987/202007/t20200715_472806.html. [2021-09-29].

续表

类型	目标	内涵
总体目标	树立正确的劳动观念	正确理解劳动是人类发展和社会进步的根本力量，领悟劳动创造人、劳动创造价值、劳动创造财富、劳动创造美好生活的道理，尊重劳动，尊重普通劳动者，牢固树立劳动最光荣、劳动最崇高、劳动最伟大、劳动最美丽的思想观念
	具有必备的劳动能力	掌握基本的劳动知识和技能，正确使用常见的劳动工具，增强体力、智力和创造力，具备完成一定劳动任务所需要的设计、操作能力及团队合作能力
	培育积极的劳动精神	领会“幸福是奋斗出来的”内涵与意义，继承中华民族勤俭节约、敬业奉献的优良传统，弘扬开拓创新、砥砺奋进的时代精神
	养成良好的劳动习惯和品质	能够自觉自愿、认真负责、安全规范、坚持不懈地参与劳动，形成诚实守信、吃苦耐劳的品质。珍惜劳动成果，养成良好的消费习惯，杜绝浪费

表 5-5　人工智能教学的四大学科关键能力

学科关键能力	人工智能学习的内容
人工智能意识	人工智能与机器智能（人类智能、机器智能、人工智能）
实践创新思维	黑箱探究实践、原理揭示实践、简单模拟与推理实践、AI 硬件设计实践、AI 程序设计实践
智能技术应用	机器感知、表达与推理、机器学习、自然交互
智能社会责任	人工智能与社会责任（社会影响、社会伦理）

技术类学科核心素养是对通用技术学科核心素养、信息技术学科核心素养以及劳动教育总体培养目标的提炼与综合。将其核心素养内涵文本导入 NVivo 质性分析软件，并将各项核心素养设置为节点，按照单词相似性对节点进行聚类探索，使用 Pearson 相关系数作为相似性度量工具，将共有多个词的选定节点聚类到一起，结果以树状图或聚类图呈现。由结果图（图 5-2）可发现技术类学科核心素养主要可总结提炼为意识、思维、实践能力与责任态度四个部分，如表 5-6 所示。

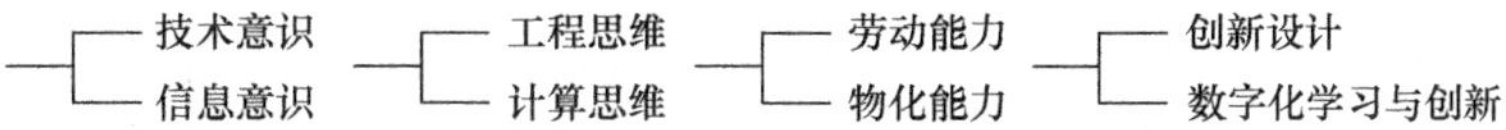

图 5-2　聚类探索结果图示例（部分）

表 5-6　技术类学科核心素养

技术类学科核心素养	通用技术	信息技术	劳动教育
意识	技术意识	信息意识	劳动观念
思维	工程思维	计算思维	劳动习惯
实践能力	创新设计 图样表达 物化能力	数字化学习与创新	劳动能力
责任态度	“物化能力”中对工匠精神和工作态度的要求	信息社会责任	劳动精神

意识部分包含“技术意识”、“信息意识”与“劳动观念”，侧重培育学生对于学科的基本认识与主观意识；思维部分包括“工程思维”、“计算思维”与“劳动习惯”，侧重培育学生特定的思考方式与思维习惯；实践能力部分包含“创新设计”、“图样表达”、“物化能力”以及“数字化学习与创新”与“劳动能力”，旨在锻炼学生各方面的实践应用能力；责任态度部分包括“‘物化能力’中对工匠精神和工作态度的要求”、“信息社会责任”与“劳动精神”，旨在培育学生走入社会、适应社会的责任感。

（一）意识

意识是个体对外界感觉、知觉以及对自身思想、记忆和情感觉察的组成[①]。在引导学生认识世界的过程中，劳动教育赋予学生“行动”意识，信息技术赋予学生“甄别”意识，通用技术赋予学生“方法”意识，初始化学生面向世界的思想状态。

劳动观念所强调的是赋予学生正向思想，让学生领悟劳动的意义价值，认识到劳动是一切财富、价值的源泉，劳动者是国家的主人，一切劳动和劳动者都应该得到鼓励和尊重；倡导通过诚实劳动创造美好生活、实现人生梦想，反对一切不劳而获、崇尚暴富、贪图享乐的错误思想。

生长于信息时代下的学生，受到环境的影响，在小学阶段或是幼儿时期就已萌发信息意识。通过义务教育阶段信息技术课程的学习，学生对信息产生一定的敏感度，但仅仅只是“在日常生活中，能够按照一定的需求主动获取信息；能够区分载体和信息；针对简单的信息问题，能想到对信息来源的可靠性、信息内容的真伪性和信息表达的目的性进行判断”的水平。高中阶段的信息技术课程要求学生达到“针对特定的信息问题，自觉、主动比较不同的信息源，确定合适的信息获取策略；根据不同受众特征，能选择恰当的方式进行有效交流；依据特定任务需求，甄别不同信息获取方法的优劣，并能利用适当途径甄别信息；在日常生活中，根据实际解决问题的需要，恰当选择信息工具，具备信息安全意识；主动关注信息技术工具发展中的新动向和新趋势，有意识地使用新技术处理信息”的水平。很明显，高中阶段更强调学生“主动”进行“信源甄别”，且用更“恰当”的方式获取信息，提出了更高水平的信息意识培养要求[②]。

技术意识则赋予学生遇事考虑“最优化”的意识，形成对人工世界、人技关系的基本理解，把握技术的基本性质，理解技术与人类文明的有机联系，主动适应以技术优先解决问题、技术能够更好地解决问题的思想方式。

（二）思维

思维是个体内在的心理认知过程。在未来社会中的生存是一个不断试错、频繁迎接挑战的过程，劳动习惯的养成能够让学生形成坚持不懈、吃苦耐劳的品质，深刻理解“幸福是奋斗出来的”的内涵与意义，让“尝试”与“行动”刻入个体生命能量当中，潜移

① 任友群，李锋，王吉庆. 面向核心素养的信息技术课程设计与开发[J]. 课程・教材・教法，2016，36(7): 56-61.

② 李维明. 普通高中信息技术必修模块教学专题指导[M]. 上海：上海科技教育出版社，2018: 1-2.

默化地影响思维认知模式，方能打破僵化的思维模式，推陈出新。

“计算思维”是运用计算机科学的基本概念去求解问题、设计系统和理解人类行为，它包括了涵盖计算机科学之广度的一系列思维活动。在数字化环境的影响下，“数据抽象和自动化处理”为代表的计算方式，改变着人们的行为方式与心理认知，计算思维成为处理信息问题的重要思考方式。计算思维是采用抽象（abstraction）和分解（decomposition）的方法来处理复杂而庞大任务的一种思维方式，当中的过程包括开发（developing）、建模（modelling）、测试（testing）和调试（debugging）。选择合适的方式来陈述一个问题，省却不必理解（不必要）的细节表达或处理问题，建立模型使问题易于处理[①]。计算思维包含数据收集、数据分析、数据表示、问题分解、抽象化、演算法和程序、自动化、模拟、并行 9 项技能，在计算机科学中以及与科学、数学学科教学相结合的案例如表 5-7 所示。

表 5-7　计算思维嵌入各科教学案例

计算思维能力	计算机科学	数学	科学
数据收集	寻找问题区域的数据源	寻找问题区域的数据源，如投掷硬币或骰子	从实验收集数据
数据分析	编写一个程序来对一组数据进行基本统计计算	例如，计算硬币正反面或骰子点数发生次数，并分析结果	分析实验数据
数据表示	使用阵列（array）、链表（linked list）、堆栈（stack）、队列（queue）、图表（graph）等数据结构	使用直方图（histogram）、饼图（pie chart）、条形图（bar chart）来表示数据，使用集合、列表等来包含数据	总结实验数据
问题分解	定义对象和方法，定义式样和函式	在运算中使用运算次序	做物种分析
抽象化	使用程序来封装一组执行函数经常重复使用的指令、使用条件、循环、递归等方法	在代数中使用变量，识别数学文字问题中的重要事实，研究代数中的函数并与程序设计的函数相比较，使用迭代法来解决数学文字问题	构建物理实体的模型
演算法和程序	研究典型的演算法，对某个问题领域执行一个演算法	做长除法、因式分解、加减法运算	做一个实验程序
自动化	—	使用下列工具：Geometer's Sketchpad、StarLogo 等	使用 Probeware（Probeware 是一种科学设备，它允许探针与软件和计算机系统交互，以收集、解释和分析数据）
模拟	演算法动画、参数扫描	在笛卡儿平面中绘制一个函数并修改数的值	模拟太阳系的运动
并行	以并行方式处理线程、管线、数据或任务的分割	解答线性系统，做矩阵乘法	同时以不同的参数进行实验

工程思维是以系统分析和比较权衡为核心的一种筹划性思维。工程思维的本质是求

① 乔凤天. 2017 中小学创客・STEM 教育资源调研报告[M]. 北京：科学出版社, 2017: 11.

同思维，其特点是目标明确，“一切为了实施”，因此强调成本、质量与安全、逻辑、规范和标准化。培养学生学会认识系统与工程的多样性和复杂性，运用系统分析的方法，针对某一具体技术领域的问题进行要素分析、整体规划，并运用模拟和简易建模等方法进行设计；能领悟结构、流程、系统、控制等基本思想和方法并加以运用；能进行简单的风险评估和综合决策。

（三）实践能力

技术的本质在于实践，将技术运用得当才能将实践利益最大化，得到最优化的效果。实践能力基于意识与思维发展而来，也必然结合理论与思考而进行，是落实理论的不同类型的过程，是对理论学习的一种检验。

劳动能力是对身心参与、手脑并用的强调，在理解了方法之后学会运用所学知识解决实际问题，亲历实际的劳动过程，必须面向真实的生活世界和职业世界，学生以动手实践为主要方式，提高劳动质量和效率，并具备一定的设计、操作、创造力以及团队协作能力。

数字化学习与创新则是关注在数字化环境中生存的人们必须掌握信息时代的技术工具，具备开发自身数字化工具的实践力。其表现为：识别与适应数字化学习环境的能力；有效利用数字化技术工具与信息系统解决实际问题的能力；利用数字化工具创造性完成任务且形成创新作品的能力，能够进行数字化创造。数字化学习与创新能力包括数字化学习环境的创设、数字化学习资源的收集与管理及数字化学习资源的应用与创新等。在学习过程中，能够合理选择及评估工具与资源；能够运用数字化学习策略完成任务、创作作品；能在网络学习中开展协作，建构知识。

通用技术课程中有关提升学生实践能力的学科核心素养包括创新设计、图样表达与物化能力。创新设计关注创新性方案构思；图样表达强调运用图样形式进行可视化描述与交流；物化能力特指将意念、方案转化为物品，或是对物品进行改良的能力。它们都是在意识与思维的基础上，对技术产生不同的思考与选择，随后所产生的多元化实践类型。

（四）责任态度

学生处于社会环境当中，在学习技术应用的同时要规范言行，遵守法律法规、社会公德及伦理道德规范，也要学会用技术手段保护自身安全，维护自身合法权益。

劳动精神指的是学生在劳动中要继承中华民族勤俭节约、敬业奉献的优良传统，弘扬开拓创新、砥砺奋进的时代精神。学校必须加强学校教育与社会生活、生产实践的直接联系，发挥劳动在个人与社会之间的纽带作用，引导学生认识社会，增强社会责任感；同时注重让学生学会分工合作，体会社会主义平等、和谐的新型劳动关系。让学生在认识世界的基础上，获得有积极意义的价值体验，学会建设世界，塑造自己，实现树德、增智、强体、育美的目的。

信息社会责任指的是社会成员在享受信息技术带来便利的同时也承担着新的社会责任。信息社会的成员需要遵守法律法规，安全使用技术，积极维护自身与他人合法权益以及公共信息安全；养成良好的信息活动习惯，按照公认的道德准则开展活动；理解与尊重多元信息文化差异，积极参与信息社会建设。

物化能力中也包含了责任态度的培养内容，在实践过程当中能够体验到工匠精神，并形成严谨细致、精益求精、追求卓越的工作态度，形成与技术相联系的安全意识、规范意识、伦理意识、环保意识、质量意识、经济意识、创新意识。

三、T型STEM课程

（一）T型STEM课程结构分类

李维明提出，教师可以学科大概念为线索，分主题以培育学科核心素养为目标进行教学设计①。信息技术学科大概念包括数据、算法、信息系统和信息社会，通用技术学科大概念包括结构、流程、系统、控制，它们既是学科的知识又是学科的方法和思想。劳动教育的主要内容包括日常生活劳动、生产劳动和服务性劳动中的知识、技能与价值观，更强调教育内容与现实生活的结合。

从课程标准所分模块来看，课程模块的设计大体也是按照学科大概念进行划分的，在《普通高中信息技术课程标准（2017年版）》中，必修模块包括“模块1：数据与计算”和“模块2：信息系统与社会”；选择性必修模块包括“模块1：数据与数据结构”“模块2：网络基础”“模块3：数据管理与分析”“模块4：人工智能初步”“模块5：三维设计与创意”“模块6：开源硬件项目设计”。选修模块包括“模块1：算法初步”和“模块2：移动应用设计”，如表5-8所示。

表5-8 信息技术课程结构

<table>
<tr><th>类别</th><th colspan="2">课程模块</th></tr>
<tr><td rowspan="2">必修</td><td colspan="2">模块1：数据与计算</td></tr>
<tr><td colspan="2">模块2：信息系统与社会</td></tr>
<tr><td rowspan="3">选择性必修</td><td>模块1：数据与数据结构</td><td>模块4：人工智能初步</td></tr>
<tr><td>模块2：网络基础</td><td>模块5：三维设计与创意</td></tr>
<tr><td>模块3：数据管理与分析</td><td>模块6：开源硬件项目设计</td></tr>
<tr><td rowspan="2">选修</td><td colspan="2">模块1：算法初步</td></tr>
<tr><td colspan="2">模块2：移动应用设计</td></tr>
</table>

根据信息技术课程标准中课程模块设计的逻辑，以及学科大概念本身的内涵可以发现，“数据”与“算法”涉及更多操作层面、语言方面的内容，学习者在这类模块中更多地通过数据处理、编程计算等操作内化知识、锻炼思维能力；而“信息社会”与“信息系统”则要求学生系统性地看待问题，结合实际应用情境来解决问题，不纠结于细微的数据与算法，抬升学习者看待问题整合知识的视角。

① 李维明. 普通高中信息技术必修模块教学专题指导[M]. 上海：上海科技教育出版社, 2018: 7.

在《普通高中通用技术课程标准（2017 年版）》中，必修模块设“技术与设计 1”和“技术与设计 2”两个模块。这里的“设计”主要指技术产品的设计，包括发现与明确问题、制订设计方案、制作模型或原型、优化设计方案、编写技术作品说明书等设计环节。两个必修模块的基本内容呈现递进关系，“技术与设计 1”是“技术与设计 2”的基础。“技术与设计 1”侧重基础性技术设计，旨在使学生经历一般的技术设计过程，掌握技术设计的基础知识和技能，形成基本的技术思想与经验以及情感态度和价值观；“技术与设计 2”侧重专题性技术设计，选择现代技术原理中基础性强、适用面广、技术思想与方法可迁移性大以及实施条件较为开放的结构、流程、系统、控制四个主题为学习内容，旨在使学生学会运用一定的技术原理认识和分析技术问题，用在“技术与设计 1”中所学的知识与方法进行设计分析、方案物化和问题解决。选择性必修设四个模块，分别为：“技术与生活系列”“技术与工程系列”“技术与职业系列”“技术与创造系列”。选修设四个模块，分别是：“传统工艺及其实践”“新技术体验与探究”“技术集成应用专题”“现代农业技术专题”（表 5-9）。

表 5-9 通用技术课程结构①

类别	课程模块	主要功能
必修	技术与设计 1	满足高中学生毕业要求
	技术与设计 2	
选择性必修	技术与生活系列 技术与工程系列 技术与职业系列 技术与创造系列	满足学生升学和就业以及个性化发展的需要
选修	传统工艺及其实践 新技术体验与探究 技术集成应用专题 现代农业技术专题	满足学生在技术学习方面的特别需求

劳动教育的内容立足于学生个人生活、工农业生产环境、社会服务等具体情境，面向学生未来生活中的具体应用，关注劳动教育下学生的系统体验与领悟。强调学生亲临劳动场域，有亲身的劳动经历、亲近的劳动情感、亲切的劳动认知，也就是注重学生身体体验及其活动方式的“具身认知”。劳动教育的“具身性”，意味着“身心一元”的认知图式，环境—身体—心智之间的交互关系，不仅变得越来越紧密，而且通过复杂、多维的互动机制，对劳动教育认知及技能进行重新探索。劳动所面对的世界是一个整体的世界、综合的世界，这就决定了劳动教育的过程必须运用多学科的知识分析和解决问题。单一知识性、单一学科性、单一形态的劳动必然会导致马克思所说的“畸形的发展”和“片面的发展”。实践是人类主客体相互作用的基本形式，是人能动地改造世界的对象化

① 中华人民共和国教育部. 普通高中通用技术课程标准(2017 年版)[M]. 北京：人民教育出版社，2018: 8.

活动。劳动是人类主体维持自我生存和自我发展，对生活生产资料进行加工、制作和改变的活动，是人类最为基本、最为普遍、最为崇高的实践活动。加强劳动教育，必须加强劳动实践，坚持让学生在劳动实践中做，在劳动实践中学，在劳动实践中悟，通过丰富多彩的劳动实践活动，实现劳动育人的教育目标。劳动教育总是在特定的情境和场域中，通过真实的劳动过程而实现的。苏霍姆林斯基说过，“只有经历具有教育意义的劳动，才可能有真正的劳动教育”。这表明劳动教育所实施的劳动活动必须经过有目的、有计划的活动，是经过精心设计的劳动。劳动教育的情境可以多种多样，如农场、工厂、社会服务场所、劳动实践基地是我们进行劳动教育的自然场所，所提供的情境应具有明确的目标和任务、对象和资源、环境和场域等要素。学校、社区、家庭是劳动教育的场所，其情境具有生活性和普遍性①。

依据技术类学科大概念的类型，可将 T 型 STEM 课程结构分为智能型 STEM 课程以及系统型 STEM 课程。通用技术与信息技术学科在课程结构上都分别有其“智能”与“系统”的特性，劳动教育的具身性、实践性、情境性让其需要在更为综合、系统的课程中开展教学。因此将智能型 STEM 课程解释为：更关注学习技术本身的 STEM 课程，倾向于在课程中帮助学生掌握技术的基本操作、原理认知等，以编程教育、机器人教育、人工智能教育等为参考，专注于学生的操作技能与思维发展等。系统型 STEM 课程则是：更关注技术系统应用的 STEM 课程，倾向于学习技术的结构与流程，信息、技术、跨学科知识在情境中的统整应用，发展学生对知识的理解、发现问题、解构问题的能力。系统型 STEM 课程是对智能型 STEM 课程中所学知识与方法的一种可迁移式应用。

【拓展阅读】 人工智能五个大概念

由人工智能促进协会（Association for the Advancement of Artificial Intelligence）联合计算机科学教师协会（CSTA）和由李飞飞发起的非营利项目（AI4ALL）共同发起的 AI4K12 工作组提出了人工智能的五个大概念，其与信息技术学科提出的四大核心素养实际上存在共通之处。教师可综合理解学科核心素养与以下五个大概念来进行智能型 STEM 课程目标的设计与设置（表 1）。

表 1　人工智能的五个大概念（big ideas）

概念	内容
感知	计算机使用传感器来感知世界。感知是从传感器信号中提取意义的过程。AI 领域迄今为止最重要的成就之一，就是使计算机能够足够好地去“看”和“听”以投入实际应用
表示与推理	智能代理（能够）保持对现实世界的表示并用它们进行推理。表示是自然智能和人工智能的基本问题之一。计算机使用数据结构来构建表示。这些表示辅助推想算法，这些推想算法从而从已知信息中推导出新的信息。智能代理虽然可以推理非常复杂的问题，但并不像人类一样思考问题

① 顾建军. 劳动教育要抓住灵魂科学实施[EB/OL]. https://mp.weixin.qq.com/s/udAGTZtOPWPyUh3XIVAZNQ. [2021-09-29].

续表

概念	内容
机器学习	计算机可以从数据中学习。机器学习是一种在数据中找到规律的统计推断。近年来，由于一些学习算法创造了新的表示，AI 的许多领域都取得了显著进步。这种方法的成功需要大量的数据。这些“训练数据”通常必须由人们提供，但有时也可以由机器自身获取
人机交互	智能代理需要多种知识才能与人类自然交互。为了与人类自然地交互，智能代理必须能够用人类语言交谈，识别面部表情和情感，并利用文化和社会习俗的知识来推断所观察到的人类行为的意图。所有这些问题想要解决都不容易。今天的人工智能系统可以在有限的程度上使用语言，但其综合推理和会话能力却不如一般的人类儿童
社会影响	AI 的应用对社会既有正面影响也有负面影响。人工智能技术正在改变我们工作、出行、沟通和相互照顾的方式。但我们必须注意其所能带来的危害。例如，若用于训练人工智能系统的数据存在偏见，可能会导致部分人受到的服务质量低于其他人。因此，讨论 AI 对我们社会的影响，并根据相关系统在道德层面的设计以及应用来制定标准是重要的

（二）T 型 STEM 课程内容分析

不同的教学内容针对学生不同的思维区域，从而培养不同的核心素养。在界定 T 型 STEM 课程结构类型时，智能型 STEM 课程更侧重于培养学生的意识与思维素养，系统型 STEM 课程则在综合应用性更强的课程中侧重于培育学生的实践能力与责任态度。根据技术类学科课程主要内容，可按其课程属性将其分类，有意识地在课程设计中侧重某些素养的培育，同时要懂得依托科学、数学与工程知识，为 T 型 STEM 课程创设具体情境，技术类课程内容具有极强的应用属性，依托具体情境创设的课程学习能够给予学习者更为丰富的体验，增强对知识内容的理解与内化，注重技术类课程内容的现实应用，链接生活与各学科知识，达到问题解决的目的，适应未来社会的多方面挑战。表 5-10 对课程内容进行了简单的归类整理，望给予参考。

表 5-10　技术类课程内容分析表

课程形式	重点培育素养	涉及模块	主要内容
智能型 STEM 课程	意识	（信息技术必修）模块 1：数据与计算	数据与信息
		（信息技术选择性必修）模块 1：数据与数据结构	数据及其价值
		（信息技术选择性必修）模块 2：网络基础	网络基本概念 网络协议与安全
		（信息技术选择性必修）模块 4：人工智能初步	人工智能基础
		（信息技术选择性必修）模块 6：开源硬件项目设计	开源硬件的特征
		（通用技术必修）技术与设计 1	技术及其性质
	思维	（信息技术必修）模块 1：数据与计算	数据处理与应用
		（信息技术选择性必修）模块 1：数据与数据结构	数据结构
		（信息技术选择性必修）模块 3：数据管理与分析	数据需求分析
		（信息技术选择性必修）模块 4：人工智能初步	简单人工智能应用模块开发

续表

课程形式	重点培育素养	涉及模块	主要内容
智能型STEM课程	思维	(信息技术选择性必修)模块5：三维设计与创意	三维作品设计与创意
		(信息技术选择性必修)模块6：开源硬件项目设计	开源硬件项目流程
		(信息技术选修)模块1：算法初步	算法基础 常见算法及程序实现
		(通用技术必修)技术与设计1	技术设计过程
		(通用技术必修)技术与设计2	结构及其设计 流程及其设计
系统型STEM课程	实践能力	(信息技术必修)模块2：信息系统与社会	信息系统组成与应用
		(信息技术必修)模块1：数据与计算	算法与程序实现
		(信息技术选择性必修)模块2：网络数据	物联网
		(信息技术选择性必修)模块1：数据与数据结构	数据结构应用
		(信息技术选择性必修)模块3：数据管理与分析	数据管理 数据分析
		(信息技术选择性必修)模块4：人工智能初步	人工智能技术的发展与应用
		(信息技术选择性必修)模块5：三维设计与创意	三维作品发布
		(信息技术选择性必修)模块6：开源硬件项目设计	基于开源硬件的作品设计与制作
		(信息技术选修)模块1：算法初步	算法应用
		(信息技术选修)模块2：移动应用设计	移动应用功能设计与开发
		(通用技术必修)技术与设计1	工艺及方案实现
		(通用技术必修)技术与设计2	系统及其设计 控制及其设计
	责任态度	(信息技术必修)模块2：信息系统与社会	信息社会特征 信息安全与信息社会责任
		(信息技术选择性必修)模块5：三维设计与创意	三维设计对社会的影响
		(信息技术选修)模块2：移动应用设计	移动技术对社会的影响 移动应用中的信息安全
		(通用技术必修)技术与设计1	技术交流与评价

类似地，可针对各学科课程标准中的课程内容，结合实际需求进行课程设计。通用技术课程的非必修内容，如表5-11所示，较多地涉及与生活相关的技术知识，非必修内容会更多地强调与实际情境、具体问题的链接，推荐以系统型STEM课程形式开

展教学。

表 5-11 通用技术非必修内容①

类别	课程模块	主要内容
选择性必修	技术与生活系列	现代家政技术 服装及其设计 智能家居应用设计
	技术与工程系列	工程设计基础 电子控制技术 机器人设计与制作
	技术与职业系列	技术与职业探索 职业技术基础
	技术与创造系列	创造力开发与技术发明 产品三维设计与制造 科技人文融合创新专题
选修	传统工艺及其实践	纸造型工艺 泥、石造型工艺 金属造型工艺 布造型工艺 木造型工艺 琉璃、塑料造型工艺
	新技术体验与探究	新技术发展概述 新技术应用体验 新技术专题探究
	技术集成应用专题	技术集成基本原理 技术集成的实现形式 技术集成应用与实践 技术集成与创新创业
	现代农业技术专题	绿色食品 品种资源的保护和引种 无土栽培 动物营养与饲料 病虫害预测及综合治理 农产品营销

劳动教育的主要内容包括日常生活劳动、生产劳动和服务性劳动中的知识、技能与价值观，如表 5-12 所示。日常生活劳动教育立足于个人生活事务处理，结合开展新时代校园爱国卫生运动，注重学生生活能力和良好卫生习惯的培养，树立自立自强意识。生产劳动教育要让学生在工农业生产过程中直接经历物质财富的创造过程，体验从简单劳动、原始劳动向复杂劳动、创造性劳动的发展过程，学会使用工具，掌握相关技术，感受劳动创造价值，增强产品质量意识，体会平凡劳动中的伟大。服务性

① 中华人民共和国教育部. 普通高中通用技术课程标准(2017 年版)[M]. 北京：人民教育出版社，2018: 18-63.

劳动教育让学生利用知识、技能等为他人和社会提供服务，在服务性岗位上见习实习，树立服务意识，实践服务技能；在公益劳动、志愿服务中强化社会责任感。其综合性、情境性的特质，使其适合于系统型 STEM 课程，在过程中引导学生加强实践能力，提升责任意识。

表 5-12　劳动教育主要内容①

学段	主要内容
小学低年级	以个人生活起居为主要内容，指导学生： （1）完成个人物品整理、清洗，进行简单的家庭清扫和垃圾分类等，树立自己的事情自己做的意识，提高生活自理能力。 （2）参与适当的班级集体劳动，主动维护教室内外环境卫生等，培养集体荣誉感。 （3）进行简单的手工制作，照顾身边的动植物，关爱生命，热爱自然
小学中高年级	以校园劳动和家庭劳动为主要内容，指导学生： （1）参与家居清洁、收纳整理，制作简单的家常餐等，每年学会 1～2 项生活技能，增强生活自理能力和勤俭节约意识，培养家庭责任感。 （2）参加校园卫生保洁、垃圾分类处理、绿化美化等，适当参加社区环保、公共卫生等力所能及的公益劳动，增强公共服务意识。 （3）初步体验种植、养殖、手工制作等简单的生产劳动，初步学会与他人合作劳动，懂得生活用品、食品来之不易，珍惜劳动成果
初中	兼顾家政学习、校内外生产劳动、服务性劳动，让学生： （1）承担一定的家庭日常清洁、烹饪、家居美化等劳动，进一步培养生活自理能力和习惯，增强家庭责任意识。 （2）定期开展校园包干区域保洁和美化，以及助残、敬老、扶弱等服务性劳动，初步形成对学校、社区负责任的态度和社会公德意识。 （3）适当体验包括金工、木工、电工、陶艺、布艺等项目在内的劳动及传统工艺制作过程，尝试家用器具、家具、电器的简单修理，参与种植、养殖等生产活动，学习相关技术，获得初步的职业体验，形成初步的生涯规划意识
高中	注重围绕丰富的职业体验，开展服务性劳动和生产劳动，指导学生： （1）持续开展日常生活劳动，增强生活自理能力，固化良好的劳动习惯。 （2）选择服务性岗位，经历真实的岗位工作过程，获得真切的职业体验，培养职业兴趣；积极参加大型赛事、社区建设、环境保护等公益活动、志愿服务，强化社会责任意识和奉献精神。 （3）统筹劳动教育与通用技术课程相关内容，从工业、农业、现代服务业以及中华优秀传统文化特色项目中，自主选择 1～2 项生产劳动，经历完整的实践过程，提高创意物化能力，养成吃苦耐劳、精益求精的品质，增强生涯规划的意识和能力

第二节　T 型 STEM 课程设计

一、基于设计思维的 T 型 STEM 课程模型

设计思维，一言以蔽之是一种高效的创新方式。通过分析问题、观察用户，发现用户未被满足的需求，并挖掘背后的洞察。根据洞察，提出解决问题的多种创意方案，用

① 中华人民共和国教育部. 教育部印发《大中小学劳动教育指导纲要(试行)》[EB/OL]. http://www.moe.gov.cn/jyb_xwfb/gzdt_gzdt/s5987/202007/t20200715_472806.html. [2021-09-29].

创意做出“产品原型”，通过多次测试，不断验证、思考、改善、迭代，寻求商业、技术、用户需求之间平衡的创新解决方案①。

技术尽管在当今时代占据越来越重要的地位，但其在教育教学中与STEM中的作用发挥仍然具有不确定性，这就更加强调了提高策略意识的必要性，以支持T元素在教学中实际有效地发挥作用，体现技术实践自身及其对其他学科的重要辅助作用。设计思维的引入实际上是为教师、学生提供一条清晰明确、适合于落实技术实践的可行路径。在美国经济学家赫伯特·西蒙（H. A. Simon）看来，人工科学与自然科学的一个重要差别就是人工科学离不开人的设计，要将人工的与自然的进行融合，离不开人的思维②。这可以视为设计思维观念的雏形。技术在教育中作用的体现不在于技术本身，而在于利用技术的人，同理，课程教学最为看重的是教学设计。不论是教师运用技术的教，还是学生最终对技术的学，都需要通过设计来使技术发挥作用，实现技术应用或学习的最优化。

（一）设计思维的概念与内涵

设计思维的起源，最早可从1969年赫伯特·西蒙的《人工科学》一书中窥见一二。赫伯特·西蒙认为人工科学离不开人的思考，在已有的教育当中不存在所有问题的最佳解决策略，唯有处于思考的环境当中，才能获得知识的迁移，形成理解性的学习。因此，赫伯特·西蒙提出要在学习中引导学生进行思考、开展设计，创造出与自然相融的人工制品。

1991年，大卫·凯利（D. Kelley）创立了IDEO公司，把设计思维应用到商业领域中，其CEO提姆·布朗（T. Brown）于《哈佛商业评论》发表的文章中提到了“像设计师一样思考，不只能改变开发产品、服务于流程的做法，甚至能改变构思策略的方式”。2004年，大卫·凯利创办了斯坦福设计学院（Institute of Design at Stanford），开设了设计思维课程，正式引入教育领域③。设计思维方法被作为一种教学手段，同时也作为教学目标被正式纳入高等教育课程体系。

有学者认为，设计思维是通过提供恰当的思维支架及方法支持，引导学习者从定义问题开始，逐步掌握创意构思、原型迭代、测试等一系列创新方法技能，最终实现问题的创新解决或产品的创新④。也有学者认为，设计思维旨在运用创造性的方法，尽可能地满足终端用户的需求⑤。提姆·布朗说：设计思维是一种以人为本的创新方式，它提炼自设计师积累的方法和工具，将人的需求、技术可能性以及对商业成功的需求整合在一起。同时，他指出，不能把设计思维简单地看作是一种分析式思考，它是一种灵感、

---

① 乔凤天. 2017中小学创客·STEM教育资源调研报告[M]. 北京：科学出版社, 2017:11.

② 林琳，沈书生. 设计思维的概念内涵与培养策略[J]. 现代远程教育研究, 2016, (6): 18-25.

③ 王佑镁，郭静，宛平，等. 设计思维：促进STEM教育与创客教育的深度融合[J]. 电化教育研究, 2019, 40(3): 34-41.

④ 闫寒冰，郑东芳，李笑樱. 设计思维：创客教育不可或缺的使能方法论[J]. 电化教育研究, 2017, 38(6): 34-40, 46.

⑤ 陈娟，钟志贤. 论设计思维视野下的教学设计[J]. 江西广播电视大学学报, 2011, 50(2): 54-58.

构思、实施的过程。概括起来，设计思维就是一套以人为本的解决问题的方法论，这种方法论强调解决问题要从人的需求出发，多角度地寻求创新解决方案，并创造更多的可能性。从培养创新能力发展的角度看，若将这一思维方式转变为一种教学方式或学习模式，那将对学生核心素养发展具有重要意义，同时，为学校的学科教学提供一种新途径。

作为工程和技术的核心过程，设计以一种整合和激励人心的方式成为教授科学、技术、工程和数学内容的有力手段。经历设计过程，一个人可以学会如何辨别问题或需要，如何思考各种选择及其约束条件，如何做计划、建模型、用迭代方法解决问题，如何提高高阶思维技能和实实在在的可见技能。基于设计的学习促使学生成为批判性的思考者和问题的解决者，并将科学和技术作为应对今日世界最紧迫挑战的强有力工具①。数字时代教师教学面临的挑战不再是技术支持教学是否可行及能否实现，而是何时应用技术以及如何应用技术的意识与决策②。这意味着数字时代教师的教学不再是技术与教学方法的简单叠加，而是一种面向更加复杂学习环境的技术与教学的融合式创新③。为了适应技术与教学的融合式创新，教师不仅需要技术整合应用的信息化教学能力，更需要一种指向复杂教学问题解决的设计思维。近年来，设计活动日益突出，设计思维因其在解决复杂和不明确问题时显现出巨大潜力，已经发展成为一种被广泛采用的、培养创新思维的高效手段，在工程、建筑与商业等领域受到普遍重视和应用。

（二）设计思维模型的可行性

设计思维是一种创新的、采用以人为中心的方法来定义和解决复杂问题的动态过程，是一种拆解问题的思维技巧，将问题解决拆解成发现问题、分析问题、解决问题等流程，并在流程中进行解决方案生成、验证、反思等迭代循环，在此过程中提升创新能力。

技术的学习和使用都需要通过实践来完成。设计者思考问题的方式被理论化后是一个从发现问题到解决问题的迭代路径。设计思维模式是将这个迭代路径结构化，最终路径逐步衍变形成一个可供迁移的过程，在这个过程中可以生发出对应的一系列活动与策略，在完成一系列活动的过程中能够体现，也能够培养设计者的思维能力及素养。

设计思维关注创新性人工制品这一结果，更加关注发现问题和构思问题的解决方案，这个过程对应的就是技术学习当中的实践。技术是课程的“药引”，重要的是在学习和使用“药引”的过程中，我们还需要怎样调整实践，为完善过程需要用到哪些“药理”，让

---

① 赫尼，坎特. 设计·制作·游戏：培养下一代STEM创新者[M]. 赵中建，张悦颖主译. 上海：上海科技教育出版社，2015: 3.

② Neal L, Miller D. The Use of Technology in Education[M]. Mahwah: Lawrence Erlbaum Associates, 2006: 330.

③ 葛文双，韩锡斌. 数字时代教师教学能力的标准框架[J]. 现代远程教育研究，2017, (1): 59-67.

"药引"发挥其最佳作用。

在实践当中遇到的问题是多方面的、跨学科的、以人为本的，这样的问题通常无法通过线性方案来解决。布坎南（Buchanan）①指出，设计指的是利用人的能力来解决创造性的问题，提供能够满足需求的想法、流程或系统。设计因此成为一种创造性问题解决和思考的方式，适用于以人为本的专业，比如医生、工程师、教育工作者等。"设计思维"是设计工作的认知过程，是在实践中解决问题的思维技能，运用在注重问题解决与创造产品的 T 型 STEM 课程中再合适不过了。卡罗尔（Carroll）等人对将设计思维整合于 K-12 课堂进行了深入的探索研究，结果表明，设计思维可以为学生提供一套切实可用的思维方法，能有效培养学生的想象力及创造力自信②。T 型 STEM 课程强调学生的实践创新与作品创作过程，即要求学生的认知处在分析、评价、创新的高级阶段，这在一定程度上会忽视学生初级认知的发展。因此，教育过程中在学生完成作品创作这种比较复杂的任务时，教师需要帮助学生在完成任务之前获得先决知识与技能，需要使其提前掌握相关工具与方法，这也称为"使能"技能③。

（三）基于斯坦福设计思维模型的 T 型 STEM 课程设计模型

密歇根州立大学的凯勒教授（M. J. Koehler）和米什拉教授（P. Mishra）④建议技术学科的教师，要将自己置于设计师的角色当中，使用工具、内容、想法来为学习者积累设计经验，传递解决问题与创造学习的知识。本书选择了斯坦福设计思维模型作为设计模型参考（图 5-3），但这并不表示斯坦福设计思维模型即为唯一且最好的设计模型。选择斯坦福设计思维模型的原因在于它将线性的五个阶段进行了循环迭代的设计，符合 T 型 STEM 课程的思想，给予学习者试错与完善的机会。

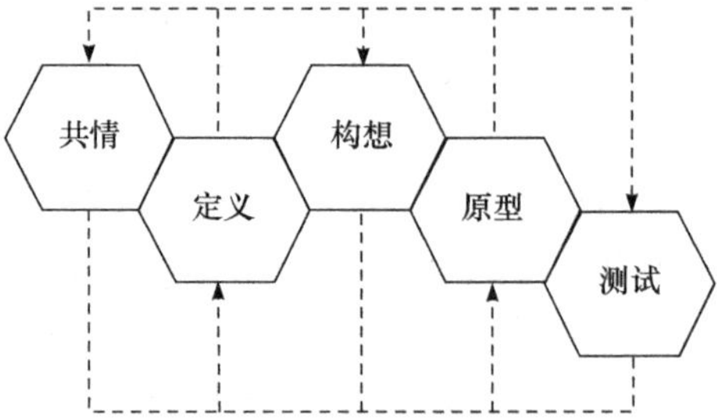

图 5-3　斯坦福设计思维模型

---

① Henriksen D, Richardson C, Mehta R. Design thinking: a creative approach to educational problems of practice[J]. Thinking Skills and Creativity, 2017, 26: 140-153.

② Goldman S, Kabayadondo Z, Royalty A, et al. Student Teams in Search of Design Thinking in Design Thinking Research[M]. New York: Springer International Publishing, 2014: 11-34.

③ Wiggins G, McTighe J. Understanding by Design[M]. Upper Saddle River: Merrill Prentice Hall, 2001: 7-19.

④ Koehler M J, Mishra P. What happens when teachers design educational technology? The development of technological pedagogical content knowledge[J]. Journal of Educational Computing Research, 2005, 32(2): 131-152.

斯坦福大学设计学院的课程基于设计思维方法，将教学的基本设计步骤分为共情、定义、构想、原型、测试。强调从用户需求出发，将解决问题看成在信息不完全状态下不断摸索的过程。确定好问题后，通过头脑风暴得出尽量多的解决方案，再根据反馈快速迭代，从而找到好的解决方案。设计思维强调以帮助用户实现有用的结果、不断创新再创新和多样化团队等原则，以及观察、反思和执行三步循环，来驱动整个思考和创新过程。设计师、教育工作者可以根据需要循环某个阶段，或重启整个模式，以达到探索问题和解决问题的目的。

为帮助一线教师更好地理解设计思维模型的各阶段步骤，T 型 STEM 课程设计（图 5-4）借助了计算思维的要素，细化各阶段的问题处理，将技术类核心素养渗透到课程设计当中。设计思维为课程设计提供大方向的指引，计算思维则是系统化、条理性的步骤梳理辅助。多数的计算思维定义都包含以下 4 种重要元素：拆解（decomposition）——把复杂的问题拆解成多个较容易解决、独立的小问题，或一步接一步的小问题，例如，如何从这里到海洋公园；模式识别（pattern recognition）——识别一个问题中与其他问题或现象相似的地方；抽象（abstraction）——专注于重要的部分，忽略不相关、不重要的部分，如建模；算法（algorithm）——设计出一步接一步的逻辑步骤，从而解决问题。除了上述 4 个重要元素外，计算思维还可以包括一般的编程及计算机科学，其他比较统一的计算思维元素或表现方式还包括：收集数据、分析数据、表达数据；设计与发明；模拟、除错、评估；数据或科学视觉化；等等。这些计算思维的元素都可以用在设计 T 型 STEM 课程当中。

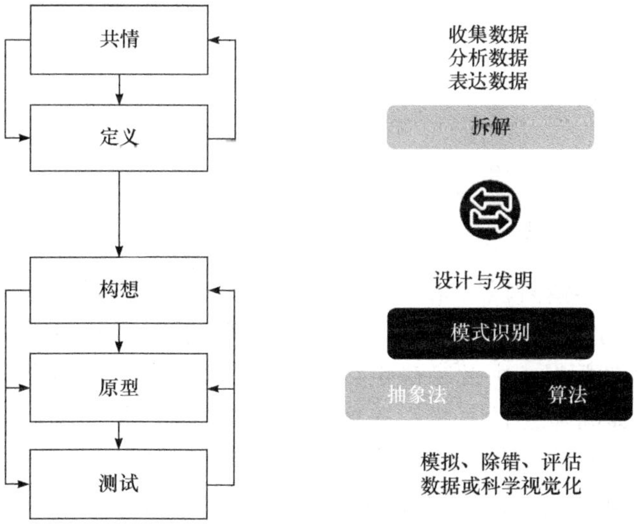

图 5-4　基于设计思维模型的 T 型 STEM 课程设计模型

二、T 型 STEM 课程设计流程

基于斯坦福设计思维模型的指导，考虑 T 型 STEM 课程设计要素以及核心素养的指引，本书设计了如图 5-5 所示的 T 型 STEM 课程设计流程图供各位教师参考修正。T 型 STEM 课程设计以设计思维的五项可迭代的步骤为主线，以意识、思维、实践能力、责

任态度四个核心素养为指引，从而细化各步骤的主要流程。在此过程中，共情与定义阶段设计所需完成的是对学生意识的唤醒，通过观察、问卷、访谈等交流互动，获取学生对同一问题、同一项目的需求认知，确定课程问题解决的主题；在此基础上，历经头脑风暴、工具选择、资源获取与草图设计等活动锻炼学生的各项思维能力，开展多重方案设计；再通过小组分工协作将方案可视化，进行模型修正，以完善产品质量，锻炼学生的多种实践能力；测试阶段所涉及的各种产品呈现形式，比如角色扮演、公开展览等等，加上课程全程所创设的现实情境，可以渗透对学生责任态度的培育，通过各阶段的评价与反馈，在课程进行过程中对产品进行迭代优化，让知识内容、思考与实践不断重复与深化，以达到培育各项学科核心素养的课程目标。

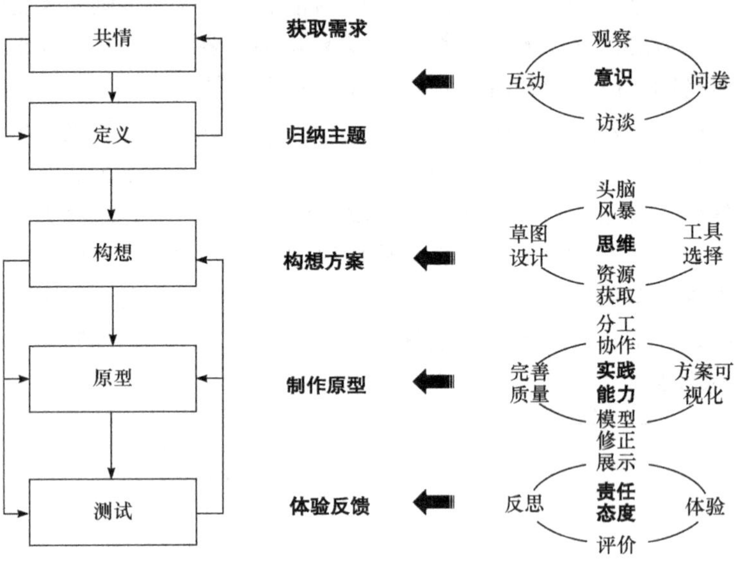

图 5-5 T 型 STEM 课程设计流程图

（一）共情与定义阶段

如图 5-6 所示，共情阶段常采用观察、问卷、访谈等方式帮助学生收集灵感，准备开展接下来的学习活动。定义阶段学生将随小组展开讨论，总结归纳出关键问题，也就是常说的驱动性问题，由此来确定接下来的活动主题。这两个阶段通常会放在一起进行，首要任务是将学生的思维引入到学习环境中来，用协作交流的形式激发学习兴趣，给予学生一个切入点使其进入到设计活动中。在本阶段，学生首先从教师所提供的线索中发生“共情”，尝试设身处地地思考：“如果你出现这样的问题（处于这样的情境中），为了解决问题（需要解决哪些问题），你需要做些什么？”学生可采取信息搜索、集体讨论、头脑风暴等方式，尽可能多地搜集关于情境线索的灵感，发表自己的见解。

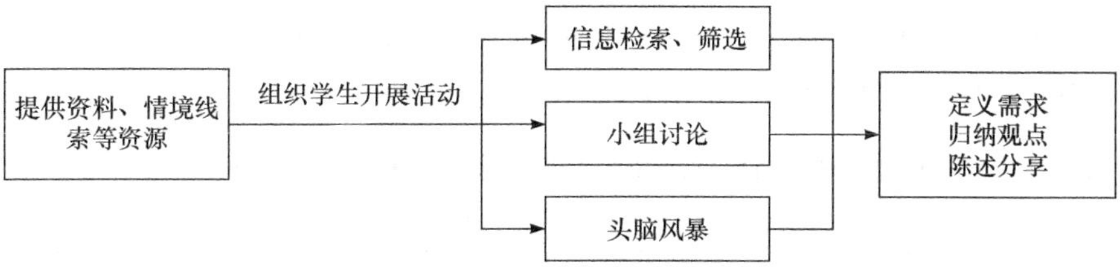

图 5-6 共情与定义阶段活动设计

例如，斯坦福大学设计学院 STEM 课程中“避难所的再设计”①（Built to Learn! Shelter Curriculum）这一项目，在共情阶段主要通过观察和访谈的信息，让学生对发展中国家难民营中的同龄人建立同理心，为这些流离失所者的生活住处和方式提供见解，思考他们的真实需求。教师会通过带有叙利亚地区背景的幻灯片向学生介绍本次课程的任务，即为发展中国家的同龄人重新设计庇护所。接着，教师播放一段 17 岁叙利亚难民哈纳迪的访谈视频，学生在观看时要“仔细观察所看到的、听到的，试着设身处地地为他们着想”。视频看完后，学生需要回答“你对哈纳迪有什么了解？关于哈纳迪，什么让你感到惊讶？如果你可以问哈纳迪一个问题，你会问她什么？”等问题，小组内部成员对这些问题进行讨论与交流。最后，学生根据访谈的过程和结果，以及教师提供的模板要求，总结归纳讨论成果。

在定义阶段，学生根据上一阶段得到的成果来定义哈纳迪的需求，并陈述小组需要解决的问题。教师则向学生呈现如何综合访谈的数据，用不同的语句来描述用户的需求。小组内部展开讨论，得到 2～3 个观点陈述，认真思考“对用户、需求和内部有清晰的描述”，最终确定需要解决的设计问题，并在全班进行观点陈述分享。

作为设计的前期工作，本阶段能够调动学生的思维，为之后的学习活动提供基础。首先，对于智能型 STEM 课程，该阶段的情境线索会比较细节化，探讨的内容也侧重于直接可以用技术解决的问题，主要调动学生思考技术工具的选择与组合等。其次，对于系统型 STEM 课程，该阶段的情境如上述案例所示，可能是当地、国家、全球共同面临的难题，将大难题迁移为可操作的小难题，学生的思考需包括更多跨学科的知识，教师需引导学生进行知识统整，用技术作为辅助联结多学科知识解决难题。

教师在设计本阶段内容时要面向各学科核心素养，在最后的归纳总结过程中需要得出本次课程学习的目标，针对各学科核心素养，本次课程活动需完成哪些任务，达到什么样的效果，需要哪些成品作为评价对象，等等。作为学科教师，对于自己学科核心概念的理解非常重要，教师不仅要将知识看作科学问题，也需要具备将问题转化为技术辅助的能力。也就是说，教师在选择了教学目标之后，需要将学习内容转化为一个个需要达成的小目标，自己能够清晰地罗列出为了达到小目标，课堂教学中需要完成怎样的任务，达到怎样的效果。有了更为细节的描述，才能够根据需求选择合适的技术进行辅助催化，综合应用各科知识，进行内容融合。

① 陈鹏，田阳，黄荣怀. 基于设计思维的 STEM 教育创新课程研究及启示——以斯坦福大学 d. loft STEM 课程为例[J]. 中国电化教育，2019，(8)：82-90.

如表 5-13 所示，通过列表的形式，将学科内容与技术内容进行对接，深入理解各科核心素养与课程标准，对于教学内容的设置将大有裨益。

表 5-13 各学科核心素养与学科内容的联系（节选自本章第三节“智能植物生长管理系统”STEM 课程设计表）

学科核心素养			学科内容		相匹配的学生任务或问题
学科	学科核心素养	素养描述	知识点	课标位置	
通用技术	图样表达	指运用图形样式对意念中或客观存在的技术对象加以描述和交流	计算机辅助制图	苏教版高中通用技术必修 1“技术与设计 1”	利用 AutoCAD 软件虚拟制图
	工程思维	针对某一具体技术领域的问题进行要素分析、方案构思及比较权衡；领悟结构、流程、系统、控制基本思想和方法的实际运用，并能用其进行简单的决策分析和性能评估	设计评估	苏教版高中通用技术必修 1“技术与设计 1”	对智能植物生长管理系统的思考、设计以及最后的评价
信息技术	数字化学习与创新	个体通过评估和选择常见的数字化资源与工具，有效地管理学习过程与学习资源，创造性地解决问题，从而提高完成学习任务的能力，形成创新作品的能力	物联网（感知数据的传递）	苏科版小学六年级信息技术拓展模块Ⅲ“物联网技术”； 苏科版初中九年级信息技术第四章； 高中选修“网络技术”	对智能植物生长管理系统的搭建
			计算机辅助制图	苏教版高中通用技术必修 1“技术与设计 1”	利用 AutoCAD 软件虚拟制图
	计算思维	个体在运用计算机科学领域的思想方法形成问题解决方案的过程中产生的一系列思维活动	循环语句	高中选修“算法与程序设计”第三、第四章	确保所有系统有序无遗漏地进行
数学	数据分析	针对研究对象获取相关数据，运用统计方法对数据进行整理、分析和推断，形成关于研究对象知识的过程	分析数据	人教版数学八年级下册	对问卷的调查结果进行分析

围绕活动主题，将学科核心概念、学科目标要求、学科核心素养相互对接和整合设计，确定课程“目标”和学习“内容”。梳理归纳所发展的核心素养、选择的学科内容、对应的任务活动等等，有效融合 STEM 科学知识和技术工具，有效地联结、利用、融合成为一个整体的教学架构。当然，教师仍然要不断更新、反思、完善如表 5-13 形式的课程设计表，开展以人为本的创新设计活动。

在活动设计开始之前，教师要询问自己诸多的问题：课程实施的基本手段与保证、项目目标、阶段任务（实验）、基础条件（需要的设备材料）、知识储备（实施项目所需要的学科知识、编程准备、实践技能）、实施过程（项目流程、生命周期）、项目评价、项目反思等。

【拓展阅读】 活动设计原则

活动设计原则包含了如何确立活动的大目标和途径，以及如何选择工具、材料和构成背景及应对出现的各种现象，以促进学习者朝着这些目标前行[①]。

1. 基于学习者已有的兴趣和知识的活动和调查

一般来说，我们设计的活动涵盖了日常熟悉的材料和现象，在活动区域内，让学习者参与到熟知的情境中开展活动，观看真实的视频影音资源等。能够发现，无论以熟悉度、惊讶度还是感兴趣程度作为切入点，通过这种途径都能够引起学生先前经验的共鸣，这种共鸣促使学习者动手使用身边的材料。

2. 以材料激起兴趣并吸引探究

选择活动材料主要依据两个标准：①美观、复杂、新奇，具有较强的可观察性；②能够对学习者的行动给予及时的反馈。学习者在更换材料、制作新产品的过程中，需要快速看到新的结果，这有利于整体活动的开展。这就强调了技术工具流畅度、便捷度的重要性。

3. 工具和科学的概念只是方法而非目的

学习者在活动中的体验是通过运用并理解相关的科学和数学概念、现象和工具得以实现的。工具和科学为学习者继续与概念打交道创造了条件，使他们能够进一步探索那些已熟知的内容与工具。

4. 多重途径可以获得

在设计活动的时候，学习者可以通过多重途径来探索和验证他们的想法。这种多重途径的活动设计挖掘了学习者建立、验证其假设及理解的潜能，有助于学习者探索工具与现象，同时也起到了激发的作用。这也是本书选择设计思维模型的原因之一，循环迭代的流程给予学习者试错与尝试的机会，启发学习者的思维，使其通过技术工具寻求个人心中的最佳方案。

5. 活动和调查鼓励学习者进行更复杂的思考

不管学习者的起始水平如何，必须要确保活动不仅能激起他们尝试挑战的欲望，还要拓展他们应对未知事物的水平。随着学生逐步加深对原理、概念或功能的理解，设计的活动会变得愈发复杂，困难也随之而来。小组活动、原型构建、修改完善、评价反思，都是活动中需要考量的内容，促使学生在复杂情况下进行更复杂的思考。

关于教师活动与学生活动的设计，就如日常撰写的教案一般，教师需要考虑教学时长、实验程度、学习深度等等。安排的实验项目，学生能否在一个课时完成？除了信息技术知识以外，完成项目还需要哪些学科的知识？在教授某一学科知识时，信息技术能够提供怎样的帮助？是否会超出学生已有的学科知识？

为加强课程的可操作性，教师可将教师活动与学生活动进行对应设计，将问题、巩固、设计意图等都写入活动设计部分，将每一个环节进行串联，理解课程脉络。

---

① 赫尼，坎特. 设计·制作·游戏：培养下一代 STEM 创新者[M]. 赵中建，张悦颖主译. 上海：上海科技教育出版社，2015: 50-52.

【案例】 智能科学：人工智能+关于心智的生物学①

“人工智能与关于心智的生物学”是人大附中AI实验班开设的研修课程。该课程由人大附中的武×老师（计算机科学教师）与和×老师（生物教师）合作授课，并由张×老师（信息教师）做合作教师。从生物学——认知神经科学/脑科学的角度剖析一些著名“终极算法”的启示起源、创新思想；从计算机科学——机器学习的角度研究生命系统（细胞、神经、发育、免疫、行为等）的计算建模、应用实例等，该研修课程的设计方案如表1所示。

表1 研修课程的设计方案

教师活动	学习活动
环节一：回顾之前所学内容+新课导入（2分钟+2分钟）	
教的活动1 a. 五大算法回顾，提问1：终极算法中提过的五大算法是什么？（武×老师） b. 引入遗传算法可视化的示例，包括：flappy bird、双足行走器、多足行走器和I boxcar，引起学生兴趣（武×老师）	学的活动1 a. 思考老师提出的问题 b. 学生跟着老师一起观看遗传算法可视化的示例，感到好玩有趣，激发了下面学习的热情
设计意图：让学生回顾以往所学知识，了解课程脉络，并引起学生对遗传算法学习的兴趣	
环节二：智能素养与生命观念：从生物学角度出发，理解进化论，学习遗传算法（15分钟）	
教的活动2 a. 从算法名称出发，提问：思考为什么叫遗传算法或进化算法（和×老师） b. 播放一段1.5分钟的与进化相关的视频，让学生找出在进化过程中需要的关键要素或者视频中提到的关键词（和×老师） c. 分析映射关系：生物教师解析进化论学说中的关键步骤，计算机老师将算法中的过程与之进行一一对应	学的活动2 a. 思考并回答老师的问题 b. 观看进化视频，努力找出进化中的关键要素（关键词） c. 跟着老师的分析，一步步建立生物学和算法之间的对应关系，通过进化论的对比加深对遗传算法的理解，进一步了解生物学对人工智能的启示作用
设计意图：通过类比基因型、表现型和达尔文的进化论，理解遗传算法的逻辑和实现过程，理解人工智能的发展与生命科学息息相关，培养学生跨学科思维迁移的能力，建立遗传算法的智能素养与进化论的生命观念	
环节三：算法展示与表演（7分钟）	
教的活动3 a. 组织学生展示小组算法（和×老师） b. 组织班级整体参与和表演，和学生解释游戏规则，引导学生快速有序地完成课堂展示活动（武×老师）	学的活动3 a. 进化学派小组提前准备道具、以人为本；解析算法过程，提前录视频或现场表演 b. 所有同学作为初始种群，按照程序演化共同参与表演
设计意图：通过小组算法展示的方式理解遗传算法的实现逻辑，并通过全班同学的模拟表演，加深学生对遗传算法的认识和理解。算法展示活动以小组为单位，每组针对不同主题进行深入探究，全班模拟表演又将班级所有学生看成一个种群，通过算法模拟进化的过程，培养学生交流合作、探索共享的意识	
环节四：项目实践与课堂总结（14分钟）	
教的活动4 a. 下发程序模块（武×老师）	学的活动4 a. 学生进行项目实践，运行程序，探究实验参数修改过程，不懂的地方提问教师，完整运行程序

①中小学数字化教学. 人大附中有个“人工智能实验班”，他们是怎么上课的?[EB/OL]. https://www.sohu.com/a/328775908_120080528. [2021-09-29].

续表

教师活动	学习活动
b. 要求学生运行程序，并对程序语言进行简单的修改，生成句子（武×老师、和×老师） c. 总结本节课内容，并布置课后作业及让学生预习下次课内容（武×老师）	b. 回顾本堂课内容，记下课后作业
设计意图：教师通过学生在代码模块中探究参数修改的实践活动，培养学生实践探究精神，在程序顺利运行中获得成就感，增加学生对学习的热情和信心。上机实践活动会给出最简单的演示 demo，需要学生自主探究修改程序，培养学生信息意识和计算思维。同时，对课程进行总结归纳，巩固课程所学的知识内容，激发学生跨学科思维链接，预告下次课程，布置课后作业并让学生预习下次课内容	

课程活动的设计要突出学生学习主体的地位，依据课程标准要求突出单元和课时学习对学生发展的价值，设计情境化、活动化、任务化的学习活动，在教师的引导、指导和服务下，增强学生学习过程的体验性、实践性和整体性。另外在设计过程中，教师需时刻反思课堂学习目标的达成度。依据学生的变化和本课教学的特色，从教学观念系统和操作系统两方面进行反思：教学设计和教学手段等是否合理，教学行为与教学目标是否一致；情境活动和师生关系等是否符合教学规律等，从设计、实施、评价、理念落实等方面找出优点和不足并说明今后完善与改进的办法。不要求面面俱到，但须真实客观。

（二）构想阶段

构想阶段以开发学生思维为主要目标指向，通过小组讨论、头脑风暴共同梳理思路，协作整理资源，开展草图设计，为接下来的原型制作打下良好基础。方案构思是设计思维中非常重要的一个环节，它直接影响作品的创造性。该环节聚焦于通过头脑风暴来发散思维，从而让小组设计作品的思维变得更加清晰；通过分析来筛选或者合并创意的想法，思维从分散逐步收敛，最终形成汇合群体智慧的作品设计方案。T 型 STEM 课程的构想阶段，主要目的是拓宽学生思维，依据前一阶段的铺垫，在方案构思过程中学生可以更为大胆地提出假设，为原型制作提供多重路径，试错也是学习过程中必须经历的重要环节。

同样以斯坦福大学设计学院 STEM 课程中“避难所的再设计”①这一项目为例，构想阶段首先由教师向学生介绍头脑风暴的规则和技巧，并给学生提供如何在小组中进行头脑风暴的行动列表。在真正的头脑风暴之前，带领学生开展 5 分钟的即兴活动进行热身。然后，每个小组将成员经过头脑风暴之后得到的想法进行汇总，通过反思对比，并在此基础上修改、重构自己的方案。之后，每个小组将方案在全班进行分享，每位学生选择他们最喜欢的 3 个方案，并在相应的便利贴下投票。最后，每个小组分享他们得票最高的方案。在此过程中，需要结合前面单元模块中学习过的结构、材料、建筑、环境生物等方面的知识来进行方案构思。

① 陈鹏，田阳，黄荣怀. 基于设计思维的 STEM 教育创新课程研究及启示——以斯坦福大学 d. loft STEM 课程为例[J]. 中国电化教育，2019，(8)：82-90.

本阶段为学生集思广益开展设计活动的重要环节，其与后续的“原型”制作环节紧密相连，学生根据自己已有的知识加上丰富的想象所生成的设计方案可能难以操作，这也是设计思维模型的特征所在。学生会在“想”与“做”之间发生迭代，联想、设计出一个方案，并动手将其落实，在此落实过程中发现问题，接着回顾方案、改正问题或寻求新的方法。教师在该阶段作为思维的引导者，为学生指明方向，为学生提供丰富的辅助资源与技术工具，将设计工作完全交到学生手中。让学生在设计构想中返回到前面学过的知识当中，投身到浩瀚的跨学科知识当中，去勇敢尝试并不熟悉的技术工具，去思考资源与技术的融合。

本阶段的教学活动设计并不复杂，根据选择的学习内容，教师工作量也有所差异，可能在交流讨论的过程中教师无法时时兼顾到每个学生、每个小组的问题，但预先准备的大量丰富的资源以及技术帮助可以缓解教师无法兼顾课堂成员的情况，在此提出一种供各位教师参考的活动设计模式。

【拓展阅读】 活动设计模式——双师模式①

信息技术领域的双师模式目前有两种比较常见的形式。一种形式是为学生提供名师网络课程，学生在课堂上所接受的是视频课程，而在线下的教师被称为助教，主要监督学生的学习、观察学生学习的行为、解决学生的具体问题。让广大学生可以接受高校名师的教授，同时又有线下教师进行专门的答疑解惑。这种形式与从前为解决教育公平问题所开设的“双师课堂”非常类似。对于线上教学来说，解决了在线教育带来的互动性不强的问题；对于线下教学来说，则是解决了优质师资力量不足的问题。教师们也可从这种形式中得到启发，课上播放的教学视频不一定非要是名师的优秀课程，也可以是教师事先录制的视频资源、微课资源等等。教师所要吸收的是给予学生更多的课堂主动性，让学生获取资源开展学习活动，教师成为活动的参与者而不是主导者，增加与学生之间的互动。

另外一种形式是，联合国教科文组织在《教育中的人工智能：可持续发展的挑战与机遇》中所陈述的“双教师模式”包括教师和虚拟教学助理，“助理”可以是教学管理系统、机器人教师或者教学代理等虚拟工具，可接管教师日常的事务性工作，使教师能够有更多时间专注于对学生的指导和一对一交流。

两种形式都是通过应用技术来减轻教师各项教务的工作量，使教师能够集中更多的精力去与学生展开交流，了解学生的想法，解决学生的具体问题。这类形式给学生和教师更多的自主性与自由度，学生需要自主探索，才能产生问题，发现问题，从而实现以学生为中心的课堂教学。教师成为倾听者、辅助者，在学生产生困惑之时进行点拨，转换教学思路，提供更为切实有效的教学。

① 小鹿钱钱. 双师教学带来的是“双师”还是“双失”?[EB/OL]. https://baijiahao.baidu.com/s?id=1608508111621909595&wfr=spider&for=pc. [2021-09-29].

运用资源、采用虚拟教学助理可以增强学生课堂主动性，让他们在各种不确定中寻找确定的可能，让集体的智慧生成真正落到实处。过去我们的 STEM 多是沦为劳技课，让学生按照要求动手完成作品，为学生提供的是详尽的“说明书”，而今 T 型 STEM 课程应当为学生提供的是“工具清单”，学生自己根据“共情”与“定义”了解自己需要什么，便在工具清单中寻找什么，真正的说明书应当在学生找到工具之后再去提供。

（三）原型阶段

原型阶段学生的课堂学习更为自由，通过小组协作，依据构想阶段提出并选择的方案，共同完成原型作品的模拟制作。这是学生动手实践的实战阶段，之前所有的“纸上谈兵”都要在本阶段落于实处，充分发挥学生的动手能力与沟通协作的能力。

在“避难所的再设计”①中，学生根据选择的方案构建原型，教师给学生提供小木棍、纸带、纸板、塑料管道、马克笔等其他手工制作可用材料，学生制作出“避难所”的纸原型。同时，学生还可以通过故事板的方式，将设计方案呈现出来。通过故事板来表示各个角色、场景、事件是如何串联在一起的，从而给人们呈现完整的体验过程。在制作过程中，教师要鼓励学生进行反思和讨论“是否犯过错误、从中学到了什么、如何改进设计”等。

在本阶段，工具的作用更加突出，在教育信息化 2.0 的背景下，不断落实“三通两平台”，教室内的信息技术硬件（如投影仪、电子白板等）已成为信息技术教学环境的一部分，一般教师不会特意考虑在课程设计中对其的设计与体现。新兴技术、软件程序是可以有效辅助课程具体内容顺利开展的工具，教师可以借助这些工具进行知识讲授，学生可以依托这些工具增强知识理解与学习体验。

表 5-14 列出了时下流行的几款学科辅助工具，功能倾向于可视化与实验操作，使用方法简易方便，各学科教师可根据自己的实际需要对信息技术工具进行选择，融合课程开展运用。

表 5-14　学科辅助工具

技术工具	工具简介	适用学科
仿真化学实验室	仿真化学实验室是一款交互式学习平台，适用于中学化学教学，用来进行化学实验及探究式学习。仿真化学实验室系列软件现由三个模块组成，即“仿真化学实验室”“化学三维分子模型”“中学化学百科”	化学
几何画板	《几何画板》（The Geometer's Sketchpad）是一个通用的数学、物理学教学环境，能够提供丰富而方便的创造功能，使用户可以随心所欲地编写出自己需要的教学课件，是一个适用于数学平面几何、物理的矢量分析、函数作图的动态几何工具	数学、物理学
数理平台	数理平台是一个通用教学平台和课件制作平台，包含了《几何画板》所有功能，具有动态保持几何关系不变的能力，增加了函数、曲线直接绘制，任意曲线交点求作，高级语言支持，内置时钟等强劲功能，使数学课件制作更容易、更快速，制作物理学课件更方便、更实用。另外，此软件提供编译、输出动画、生成网络课件等强劲功能	数学、物理学

① 陈鹏，田阳，黄荣怀. 基于设计思维的 STEM 教育创新课程研究及启示——以斯坦福大学 d. loft STEM 课程为例[J]. 中国电化教育, 2019, (8): 82-90.

续表

技术工具	工具简介	适用学科
NB生物实验	NOBOOK 初中生物多终端跨平台，基于“HTML5”技术，实验可轻松移植到各种不同的开放平台以及应用平台上。实验适合国内初中生物各主流版本的教材；内容分为动物学、植物学、人体生理、微生物四大模块；包含观察类、演示类、动手操作、探究类实验190个，是目前市面上最完整的初中生物学教学资源平台，可以培养初中生的科学探究能力	生物学
3D生物学虚拟仿真实验软件	3D生物学虚拟仿真实验软件，模拟真实的实验室环境，摆放常见的设备仪器和试剂，构建一个沉浸式的实验室环境场景。学员游走在实验室场景中，通过动手点击仪器设备或试剂进行交互，模拟真实的实验操作。在学员操作的过程中，试剂和设备也实时动态变化，出现应有的结果和现象	生物学

这些技术软件工具能够为教师提供充分的手段实现其教学思想，只需要熟悉软件的简单的使用技巧即可自行设计和编写应用范例，这里所体现的并不是编者的计算机软件技术水平，而是教学思想和教学水平。

人工智能领域可以借助的工具也相当丰富，人工智能持续不断的新进展、新应用（机器学习、自动翻译、人脸识别、自动驾驶等），需要广大教师去了解，并适当运用在学习和生活中，实现数字化学习与创新，培养学生的计算思维和发展学生的核心素养。

【拓展阅读】 实用编程硬件

MATLAB是美国MathWorks公司出品的商业数学软件，用于算法开发、数据可视化、数据分析以及数值计算的高级技术计算语言和交互式环境，它在数学类科技应用软件中在数值计算方面首屈一指。MATLAB可以进行矩阵运算、绘制函数和数据、实现算法、创建用户界面、连接其他编程语言的程序等，主要应用于工程计算、控制设计、信号处理与通信、图像处理、信号检测、金融建模设计与分析等领域，需要一定的编程语言基础。

Scratch是由麻省理工学院推出的趣味编程软件，该平台采用Java构建，作品可以随意发布到互联网上。Scratch利用图形化界面，把编程需要的基本技巧囊括其中，包括建模、控制、动画、事件、逻辑、运算等等。这个软件的特点是：使用者可以不认识编程，也可以不会使用键盘。构成程序的命令和参数通过积木形状的模块来实现，用鼠标拖动模块到程序编辑栏即可。中间的黄色部分是编辑好的程序代码，左边是可以用来选择的功能模块，右边上部是程序预览和运行窗口，右边下部是角色窗口。可以用来创造互动式动画、故事、游戏、艺术和音乐，完全不用背复杂的指令代码，使用积木组合式的程式语言，让学生在游戏中学习。

Arduino是一台开放原始码的单芯片微型电子计算机，2005年由意大利米兰设计学院的教授David Cuartielles和Massimo Banzi所设计，原始构想是希望让设计师及艺术家们，通过Arduino能很快地学习电子和传感器的基本知识，快速地设计、制作作品的原型，因此，非常适合没有接触过电子设备的人使用，以设计出各种不同的互动科技装置。

Scratch+Arduino，能够有效制作物联网。

智能型 STEM 课程在原型制作这一阶段的学习难度相对来说会更大，学生对于以上数据处理、编程工具不甚熟悉，首先，在操作上存在一定困难，这就需要教师在所备资源当中加入不同阶段、不同层次学生适用的操作指南，通过表现性评价判断学生的能力。部分与本次教学内容关联较远的代码或基本重复型代码可以直接提供给学生，重点是让学生体验方案与假设能否成功，理解代码设置、参数调整与函数组合等内容对原型制作产生的影响。其次，计算机运行代码需要时间，学生每一次尝试都需要一段时间的等待，生成的数字化成品带给学生的成就感较小，部分学生表示自己整堂课下来跟着小组与指南一路操作，最后好像并未制作出与其"劳动付出"相对应的成品，重复的等待时间让其忘记了活动开展的目的。可以看出，学生在以成果为导向的同时，忽视了学习过程，有了小组的支撑与指南的指导后，学生自己没有去深入思考每条指南背后的含义，并且在学习过程中缺乏成就感。对于这样的情况，教师需要在活动设计时添加更多的阶段性任务，例如，在第三节详细展开的"探秘新丝绸之路——飞天壁画"STEM 课程中，其主要学习内容是图像风格迁移，主要任务是让学生通过调参、代码运行来实现将中国壁画风格迁移到西方画作上，最后成品是一幅飞天风格的油画。为节省时间，大段的代码已在资源包中提供，并且教学过程中将操作流程分节设置任务，完成结果需要小组成员互相检查，设置明确的任务成功的标准，原型制作时间不宜拖得过长，让学生处于自由状态的时间不宜过长，教师可以针对阶段性任务的完成进行说明讲解。最后，课程以作品成果展的形式开展展示与交流，会使学生的学习成就感更强。

除了编程相关教学以外，开展机器人教学同样有可供参考的模式。钟柏昌教授针对我国中小学机器人教育在教育目标与教育内容层面存在的问题，结合自身近年来的实践研究经验，构建了一组较为完整的教学模式以供广大教育工作者参考与尝试。

【拓展阅读】 机器人教学模式

钟柏昌教授认为学生在机器人课程中的学习结果，可以分为内化的知识内容和外显的机器人作品（物化成果）两类，可以作为两个分类维度。将两个维度交叉整合后，得到了机器人教学模式的一个全新分类框架[①]（图 1）。

图 1　四种教学模式的分类结构

他将四种模式统称为 4I 模式，分别代表了每个维度的典型特征（表 2）。

① 钟柏昌. 中小学机器人教育的核心理论研究——机器人教学模式的新分类[J]. 电化教育研究, 2016, 37(12): 87-92.

表 2 机器人 4I 教学模式汇总

项目	实验模拟型（learning to imitate via robot）	趣味交互型（learning to interact via robot）	科学探究型（learning to inquire via robot）	发明创造型（learning to invent via robot）
教育目标	重在基础（“双基”）的掌握	基础与应用并重	重在基础（“双基”）的掌握	重在知识应用与创新实践
学习任务	设计产品原型	设计趣味交互	获取 STEM 知识	开发创意作品
物化成果	具有自主控制功能的机器人	机器人联机交互系统	机器人联机交互系统	具有自主控制功能的机器人
学习内容	学科本位：机器人硬件与程序	学科本位：机器人硬件与程序	学科整合：STEM	学科整合：STEM
教学方法	实验法，讲练结合、任务驱动	讲练结合、任务驱动、项目教学	探究性学习	项目教学

本阶段由学生们创造性地完成学习活动，以创新的、以人为本的方式成为积极的问题解决者，锻炼了 21 世纪核心技能及素养，从而更好地面对未来的挑战。

（四）测试阶段

测试阶段可以称为成果展示与评价阶段，小组之间互相展示自己的产品，获取对方的用户体验。小组之间互相点评，借助表现性评价量表以及课程设计表，对成员表现进行面向核心素养的评价。教师对产品进行点评与修正，在课程结尾加入知识的拓展，为本次 STEM 课程画下完美的句号。

“避难所的再设计”①在最后测试阶段，由学生向大家简要地介绍小组原型，从教师和其他学生中得到用户反馈，重新思考他们的设计方案是否满足了用户的需求，解决了用户的问题。学生之间提出“你喜欢/不喜欢这个方案中的什么？什么让你感到惊讶？”等问题。得到反馈之后，对方案进行优化迭代。

本阶段中主要完成的任务即为反馈、修正与评价，成果展示是对本次课程活动的一个“答复”，学生需要得到同伴、教师细致准确的评价，也是对此前学习内容的反刍，因而评价量表的设计在该阶段比较重要。

评估需要反映学生五大要素（知识、概念、技能、态度和行动）的掌握情况。评估必须持续不断地进行，要既包括形成性评估，又包括总结性评估；既有教师评价，又有学生自评。学生需要在整个单元的学习过程中，不断收集展示自己各项技能的证据，每周填写技能自我评估表，在五大要素下，写出自己是如何具体展示相关技能的。由于在学习成果展中，学生主要以小组协作的形式开展探究，所以小组合作的技能至关重要。教师可以开发协作学习的技能评估细则表，对学生进行形成性评估，定期给予反馈。评估涉及的栏目包括对小组的贡献、时间管理、问题解决、态度、专注度、小组的有效性、

① 陈鹏，田阳，黄荣怀. 基于设计思维的 STEM 教育创新课程研究及启示——以斯坦福大学 d. loft STEM 课程为例[J]. 中国电化教育, 2019, (8): 82-90.

与他人合作等[①]。

STEM 教育具有三个主要特点：内容整合、过程探究；学科融合、项目学习；以学生为主体。与之相对应，对 STEM 教育的评价分为三个方面，即表现性评价、作品展演、沟通协作。简单来说，STEM 基本的评价理念与方式是不变的，对于课程评价比较常用的形成性评价、过程性评价、总结性评价都是教师可以运用的评价方式，实际评价的具体维度、条目及其所占的权重则需要教师根据具体课程教学需要学生达到的教学目标来决定（如可从技能、逻辑、内容三个维度进行量表设计）。因为评价具备的灵活性很高，只要教师能够理解 STEM 课程评价的总思路，其中的各项评价指标、量规都是可变可控的（表 5-15）。

表 5-15　学习评价类型

评价目标	评价类型	评价方法与工具	评价者
核心知识	过程性评价 总结性评价	纸笔测试 量规 表现性任务	教师
学习实践	过程性评价	量规 档案袋	学生自己 同伴 教师
学习过程中的成果	过程性评价	量规、KWL 表等 档案袋 纸笔测试	学生自己 同伴 教师
最终学习成果	总结性评价	公开展览与回报 指向核心概念、成果质量、成果报告的量规 变化后的新情境和评价量规 对比性的概念图、KWL 表等	学生自己 同伴 教师 外部相关专家 公众

注：KWL，全称为 Know-What-Learned，是项目化学习中常用的一种学习工具，表示你知道什么-你想学什么-你已经学会了什么。

对于 T 型 STEM 课程来说，在常规的通用评价中，如上述评价要求所述，我们的课程更加重视学生问题解决的过程，因而需要加入对学生实际操作等表现的评价，由于项目最终要产出产品，那么作品的展演就是教师评价、学生自评、互评的一个最佳平台，学生在展演过程中的表现与组织是本次教学中的重要评价对象。项目过程中学生将分小组进行学习活动，那么沟通协作则是学生量表中非常重要的部分。

教师要对评价量表的设计进行充分的预设，每个量规、维度要能够为学生的学习提供过程定位，保证学生活动的连续性和完整性。评价量表的使用，要减少教师对学生活动的干预，保证 STEM 学习过程的自主性，让活动“活而有序”。

有效的教育评价依赖于有效的评价依据。目前关于教育评价，较多地从教育大数据

---

① 张悦颖，夏雪梅. 跨学科的项目化学习：“4+1”课程实践手册[M]. 北京：教育科学出版社，2018: 16.

的角度来进行分析，将人工智能作为大数据分析的后端处理工具和输出。这种策略存在一个问题：认为教育大数据和人工智能是按照时间线的单向联系，会制约评价的效果。事实上，两者的关系应是双向的，人工智能也扩展了教育大数据的数据源，并提供了更高层次的数据分析方法。

当前，教育大数据的数据较集中，能够直接分析的数据并不多，且多集中于学习管理系统（LMS）中的日志、行为记录或良构设计的数据库中的记录，反映的教育问题并不全面。从“无感、自然”的常态化的大数据采集策略来看，学校中的语音和视频数据是另外两种更易于采集的教育大数据形式，其过滤、清洗和加工，将涉及人工智能中的图像处理、语音识别与图像识别等关键技术。人工智能应用于评价，在技术上的重要特征是多模态机器学习，为评价系统提供多模态数据处理能力，这将改变传统的基于单一通道/模态的数据处理方法，可能获得更高的准确率，进而反映的评价信息也更为真实[①]。

第三节　T 型 STEM 课程实践

本节将叙述两个 T 型 STEM 课程设计的案例，分别对设计内容进行阐释与评述，让广大教师对课程设计的目标、内容、组织与评价有更加清晰的认识，为课程设计实践提供参考与基础。

在进行课程设计前，可结合课程模型，先对案例进行初步的设想。从总体上把握课程的设计架构，使得后面教案的撰写可以有的放矢，从而进一步将课程进行拓展与细化。

课程设计资源包（表 5-16）的设置为本章课程设计提供建议，下述课程案例并不一定完整包含所有资源，在设计过程中可以尽量完善资源包，优化课程设计。

表 5-16　STEM 课程设计资源包

STEM 课程设计资源包的组成部分	组成内容
教师手册	教师教学手册（项目教学流程）：类似教案设计，包含课时内容的安排以及辅助资源等。 教师评价量表：学生整体表现评价的量表设计，教师可直接使用，也可自行修改
学生手册	课程说明：对课程的介绍，帮助学生了解课程内容。 课程实施步骤：帮助学生了解课程流程。 学生学习手册：对应教师手册，呈现本课时所对应的知识点。 工作表单：学生在项目实施过程中填写的过程性材料，如数据记录表
演示材料	PPT：教师每课时的教学课件。 视频：与课程相关的视频材料拓展资料，包括课堂上需要用到的材料、可查阅的文档、视频等资料

① 曹晓明. “智能+”校园：教育信息化 2.0 视域下的学校发展新样态[J]. 远程教育杂志，2018，36(4)：57-68.

续表

STEM 课程设计资源包的组成部分	组成内容
课程环境	课程所需使用的软硬件配置
测试题或考核说明	用于评价的测试题或考核说明
测试题答案或考核评分细则	与测试题或考核说明相对应的测试题答案或考核评分细则

一、“智能植物生长管理系统”STEM 课程①

本案例从实际生活入手，探究智能植物生长管理系统的设计与制作，借助大量工具以学习物联网、Scratch 等技术工具的使用方式，学习数据分析的方法等，通过合作探究进行问题解决与科学探究。

本案例教学目标清晰具体，强调对各学科核心素养的培育。采用设计思维模型作为课程设计原理，有利于与学生共情以及问题解决方案设计。评价方面将过程性评价与成果性评价相结合，关注学生活动过程中的表现，且已有成型的评价量表。

（一）STEM 课程设计模型

依据 T 型 STEM 课程设计流程图，本案例按步骤开展课程设计，设计教学活动，逐步引导学生完成学习任务，提高学习技能，培育各项素养。本案例的课程设计模型如图 5-5 所示。

第一步：教学前期准备，将共情阶段与定义阶段交替进行，让学生利用问卷调查大众关于家庭种植植物的情况；组织学生头脑风暴，罗列家庭种植植物过程中已存在的问题；提炼总问题，即如何保证植物不枯萎。带着疑问进行参观学习——农田人力种植以及机械化种植；对参观与调查进行总结汇报，总结问题，即如何通过设备维持植物的生长，以引入接下来的学习活动。

第二步：构想阶段，教师需准备丰富的信息化学习资源，对基本内容进行指导讲解，给予学生自由协作设计与构想的时间与空间，小组进行头脑风暴，围绕“植物智能生长系统”进行思维导图的绘制与方案制订。

第三步：原型阶段，学生通过计算机辅助制图快速完成原型模拟制作；教师和学生合作完成植物对人体感知的提醒功能设计，以及基本知识建构；根据草图进行各自独具特色的“植物智能生长系统”创建。

第四步：最后的测试阶段，由各个小组展示成品，可设计为小品情景剧、角色扮演等，实地模拟角色，开展体验与互评；教师总结知识内容，对各小组进行评价。

① “智能植物生长管理系统”改编自江苏师范大学智慧教育学院 2018 级现代教育技术专业教育学硕士徐怡的教学案例。

（二）STEM 课程设计表

STEM 课程设计表中应包含对学科核心素养、学科内容、学习任务与问题的设计与分析，并生成相应的课程目标，通过表格梳理思路，形成清晰的课程设计指导，在设计思维的指引下，后续教学过程中也可根据实际情况进行相应修改（表 5-17）。

表 5-17 “智能植物生长管理系统”STEM 课程设计表

课程目标	掌握物联网、Scratch 的基本内容与使用方法 掌握计算机辅助植入、原型模拟制作的方法 将学习内容应用到智能植物生长管理系统的制作中，理解维持植物生长的方式与原理				
学科核心素养			学科内容		相匹配的学生任务或问题
学科	学科核心素养	素养描述	知识点	课标位置	
通用技术	图样表达	指运用图形样式对意念中或客观存在的技术对象加以描述和交流	计算机辅助制图	苏教版高中通用技术必修 1“技术与设计 1”	利用 AutoCAD 软件虚拟制图
	工程思维	针对某一具体技术领域的问题进行要素分析、方案构思及比较权衡；领悟结构、流程、系统、控制基本思想和方法的实际运用，并能用其进行简单的决策分析和性能评估	设计评估	苏教版高中通用技术必修 1“技术与设计 1”	对“智能植物生长管理系统”的思考、设计以及最后的评价
信息技术	数字化学习与创新	个体通过评估和选择常见的数字化资源与工具，有效地管理学习过程与学习资源，创造性地解决问题，从而提高完成学习任务的能力，形成创新作品的能力	物联网（感知数据的传递）	苏科版小学六年级信息技术拓展模块Ⅲ“物联网技术”； 苏科版初中九年级信息技术第四章； 高中选修“网络技术”	对“智能植物生长管理系统”的搭建
			计算机辅助制图	苏教版高中通用技术必修 1“技术与设计 1”	利用 AutoCAD 软件虚拟制图
	计算思维	个体在运用计算机科学领域的思想方法形成问题解决方案的过程中产生的一系列思维活动	循环语句	高中选修“算法与程序设计”第三、第四章	确保所有系统能够有序无遗漏地进行
数学	数据分析	针对研究对象获取相关数据，运用统计方法对数据进行整理、分析和推断，形成关于研究对象知识的过程	分析数据	人教版数学八年级下册	对问卷的调查结果进行分析
生物	理性思维	生命观念是指对观察到的生命现象及相互关系或特性进行解释后的抽象，是经过实证后的想法或观点	植物生长发育规律及与环境的关系、植物的生命周期	苏教版科学三年级下册“植物和我们” 人教版初中生物七年级上册“种子植物”	对植物的前期问卷调查以及设计“智能植物生长管理系统”时需要考虑的植物的特点
	生命观念	崇尚并形成科学思维的习惯；能够运用归纳与概括、演绎与推理、模型与建模、批判性思维等方法探讨生命现象及规律，审视或论证生物学社会议题			

（三）STEM课程实施指南

通过上述的课程架构，设计者可对课程进行进一步的拓展与精进，并撰写教学设计。可根据教学流程及模型，自设组成部分。

表5-18为本案例基本信息，也代表了本课程开展前期准备的基本内容。本课程从实际生活问题入手，以“智能植物生长管理系统”的设计作为教学活动。适用的人数建议由针对活动开展时小组分工合作所设定。运用时可按照自身学科特质，根据课堂学习的侧重点来修改学习活动。适用的课程是以技术为主的STEM课程，说明其以技术为基础，既可用于信息技术课程教学，也可用于生物课程的教学。以同一现实主题为课程项目基础，不同学科教师可根据自身学科需要调整教学内容侧重点，开展相应的教学活动。

表5-18　“智能植物生长管理系统”STEM课程基本信息

课程名称	“智能植物生长管理系统”STEM课程
适用范围	适用对象：班级人数在40人以下的高一年级学生 适用时长：高中标准课10课时，共450分钟 适用课程：以技术为主的STEM课程
课程资源	计算机、纸（演算纸）、传感器、USB数据线、主板、杜邦线、红蓝双色灯、红外开关、转接分支块、实地环境资源、数字化资源等
课程模式	基于项目的课程设计模式
课程评价	评价和修正是对有效的学习进行评估与修正。因为是小组合作并且具有展示环节，因此在评价时需要考虑组内、组外和个人，如下图所示 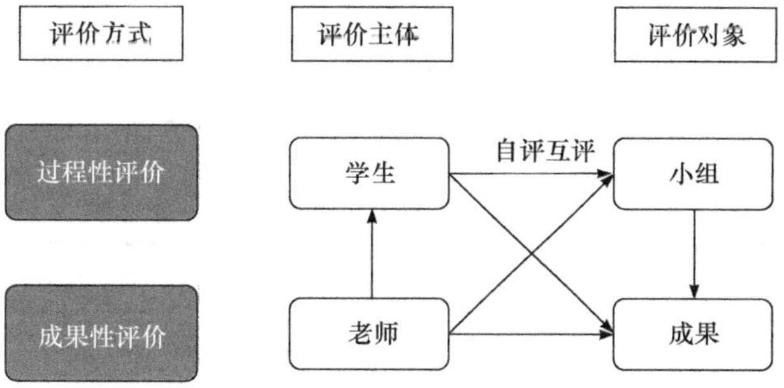 在评价过程中将过程性评价与成果性评价相结合，从多角度对学生的学习过程进行全面评价，教师的观察评价隐藏其中，有助于学生了解自身水平，促进教师的教学反思，提高课堂教学的有效性

课程安排中对整体课程活动进行了粗略的设计，即在不同的阶段，教师与学生需要进行怎样的课程活动，且对课程所需课时进行了规划，形成了本次课程设计的“大纲”，如表5-19所示。

表 5-19 “智能植物生长管理系统”STEM 课程安排

课程安排		课时
同理心	让学生展开关于家庭种植植物的问卷调查	前期工作
下定义	通过头脑风暴的方式，引领将各种问题罗列出来，最终提炼出总目标：如何能保证植物不枯萎	第 1～4 课时
同理心	让学生带着疑问进行参观学习——农田人力种植以及机械化种植	
下定义	小组对参观和调查进行总结汇报，最后总结问题：如何通过设备维持植物的生长	
形成概念	小组内部开展头脑风暴，借助工具围绕“植物智能生长系统”完成思维导图的绘制	第 5～6 课时
制作原型	学生通过计算机辅助制图快速完成原型模拟制作	第 7～9 课时
	教师和学生合作完成植物对人体感知的功能设计，完成基本知识建构	
	根据草图进行各小组独具特色的“植物智能生长系统”创建	
测试	各小组展示成品，展示过程可设计为小品、情景剧、角色扮演等形式，实地模拟，小组间提建议，做评价。教师做总结、评价、拓展	第 10 课时

该课程设计中，案例将问卷调查作为与学生共情的一种方式，是学生得以发现问题的重要来源。在上一节内容中，我们曾对设计思维进行详细分析，设计思维具有循环迭代的重要特征。学生的深入思考与驱动性问题的形成并非一蹴而就，需要通过一系列的学习活动，推动学生挖掘问题。在迭代的过程中发展学生分析问题、交流协作的能力。

❖ 第 1～4 课时——共情与定义

基于前期问卷调查的开展，教师需提问引导学生对前期问卷调查的情况进行复盘与总结。由真实情境入手，调动学生的参与度（表 5-20）。

表 5-20 活动设计参考 1

教的活动	学的活动
提问：教师将学生对调查总结的结果无规则地写在黑板上，向学生提问前期问卷调查的结果与收获	学生将所调查的内容总结出一个结果后，每组向老师报告所观察到的内容。 学生看着黑板总结问题时可以发现自己在家种植物总会出现很快枯萎、植物存活率低的现象
引导：每个小组调查的方向有所不同，教师针对调查结果的共性展开分析，引导各个小组表述自己小组调查的特别之处	
总结：让学生对所有问题进行共性的讨论与分析，得出植物种植的最大问题所在。针对这个问题请学生开动脑筋，思考解决方法。带着疑问引导学生开展接下来的实地观察与学习	

在对问卷调查结果进行复盘之后，学生心中有了植物种植的基本概念，以及相关问题。教师需带领学生去往安全可靠的场所进行实地参观与学习（表 5-21）。

表 5-21　活动设计参考 2

教的活动	学的活动
导入：观察之余带领学生思考上一环节遗留的问题，并及时解答学生在观察中提出的问题	学生以小组为单位开展实地观察，依据资源材料上的问题进行细节观察与描述，思考上一环节遗留问题的解决方案。及时向教师或专业人士提出问题、记录问题、小组内部讨论问题
提醒：为学生提供植物种植的相关材料，让学生可以根据材料所述观察细节性的内容	
总结：对人力种植及机械化种植的全过程进行梳理总结，邀请当地的专业人士进行演示与答疑	

实地考察过后必须要让学生进行总结汇报，挖掘实际问题，让实地考察有所收获。学会寻求植物种植中的科学原理，理解生命的概念，等等（表 5-22）。

表 5-22　活动设计参考 3

教的活动	学的活动
导入：引导学生对上次活动进行回忆，依照小组分工进行总结汇报，可利用照片、视频、PPT 等形式开展总结汇报	学生以小组为单位进行观察汇报，汇报的展示内容作为课后作业的形式由小组共同完成。 各小组之间进行交流与提问，获取多种解决方案，并思考教师所提出的智能植物生长管理系统应该如何制作
总结：引导学生对各组汇报提出不同意见与问题，教师对各小组汇报进行评价与总结，引出课程学习重点，即智能植物生长管理系统，让学生思考制作一个像机械种植一样省时省力的装置是否更有助于促进植物生长	

❖　第 5～6 课时——方案构想

教师对制图、整理思路工具（如思维导图工具）的使用方法进行简单教学，引导学生小组讨论进行智能植物生长管理系统制作的方案构想，提供参考资料与设计模板，给予学生交流讨论、尝试制图与修改优化的时间与空间（表 5-23）。

表 5-23　活动设计参考 4

教的活动	学的活动
导入：回顾之前汇报与讨论的问题与智能植物生长管理系统制作的建议	学生以小组为单位进行交流讨论，思考机械种植的优势，考虑植物生长的需求，实地考察机械种植的相关功能、使用模式等等。依托资源材料、工具进行方案设计，分析设计的可行性，不断优化方案，得出最终方案成果
引导：让学生小组讨论如果由他们来设计智能植物生长管理系统，该系统需要具备哪些功能，需要哪些结构，思考制作成本、使用范围、使用效果等内容。让学生利用简单的制图与梳理逻辑的工具来整理汇总小组成员意见，生成一个或多个制作方案	

❖　第 7～9 课时——原型制作

教师需对每个小组生成的方案进行详细评价与解析，给予学生在知识与技术上的帮助。这样才能够让学生针对自己小组生成的方案进行原型制作，展开动手实践，不断迭代测试与优化成品，并使学生在此过程中学习使用各类制图工具，提升动手组装与团队协作的能力（表 5-24）。

表5-24 活动设计参考5

<table>
<tr><th>教的活动</th><th>学的活动</th></tr>
<tr><td>制图：回顾系统设计思路，组织讲授AutoCAD等软件的使用方法，发放简易教程等。
让学生小组团体协作学习利用计算机辅助绘制原型制图</td><td>学生小组协作，探究计算机辅助工具的使用方法，将设计方案进行草图绘制</td></tr>
<tr><td>初探：带领学生了解“控制系统”，理解通过传感器控制植物所涉及的物联网知识。
学习物联网必不可少的组件传感器，简单介绍传感器的相关知识，为学生提供学案补充与信息资源。
带领学生搭建一个简易的人体检测仪，发挥提醒人及时观察植物状态的功能</td><td>学生跟随教师进行模块的搭建：选择红蓝双色灯、红外开关和转接分支块。转接分支块一端连接红外开关，一端连接主板D3口，红蓝双色灯连接主板D10口。注意插线时颜色的对应。
学习程序编写：让人体检测仪工作起来，检测到有人经过时灯亮，提醒人观察植物状态，人走则灯灭</td></tr>
<tr><td>搭建：针对学生小组制作好的虚拟设计图，带领学生利用材料进行原型搭建。提醒学生在修订设计的同时，将改动及时记录，并填写到“制作进展表”。关注学生进度，及时解决问题及纠正错误</td><td>学生以小组为单位进行合作搭建，根据每次的优化改动填写制作进展表。以该流程图为例，学会循环语句的使用
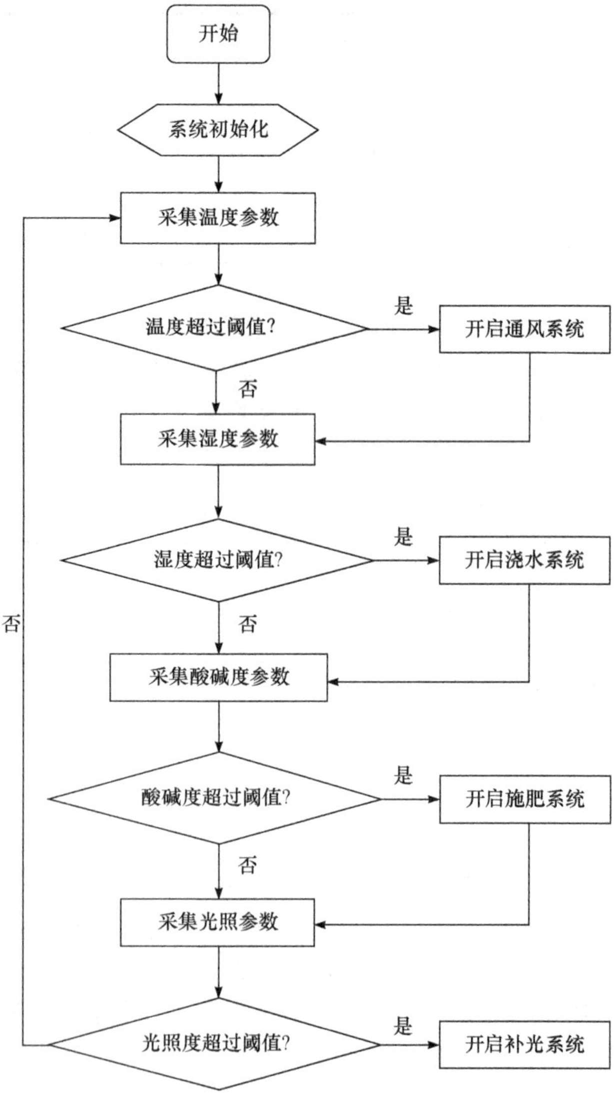
</td></tr>
</table>

❖ 第10课时——成果展示

带领学生在班集体内部进行成果的小展览，由学生自行决定汇报形式，可通过情景设计、PPT展演等形式，为大家呈现具有小组特色的智能植物生长管理系统，其余小组提供修改意见并进行评价。通过汇报总结加强组间交流，扩大思考范围，为设计完善提供强有力的支撑。

依据课程所设计的教学活动，案例针对学生态度、技能等表现设计了评分明细表，学生个人可对自己、同伴、小组整体的表现进行自评、他评，在评价过程中对学习过程、学习内容进行复盘，重温教学内容，反思个人学习行为（表5-25、表5-26）。

表5-25 自我评分明细表

评分项目		评分
表现	对课堂有浓厚兴趣（1～5分）	
	在课堂上认真听讲（1～5分）	
	在创造时努力搭建（1～5分）	
	成功完成预定任务（1～5分）	
	与小伙伴分工合作（1～5分）	
	帮助大家解决问题（1～5分）	
	汇报展示（1～5分）	
作品	作品创新性（1～5分）	
	作品完整度（1～10分）	
总分（50分）		

表5-26 组间评分规则明细表

评分项目		评分
表现	汇报展示（1～10分）	
	课堂表现（1～10分）	
作品	作品创新性（1～10分）	
	作品完整度（1～10分）	
总分（40分）		

课程评价主要结合过程性评价与成果性评价，强调学生自评与互评。教师主要通过观察来评价学生表现，结合学生通过欣赏与交流评价自身、组员的表现与成果，给予学生修正完善的意见，推动活动的进展。

在学习活动的设计中，需将教师与学生的活动分别对应设计，且详细附上活动内容、活动时长、活动目的、设计意图等。在使用案例的过程中，教师可通过目的调整表达方式，让活动在自己可控的形式中进行。对于设计意图的陈述，一方面，可以帮助设计者梳理思路，明确意图；另一方面，可为其他教师提供思路上的参考。在陈述设计意图的过程中，对每个互动行为进行分析，强调其对核心素养培育的功用，也能加深教师对核心素养培育的理解。

在包含更为具体的教学内容的活动设计中，教师可参考教案来设计活动，将具体内容放入其中，通过图表将课上需要的内容计划进行梳理，明确教师与学生在对应活动中的知识要点，将知识链接、课堂备注等加入到表格中来，越详尽的信息呈现，越能够给予教师更多的提示，以更好地推进课堂程序，使课程活动设计能够直接作为教师的教案进行使用。对于后续课件、附加资源的查找与制作，教师皆可依据此前规划好的活动设计进行编排，也使备课更加系统与顺畅。学习活动设计即为教师备课的一份指南。

在STEM课程当中，跨学科的内容究竟应该如何选择，是课程设计与理解的重难点。对于其他学科，基于核心素养去理解学科内容是普通教师在进行跨学科融合时最便捷的一种方式。在设计STEM课程时，不是为了跨学科而去寻求共同点，而是在教学的过程中，教师所设计的活动，必须通过融合其他学科的知识才能够达到教学目的，此时的融合为最适当的融合。在设计好活动之后，教师需要主动地去了解其他学科的知识，才能够辅助自身学科完成更好的教学。

二、“探秘新丝绸之路——飞天壁画”STEM课程①

本案例从“飞天文化”出发，以深度学习卷积神经网络为核心，从深度学习框架的了解与搭建，到机器学习与数据集的训练、特征提取，实施飞天壁画的风格迁移，实现利用飞天元素与西方艺术流派的碰撞，从而在人工智能实践中探索新丝绸之路不同的绘画风格与流派，品味中西方文化的碰撞，传承并发扬中国文化。

（一）STEM课程设计模型

依据T型STEM课程设计流程图，本案例按步骤开展课程设计，设计教学活动，逐步引导学生完成学习任务，提高学习技能，培育各项素养。本案例的课程设计模型如图5-5所示。

第一步：共情与定义阶段，教师为学生构建飞天文化情境，带领学生欣赏中西方画作，感受文化之美；通过资源导入人工智能绘画的内容，鼓励学生开展讨论，探讨如何利用人工智能技术进行绘画，提炼出图像风格迁移的内容；教师汇总提出问题，即如何利用人工智能实现图像风格迁移；引导学生交流了解图像风格迁移的前世今生；提出课程任务，即人工智能绘画成果展。

第二步：构想部分则重点为学生讲授图像风格迁移的基本知识、技术原理；引导学生搭建基本框架、构建CNN网络模型，理解图像风格迁移的技术应用；为接下来的实操设定目标与方法。

第三步：原型阶段将课堂交给学生，让学生协作完成学习任务，集中解决问题；训练数据集，完成图像风格迁移作品；讨论与分工，进行展板设计与制作。

---

① “探秘新丝绸之路——飞天壁画”改编自中国电子学会现代教育技术分会所办的2019年高中AI课程项目资源包研发夏令营十佳作品。

第四步：最终的作品展示环节，引导学生阐述思路、分享作品；解答学生问题，提供建议与方案；鼓励学生相互交流、总结评价；拓展人工智能小知识。

（二）STEM课程设计表

相对于上一个案例，可以明显感受到本案例浓厚的技术色彩，将人工智能的学习内容放在课程设计的主要位置，并且添加了浓厚的人文色彩，可以说是从STEM到STEAM的一次勇敢尝试。也因此证明，在将STEM做好之后，AI的人文背景加入是相对容易的操作。与以上模型相对应，设计者可在构想过程中，根据表5-27的内容，设计与安排课程教学的初步内容。

表5-27　“探秘新丝绸之路——飞天壁画”STEM课程设计表

课程目标	掌握卷积神经网络的原理，理解图像风格迁移的含义 掌握Python语言的基本语法，构建卷积神经网络 掌握搭建MXNet框架，配置深度学习环境，合理调整参数，训练模型的方法 将人工智能技术应用于真实问题解决，提高探究和解决问题的能力	
课程内容	与之相对应的课标内容	课程标准所在位置
深度学习框架的搭建	4.4 利用开源人工智能应用框架，搭建简单的人工智能应用模块，并能根据实际需要配置适当的环境、参数及自然交互方式等	模块4：人工智能初步
数据集训练与参数调整		
卷积神经网络的构建	4.2 通过剖析具体案例，了解人工智能的核心算法（如启发式搜索、决策树等），熟悉智能技术应用的基本过程和实现原理	模块4：人工智能初步
图像风格迁移实践		

根据课程教学的主要内容——图像风格迁移，教师对具体需要学习的相关内容进行了梳理，为了使学生更好地理解图像风格迁移，需要框架搭建、数据集训练、调参等学习活动作为铺垫，循序渐进地完成学习任务。学习内容包含深度学习框架的搭建、卷积神经网络的构建、基于Neural Art算法的图像风格迁移的实践以及数据集训练与参数调整。通过这四个部分实现“飞天壁画”的新丝绸之路探索，开展“新丝绸之路绘画成果展——飞天遇上AI”。

（三）STEM课程实施指南

通过上述的课程架构，设计者可以对课程进行进一步的拓展与精进，并撰写教学设计。可根据教学流程及模型，自设组成部分。表5-28为本案例基本信息，也代表了本课程开展前期准备的基本内容。适用的人数建议由针对活动开展时小组分工合作所设定。由于课时时长与高中标准课时不相符，在实际使用中，教师可将课程作为校本课程或按照进度调整课时安排。教材方面也因各地区人工智能教材各异，教师可根据本校情况选择教材，根据学生的基础水平，将本课程安排在高一或高二阶段。

表 5-28 “探秘新丝绸之路——飞天壁画”STEM 课程基本信息

课程名称	“探秘新丝绸之路——飞天壁画”STEM 课程
适用范围	适用对象：班级人数在 40 人以下的高二年级学生 适用时长：以 60 分钟为 1 课时，全课程 4 课时，共 240 分钟 适用教材：高中信息技术《人工智能基础》
课程资源	计算机、纸（演算纸）、数字化课程资源包（学生手册、教师手册、演示材料、教学环境、测试题、考核项目说明、测试题答案、代码工程文件）
课程模式	基于项目的课程设计模式
课程评价	包含形成性评价、过程性评价、总结性评价

完善的数字化课程资源包是本案例的主要特色，完整资源的提供使得案例更易于使用，也能给使用者带来资源设计上的参考，同时启示教师在课程设计时，需关注教学资源的丰富程度，为学生提供更加丰富多元的资源素材。依据教学步骤设置活动，也能帮助教师梳理教学思路，使教学设计更为流畅（图 5-7）。

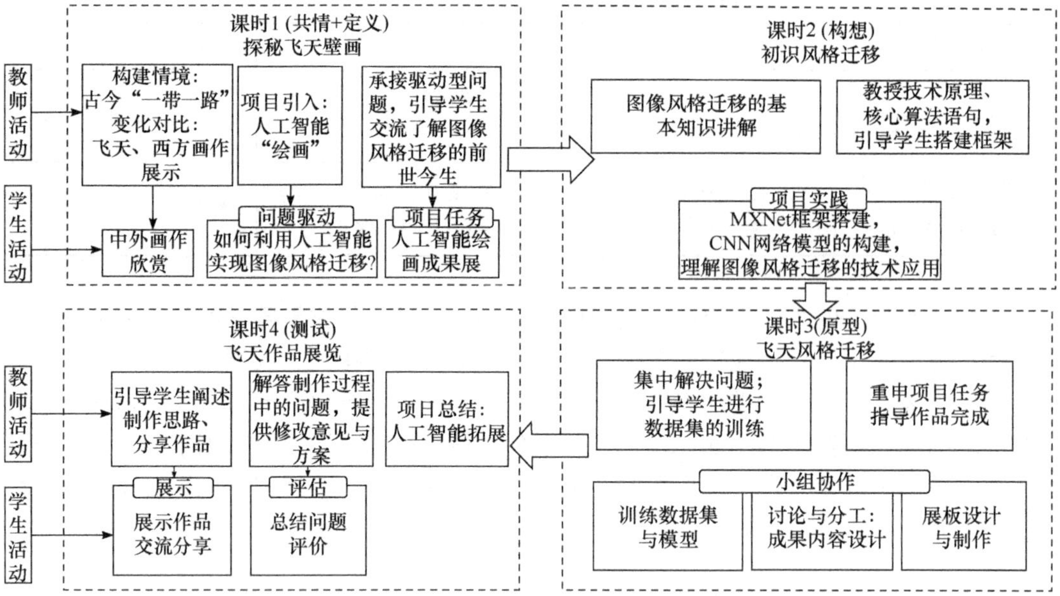

图 5-7 “探秘新丝绸之路——飞天壁画”STEM 课程安排

T 型 STEM 课程强调成果的产出，以成果来驱动学习活动的推进，选择项目化学习模式，能够更有组织、更有条理地开展教学活动。

本堂课中的实际图像风格迁移任务按照难度的递进实际分为三类任务：普通风格迁移、快速风格迁移与网页化应用。在任务难度的递进中，需要增加图像数据集的训练与网页应用等内容。这样看来，课时二与课时三的内容对于知识水平不一的高中生来说任务会有些繁重。案例将一课时的时间定为一个小时，建议在任务的安排上有所选择，学生可根据小组完成度与整体水平进行活动选择，课时的安排灵活性也可更高，让学生有时间真正完成项目任务，达成学习目标，掌握实际可用的人工智能应用知识。

❖　第1课时——探秘飞天壁画

主题/学习目标：由“一带一路”引入文化交流与融合的时代背景；了解人工智能图像应用方面的知识；思考如何利用人工智能实现图像风格迁移；了解图像风格迁移的前世今生。

活动1-1——文化情境导入【10分钟】

播放课件资源，其中包括“一带一路”、丝绸之路的相关简介，引导学生回答交流自己对“一带一路”与丝绸之路的了解。学生观看教学课件，发言交流自己的想法与理解。

教师用提问与课件展示的方式，贯彻“新丝绸之路”这一主题，从“一带一路”开始，通过问题吸引学生兴趣，将学生带入文化传承的情境当中，引发学生的好奇心。

活动1-2——画作欣赏【15分钟】

鼓励学生对中西画作进行欣赏，教师通过提问的方式引导学生带着问题去思考人工智能对今天学习内容的功能与作用，让学生思路跟着教师前进，从而引出接下来关于人工智能图像应用的知识（表5-29）。

表5-29　活动1-2设计参考

教的活动	学的活动
导入：大家都对丝绸之路有自己的认识，那么我们可以发现，在丝绸之路上有一个特别的存在，是传统文化中的瑰宝（展示飞天壁画，同上使用课件展示），那就是敦煌的飞天壁画。 欣赏：飞天主题舞蹈《千年之约》 敦煌飞天壁画作为古丝绸之路上的一颗艺术明珠，代表了文化碰撞与融合。（对不同朝代的飞天壁画进行简单介绍） 提问：我国的敦煌飞天壁画别有一番滋味，那么，同学们平时喜欢看什么类型的绘画作品呢？又了解过哪些西方画家流派呢？（学生回答后展示不同流派的西方画作，使用课件展示）	学生交流讨论，提出自己对飞天壁画以及西方各流派画作的了解与想法，欣赏画作，对教师的问题进行思考
总结：可以看到，在不同的朝代，飞天壁画也有着不同的风格特征，而西方不同流派的画作，其风格特征更是千差万别。同学们有没有想过，到了现代，咱们的飞天壁画可以发展成什么样子呢？我们可不可以用人工智能绘制一幅新丝绸之路上的飞天壁画呢？并且，咱们的人工智能发展到今天，可不可以帮助我们对不同画作的风格特征进行总结提取呢？	

活动1-3——人工智能“绘画”【15分钟】

从文化背景切入项目活动，利用驱动性问题打开学生的思维，并教授基础知识，留给学生思考的空间，为项目的实践打下思维上的基础。

播放人工智能“绘画”的有关视频，借助课件，对人工智能“绘画”做出简单介绍，思考人工智能是如何绘画的。提出驱动性问题：如何利用人工智能实现图像风格迁移？学生通过教师的讲授，掌握人工智能图像应用知识的内容，并对驱动性问题进行思考。

活动1-4——图像风格迁移简史【20分钟】

从图像风格迁移的角度引导学生了解项目，提出项目任务，交代本次项目学习的成果要求，对学生的学习活动提出明确要求。学生可以朝着清晰的学习目标展开学习活动，在小组内部的学习给予学生更多的自主空间，调动学生学习的积极性（表5-30）。

表 5-30 活动 1-4 设计参考

<table>
<tr><th>教的活动</th><th>学的活动</th></tr>
<tr><td>导入：生活中，我们发现每张图像的风格不一，当我们想要将一张图片的风格运用到另一张图片中时，就涉及图像风格迁移，那什么是图像风格迁移？我们应该如何实现图像风格迁移？大家以小组为单位进行交流，交流结束后，派出代表发表小组观点。（小组交流后）每组同学都对图像风格迁移有了自己的认识，但大家的了解还不够深入，我们接下来围绕图像风格迁移来展开我们的课程内容。首先了解图像迁移历史、图像迁移风格的历史……此外，当我们想要迁移一张图片的风格时，可以利用卷积神经网络实现。接下来我们通过项目任务，举办人工智能绘画成果展，探索中外绘画风格迁移</td><td rowspan="2">学生通过教师的讲授，掌握图像风格迁移的历史发展和当前技术发展</td></tr>
<tr><td>总结：这次项目学习的最后，我们将在班里举办一次“新丝绸之路绘画成果展——飞天遇上AI”的活动，以小组为单位，学习人工智能知识与原理，完成图像风格迁移画作，交流图像风格迁移的成果，完成项目报告书。每个小组除了绘画成果外，还要有成员作为讲解员介绍自己的作品，比如说风格迁移的原图、内容原图、飞天文化等等。可以通过 PPT、展板、海报等方式呈现与展示。
本课时的最后对班级成员进行小组划分（每组 4 人），以便开展项目活动</td></tr>
</table>

❖ 第 2 课时——初识风格迁移

主题/学习目标：了解图像风格迁移的核心算法；理解卷积神经网络的概念、原理和应用领域等；了解 MXNet 框架的搭建方法、CNN 网络模型构建与训练方法；掌握 Python 中与项目相关的基本语法。

活动 2-1——图像风格迁移的基本知识讲解【15 分钟】

播放图像风格迁移知识的视频——《AI 是如何为图像迁移风格的》，引导学生交流自己对图像风格迁移知识的掌握情况，讲授图像风格迁移的核心算法，接着提出本堂课的学习重点：卷积神经网络。通过课件讲授卷积神经网络的概念、基本原理及其应用。学生思考与交流对图像风格迁移知识的认识，理解卷积神经网络的含义、基本原理及其应用。通过对图像风格迁移的基本知识的了解，为项目的实践打下知识基础。

活动 2-2——搭建 MXNet 框架【20 分钟】

教师通过课件介绍深度学习框架，介绍 MXNet 框架及 Python 安装的语法，引导学生搭建 MXNet 框架，并提供技术手册，让学生参考手册步骤进行。深度学习框架便是为了用户在不完全了解深度学习神经网络的原理和训练过程的情况下能够有效地训练出自己想要的模型。通过深度学习框架的搭建，学生进一步感知、了解人工智能产品/项目的开发。

活动 2-3——模型的构建【25 分钟】

通过对以上卷积神经网络的讲解，引导学生编写代码，构建网络模型，训练自己的模型：①介绍 MXNet-Python API，重点讲解 Symbol 和 Python 函数定义语法，引导学生自主构建神经网络结构，画出神经网络结构图(检验学生对于卷积神经网络的理解程度)；②引导学生根据构建的网络结构图编写代码（提供 Symbol 用法的官方文档）。

学生按照课堂所学以及技术手册的提示，以小组为单位开始尝试模型的构建。

以小组协作的形式开展活动，调动学生的学习兴趣，通过动手实践来加深学生对卷积神经网络的理解。鼓励学生尝试进行模型构建，不仅能让学生学习该堂课的学习内容，还可以让学生初步学习到人工智能项目开发的方法，了解基本编程知识，等等。

❖　第3课时——飞天风格迁移

主题/学习目标：掌握CNN网络模型训练方法；灵活运用Python中与项目相关的基本语法；完成图像风格迁移的项目作品。

活动3-1——模型训练【20分钟】

根据学生的自评量表内容，对学生普遍反映的问题进行集中讲授，解决学生问题。在模型构建的基础上，引导学生进行数据集的训练，了解卷积神经网络训练（可以播放有关“训练迭代”的视频将其具象化）：①展示数据集训练的过程；②讲授参数的意义与作用。

学生采用多渠道解决框架搭建及模型建构中出现的问题。训练自己的数据集和模型（教师提供少量数据集，帮助学生了解和体验训练的过程与结果）。快速解决问题，对学习内容进行有效的回顾，为接下来项目作品的完成打下良好基础。学生通过网络模型的构建与训练，整体感知卷积神经网络的工作原理以及项目实施的关键。

活动3-2——项目作品完成【40分钟】

将基本操作方法与知识教授给学生，让学生以小组协作的形式完成任务，给予学生学习过程中更多的自由度，对于简单的代码、参数调整，学生可以有更多自己的思考。从艺术鉴赏角度来说，也能够为学生的欣赏与想象留出更多的空间。

教师再次强调最后的项目成果，然后将课堂交给学生，穿插于组间解答学生活动过程中出现的问题。项目中包含三项迭代任务，学生根据自身的能力和进度层层递进，完成自身能力范围内的项目工作（表5-31）。

表5-31　活动3-2设计参考

教的活动	学的活动
普通图像风格迁移。对于该类图像风格迁移，学生在学习Python基本语法、卷积神经网络的基本知识之后，可以直接复制技术手册中提供的代码，按照提示进行操作，即可完成普通图像风格迁移。在部分任务中，主要让学生掌握知识原理，理解算法语句的含义，掌握参数调整的方法，实现飞天风格的迁移	合作完成上节课学习的模型构建后，学生以小组为单位自由选择画作风格与内容，讨论交流出本组最希望获得的画作成果，小组成员之间分工合作，对成果内容进行设计。分工协作完成图像风格迁移的任务，并进行最终成果展示的设计与制作
快速图像风格迁移。普通图像风格迁移的时间一般在5～20分钟之间，快速图像风格迁移通过训练数据集，训练出一种飞天风格，可以快速进行多个画作内容的风格变换。该部分任务，会在学生自主训练数据集的基础上给出训练的模型，并通过参数调参实现飞天风格迁移的各种效果。在这个任务中，学生可以实现快速图像风格的迁移，并引导学生拓展其应用	
图像迁移的拓展应用。进度较快、理解较深入的同学，可以自行开展图像应用方面的拓展，比如说对风格化拍照的探索（教师引导，提供技术支持）	

❖　第4课时——飞天作品展览

主题/学习目标：小组能够合作完成一幅图像风格迁移的作品；能够用自己的语言表述项目完成的过程；掌握项目作品评价的关键点。

活动4-1——项目实现与完善【15分钟】

给学生充足的时间完善作品，深入体验卷积神经网络的原理与应用。学生小组精细化本组作品及相关文档。

活动4-2——作品展示与交流【25分钟】

引导学生进行作品展示与交流，对每组学生作品进行评价，了解学生的操作过程，发现学生表述中存在的问题，对过程与结果进行评价。引导学生互相交流与评价。（5分钟/组，共5组）

以展览的形式汇总学生小组协作的成果，增强学生的学习动机，使学生在学习过程中更具条理性、目的性。组间的交流与评价使学生在学习过程中有更强的竞争意识，能够更好地开展协作活动，并且通过一次活动，使学生欣赏到更多不同图像风格迁移的成果，深入理解卷积神经网络的原理。

活动4-3——总结与拓展【10分钟】

对活动进行总结，对小组进行点评。最后用视听资源对人工智能图像应用知识进行新的拓展。帮助学生了解丰富的图像风格迁移的功能与作用，理解人工智能是如何通过基础知识、算法等来实现技术目标的，总结项目学习内容。

案例中关于教师评价量表与学生评价量表的设计方式与规则为广大教师提供了很好的参考。基于形成性评价、过程性评价与总结性评价，本案例设定教师评价占70%，学生评价占30%，教师评价量表中包括对项目设计报告、学生实际操作、小组合作、展板设计以及汇报表现等的评价，学生评价量表按照课时分为自评、组内互评、小组自评及组间互评几项量表（表5-32～表5-35）。

表5-32 “探秘新丝绸之路——飞天壁画”教师评价量表

评价细则 等级（1～5级）	组别									
设计方案元素： ➢ 一带一路、飞天文化及西方绘画流派 ➢ 人工智能图像应用领域的相关知识 ➢ 图像风格迁移的相关原理及卷积神经网络 ➢ 图像风格迁移的实际操作过程 ➢ 学习过程中的思考、创意及反思	1	2	3	4	5	6	7	8	9	10

表5-33 “探秘新丝绸之路——飞天壁画”学生自评量表

姓名： 班级： 学号： 组别：		
评价细则	是否掌握	（掌握记1分，没掌握记0分）
➢ 熟练掌握MXNet框架的搭建方法		
➢ 熟练掌握CNN网络模型构建方法		
➢ 灵活运用Python中与项目相关的基本语法		
➢ 采取多种渠道解决框架搭建及模型构建中出现的问题		
➢ 完成图像迁移作品		

表5-34 “探秘新丝绸之路——飞天壁画”学生互评量表

姓名：	班级：	学号：	组别：
评价细则 等级（1～5级）	组员姓名		
➢ 小组成员有效沟通、讨论热烈 ➢ 小组成员分工明确、任务分配合理 ➢ 小组成员间资料共享、相互交流 ➢ 小组成员按时按要求完成相应任务 ➢ 小组成员间思维碰撞，提出有深度、有建设性的问题			

表5-35 “探秘新丝绸之路——飞天壁画”学生小组自评及组间互评量表

姓名： 班级：	学号：				组别：					
评价细则 等级（1～5级）	组别									
设计方案元素：	1	2	3	4	5	6	7	8	9	10
➢ 一带一路、飞天文化及西方绘画流派 ➢ 人工智能图像应用领域的相关知识 ➢ 图像风格迁移的相关原理及卷积神经网络 ➢ 图像风格迁移的实际操作过程 ➢ 学习过程中的思考、创意及反思										

整体来说，项目设计能够基于真实情境，应用人工智能技术把飞天壁画的艺术特征进行提炼、分析、应用在其他绘画艺术作品当中，具有艺术鉴赏和创造的真实情景，并且能够充分挖掘人工智能技术的先进性，对于一次高中人工智能课程来说极具创意与突破。

课程内容的选择与高中课程标准高度契合，可操作性强。作为人工智能的卷积神经网络的经典应用，课程目标是让学生训练人工智能数据，帮助计算机学习“飞天壁画”，建立图像风格，并将这种风格迁移到其他图像，生成具有“飞天壁画”风格的画作。还有对任务时长与难度的考量，建议调整任务开展的方式或者时长，让学生的协作得到满足，增加对算法的介绍，尽可能增加学生完成任务的可能性，增强学生的成就感与学习兴趣。

另外，本案例的选题与“一带一路”和中华传统文化关联紧密，将人工智能知识与技能的讲解融入传统文化项目之中，同时体现了人工智能的基本过程，能够从数据、算法等方面进行项目的系统化设计，建议广大教师也能够挖掘人工智能技术应用，围绕类似于“图像风格迁移”系统的设计与开展挖掘和梳理人工智能的教育价值，开发出更多优秀的STEM课程选题。

【思考与练习】

一、名词解释

1. 计算思维
2. 数字化实践力
3. 设计思维

二、简答题

1. 技术在 STEM 领域中的角色定位有哪些？
2. 技术类学科的核心素养包括哪些？
3. 请简述斯坦福设计思维模型流程。

三、思考题

1. 设计思维的内涵与作用有哪些？
2. 设计思维与 T 型 STEM 课程之间存在怎样的内在联系？
3. 编程与人工智能同核心素养存在怎样的联系？

第六章　E 型 STEM 课程设计

【章节引言】

面向核心素养的 E 型 STEM 课程是以工程为核心，以中国学生发展核心素养为导向的 STEM 课程。工程作为应用数学、科学、技术领域的概念来系统地解决复杂问题的生产实践活动，其核心是工程设计，为实现科学、技术、数学及工程的全面融合提供了综合性的情境。

E 型 STEM 课程采用广域课程融合模式，以工程设计为课程设计依据，在提问、研究、想象、计划、创建、测试及改进的工程设计流程（工程实践）中有效融合数学工具、科学原理以及技术手段，提升学生跨学科知识与技能，培养学生核心素养。

【知识导图】

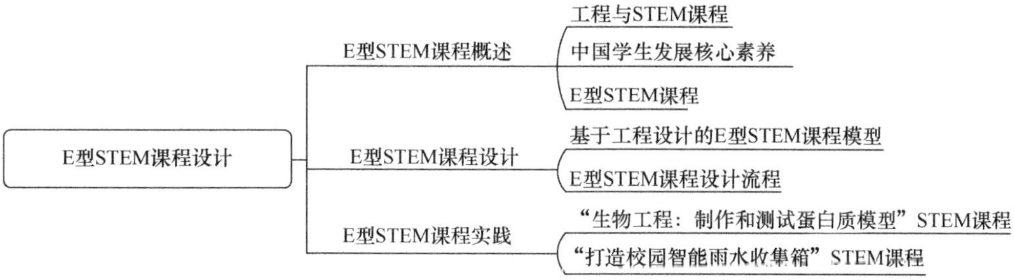

第一节　E 型 STEM 课程概述

一、工程与 STEM 课程

（一）工程与工程教育

美国工程教育协会将工程定义为“一种运用科学和数学原理、经验、判断和常识来造福人类的艺术，一种通过生产技术产品或系统以满足具体需要的过程”[1]。我国的《义务教育小学科学课程标准（2017 年版）》中提出工程是“人类为实现自己的需要，对已有物质材料和生活环境加以系统性的开发、生产、加工、建造等”。工程使得自然界物质和能源的特性能够通过各种结构、机器、产品、系统和过程，以最短的时间和精而少的人力做出高效、可靠且对人类有用的东西。设计公路、航空和铁路运输的运输网络，创建和完善互联网，大量生产抗生素，制造人造心脏瓣膜和其他可挽救生命的医疗设备等均

① 李正，林凤. 从工程的本质看工程教育的发展趋势[J]. 高等工程教育研究，2007, (2): 19-25.

离不开工程。工程不断地改变着人类的生产生活方式，工程师也成为促进社会经济发展的主力军。

面对新一轮全球科技革命所创造的新产业新业态，工程教育作为工科人才培养的关键，在国际上受到越来越多的重视。现如今，很多国家把工程作为国家的未来驱动力，把工程教育视为国家未来技术和经济发展的基础，把工程人才视为发挥国家潜力的保证以及国家竞争力和国家创新能力的核心。美国在所发布的《K-12 科学教育框架：实践、跨学科概念和核心概念》和《下一代科学教育标准》中，着重提出要将工程学科的内容融入 K-12 科学教育中。并在 2018 年所发布的《以调查和设计为中心的 6-12 年级科学与工程》中明确提出科学调查和工程设计应成为科学与工程教学的核心路径，教师应围绕有趣的现象或设计项目安排教学，并利用学生的好奇心使他们更加深入地参与科学和工程的学习[①]。我国也在《走向创新——创新型工程科技人才培养研究综合报告》中提出“工程界既需要学术型工程科技人才，更需要应用型工程科技人才，当前尤其需要技术交叉、科技集成创新的创新型工程科技人才，进行产品创意设计、开发新产品的人才，进行工程管理与经营的人才”。

【拓展阅读】 工程定义的三种视角

1.“活动”视角下的工程

✧ 目的性：工程活动都有自己的初衷或意图。

✧ 物质性：工程活动是借助工具的物质活动过程，其结果也是物质形态。

✧ 实践性：工程活动是“做”而非“想”，是基于人类对未知世界的创造欲望。

✧ 群体性：工程活动的进行需要群体合作。

2.“知识体”视角下的工程

✧ 至少涉及“工程技术”和“工程科学”两大类。

✧ 是在行动中的“做”的学问，是在求知过程中将事情做得更好的学问。

3.“职业”视角下的工程

✧ 工程是整合人、物质及种种经济资源以满足社会需要的创造性专业。

✧ 科学家探究已有的世界，工程师创造全无的天地。

工程教育直接源于技术教育，而随着现代科学特别是大量新兴学科的出现、繁荣，科学逐渐取代了技术的领先地位，工程教育转而从科学中寻找其理论基础，甚至在一定程度上被认为是科学教育中的旁支[②]。工程教育发展至今，先后演变出了四种工程教育范式[③]——

① 黄桦. 以工程设计为中心的“K-12 工程教育”：源起、内涵与实施策略——美国《以调查和设计为中心的 6-12 年级科学与工程》之启示[J]. 远程教育杂志, 2019, 37(4): 73-84.

② 王存文, 韩高军, 雷家彬. 高等工程教育如何回归工程实践——以省属工科类高校为例[J]. 高等工程教育研究, 2012, (4): 34-39.

③ “范式”最初是由美国科学哲学家托马斯·库恩提出的，指科学研究中“那些公认的科学成就，它们在一段时间里为实践共同体提供典型的问题和解答”。

经验范式、技术范式、科学范式和实践范式①。早期的工程教育以"师徒制"的形式展开，工业生产强调经验，尚未运用科学、数学等理论知识。技术范式形成于工业发展的初期，鼎盛至20世纪50年代。技术范式的主要特点是重视工程实践，强调技术应用和实践操作，以培养现场工程师为目标，以应用手册和公式为主②。第二次世界大战后，工程教育开始强调基础科学知识。科学范式的主要特点是高度重视数学和科学，强调工程科学和理论分析。但是科学范式过于强调理论，忽略工程实践，重分析轻综合，重技术轻人文，导致科学范式下培养的工程师无法应对综合性、复杂性问题，因此具备系统性和整体性、强调平衡理论与实践应用的实践范式被提出，工程教育逐渐回归于工程实践。

我国近代工程教育始于19世纪60年代的洋务运动时期，以"技术范式"培养工程人才；新中国成立后，仍实行技术范式，培养工程技术和应用为主的人才；直至改革开放加速了我国科学的进步与发展，我国开始学习美国工程教育的"科学范式"③。为了提高工程教育质量，加速我国从工程教育大国向工程教育强国奋进的步伐，2010年我国启动了"卓越工程师教育培养计划"，扭转了我国工程教育"科学范式"进一步深化的势头，对工程教育"回归工程"起到关键的作用④。2016年"新工科"概念的提出带来了工程教育人才培养的新变化。新工科人才培养应该使学生掌握更先进的知识，包括自然科学、数学、工程科学、人文社科等方面的知识；具备综合能力，包括应用所学知识解决实际工程问题、工程设计、创新创造创业的能力，团队、沟通交流和领导能力，终身学习能力以及专业所涉及的核心技能和职业态度等⑤。如今，交叉学科成为我国第14个学科门类，工程教育的重要性及必要性愈发凸显。

【拓展阅读】"人-科学和技术-工程-社会"大工程教育理念⑥

2016年，"新工科"概念的提出以及"复旦共识"、"天大行动"和"北京指南"等一系列"组合拳"的推出，对我国高等工程教育理念、人才培养模式和工程教育目标转型产生了深刻的影响（图1）。

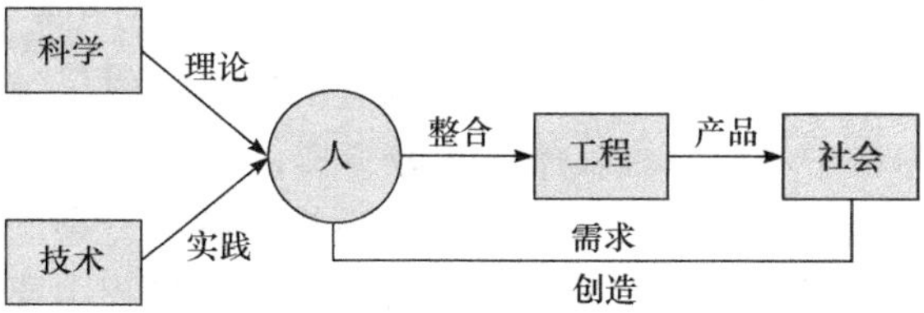

图1 "人-科学和技术-工程-社会"的大工程教育理念模型

① 时慧，李锋. 新工程教育：STEM课程的视角[J]. 开放教育研究，2019, 25(3): 36-43.

② 叶民，叶伟巍. 美国工程教育演进史初探[J]. 高等工程教育研究，2013, (2): 109-114.

③ 李茂国，朱正伟. 工程教育范式：从回归工程走向融合创新[J]. 中国高教研究，2017, (6): 30-36.

④ 朱正伟，李茂国. 实施卓越工程师教育培养计划2.0的思考[J]. 高等工程教育研究，2018, (1): 46-53.

⑤ 顾佩华. 新工科与新范式：概念、框架和实施路径[J]. 高等工程教育研究，2017, (6): 1-13.

⑥ 李志峰，陈莉. 我国高等工程教育转型：历史变迁与当代实践逻辑[J]. 高校教育管理，2019, 13(4): 91-98.

大工程教育理念的两层含义：

第一，跳出单一的科学主义或技术主义，以社会需求为导向来重新审视工程教育中的人才培养问题。

第二，在人才培养过程中注重“人”的主体地位，强调工程人才的全面发展。

工程教育不仅要引导学生掌握专业技术，更要强化学生的社会责任感与时代使命感。工程教育既是工程的，又是教育的，更是环境的，工程与人、科技、社会之间有着密不可分的联系。科学与技术是不可分割的，科学是技术的理论指导，技术是科学的实践转换。工程则是人们通过整合科学理论知识和技术实践经验，研究、开发、设计并生产出新的产品以满足社会需要的一种创造性活动。这种创造性活动的载体——工程技术人才的培养，便是工程教育的目的与追求。工程教育与人、科技、工程、社会之间的内在联系将使得“人-科学和技术-工程-社会”大工程教育理念成为新时代我国高等工程教育转型的重要理念。

随着大数据、云计算、人工智能等技术的不断发展与进步，我国高等工程教育不断取得新突破。以“以立德树人为引领，以应对变化、塑造未来为建设理念，以继承与创新、交叉与融合、协调与共享为主要途径，培养未来多元化、创新型卓越工程人才”的新工科建设加速了新兴工业专业的发展与传统工业专业的改造升级，为高等工程教育改革开启了新路径。但是，具体到基础教育领域，工程教育还未受到重视，尚存在内容缺乏学科整合、工程实践活动较少的问题。研究表明，许多学生在 K-12 课程中没有接触到工程主题，老师没有接受过将工程概念融合在课程内容中的培训，基础教育阶段缺乏一个以工程教学为基础的明确概念[①]。如何面向未来社会发展需要，将工程教育渗透至基础教育学校课程中，提高学生的创新创造能力，培养学生的核心素养是目前中小学工程教育亟待解决的问题。

（二）工程助力 STEM 课程融合

工程为实现科学、技术、数学及工程学科的全面融合提供了综合性的情境，同时，STEM 课程的引入也为在中小学阶段实施工程教育提供了有效的切入方式。

工程作为应用数学、科学、技术领域的概念来系统地解决复杂问题的生产实践活动。虽然其过程是系统的，但是它要求我们在应用科学原则的过程中要有创造性，这样才能得出解决问题的方案。因此，工程活动的本质特征可以概括为实践性、创造性、应用性和综合性。因为工程针对的是现实世界中的问题，它为学习者提供了一种解释概念的良好环境，而如果缺乏这种背景环境，学生则可能难以想象这些概念。与此同时，因为工程问题与学生和社会具有相关性，所以学生会更有动力去更深入地理解数学、科学和技术的相关概念及技能。在解决问题的过程中，切实地理解 STEM 学科的本质特征及

① Ziaeefard S, Miller M H, Rastgaar M, et al. Co-robotics hands-on activities: a gateway to engineering design and STEM learning[J]. Robotics and Autonomous Systems, 2017, 97: 40-50.

话语体系，从而站在综合性的视角上去思考、理解及解释世界，并寻求解决复杂问题的方案。

STEM 课程的引入还能够有效地缓解当前基础教育阶段工程教育不足的问题。在我国的基础教育阶段尚未开设工程类课程，这就导致工程教育多以活动类课程、校本课程等方式呈现，这类课程并非常规性课程，且其课程实施具有较大的不确定性，使得学生缺乏对于工程的基础性认识。但是，如果因此而在基础教育阶段新增工程类课程，则可能会加重教师的负担及学生的学生负担。经济合作与发展组织科学专家组主席罗杰·拜比（R. Bybee）曾指出："自第二次世界大战结束以来，K-12 课程一直在增加，学校课程就像一个过度填充的筒仓，教育界不断向其提供越来越多的信息。"因而，在中小学开展新工程教育不一定要在学校开设新课程，更不是在"过度填充的筒仓"中挤占空间，而是通过合理的方式将工程教育整合到学校课程的衔接"缝隙"中，为不同课程融合提供工程学习情境和契机，从而扩展现有课程的不同层面，使学科内容更丰富[①]。从课程组织来看，工程实践本身融合了科学、技术、工程和数学等知识，是一门典型的 STEM 课程。采取 STEM 课程的形式在基础教育阶段实施工程教育，不仅为工程教育提供了有效的实施渠道，还能够将工程与科学、技术、数学相结合，使得学生能够较快地融入工程活动当中，并建立起 STEM 学科间的联系。

二、中国学生发展核心素养

（一）面向中国学生发展核心素养的 E 型 STEM 课程设计目标

中国学生发展核心素养是以工程为核心的 STEM 课程的课程目标。在学科属性上，工程不同于科学、技术及数学，其在基础教育阶段并无相对应的学科课程，这就导致并无与工程相对应的学科核心素养。M 型 STEM 课程、S 型 STEM 课程和 T 型 STEM 课程分别对应数学科学核心素养、科学学科核心素养以及技术学科核心素养。学科核心素养是在学生发展核心素养的框架下，根据具体学科的特征和育人的特殊功能确定的，是实现核心素养的总目的、总方向的手段和途径。工程融合数学、科学和技术领域的观念、技能和思维，在培养目标上也指向数学、科学和技术领域各学科素养的总括和综合，即中国学生发展学生核心素养。此外，E 型 STEM 课程作为"带动 S 型、M 型和 T 型 STEM 课程的综合性齿轮"的定位也决定了其目标不再拘泥于学科本身，而是具有高度性和综合性。因此，E 型 STEM 课程设计是面向中国学生发展核心素养的。具体理解如下：在教育本质上，核心素养与 E 型 STEM 课程之间具有相同的内在特性，其本质都在于摆脱学科及知识的桎梏，使得教育回归于人，关注于个体适应终身发展和社会需要的必备品格和关键能力。在学科融合上，核心素养的提出使得我国课程发展的逻辑起点由学科知识走向核心素养，以人为本的课程理念逐渐得到深化。核心素养的出现消解了学科课程与整合课程之间的对立，有助于学科边界的软化以及"学科群"及"跨学科"的勾连，为 E 型 STEM 课程融合提供了理论基础。在综合程度上，E 型 STEM 课程作为实现科

① 时慧，李锋. 新工程教育：STEM 课程的视角[J]. 开放教育研究，2019, 25(3): 36-43.

学、技术、数学及工程学科全面融合的主要阵地，其本身具备高度综合性、实践性、创造性和应用性的特质，为提升学生的综合素质、培养学生的核心素养提供了丰富的情境和充分的空间，使得学生能够站在综合性的视角上去思考、理解及解释世界，并寻求解决复杂问题的方案。

（二）以中国学生发展核心素养为导向的E型STEM课程整合模式

以中国学生发展核心素养为目标导向的E型STEM课程设计需要在核心素养的引导下，建立从宏观价值立场、中观整合模式至微观课程设计的整体规划，以充分发挥核心素养在整个E型STEM课程设计过程中的引导性作用。

核心素养作为学生应当具备的、能够适应终身发展和社会发展所需要的必备品格和关键能力，其是以“全面发展的人”为核心，共分为文化基础（人文底蕴、科学精神）、自主发展（学会学习、健康生活）、社会参与（责任担当、实践创新）三个方面，分别对应着人与知识、人与自我、人与社会。因此，面向核心素养的E型STEM课程在宏观价值立场需紧扣中国学生发展核心素养，从学科、儿童、社会三个方面综合考虑、有机整合，以实现学科价值、育人价值与社会价值的统一。

根据中国学生发展核心素养的多元维度、多元场域、多元功能、高阶复杂、长期培育的特性，在“中观整合模式”的整体规划上，E型STEM课程可采用“广域课程”的整合模式。从价值取向的角度来看，采取广域课程的STEM课程整合方式更有利于实现核心素养的有效转化。广域课程整合是指通过开放的21世纪主题（例如全球认识、环境教育、健康等）整合不同学科及相关知识与技能，构建适切核心素养转化的STEM课程设计框架，充分体现了“跨学科”以及“超学科”的特性。其主题的选择与社会生活紧密相连，与学生发展能力紧密相连，能够将无法通过传统科目有效落实或落实不充分的核心素养通过机动灵活的主题来实现。其特点是坚持核心素养转化的“部分渗透”与“整体转化”相结合，坚持分科课程与综合课程相互协调、补充。每个跨学科（超学科）主题单元由目标、内容、组织、评价四个要素构成[①]。与其他课程整合方式相比，其具有更高的知识综合程度，契合于E型STEM课程的综合性特质，对于帮助学生形成认识与解决问题的能力，培养学生的核心素养更具优势。同时，工程作为人类社会的一种社会活动形式，其本身就是从人类需求出发，以科学和技术为基础的系统性工作，是运用科学、技术、数学等进行设计、解决实际问题和制造产品的活动。因此，以工程为核心的STEM课程可以充分地发挥其社会性、综合性及系统性优势，采用广域课程整合方式构建适切核心素养转化的课程设计框架。此外，从工程特性的角度来看，工程作为一个复杂的决策和解决问题的过程，它需要科学、技术、工程和数学的综合应用，将来自STEM学科的知识、技能及研究方法按照所选定的主题整合至课程结构中，从而以最优化的方式解决现实问题。

① 刘登珲. 美国综合课程改革指导框架、实施路径与借鉴[J]. 比较教育研究, 2019, 41(12): 94-100.

三、E 型 STEM 课程

（一）E 型 STEM 课程架构

E 型 STEM 课程是以工程为主导的 STEM 课程。工程是为解决人类面对的问题，由科学知识支撑，具有设计目标的、系统的和可重复的过程①。工程往往和科学与技术紧密相连。科学、技术与工程有所区别但又互相联系。科学的核心是科学探究；技术的核心是技术发明；工程的核心是工程制造；数学的核心是数学建模。在以工程为主导的 STEM 课程中，科学、技术、工程及数学之间存在着非常紧密的联系。数学与科学为工程提供了工具基础与原理基础，技术支持并催化了工程设计的进程。工程则为数学、科学及技术的应用提供了综合性的情境，并将可能产生的新的技术作为工程设计的结果。

E 型 STEM 课程是指在 STEM 教育理念的指导下，为提升学生的核心素养而设计开发的工程类 STEM 课程。其以学校现有课程体系为依托，融合数学、物理、化学、生物和信息技术等学科，以数学为工具、科学为原理，利用现代化信息技术，培养学生的核心素养，其架构图如图 6-1 所示。

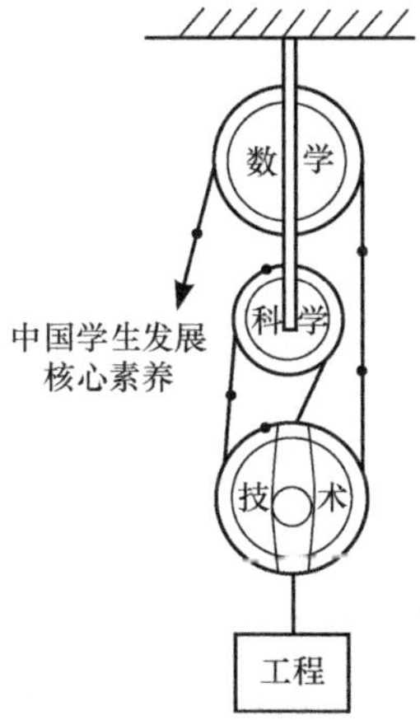

图 6-1　E 型 STEM 课程架构图

注：从上至下滑轮分别为定滑轮 1、定滑轮 2、动滑轮 3。定滑轮 1 代表数学（M）；定滑轮 2 代表科学（S）；动滑轮 3 代表技术（T）；重物代表工程（E）；绳子表示融合；绳子上的附着物代表语文、英语、美术等其他学科；拉力（最终产出）指向核心素养。

该架构图为一个滑轮组，其包含了两个定滑轮（数学、科学）、一个动滑轮（技术）、重物（工程）、绳子（核心素养）。在滑轮组中，定滑轮的作用在于改变力的方向，而动滑轮的作用在于省力，滑轮组结合了定滑轮与动滑轮，不仅可以改变力的方向，又可以省力地拉动物体。

定滑轮 1 代表了数学。作为核心素养培养的工具基础，数学承担着人类生活和社会发展所必需的运算及推理工具的职能，能够为工程设计与实践提供工具基础。正如定滑轮能够改变力的方向，工具的选择决定了工程设计与实践的走向，影响着工程方案的选

① 温·哈伦. 以大概念理念进行科学教育[M]. 韦钰译. 北京：科学普及出版社, 2016: 4.

择与工程实践的方向。

定滑轮 2 代表了科学，科学发展过程中所形成的科学原理影响着问题解决的走向。哪些科学原理可以实现该工程项目？哪些科学原理可促成该工程的最优方案？数学和科学作为定滑轮，为工程设计提供了工具基础和原理基础，影响着工程实施的方向。

动滑轮 3 代表了技术。正是因为动滑轮的存在，大大减少了拉力。技术作为学科本身，是大观念的融合；作为技术手段，起到推动的作用，加速工程设计与实践。因此，技术作为动滑轮，对工程设计与实践起到催化剂的作用，提高工程实施的速度与质量。

重物的提起离不开绳子的作用，通过绳子可将各个滑轮连接，发挥各滑轮的作用。在 E 型 STEM 课程中，绳子起到了融合的作用，它将数学、科学和技术进行融合，综合运用各学科，来培养学生的核心素养。值得注意的是绳子上的附着物，它们代表了学校课程体系中 STEM 相关学科之外的学科，如语文学科、英语学科、美术学科等。工程虽然偏理工科属性，但也离不开文化艺术的点缀。因此，将这些学科以圆点的形式附着在绳子上，既可以体现其作用，又可以强调融合。

E 型 STEM 课程的核心在于大融合，其目标在于注重学生核心素养的培养。E 型 STEM 课程通过课程的融合，为数学和科学提供了现实的应用环境，为复杂问题分解提供了良好框架，通过建立数学、科学、技术与现实世界的产品与过程之间的联系，培养学生的综合素质，提升学生的核心素养。

（二）E 型 STEM 课程设计要素

核心素养作为 E 型 STEM 课程的目标导向，其促使了 STEM 课程的课程设计目标、课程设计内容、课程组织方式、课程评价方式的转变。

1. 目标

核心素养促使了 E 型 STEM 课程设计目标的转变。其一，核心素养使得课程回归于人，聚焦于课程对于促进个体终身发展和社会发展的意义和价值；其二，构建了 STEM 课程育人的专业话语，形成了从核心素养（E 型 STEM 课程）到学科核心素养（S 型、T 型、M 型 STEM 课程）、课程标准，再到单元或课时目标的完整的课程目标层级体系。

中国学生发展核心素养是具有工程思维，适应“互联网+”趋势，理解人类命运共同体的内涵与价值等时代特色鲜明、反映新时期人才培养要求的素养[①]。E 型 STEM 课程作为以工程为核心的 STEM 课程，其以工程设计连接数学、科学和技术，以期培养全面发展的人，提升学生适应终身发展和社会发展需要的品格和能力。因而，在 E 型 STEM 课程设计的过程中，在考虑课程目标时，以中国学生发展核心素养为核心指标，从文化基础、自主发展和社会参与三个方面综合考虑，设计“培养全面发展的人”的工程类 STEM 课程。

① 林崇德. 中国学生发展核心素养：深入回答“立什么德、树什么人”[J]. 人民教育，2016,(19): 14-16.

2. 内容

核心素养促使了 E 型 STEM 课程设计内容的转变。其一，核心素养成为课程内容选择的中心和依据，教师需要围绕核心素养的落实精选与该工程问题相关的课程内容；其二，促使了课程设计中知识观的转变，即不再将知识作为客观真理或固定事实，而使之成为探究的对象和使用的资源；其三，重视以跨学科大概念为核心，使得 STEM 课程内容结构化、系统化。

在课程内容的选择与设计过程中，要充分了解学生的年龄特点，调查学生的兴趣需求，以工程问题解决为设计主线，选择与科学、技术和数学相关的知识构建工程项目，进而将工程与科学、技术和数学相融合。学生在充分应用数学工具、科学原理以及技术催化的基础上，开展工程设计与工程实践，解决工程问题，实现学生核心素养的培养。

课程内容的难度、知识的深度与广度等要适应学生的实际能力水平，包括学生在已有知识和经验的基础上对新知识的接受能力与学习能力、自主学习能力与协作学习能力、团队合作能力等。在进行工程内容整合的过程中需充分考虑内容的深度与广度，通过跨学科大概念的形式融合数学知识、科学原理以及技术应用，以系统化、结构化的形式开展 E 型 STEM 课程。

3. 组织

核心素养促使了 E 型 STEM 课程组织方式的转变。其一，重视工程情境创生与综合知识学习相结合，加强知识与现实世界的联系，以促进知识的迁移及素养的形成；其二，加强学生在课程中的主体地位，倡导深度学习与协作学习，让课程成为工程问题解决、知识内在建构和集体智慧创生的过程；其三，采用项目式学习，培养学生的高阶思维、丰富学生的认知结构，实现知识、能力、情感、思想与价值的深度整合。

为了有效地实施 STEM 整合课程，大量的学习模式不断涌现，包括项目学习、探究学习、问题学习以及设计学习等。其中，项目式学习旨在以真实项目为基础，要求学生运用多种方法技能，解决一系列问题，进而完成最终项目，其与以工程为主导的 STEM 课程显示出了更高的契合度。项目式学习以完成真实的事情或任务为目标，旨在促成学生学习状态、学习内容、学习方式以及学习结果等方面的变革。在学习状态上，项目式学习要求学生从被动的接受者转向积极的探索者，从被动参与到主动参与，真正激发学生的内源性动机。在学习内容上，项目式学习的价值在于围绕一个富有挑战性的主题，整合学科内甚至是跨学科的学习内容，促进学生综合理解，实现学生的综合发展。在学习方式上，项目式学习要求改变以往以知识传授为主线的教学方式，用更真实、更综合的项目引导学生展开学习，让学生在问题解决中实现学用合一。在学习结果上，项目式学习强调学生的实践创新，让学生在探究与创作中形成一定的作品，例如建立模型、设计方案等等。由此可知，项目式学习具有内源性、整合性、实践性以及创生性的特点。基于项目学习的 E 型 STEM 整合课程能够帮助学生参与到真实的 STEM 项目任务当中，学习和调动科学、技术、工程和数学等学科知识，形成项目解决方案并予以实施，最终完成项目产品，实现所要求的学习期望①。那么教师应当如何组织一个有效的 E 型 STEM 项目？

首先，学生在项目活动中的参与程度高低直接关系着项目活动能否成功实施，同时也影响着学生的 STEM 成就。这说明 STEM 项目活动设计的完成并不意味着项目活动能在课堂中顺利开展，还需要教师采用合适的教学策略来提高学生的 STEM 学习参与度。在传统的分科学习中，教师承担了课堂教学的权威角色，将学科知识不断地灌输给学生，忽视了学科间的联系，而 STEM 项目学习强调学科间的联系，更加关注学生的建构性学习，让学生不断通过 STEM 跨学科知识学习来解决现实世界的真实问题。所以，在课堂中教师应使用恰当的教学策略，尽可能为学生营造适合学习的环境和条件。

其次，在开展 STEM 项目学习时，教师的角色应是学生学习的促进者和引导者。教师始终应把工程项目活动居于中心位置，而不是借其壳仅仅让学生识记 STEM 各学科知识。在教学实践中，运用 STEM 多学科知识完成项目是学生最主要的目标，教师的所有指导都应围绕项目工作进行。在项目进行过程中，学生将会面对一系列的问题甚至是难题，而这些问题或难题关乎着项目能否顺利完成，这时，就学生感兴趣的问题或亟待解决的难题，教师可以适时地与学生一起进行深度探索。STEM 项目的完成，除了要求学生学会使用知识，还需要学生学会运用工具、学会对自我学习进行管理。教师应帮助学生学会跨学科应用知识，引导学生利用已有工具或者创造工具来完成项目。

最后，凸显工程学科的 STEM 更是要求学生能够融合观察、研究和推理，基于证据来提出科学观点和科学主张。为此，教师在让学生或小组进行阶段性成果展示时，应引导学生结合相应的数据或资料来和同学分享，也就是像科学家一样来发表自己的研究成果，如工程师一般设计自己的研究方案，最终，在吸取他人意见的基础上不断调整和修正完成项目的可能路径。此外，许多时候，项目的完成不可能凭借单个学生的一己之力，它往往需要学生之间的相互合作，教师应在课堂中鼓励学生不断地进行小组活动、不断地与同伴进行互动交流①。

4. 评价

核心素养促使了 E 型 STEM 课程评价方式的转变。其一，STEM 课程评价需着眼于学生的全面发展，着力于学生的核心素养培育；其二，需强调评价主体的多元性、评价方式的多样性及评价客体的全面性。

美国著名教育测量与评价专家格朗兰德（N. E. Gronlund）在《教育测量与评价》中提出，教学评价=教学的测量（数量描述）或非测量（质性描述）+价值判断，认为一个完整的教学评价应该包括量与质的描述和评价判断两部分。同样地，课程评价也应当是

① 董泽华，卓泽林. 基于项目学习的STEM整合课程内涵与实施路径研究[J]. 中国电化教育，2019，(8): 76-81, 90.

在量或质的描述基础之上进行价值判断的活动，即课程评价必须包括对课程实施过程中产生的结果进行事实判断与价值判断。传统的教学评价一般包含检查考试、多项选择题、简答题、口头背诵等，而项目教学评价则主要包含文章等报告或文案、项目产品的评估、档案袋、展示技能等[①]。E 型 STEM 课程的评价融合了项目教学评价和传统教学评价，具有真实性、多元性，如学习过程的全数据记录。

评价量规作为一个真实性的评价工具，是为学生的学习过程提供形成性和终结性反馈的一种方法，可以帮助教师对学生的学习过程进行高效的评估，同时也能在整个自我评价与同伴评价中给学生提供指导，帮助教师在具有高度综合性和复杂性的 E 型 STEM 课程中实施课程评价。评价量规是对学生的作品、成果、成长记录袋或表现进行评价或者等级评定的一套标准，同时也是一个有效的教学工具，是连接教学与评价之间的一个重要桥梁。评价量规作为表现性评价的评价工具，主要由教师或评价专业人员开发，事先详细地规定了学生所要达到的学习目标的标准，用来评价学生的复杂表现或作品。通过让学生使用评价量规，可以帮助他们发展自我评价和同伴评价的技能。评价量规要具体化、多元化并具有较强的可操作性。评价的对象可包括团队合作、文章、展示技能、档案袋、观察记录、自我评价、仿真模拟等，分别针对这些对象设计对应的量规来进行评价，每一指标可划分为不同的等级，对应不同的数值，作为评价的参考。

5. *资源*

课程资源[②]也称教学资源，作为课程与教学信息的来源，包括所有对课程教学有利的物质与人力等。广义的课程资源包括有利于实现课程教学目标的各种因素，而狭义上的课程资源指教学内容的直接来源。本节中所提到的课程资源是指广义的课程资源，主要分为课程教学资料、课程支持系统以及课程教学环境三个部分。不同于其他类型的 STEM 课程，E 型 STEM 课程资源具有工程的属性与特质，兼具技术的支持。从课程教学资料的角度来看，E 型 STEM 课程提供与工程设计相关的基本材料或元件、测量工具、绘图工具、裁剪或拼接工具、项目评价量表等；从课程支持系统的角度来看，E 型 STEM 课程将充分利用人工智能、大数据、机器人等技术服务，为工程设计与实践以及项目评价提供技术服务；从课程教学环境的角度来看，E 型 STEM 课程教学环境既包含普通的教室教学环境，也包含具备工程特质、体现工程实践氛围的各类活动场所，例如，有满足课程教学活动的空间与设施，尤其是供学生进行小组学习、实践操作的场地及桌椅布置，供学生自主查看相关资源的计算机及网络，学习成果作品的展示空间，等等。

---

① 唐烨伟，郭丽婷，解月光，等. 基于教育人工智能支持下的 STEM 跨学科融合模式研究[J]. 中国电化教育, 2017, (8): 46-52.

② 段兆兵，等. 课程资源开发与利用——原理与策略[M]. 芜湖：安徽师范大学出版社, 2011: 20-22.

第二节 E型STEM课程设计

一、基于工程设计的E型STEM课程模型

（一）工程设计

工程设计过程是工程的核心①。横向上，工程设计包括了设计对象、设计进程甚至设计思路的设计。纵向上，工程设计贯穿于产品孕育至消亡的全寿命周期，涵盖了需求辨识、概念设计、总体设计、技术设计、生产设计、营销设计、回用处理等设计活动，起到了促进科学研究、生产经营和社会需求之间互动的中介作用。工程无处不体现着“设计”这一思想，因此，工程设计也成为在基础教育阶段实施工程教育的关键领域。工程设计通常要直面“结构不良的问题”或“无明确边界的问题”，起初，学习者会基于对问题的理解，并聚焦解决方案收集信息。其后为了解决问题，学习者通常需要采取探究行动来寻求解决方案，并尝试通过检验、优化迭代的方式不断缩小问题解决方案的空间，产生一些能形成设计概念的初步想法，最终获得问题的解决方案。

工程设计是实现科学、技术、工程及数学全面融合的关键领域，也是E型STEM课程的设计基础。在工程设计的过程中，科学、技术、工程及数学之间存在着非常紧密的联系。数学与科学为工程提供了工具基础与原理基础，技术链接并推动了工程设计的进程。工程则为数学、科学及技术的应用提供了综合性的情境，并将可能产生的新的技术作为工程设计的结果。工程设计作为一种直接的认知形式，不仅包括问题解决方案的制定，还包括用建模和分析工具对解决方案进行优化。

工程设计过程具有以下特征②：

第一，开放性和创新性。工程设计所需解决的问题往往是来源于现实世界生产或生活的结构不良问题，没有现成的解决方案，亦没有唯一正确的解决方案。设计过程是问题解决过程亦是创造过程，正如卡曼所言：“科学家研究已有的世界，工程师创造未有的世界。”

第二，系统性和迭代性。工程是一个系统，设计就是要实现系统结构与功能的一致性，系统中任何一个部分的变化都有可能导致整体功能的改变，因此，每一个部分的设计都应置于整个系统中来考量。设计始于一个问题或目标，问题的解决方案需要经历假设、论证、建模、检验、评估以及优化等过程，在此过程中若发现与最初问题不符合的现象都有可能需要重新回到前面的步骤中，整个设计过程是一个有目的的、迭代的系统反思和反馈过程。

第三，社会互动性。正是由于工程设计是一个系统的问题解决过程，所以需要团队

---

① 时慧，李锋. 新工程教育：STEM课程的视角[J]. 开放教育研究，2019, 25(3): 36-43.

② 杨玉琴，倪娟. 工程设计：STEM课程整合的有效途径[J]. 上海教育科研，2017, (10): 45-49.

的分工和协作，设计人员之间需要不断地沟通和交流，同时还需要与客户不断地交换意见和协商。

第四，跨学科性和境域性。单一的学科知识和能力无法完成复杂情境下的工程设计任务，需要数学、物理、化学、理论力学、材料力学、流体力学等多学科知识，需要系统化工程设计的理论和方法，需要计算机技术的支持等。设计过程中根据客户需求将跨学科的知识和方法置于设计情境中，从而形成设计思想或方案。在工程实施阶段，这些知识则需要嵌入工程现场去接受检验和评估。

将工程设计作为 E 型 STEM 课程的设计基础，可以帮助学生通过参与解决现实问题，连接至日常的 STEM 应用情境，为学生提供综合学习、灵活应用各种 STEM 概念的机会，促进学生自主知识的建构及基本概念的理解，并通过多样化的团队协作产生更具创新性的设计以解决现实问题。在此过程中，核心素养中的文化基础、自主发展及社会参与三个方面均能够得到显现及提升，为促使学生核心素养的发展提供了广阔的空间。

（二）E 型 STEM 课程设计模型

E 型 STEM 课程以工程设计为设计基础。结合 E 型 STEM 课程架构图，充分融合数学工具、科学原理与技术手段，在提问、研究、想象、计划、创建、测试与评估、改进的工程设计与实践的过程中，形成培养学生核心素养的 E 型 STEM 课程。E 型 STEM 课程设计模型如图 6-2 所示。

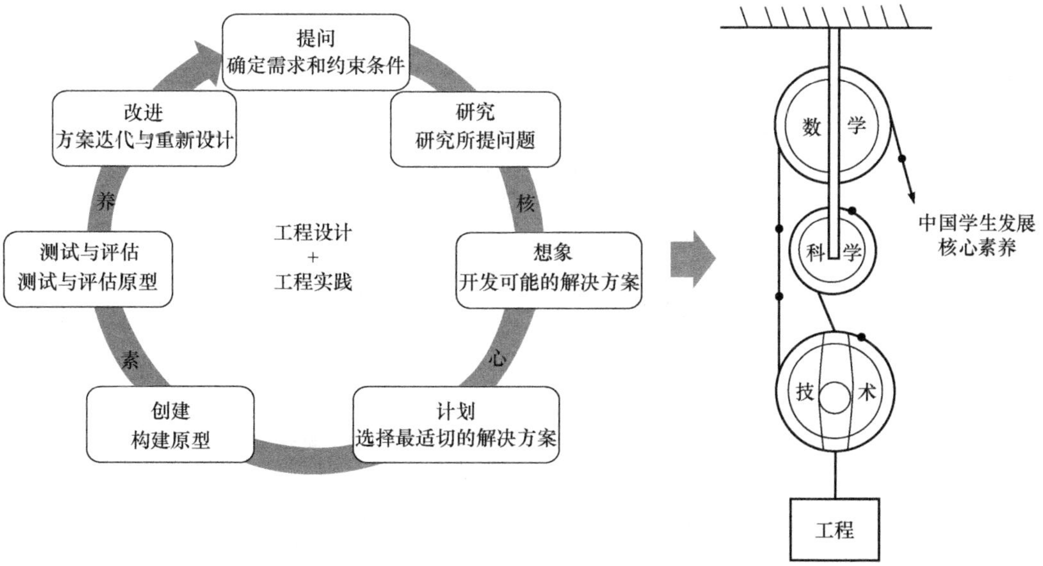

图 6-2　E 型 STEM 课程设计模型

工程设计主要包括提问、研究、想象、计划、创建、测试与评估、改进七项设计步骤，其实践则在设计的基础上展开。在提问阶段，确定工程设计的需求和约束条件；在研究阶段，研究所提问题；在想象阶段，开发可能的解决方案；在计划阶段，选择最适切的解决方案；在创建阶段，构建产品原型；在测试与评估阶段，测试与评估产品原型；在改进阶段，根据需要对产品进行方案迭代与重新设计。

工程的设计与实践促进了科学、技术、工程和数学的融合，并推动了 E 型 STEM 课程的开展。在工程设计过程中，科学及数学为工程设计提供了原理基础及工具基础，保障了工程设计的科学性，是所设计出的工程产品能否解决实际问题的核心。其中，科学主要涉及科学概念、科学原理及科学实验探究等，数学主要涉及工程设计所必需的比例、成本计算、平面图形及科学中的数量关系等。技术则为工程设计提供了工具、方法及解决策略，决定了能否将产品设计意图转化为真实产品，主要涉及信息技术、人工智能等。E 型 STEM 课程通过工程设计与实践，充分融合数学工具、科学原理、技术手段和工程知识、技能与思维各要素，将中国学生发展核心素养作为拉动 E 型 STEM 课程的外动力，将核心素养的培养真正落实到工程教育中。E 型 STEM 课程的课程目标在于在工程设计与实践的过程中，着力提升学生的核心素养。因此，在工程设计的过程中，需要从文化基础、自主发展及社会参与三个方面综合考虑，将学生核心素养的培养作为课程设计的外动力与外结果，将其作为指导思想，贯穿于课程设计的整体过程中。

二、E 型 STEM 课程设计流程

工程设计作为指导工程团队解决问题的一系列步骤，其设计的过程是迭代的，学生可以从失败中学习，进而优化改进工程设计，获得更出色的解决方案。此外，学生通过工程设计项目的学习与实践，还能够加强团队合作，进行头脑风暴，应用科学和数学概念，并依靠技术支持，测试原型、改进原型，形成行之有效的解决方案，进而提升学生的核心素养。根据 E 型 STEM 课程设计模型，本节提出 E 型 STEM 课程设计流程，如图 6-3 所示。并进行了具体的说明，如表 6-1 所示。

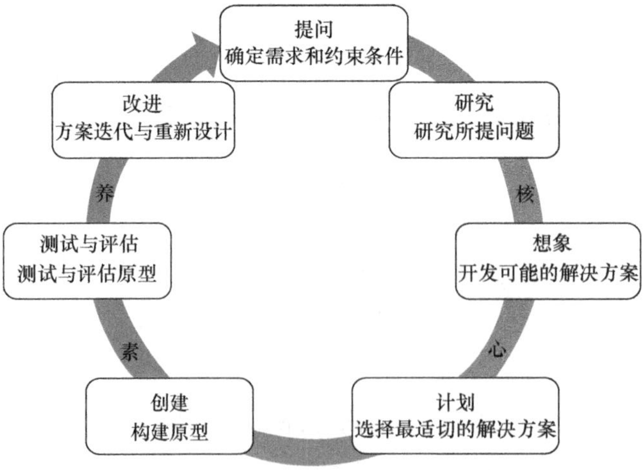

图 6-3　E 型 STEM 课程设计流程

表 6-1　E 型 STEM 课程设计流程说明

阶段	步骤	详细步骤	核心素养
提问	确定需求和约束条件 ➢ 解决什么问题？ ➢ 我们要设计什么？ ➢ 是给谁用的？ ➢ 我们要完成什么？ ➢ 项目要求是什么？ ➢ 有什么限制？ ➢ 我们的目标是什么？	（1）了解工程项目背景 （2）收集项目相关资料 （3）确定工程项目需求 （4）阐述项目需求与约束条件	根据核心素养选择工程设计主题；主题的选择需与社会生活紧密相连，与学生发展能力紧密相连，并具有较高的学科综合度
研究	研究所提问题	（1）收集和组织项目背景信息 （2）查找现有解决方案与产品	STEM 学科融合与知识建构；关注核心素养中的文化基础、自主发展与社会参与
想象	开发可能的解决方案	（1）头脑风暴解决方案	团队协作与头脑风暴；关注核心素养中的科学精神、学会学习问题解决与实践创新
计划	选择最适切的解决方案	（1）工程分析 （2）评估备选方案 （3）对比选择最优方案	工程分析与评估方案；关注核心素养中的理性思维、批判质疑、信息意识
创建	构建原型	（1）细化解决方案 （2）构建产品原型	方案落实与原型构建；关注核心素养中的问题解决、技术运用、审美情趣
测试与评估	测试与评估原型 ➢ 是否可行？ ➢ 是否解决实际需求？ ➢ 哪些地方有效？哪些地方无效？ ➢ 是否有可以改进的地方？	（1）测试模型 （2）评估模型 （3）优化模型	迭代测试与模型评估；关注核心素养中的勤于反思、理性思维、批判质疑
改进	方案迭代与重新设计	（1）发现新问题 （2）方案迭代与重新设计（模型细化） （3）测试新方案	修订方案与模型优化；关注核心素养中的问题解决、技术运用、勤于反思、批判质疑

（一）提问：确定需求和约束条件

在工程设计过程中，提问是首要步骤。提问有提问的艺术，如何提问是工程设计的关键。在进行设计前，首先需要清晰工程项目的需求，这样的设计能够解决什么现实问题，或者这样设计可以满足什么需求，因此，教师首先需要引导学生进行思考的不是“我们要设计什么”，而应该是“我们为什么要设计”。根据教师提问，学生需要理解项目的情境、了解项目的需求，并说明项目设计时的约束条件和要求。

E 型 STEM 课程强调创设真实的情境，引导学生思考并解决实际问题。在选择工程设计主题时，教师既可以选择已有解决方案的经典案例，让学生提出优化方案或创新解决方案，也可以选择尚未有解决方案的实际难题，增强内容的挑战性与创新性。在向学生介绍项目背景时，教师可以通过结合适当的技术，如借助文字、图片、视频、虚拟现实、全息投影等，促使学生更加深入明确地理解需要解决的问题，并尽快融入课程学习中。当所提出的问题与现实社会密切相关时，该主题将更具有说服力与吸引力，并能够调动学生的学习积极性与创造性，提高学生的成就感。

项目需求是工程设计的核心，整个项目都是围绕需求展开的，所以在提问阶段，教师需要引导学生从目标群体出发，了解工程项目的背景和需求，收集分析相关资料，综合考虑各方面因素，并确定最终的需求和约束条件。其中，约束条件是指约束学生为需求提供解决方案的自由程度，可以是基础设施的不足，也可以是时间的不足、经费的不足等，这些不足会影响具体的方案。

【案例】 假手①

项目背景：你正在与一个生物医学工程公司的工程师团队合作，该公司专门从事假肢装置的设计和制造。你的团队所面临的挑战是设计一种假手，以提高残疾人的生活质量。

（1）相关功能：能够使用手语，能够完成拿、捡、举、扔等手部活动。

（2）约束条件：项目交付时间控制在两周以内（表 6-2）。

表 6-2　项目交付成果（课程成绩的 50%）

交付成果	任务分值	指定日期	交付日期
研究背景	15		
初步的草图和材料清单	10		
进度报告	5		
设计作品	10		
最终原型	15		
课堂演示	10		

【拓展阅读】 问题定义表

组名：__________ 日期：__________

组员：______________________________

1. 对问题、需求或价值的描述

· 哪些问题/需求证明了项目的合理性？

· 该问题面向哪些目标人群？

2. 设计团队概述

· 设计团队的任务是什么？

· 团队成员完成该项目需要具有哪些能力？

① TeachEngineering. Design Challenge–Prosthetic Hand[OE/BL]. https://www.teachengineering.org/content/cub_/activities/cub_creative/cub_creative_activity1_examplechallenge_v2_tedl_dwc.pdf. [2021-09-29].

3. 拟议项目概述

·项目的基本目的是什么？

·谁将从中受益？描述服务的地理区域和人口。

·该项目是否具有创新性？例如，它是否与其他项目相似？设计是否用于不同的目标人群？是否采用了新的方法？

4. 项目要求和约束条件

·项目要求是什么？

·具有哪些约束条件？

5. 项目活动和时间表

·为了达到预期的结果，必须做什么？

·必须在何时以何种顺序开展这些活动，以实现预期的结果？

·谁将开展项目活动？谁负责？

6. 结果

·预计会有哪些短期和长期结果？

·这些结果会改变人们的生活、教育、世界吗？

7. 评估

·衡量项目成败的标准是什么？

·将使用哪些技术或工具进行评估？

·谁来做评估？什么时候评估？评估多久？

·评估结果将如何应用？谁将看到这一评估？

8. 项目经费

·该项目的预期总预算是多少？给出一个完整的预算细目。

·预期的资金来源是什么？

（二）研究：研究所提问题

在研究问题阶段，学生根据提问，搜集并组织与项目相关的信息，查找现有的解决方案和产品，为其后的工程设计奠定知识基础。研究问题阶段将 STEM 中的科学、技术与数学相融合，利用信息技术手段，了解与项目有关的数学基础、科学原理，为项目设计提供知识库的积累。但是需要注意的是，在引导学生进行信息收集的同时，还需帮助学生对知识进行及时的组织整理和评估，以促进学生的知识建构。

背景研究对于工程设计来说尤其重要，因为学习他人的经验可以避免重蹈覆辙。因此，教师可以引导学生从两个方面开展背景研究：一为从用户或客户的角度出发，二为分析现有的解决方案。工程设计的最终是为了提升人类的生产生活，因此进行工程设计需要研究目标用户或客户，包括年龄、性别、职业、兴趣爱好等内容。研究已经存在的产品，可以帮助学生解决在工程设计过程中所出现的相似问题或定义类问题。

除此之外，教师还可以通过引导学生进行逆向工程以研究所提问题。逆向工程是指通过分析设备、工艺、系统、程序等高精尖产品的结构、功能、操作、源码，从而发现其技术原理的过程[①]。其目的在于在不能轻易获得必要信息的情况下，直接从原始成品中推演出其设计方案与设计原理，是消化与吸收先进技术的重要支撑手段[②]。工程知识的范围较广，涉及与工程相关的不同学科领域，如航空航天、建筑基础、机器人搭建、机械与动力、电动模型搭建、DIY手工制作、环境科学、工程力学、声与光等。因此，可以运用逆向工程的方法，帮助学生了解科学技术原理，丰富知识。

（三）想象：开发可能的解决方案

工程设计问题的解决具有多种途径，优秀的工程设计师在选择他们认为的最佳方案之前，会尽可能多地开发解决方案。在课程设计的过程中，教师可以通过设置头脑风暴环节，激发学生的科学精神及团队意识，集思广益，以此生成大量潜在的解决方案。那么，教师应当如何引导学生进行头脑风暴？

1. 检查现有的解决方案

检查现有的解决方案是创建设计方案的最佳来源之一。在检查和分类类似的产品与解决方案的过程中，可以帮助学生发现问题，解决问题，并快速形成新的解决方案。

2. 创建并使用类比

通过将设计问题与完全不同的情况进行类比，可以从不同的角度切入，想到不同的解决方案。

【拓展阅读】 类比示例

1. 如何像设计酒店一样设计午餐盒？

思维过程：在设计酒店时，设计师需要以入住酒店的人为目标群体进行设计。需要思考家具、装饰、房间的大小等。若将这些思考过程应用到设计午餐盒中，那么对应需要思考：饭盒的大小是多少？有哪些组件可以作为家具一样，被添加到午餐盒中？饭盒里的食物需要这些组件吗？如果不将饭盒与酒店进行比较，学生可能不会考虑这些内容。

2. 如何使用滑板设计午餐盒？

思维过程：创建一个有轮子的饭盒，或者一个可以连接到滑板上的午餐盒，或者一个又一个隔间来储存食物的滑板，或者一个可以绑在某人脚底的饭盒。所有这些都是午餐盒设计，而学生可能从来没有考虑过。

3. 设置小组会议

通过设置小组会议的组织形式，让学生在自由愉快、畅所欲言的气氛中，自由交换想法或点子，并以此激发小组成员的创意及灵感，使各种设想在相互碰撞中激起脑海的

① 韩文蕾，王宇红. 传统制造业中逆向工程的合法性研究[J]. 科技进步与对策，2009, 26(17): 108-110.

② 吴兰岸，刘延申. 基于逆向工程的工程课程开放式教学[J]. 高等工程教育研究，2016, (6): 185-189.

创造性“风暴”，以充分发挥团体智慧。

4. 借助思维导图

借助思维导图可以促使学生以图画的方式，清晰地描绘出思维的线路和层次，同时刺激左脑和右脑，以大脑最熟悉的图像表征方式将发散性思维具体化、可视化地呈现出来，是组织和阐述表达知识的有效工具，也是灵感和发散性思维的源泉①。由于在开展头脑风暴时，学生所产生的想法可能并不完整，因此，借助思维导图，可以帮助学生厘清思路，拓展新思路，获得更多的解决方案。

（四）计划：选择最适切的解决方案

在计划阶段，教师需要引导学生判断每个可能的解决方案是否满足工程设计的要求，并对比选择最优方案。学生需要通过工程分析对备选方案进行评估。工程分析是工程设计项目的内部指导，它可以描述为将一个对象、系统、问题或问题分解为基本元素，以获得其基本特征及其彼此和外部元素的关系。工程分析是工程设计循环的重要组成部分，在完成实际工程产品或系统设计过程中需要多次进行工程分析。在工程实施前对设计进行全面和多样的分析，可提高产品使用的安全性和效率。但是，为使学生经历良好的工程分析，教师需要创建一个真实的环境，以帮助学生更好地评估设计与导致不确定性的外部元素之间的动态交互作用。

教师应当如何帮助学生进行工程分析与评估？首先，教师可以列出部分的工程分析标准，引导学生考虑：什么因素将对工程设计产生重要影响？例如安全性、成本等；其次，引导学生为标准分配优先级，此步骤可以通过交互矩阵的方式确定，如表 6-3 所示；再次，将优先值归一化，找到标准值（标准值和为 1），并根据交互矩阵进行排序，将最重要的条件放在列表的顶部，并将每个标准和它对应的规范化标准值写入决策矩阵，再对每个解决方案进行排名，如表 6-4 所示；最后，分析得到最有价值的设计替代方案。

表 6-3 工程分析交互矩阵

标准	标准 1（如安全性）	标准 2	标准 3	行总计	标准值
标准 1（如安全性）					
标准 2					
标准 3					
列总计				1	

① 赵佳娜. 思维导图在认知结构建构中应用模式研究——以大学基础英语实践课为例[J]. 中国电化教育, 2014, (6): 121-126.

表 6-4 工程分析决策矩阵

标准	解决方案 1	解决方案 2	解决方案 3	解决方案 4
标准 1	2	2	2	1
标准 2	1	3	2	2
标准 3	1	2	2	3
总分值	4	7	6	6

如表 6-4 所示，根据决策矩阵，可以得出解决方案 2 的分值最高，可以成为最有可能的解决方案，而方案 3 和方案 4 虽然在总分上相同，但由于标准 1 的重要性，解决方案 3 要优于解决方案 4，因此在工程设计的过程中，可以选择方案 4 展开设计，方案 3 为备选最优方案。

（五）创建：构建原型

原型的构建是 E 型 STEM 课程的制造阶段，是工程产品设计的一部分。解决方案的提出需要通过原型的构建来证明其可行性。原型阶段可以帮助学生了解产品的制造设计过程，测试解决方案，并得到反馈。这一阶段 STEM 课程的主要设计任务是细化解决方案，并使之成型。

（六）测试与评估：测试与评估原型

工程设计是一个迭代循环的过程，在最终方案确定之前，教师需引导学生对原型进行测试与评估，判断设计方案是否都是有效的，是否能解决现实问题并满足用户需求。因此，师生需要从流程与计划、设计方案、产品和演示等各方面展开测试与评价，如表 6-5 所示。

表 6-5 工程设计评价量表

评价项		分值（0～10）
流程与计划	设计满足需求	
	有效解决设计问题	
	完成并测试方案	
设计方案	清晰的设计	
	设计材料标识清晰	
产品	基本功能	
	原型美学	
	原型有用性；适用于现实世界	
	分析/测试	
演示	产品和过程的演示	
	适合目标受众	
	反思	

（七）改进：方案迭代与重新设计

在改进阶段，学生需要根据测试结果，讨论如何改善解决方案，并修复可能出现的问题。通过不断地循环迭代以优化原型，完善设计的各个方面，进而得出最优化的工程设计产品。

第三节　E 型 STEM 课程实践

一、"生物工程：制作和测试蛋白质模型" STEM 课程①

在"生物工程：制作和测试蛋白质模型"案例中，学生将作为生物工程师，按照工程设计过程的步骤来设计和创建蛋白质模型，以替换儿童体内有缺陷的蛋白质。在此过程中，学生将重点关注结构蛋白、转运蛋白和防御蛋白的模型设计及制造。通过使用纸张、胶带等常见的教室用品，设计、构思、建立、测试和改进自己的蛋白质模型，并通过设计和测试物理模型以满足特定的功能要求：加强骨骼（胶原蛋白），捕捉氧分子（血红蛋白）和捕获细菌（抗体）。学生需要了解蛋白质结构和功能之间的关系，绘制和分析类数据，并通过共享和比较团队结果，以确定哪些模型最为成功。

（一）STEM 课程设计模型

在进行课程设计前，设计者可结合 E 型 STEM 课程设计流程，对案例进行初步的设想。从总体上把握课程的设计架构，以便在后面教案的撰写过程中可以有的放矢，进一步将课程拓展与细化，课程设计模型如图 6-3 所示。

提问：根据核心素养选择工程设计主题，了解该工程设计项目的背景，是为了解决什么现实问题？并确定需求和约束条件。本案例的项目背景为：一对夫妇刚刚得知，他们生了一个有三种不同疾病的孩子。第一种疾病是被称为Ⅳ型成骨不全的脆骨病，第二种疾病为低氧血症，第三种疾病为重度联合免疫缺陷病。

研究：研究所提问题。通过制造蛋白质来取代孩子体内有缺陷的蛋白质从而"治愈"这个孩子。深入研究孩子的这些蛋白质缺陷，有针对性地设计方案，并通过构建蛋白质模型，来解决现实问题。

想象：开发可能的解决方案。针对不同的蛋白质缺陷问题设计尽可能多的蛋白质模型。

计划：根据需求和约束条件，选择最适切的蛋白质构建方案。第一种蛋白质需要为强度而设计，以支持儿童的体重增长；第二种蛋白质需要容纳尽可能多的氧分子；第三种蛋白质需捕获尽可能多的细菌。

创建：构建原型。利用氨基酸等材料构建三种蛋白质模型。

测试与评估：测试与评估原型。综合运用多种方式对构建的蛋白质模型进行测试与

① "生物工程：制作和测试蛋白质模型"改编自北达科他州立大学法戈分校工程学院 RET 课程。

评估。

改进：根据需求重新设计。根据测试与评估结果，对蛋白质模型进行改进。通过不断地循环迭代以优化模型，得出最优化的设计结果。

（二）STEM 课程设计表

与以上模型相对应，课程设计者可在构想过程中，根据表 6-6，设计并记录课程的初步内容。

表 6-6 “生物工程：制作和测试蛋白质模型”STEM 课程内容表

学科类型	科学（science）	技术（technology）	工程（engineering）	数学（mathematics）
涉及知识点	（1）蛋白质通常由 20 种氨基酸分子组成，它的功能取决于氨基酸序列及其形成的空间结构，细胞的功能主要由蛋白质完成。 （2）细胞的功能绝大多数基于化学反应，这些反应发生在细胞的特定区域。 （3）蛋白质工程是基因工程的延伸	能应用科学、技术、工程与数学知识，完成工程设计；了解工程设计的基本流程并展开工程实践	根据任务需求，选用恰当的软件工具或平台处理数据，完成分析报告，理解对数据进行保护的意义	在工程设计的过程中，进行数学运算、数学建模与数学探究

E 型 STEM 课程是以工程为核心的 STEM 课程，它的课程目标是在工程设计的过程中，着力提升学生的中国学生发展核心素养。因此，除表 6-6 外，设计者还应确定设计及细化课程的设计流程以及中国学生发展核心素养的培养方式，如表 6-7 所示。

表 6-7 “生物工程：制作和测试蛋白质模型”STEM 课程设计表

中国学生发展核心素养		相匹配的学生任务或问题
核心素养	培养方式	
人文底蕴	以问题情境的方式（通过制造蛋白质来取代孩子体内有缺陷的蛋白质从而“治愈”这个孩子）培养学生的人文情怀	项目式问题抛出： 通过制造蛋白质来取代孩子体内有缺陷的蛋白质从而“治愈”患有三种疾病的孩子
科学精神	通过构建模型蛋白，以及模型的测试、评估与完善的过程来培养学生的批判质疑、用于探究、理性思维等科学精神	构建模型蛋白； 测试与评估模型蛋白
学会学习	学会学习包含了乐学善学、勤于反思以及信息意识。在工程设计和实践的过程中，充分调动学生的学习积极性，在实践中学会学习	模型蛋白质相关的数据收集、分析与评估； 模型蛋白的构建
健康生活	健康生活首先是要理解生命的意义，珍爱生命。以 DNA、蛋白质为课程内容，通过蛋白质的构建来帮助学生认识生命、敬畏生命	以提问的形式回顾 DNA 控制蛋白质产生的相关知识； 了解蛋白质，研究蛋白质的工程
责任担当	通过小组合作的方式培养学生的团队意识和互助精神； 关注“蛋白质工程”这一全球性问题	小组合作构建模型蛋白
实践创新	以构建模型蛋白的形式为患病婴儿提供“治病”方案	构建结构蛋白；构建转运蛋白；构建防御蛋白

（三）STEM课程实施指南

通过上述的课程架构，设计者可以对课程进行进一步的拓展与精进，并撰写教学设计。对该案例的设计方案进行分析，可以清晰地看出案例所存在的优势及不足。表6-8根据E型STEM课程的课程设计流程，制定了本案例的基本信息，也代表了本课程开展前期准备的基本内容。该部分首先明确设定了本门STEM课程的适用范围，包括适用对象、适用课程、适用时长，确定了实施该课程学生所需具备的认知水平及能力状况。同时，本案例还根据“生物工程：制作和测试模型蛋白质”这一课程主题，选择了课程所需的基础工具及软硬件支持。根据具体课程内容，选择了与之最为贴合的课程模式。除此之外，本案例还针对工程设计的不同阶段制定了课程评价方式，在工程设计前，验证学生对蛋白质的理解，评价学生头脑风暴结果；在工程设计过程中，评价学生的参与度和理解深度；在工程设计后，鼓励学生分享、比较和讨论他们观察到的设计优势和弱点。

表6-8　“生物工程：制作和测试模型蛋白质”STEM课程基本信息表

课程名称	“生物工程：制作和测试模型蛋白质”STEM课程
适用范围	适用对象：高一学生[基本了解DNA、特征、突变、细胞部分（如核糖体）以及工程设计过程的基本步骤] 适用课程：工程类课程、科学课程 适用时长：高中标准课10课时，共450分钟
课程资源	蛋白质预测试材料、工程设计图纸、计算机、蛋白质制作材料
课程模式	基于项目的课程设计模式
课程评价	工程设计前：蛋白质预测试、头脑风暴 工程设计时：工作表 工程设计后：作品展示
预期结果	本课程的预期成果为： ❖　制作并测试结构蛋白模型 ❖　制作并测试转运蛋白模型 ❖　制作并测试防御蛋白模型 为了达成该成果，过程中学生需要： ❖　说明蛋白质是由氨基酸组成的 ❖　描述三种蛋白质的功能 ❖　使用常用材料进行头脑风暴、设计和构建模型蛋白 ❖　测试后，修改其模型以提高有效性并更好地满足目标要求 ❖　测试模型并记录测试过程 ❖　讨论与交流模型设计及其优缺点 ❖　分析他人模型的优点和劣势，并与自己的模型进行比较，思考改进设计方案

以下为根据“生物工程：制作和测试模型蛋白质”STEM课程基本信息表所设计的课程具体安排。

❖　第1课时——项目导入

1）以提问的形式回顾DNA控制蛋白质产生的相关知识

DNA如何控制人的性状？（学生回答）脱氧核糖核酸（DNA）通过一个被称为转录的过程控制人的性状。DNA制造一种叫做信使RNA的RNA分子。信使RNA离开细胞核，并进入细胞内制造蛋白质的部分，即________？（答案：核糖体）在翻译进程中，信使RNA与核糖体和另一种被称为转移RNA的分子共同作用，将氨基酸结合在一起形成蛋白质。最终，DNA控制蛋白质的产生。

2）了解蛋白质，研究蛋白质工程

你对蛋白质了解多少？蛋白质有哪些种类？（在教室黑板上写下学生答案。）当学生没有别的种类要添加时，分发参考表和/或打开蛋白质类型网站（可选：让学生研究蛋白质类型及其功能，并与班上其他人分享他们学到的内容。或者，为每个组分配一种蛋白质类型进行研究和共享。）

这是蛋白质的九种基本类型。向学生展示一些示例蛋白质。如果蛋白质的制造不当，将会对人体产生怎样的影响呢？（听听学生的想法。）然后分享一些示例。例如，如果结构蛋白（如胶原蛋白）发生突变，那么人体骨骼将会很容易发生骨折。乳酸酶的突变则会阻碍婴儿消化牛奶中存在的乳糖。（可选：让学生进行研究以学习蛋白质突变导致的疾病。）

3）验证学生对于蛋白质的理解，并介绍项目背景

在开始活动挑战之前，先进行测验以验证学生对蛋白质的理解。

姓名：　　　　　　　　　　　　日期：　　　　班级：

蛋白质预测试

回答下列问题：

1. 组成蛋白质的分子是什么？

____

2. 制造蛋白质的分子在细胞中的什么位置？

____

3. 人体内的哪一种分子掌握着制造蛋白质的指令？

____

4. 为什么细胞会产生mRNA？

____

5. 当mRNA进入核糖体并生成蛋白质时，它被称为什么？

____

6. 列出蛋白质可以做的两件事。________________________________

7. 蛋白质的形状和它的功能有什么关系？

____

向全班介绍以下假设情况，以介绍工程设计挑战：一对夫妇刚刚得知他们生了一个患有三种不同疾病的孩子。第一种疾病是被称为Ⅳ型成骨不全的脆骨病，其中人体能够产生足够的胶原蛋白，但容易畸形。第二种疾病是低氧血症，是指血红蛋白无法将足够的氧气带入细胞内。第三种疾病为重度联合免疫缺陷病，儿童必须处于无菌环境中，因为其抵抗疾病的能力非常弱。

假设你们是生物学工程师，你们所面临的设计挑战是通过创造蛋白质来代替孩子体内的缺陷蛋白质从而“治愈”这个孩子。我将会为你们提供氨基酸（建筑材料），以创建

每个原型蛋白质模型。

你们需要对第一个蛋白质进行强度改造。使用氨基酸，创建一个结构，可以将书本放在离地面1.5～2英寸（1英寸=2.54厘米）的位置。

第二种蛋白质需要容纳尽可能多的氧分子。

第三种蛋白质必须使用给定的材料捕获尽可能多的细菌。

你们需要分小组制作健康蛋白质结构的模型。最后，我们将测试和比较班上所有小组中每个人的蛋白质模型，以查看你们是否制作了健康的蛋白质。

（接下来，分发结构工作表，让学生一起或单独阅读介绍。继续按照说明进行操作。）

❖ 第2～4课时——制作结构蛋白

根据结构蛋白工作表步骤，展开工程设计，制作结构蛋白。

姓名：　　　　　　　　　　　　　　　　　　日期：　　　　班级：

结构蛋白

1. 查询和研究

查询结构蛋白的相关资料并回答以下问题：

（1）结构蛋白的功能是什么？

（2）列出三种结构蛋白及其作用。

2. 工程挑战

一对夫妇因蛋白质缺陷而生下了一个患有三种不同疾病的孩子。第一种疾病是被称为Ⅳ型成骨不全的脆骨病，人体能够产生足够的胶原蛋白，但容易畸形。第二种疾病是低氧血症，是指血红蛋白无法将足够的氧气带入细胞内。第三种疾病为重度联合免疫缺陷病，儿童必须处于无菌环境中，因为其抵抗疾病的能力非常弱。作为一个生物工程师团队，你的工作是通过创造蛋白质来“治愈”这个孩子，这些蛋白质可以替代孩子体内有缺陷的蛋白质。首先要解决的疾病是Ⅳ型成骨不全，导致骨骼脆弱。你将得到氨基酸（建筑材料），以建立结构蛋白所需的原料，支持儿童的体重增长。然后，测试你是否制造了一种健康的蛋白质或一种突变的蛋白质。

步骤1：头脑风暴

在下面，写下你所想到的所有的设计方式

步骤2：设计

你在第1步头脑风暴中所写出的设计方式将如何进行实际的操作？在下面（或在其他纸张上）写下/画出你的想法。

可用的材料包括：10张纸、1卷纸胶带、10个吸管、10个回形针。

步骤3：设计选择

从第2步的想法中，确定你认为的符合设计要求的设计，该设计需要支持孩子成长时的体重。你所设计的蛋白质必须支撑书本离地1.5～2英寸，并且可以通过将预先称重的书本放在蛋白质上来测试其强度。绘制蛋白质设计草图，并在下面标记氨基酸（以及用于构建该部分的氨基酸），以便其他人可以重新创建它。

步骤4：在开始构建之前，请老师查看你的设计

老师姓名：_______

假设蛋白质将保留的重量：______________

步骤5：建立

接下来，使用氨基酸（材料）构建蛋白质。

注意：将其构建在地板上，以便在其上方有足够的空间容纳一堆书本/重物，甚至一个人站在上面。

切记：这种蛋白质的功能是在儿童成长时为其提供支持。

步骤6：测试和评估

你的模型蛋白质设计是否能容纳你所设想的书本/重量？是或否？能容纳多少？

解释为什么达到/没有达到你的期望。你的蛋白质模型效果如何？它足够坚固吗？平衡性如何？你还有其他问题吗？

数据收集：在数据表中填入各组蛋白质所占的最大重量。

组别	测试 1	测试 2
1		
2		
⋮	⋮	⋮

步骤 7：重新设计

你将如何更改设计？在下面的空白处，写下/绘制你的调整方案。

让老师查看你的修订设计。老师姓名：_______

你假设修改后的蛋白质可以容纳的重量：__________

步骤 8：测试并重新评估

你修改后的设计是否支撑了你原本设想的书本/重量？是或否？能容纳多少？

解释为什么达到或未达到你的期望。你的蛋白质模型效果如何？它足够坚固吗？平衡性如何？你还有其他问题吗？

步骤 9：对比

检查所有团队的数据，绘制数据图。数据告诉你什么？

所有经过重新设计的蛋白质的平均重量是多少？__________

与构建的其他蛋白质相比，你的结构蛋白质表现如何？你可以将其他蛋白质模型纳入设计的想法是什么？为什么要使用它？另一个小组不会做的想法是什么？为什么？

步骤 10：总结

当 DNA 中有错误（导致疾病的突变）时，它会产生错误的蛋白质或不产生蛋白质。如果你的结构是一种真正的胶原蛋白，可以增强骨骼，那么它可以治愈骨骼脆弱的孩子吗？这对孩子的成长有什么限制？还是你只是制造了另一种突变的结构蛋白？用你的蛋白质构造知识来解释。

❖ 第5～7课时——制作转运蛋白

根据转运蛋白工作表步骤，展开工程设计，制作转运蛋白。

姓名：　　　　　　　　　　　　　　　　　　　日期：　　　　班级：

转运蛋白

1.查询和研究

查询结构蛋白的相关资料并回答以下问题：

（1）转运蛋白的功能是什么？

（2）列出三种转运蛋白及其作用。

（3）为什么大多数哺乳动物的红细胞中没有细胞器？

（4）红细胞中有多少分子的血红蛋白？

（5）一个血红蛋白分子可容纳多少个氧分子？

（6）向下滚动至“红细胞”部分，并查看三张载氧蛋白的不同变体的图形：血红蛋白、血蓝蛋白和血绿蛋白。列出这些蛋白质之间的两种差异和一种相似性。

2.工程挑战

一对夫妇生了一个患有低氧血症的孩子，那时血红蛋白不能为细胞带来正确量的氧气。作为一个生物工程师团队，你面临的挑战是通过为孩子创造氧气转运蛋白来“治愈”这个孩子。

步骤1：头脑风暴

（1）你每天使用或看到的哪些“物品”会携带和运输其他“物品”？

（2）携带和运输物质所必需的特性是什么？

步骤2：设计

你面临的挑战是使用下面列出的氨基酸（材料）设计模型氧转运蛋白，以尽可能多地移动氧。设计要求和约束：设计的蛋白质必须能够捕获、运输（携带）然后释放氧气（以棉花糖为代表），使你的设计具有许多氧气转运蛋白。局限性在于每种蛋白质只能容纳四个氧气，因此，如果你的蛋白质捕获的氧气超过四个，其余的将被去除（不计算在内）。在下面的空间中，清楚地勾画并标记设计的计划图，以便其他人可以重新创建它。

棉花糖代表氧气。你不是在与它们建立联系，而是需要使用它们来确保它们适合你的氧转运蛋白。

可用的材料包括：一卷美纹纸、麻线/细绳、纸和纸袋、保鲜膜、冰棍和牙签、剪刀。

步骤3：在开始构建之前，请老师查看你的设计

老师姓名：_______

你假设蛋白质将持有的氧气数量：______________

步骤4：建立

接下来，使用氨基酸（材料）构建蛋白质模型。

切记：这种转运蛋白的功能是给孩子带来更多的氧气。

[此图为捕获氧气（由棉花糖表示）的示例转运蛋白模型]

步骤 5：测试和评估
你的设计是否容纳了你认为会容纳的尽可能多的棉花糖（氧气）？是或否？能容纳多少？
解释为什么达到/没有达到你的期望。你的蛋白质模型效果如何？它足够坚固吗？设计的优缺点是什么？

数据收集：在数据表中填写每组蛋白质所含的氧气数量

组别	测试 1	测试 2
1		
2		
⋮	⋮	⋮

步骤 6：重新设计
你将如何更改设计？在下面的空白处，写下/绘制你的调整方案。
让老师批准你的修订设计。老师姓名：_______
你假设修改后的蛋白质将保留的氧气的数量：__________

步骤 7：测试并重新评估
你的设计是否容纳了你想象的那么多的棉花糖（氧气）？是或否？能容纳多少？
解释为什么达到或未达到你的期望。你的蛋白质模型效果如何？你的设计的优缺点是什么？

步骤 8：对比
与构建的其他蛋白质相比，携氧蛋白质的性能如何？你可以将不同蛋白质引入设计中的想法是什么？为什么要使用它？你未加入的另一个小组做了什么？他们为什么这么做？

步骤 9：总结
当 DNA 中有错误（导致疾病的突变）时，它会产生错误的蛋白质或不产生蛋白质。如果你的结构是携带氧气的真正的血红蛋白，那么它是否能够充分发挥功能以保持健康？请解释。

❖ 第 8～10 课时——制作防御蛋白

根据防御蛋白工作表步骤，展开工程设计，制作防御蛋白。

姓名：　　　　　　　　　　　　　　　　日期：　　　　班级：

防御蛋白

1.查询和研究
查询结构蛋白的相关资料并回答以下问题：
（1）防御蛋白的功能是什么？
（2）列出三种防御蛋白及其作用。

2.工程挑战
一对夫妇生了一个免疫系统受损的孩子，即婴儿患有重度联合免疫缺陷病。作为工程师，你面临的挑战是通过制造孩子的身体无法制造的抗体来“治愈”该孩子。你将获得氨基酸（建筑材料）来构建使孩子免受细菌侵扰所需的抗体。然后，你将进行测试以查看你是否制造了健康的防御蛋白或突变的防御蛋白。

步骤1：头脑风暴

写下在下面的空间中可以捕获、攻击或删除“事物”的方式。

步骤2：设计

你面临的挑战是使用下面列出的氨基酸（材料）设计模型防御抗体蛋白。设计要求和限制：你的蛋白质模型将在覆盖有碎纸的2×5英尺地面上进行测试。你的模型必须从它们所在的地板上捡拾细菌（切碎的纸）。你可能无法将细菌“扫成一堆”并从堆中捡起。你不得用手将任何细菌从地板上捡起。在下面的空间中，清楚地绘制并标记设计的计划图，以便其他人可以重新创建它。

可用材料：1卷美纹纸、1卷麻线/细绳、1打纸、5张铝箔、1卷保鲜膜、1个纸袋、1个气球、10根冰棒

步骤3：在开始构建之前，请老师查看你的设计

老师姓名：________

你假设蛋白质会捕获的细菌数量：________________

步骤4：建立

接下来，使用氨基酸（材料）构建蛋白质模型。

切记：这种蛋白质的功能是使孩子免受细菌侵害。

步骤5：测试和评估

你的模型是否吸收了你想象的那么多的细菌（纸）？是或否？能容纳多少？

解释为什么它达到/没有达到你的期望。你的蛋白质模型效果如何？捡了多少纸？它掉纸了吗？你遇到其他问题了吗？

步骤6：重新设计

你将如何更改设计？在下面的空白处，写下/绘制你的调整方案。

让老师查看你的修订设计。老师姓名：________

你假设修改后的蛋白质将捕获的细菌数量：__________

步骤7：测试并重新评估

你的设计是否达到了你设想的那样吸收了尽可能多的细菌（纸）？是或否？

解释为什么达到或未达到你的期望。你的蛋白质模型效果如何？捡了多少纸？它掉纸了吗？你遇到其他问题了吗？

数据收集：记录每组收集的细菌（纸）数量。

组别	测试 1	测试 2
1		
2		
⋮	⋮	⋮

步骤 8：对比
检查所有团队的数据，绘制数据图。数据告诉你什么？
全班平均收集的细菌数量是多少？__________
与构建的其他抗体相比，你的抗体表现如何？你可以将其他抗体加入该抗体的想法是什么？为什么要使用它？

步骤 9：总结
当 DNA 中有错误（导致疾病的突变）时，它会产生错误的蛋白质或不产生蛋白质。如果你的结构是捕获细菌的真正抗体，那么它是否能很好地保持健康呢？或者，如果你必须使用自己创建的抗体来保持健康，是否会因为突变抗体而死亡？

二、“打造校园智能雨水收集箱”STEM 课程①

“打造校园智能雨水收集箱”以设计并制造校园智能雨水收集箱为项目主题，并将该项目分解为平顶屋排水原理探究、雨水净化装置设计与制造、智能浇花装置设计与制造三个阶段性任务。通过创设真实的情境，引导学生发现、思考并解决校园中的现实问题，并围绕排水、净水及水资源循环与再利用等实际需求，灵活运用在基础课程中所学习的知识与技能，探究房屋排水的科学原理，思考雨水再净化、再利用的方式方法。研究和开发可能的设计方案，并进行原型的设计与测试。

（一）STEM 课程设计模型

在进行课程设计前，设计者可结合 E 型 STEM 课程设计流程，对案例进行初步的设想。从总体上把握课程的设计架构，以便在后面教案的撰写过程中可以有的放矢，进一步将课程拓展与细化，课程设计模型如图 6-3 所示。

提问：根据核心素养选择工程设计主题，了解该工程设计项目的背景，是为了解决什么现实问题，并确定需求和约束条件。本案例的项目背景为：近日，因为暴雨城市积水严重，很多校园也遭到积水的困扰。在开学季，很多学校不得不延迟开学时间。

研究：研究所提问题。通过校园雨水收集箱净水智能改造工程来解决校园雨水的积水困扰。深入研究校园雨水收集箱，有针对性地设计方案，打造校园智能雨水收集箱。

想象：开发可能的解决方案。针对校园雨水收集箱净水智能改造设计尽可能多的方案，如引导学生对当前市场上的水净化工艺和产品进行调研并组织小组讨论，鼓励学生开发尽可能多的净水方案、校园雨水收集箱净水系统以及智能浇花器设计方案。

---

① “打造校园智能雨水收集箱”改编自江苏师范大学 2018 级现代教育技术专业教育学硕士陈菲的硕士论文《面向初中生科学思维培养的 STEM 活动设计与实践研究》。

计划：根据需求和约束条件，选择最适切的雨水净化方案和智能浇花装置设计方案。

创建：构建原型。以小组为单位设计水净化装置和智能浇花装置。

测试：测试与评估原型。在雨水净化任务中，通过对比实验测试水净化装置的净水效果，探究最优化的净化材料使用顺序及使用方式，并据此设计水质检测方法以科学地检测净化器的净水效果。在雨水再利用——智能浇花任务中，执行完整的浇花程序对智能浇花装置进行任务测试。

改进：根据需求重新设计。在雨水净化任务中提出升级任务，即按照一定的比例将水质监测仪放入净水器中形成完整设计。在雨水再利用——智能浇花任务中，根据测试及评估结果进一步优化装置，得出最优化的设计结果。

（二）STEM 课程设计表

与以上模型相对应，设计者可在构想过程中，根据表 6-9，设计并记录课程的初步内容。

表 6-9　“打造校园智能雨水收集箱”STEM 课程内容表

学科类型	科学（science）	技术（technology）	工程（engineering）	数学（mathematics）
涉及知识点	（1）虹吸效应。 （2）净水的一般方式。 （3）水质检测方法。 （4）水处理过程、家用净水机的结构与原理、常用净水材料属性。 （5）了解环境条件对植物生长的重要性	（1）掌握剪裁、拼接、组装等技术，利用材料制作一个水过滤装置。 （2）体验水质检测环节中传感器的作用。 （3）掌握土壤温湿度传感器和光敏传感器的原理与使用方法	（1）校园雨水收集装置示意图。 （2）具备简单的工程绘图技能，设计净水箱模型。 （3）设计并制作智能浇花装置	（1）使用工具测量体积、高度等数据，用数据描述反应实验结果。 （2）利用表格、曲线图记录实验数据并对数据进行合理的分析

E 型 STEM 课程是以工程为核心的 STEM 课程，其课程目标在于在工程设计的过程中，着力提升学生的核心素养。因此，除表 6-9 外，教师还应确定设计及细化课程的设计流程，以及中国学生发展核心素养的培养方式，如表 6-10 所示。

表 6-10　“打造校园智能雨水收集箱”STEM 课程设计表

中国学生发展核心素养		相匹配的学生任务或问题
核心素养	培养方式	
人文底蕴	通过引导学生观察及思考房屋平顶排水装置，促使学生理解与体会长期以来人类智慧的积累，切实关注人类的生存与发展	下雨期间校园楼宇平顶是如何排水的?
科学精神	通过实验探究为什么是大暴雨时期平顶排水速度极快，体会虹吸现象并在排水说明报告中对原理加以说明，促使学生理解并掌握基本的科学原理和方式，形成实证意识和严谨的求知态度，运用科学的思维方式认识事物、解决问题，并勇于批判质疑、勇于科学探究	探究屋顶排水背后的科学原理（虹吸现象）
学会学习	以小组为单位，通过计算机上网查找水净化资料和植物生长条件，并以在线协作文档的形式完成一份水净化调研报告和植物生长条件调研报告，促使学生乐学善学并培养学生的信息意识；通过分析最简易的自动浇花装置，使学生体会其运作原理、优缺点，以及对水净化装置和智能浇花装置进行测试、评估和改进，使得学生勤于反思，总结经验	对现有的水净化装置、自动浇花装置进行分析调研；测试、评估和改进原型；产品展示与活动总结

续表

中国学生发展核心素养		相匹配的学生任务或问题
核心素养	培养方式	
责任担当	通过雨水收集、净化与再利用三项渐进任务，促使学生形成绿色生活的方式，培养学生的可持续发展理念，增强学生的社会责任感	雨水再利用——智能浇花装置设计与制作
实践创新	通过传感器、图形化编程等方式设计并制作智能浇花装置，培养学生的操作能力、问题解决能力与技术运用能力	使用人工智能+物联网套件、运用图形化编程设计与制作智能浇花装置

（三）STEM 课程实施指南

通过上述的课程架构，教师可以对课程进行进一步的拓展与精进，并撰写教学设计。对该案例的设计方案进行分析，可以清晰地看出案例所存在的优势及不足。表 6-11 根据 E 型 STEM 课程的课程设计流程，制定了本案例的基本信息，也代表了本课程开展前期准备的基本内容。该部分首先明确设定了本门 STEM 课程的适用范围，包括适用对象、适用课程、适用时长，确定了实施该课程学生所需具备的认知水平及能力状况。同时，本案例还根据“打造校园智能雨水收集箱”这一课程主题，选择了课程所需的基础工具及软硬件支持。根据具体课程内容，选择了基于项目的课程模式和多样化的课程评价方式。

表 6-11 “打造校园智能雨水收集箱”STEM 课程基本信息表

课程名称	“打造校园智能雨水收集箱”STEM 课程
适用范围	适用对象：初二学生（具备图形化编程基础） 适用课程：工程类课程、综合课程 适用时长：初中标准课 12 课时，共 540 分钟
课程资源	实验器材（一次性塑料杯、弯头吸管、人工色素和水；活性炭、瓷沙、砂石、滤纸、一杯污水等）、传感器（湿度传感器、光敏传感器、温度传感器）、关于水净化的相关资料（视频、文字材料）、水质检测仪相关资料、在线协同文档软件、Ardubits 智能浇花套件
课程模式	基于项目的课程设计模式
课程评价	采用过程性评价及总结性评价相结合的方式。根据学生课堂表现及实验数据记录进行过程性评价，物化成果及书面反思进行总结性评价，同时小组之间根据汇报与展示情况进行互评
预期结果	本课程的预期成果为： ❖ 平顶排水说明报告 ❖ 雨水净化装置 ❖ 智能浇花装置 为了达成该成果，过程中学生需要： ❖ 通过探究实验，理解并掌握虹吸现象 ❖ 通过逆向工程，了解水净化的基本环节 ❖ 设计和构建雨水净化装置

续表

课程名称	“打造校园智能雨水收集箱”STEM课程
预期结果	❖ 对雨水净化装置进行测试与评估 ❖ 尝试运用水质检测传感器对水质进行检测，并分析传感器检测水质的工作原理 ❖ 根据测试与评估结果，改进雨水净化装置 ❖ 探究影响植物生长的因素 ❖ 认识并体验湿度传感器、光敏传感器、温度传感器，并对传感器的工作原理进行解释说明 ❖ 利用人工智能+物联网套件，设计和构建智能浇花装置，并通过图形化编程编写完整的智能浇花程序 ❖ 测试智能浇花装置并记录测试过程 ❖ 作品交流与展示

下面是根据“打造校园智能雨水收集箱”STEM课程基本信息表所设计的课程具体安排。

❖ 第1～4课时——项目导入

创设情境：近日，因为暴雨城市积水严重，很多校园遭到积水的困扰。在开学季，很多学校不得不延迟开学时间。请你打造一个校园智能雨水收集箱，解决校园积水的困扰。

1. 以提问的形式引出雨水收集的相关知识

教师展示图片（图6-4），并提问学生：是否认识下面这个装置呢？学生回答出“雨水收集箱”后，教师进一步提问：什么是雨水收集？为什么要进行雨水收集？

图6-4　展示的图片

【阅读】　雨水收集

雨水收集是将天降雨水根据需求进行收集，并经过对收集的雨水进行工艺处理后达到符合设计使用标准的雨水收集系统。目前多数由雨水弃流过滤系统、雨水蓄水系统和雨水净化三大系统组成。

具体而言，雨水收集系统由以下六大部分组成。

汇水区：是一个确定的表面区域。收集降落的雨水一般来自屋顶表面、地面、墙体。供水系统：将水从集水区转输到贮水系统的渠道或者管道。屋顶冲洗系统：该系统可以过滤并且去除污染物和碎屑，包括初期的弃流装置。贮水系统：雨水收集，贮存雨水。

输送系统：利用重力原理或水泵配送雨水的系统。净化系统：包括过滤设备、净化装置和用于沉淀、过滤和消毒的装置。

通过雨水收集利用可以有效减轻水资源紧缺压力及城市出产和日常用水情况。建筑屋面及地面雨水经收集和处理后，不但可以用于补充地下水和浇灌农作物，还可以用作洗车场用水、冷却水补充、道路冲洗、冲厕以及景观绿化等非生活用水（图6-5）。

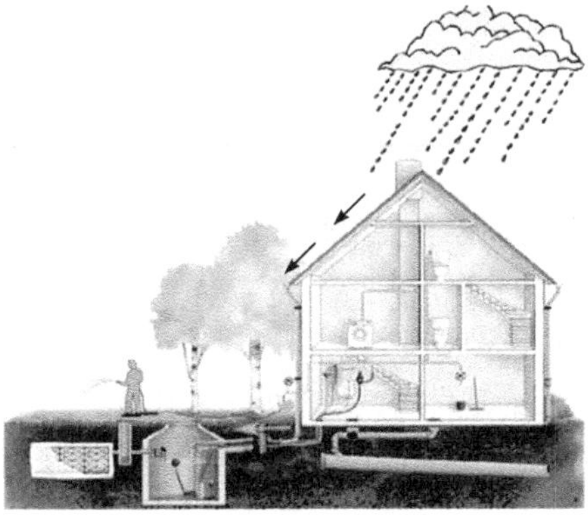

图6-5 屋面收水系统

学生对照阅读材料思考：

问题1：学校的雨水收集箱缺少哪个系统？

问题2：雨水收集是用来干什么的呢？我们可以怎样实现水的智能应用呢？

教师给学生提供智能浇花的阅读资料，让学生对智能浇花有初步认识，并对项目最终成果有初步设想。

【阅读】 智能浇花

智能浇花是指利用物联网技术，利用手机等智能设备实现自动浇花。通过插入在土壤中的湿度传感器，将土壤中的水分含量信息实时传递到手机上，当土壤中的水分显示过少时，可以通过手机操控，实现远程浇水（图6-6）。

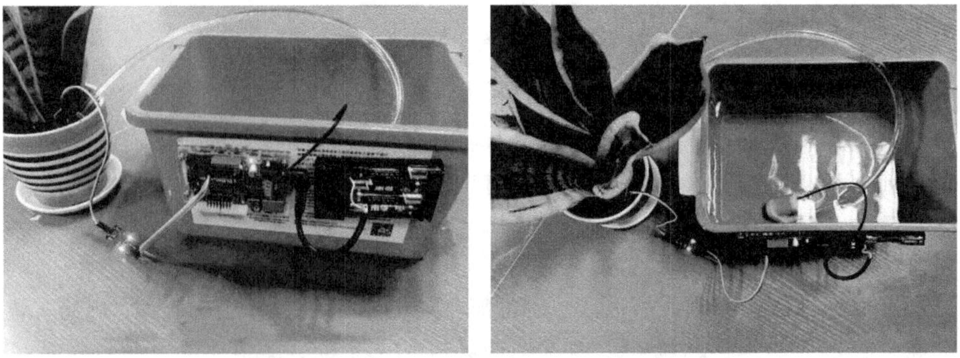

图6-6 智能浇花

2. 以提问和探究的形式引出校园雨水收集箱收集雨水的原理

教师给同学们展示校园雨水收集箱图片（图 6-7）和学校平顶图（图 6-8），询问学生“下雨天，没有滑坡，雨水是怎么收集起来的？”引导学生思考并回答问题。教师根据学生的回答进一步提问：为什么没有坡度支持，大雨天排水也会很快呢？

图 6-7　校园雨水收集箱

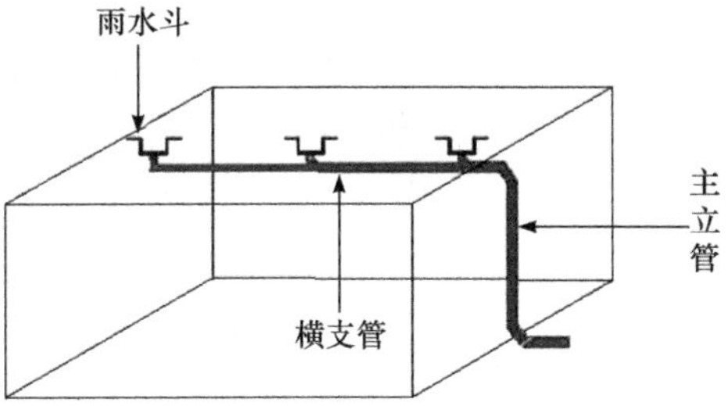

图 6-8　学校平顶图

教师在组织学生讨论后提出本课时的主要活动——“通过实验探究为什么在大暴雨时期平顶屋排水速度极快？”并布置任务，每个小组需在学习结束后提交一份平顶屋排水的说明报告。

教师展示一些排水生活实例供学生观察，学生可发现水都是从较高的地方通过一个弯头吸管流向较低处，发生了“水往高处流”的现象，引起新旧认知冲突，从而引出本节课探究问题——水为什么会往高处流。

教师演示一个简单的“水往高处流”的实验。教师组织学生讨论并请学生尝试解释该科学现象。教师选取几个具有代表性的假设观点（例如，同学 A 说：“是因为放入杯中的吸管已经进了一部分水，在惯性的作用下，水会流向底下的杯子。”同学 B 说：“我认为水往高处流是因为重力的作用，可以使水克服这个较高点，从而流往底下的杯子。”同学 C 说：“老师将吸管放入杯子的过程中，已经进了一部分水，这部分水会带动其他水往底下的杯子里流。”）教师总结学生提出的假设，并请学生以小组为单位根据假设设计实验进行验证。教师在这个过程中分发实验材料。

根据学生假设（例如惯性/重力）引导学生根据假设自主设计实验（实验器材：一次性塑料杯、弯头吸管、人工色素和水），如图 6-9 所示。

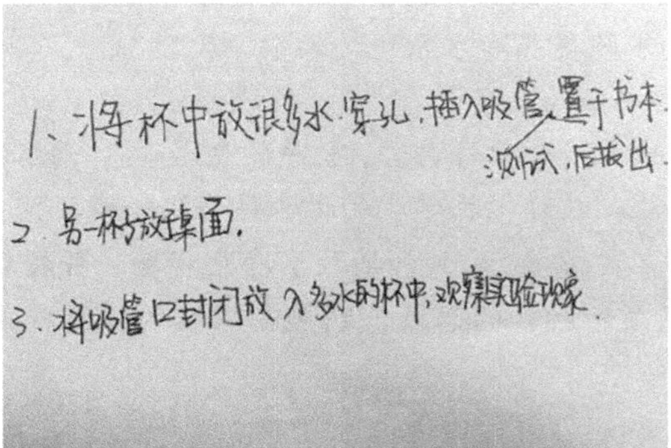

图 6-9　实验设计

教师引导学生以小组为单位进行实验，教师在实验过程中提供指导，同时提醒同学注意观察，从较高的水杯中往较低的水杯中注水，什么时候就停止了。让学生在不同水位下进行实验，并记录实验数据（图6-10）。

图6-10 实验过程

教师请小组成员派代表阐述实验原理，解释水往高处流的原因。通过对两个塑料杯液面差的前后记录数据分析，说出其科学发现。（例如，小组1代表说："我原来认为水从高处往低处流，是在惯性的作用下。但是我们组在实验时，对吸管进水进行了控制，吸管是在进入到水中后我们才松开的，排除了水的惯性作用。我们认为是在压力的作用之下，当吸管放进去时，处于一定高度的装满水的杯子给吸管一个压力，把水压入吸管中，水从压力大的一端流向压力小的一端，导致水往高处流。我们还发现水流到两个杯子的液面变得差不多的时候，就不流了，这也说明了水是在压力的作用下流动的，当两个杯子中的压力一样后，就不流了。"小组2代表说："我们发现这个科学原理与我们生活中从桶里取少量水到杯子中是一样的，我以前就做过这个。我们也认为是水的压力导致的。"）最后，教师对学生发言进行总结，讲解物理知识——虹吸现象。

在讲解完虹吸现象后，教师请同学解释生活中的"水往高处流"原理。该环节学生需能够回答出"高度差""压力作用"等关键词，理解是因为两个液面间的高度差造成了压力不等，从而产生虹吸现象。其后，教师布置任务，学生完成项目任务，即小组合作完成平顶屋排水说明报告。并采用图文并茂的形式对原理加以说明。

❖ 第5～12课时——打造校园智能雨水收集箱

1. 设计制作校园雨水收集箱净水系统（雨水净化器）

1）创设情境确定需求和约束条件

教师带领学生们回顾上一个项目内容，引导学生思考："雨水箱里的水可以用来干什么呢？"并组织学生讨论。教师根据学生的讨论结果进一步提问：这些雨水需不需要净化后再利用呢？学生回答"需要"。教师播放水净化视频，并提供相关的自来水厂净化水资料。教师通过对视频和材料的总结，明确本课程的项目就是设计一个雨水净化器（图6-11）。

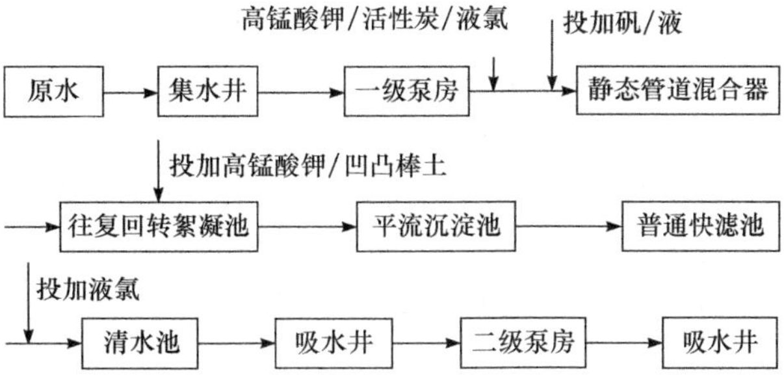

图 6-11 水净化过程

2）明确研究问题

老师引导学生："我们要制作一个雨水净化器，是不是可以把这个大任务分成几个小任务分步完成？"即将要解决的问题分为五个小的任务：①对当前市场上的水净化工艺和产品进行调研，了解水净化的基本环节；②根据调研结果，设计一个水过滤器；③制作水过滤装置，并进行过滤水实验，对水过滤器的有效性进行对比实验；④尝试运用水质检测传感器对水质进行检测，学习传感器的工作原理；⑤在前四个任务的基础上，小组设计一个雨水净化器模型。

3）头脑风暴，设计方案

教师在探究过程中充当支持者和辅助者角色，引导学生有序进行科学探究，注重对实验数据和现象的记录，提供实验记录单，如表 6-12 所示。

表 6-12 实验记录单

小组		姓名	
实验名称			
一、实验日的及要求			
二、实验设备（环境）及要求			
三、实验内容与步骤			
四、实验结果与数据处理			
五、分析与讨论			

老师向学生提出与项目主题有关的问题：①你们所知道的可以净化水的材料有哪些？

②水是由什么元素组成的？水里面有什么？复习之前学过的科学知识，明确滤网、活性炭、UV紫外线都是净水材料，水是由氢原子和氧原子组成的。

教师引导学生以小组为单位通过计算机上网查找水净化资料，并以在线协作文档的形式完成一份水净化调研报告。初始任务的设置一是为了让学生对水净化有个总体了解，二是为了考查学生利用网络搜集资料时的科学意识，即能否剔除无效信息和伪科学信息。

教师按照之前的分组，要求各小组分工协作，设计水过滤装置方案。

4）开发方案，原型设计

结合头脑风暴结果，小组共同设计一个水过滤装置。过程中，教师提供活动任务单，小组按照任务单上的问题进行设计。

各小组设计完成水过滤装置后，教师进行一个简单总结，指出大家设计中的共同点，例如，都利用了海绵、滤网、砂石、活性炭等材料。之后，教师分发实验材料，即活性炭、砂石、滤纸、一杯污水等，学生利用材料进行实验探究。

5）构建原型，测试评估，改进优化

学生通过各组对比实验可发现净化材料使用顺序的不同将影响水的净化效果，且采用石块、瓷沙、活性炭、石英砂这一净化顺序，层与层之间靠滤纸进行分隔的方式，所净化的水最为干净。教师进一步追问：判断这样净化的水更干净，你有什么科学依据吗？学生回答：进行水质检测。自然过渡到水过滤器有效性测试实验。

教师根据学生所提出的水质检测方法（测pH值、测微生物含量、测浑浊度等等），选择三项测试实验，如去色实验、透光性实验和微生物测试。引导学生进行测试实验，并在过程中记录实验数据。在去色实验中，将过滤后的水作为样本，直接进行对比分析。在透光性实验中，使用光电传感器与激光头组合测试进化透光性。在微生物测试中，使用显微镜测样本中的微生物密度。

教师在学生结束实验后，提问：有没有什么办法可以一测就知道水质情况，而不需要我们单独进行一轮一轮的实验？学生回答“水质检测仪”。教师进一步提问：什么水质检测仪可以测出水质呢？学生回答“传感器检测”。教师向学生提供水质检测仪构造的图片和资料，播放传感器工作原理的视频，学生通过阅读材料和观看视频尝试讲出水质检测仪的工作原理。

其后，根据项目设计表设计一个校园雨水净化器。要求学生能按照一定比例，且考虑将水质检测仪放入净水器中，形成一个完整设计。

每个小组汇报本组的项目设计，其余小组根据小组评价表对其作品进行评价。最终，选出一组作为“最佳设计”。教师对整个学生评价环节进行把控，以评价表的形式促进学生自主进行反思。

2. 设计制作智能雨水收集箱

1）创设主题情境，确定需求和约束条件

教师在课堂上以教室里枯萎的盆栽为例向学生提问：是什么导致了这株植物的死亡？引发学生讨论，学生回答“可能是因为长时间没有浇水或者因为浇水量过多”等。教师引导学生思考：可不可以设计一款智能设备帮助我们实现智能浇花呢？

教师联系上一课时中水净化的内容，启发学生可以将校园雨水收集箱里的水净化后灵活运用，例如进行智能浇花。

2）明确研究问题

教师明确项目问题：如何实现智能浇花呢？并引导学生思考实现智能浇花所需要的条件，例如，列举出“需要了解植物生长所需的水分”“要有一个设备连接雨水收集箱和花盆”“要有程序可以对浇花水量和时间进行控制”等问题，从而将一个复杂项目分解为若干个小问题。

学生在对智能浇花项目有了初步了解之后，对智能浇花设备产生好奇。这时老师展示最简易的自动浇花装置——虹吸原理浇花装置（图 6-12），让学生分析它的运作原理，说说该装置的优缺点有哪些以及对我们所要制作的智能浇花装置有哪些启示。

3）头脑风暴，开发方案，原型设计

教师引导学生以小组为单位通过在线协作文档的形式完成一份植物生长条件调研报告，理解影响植物生长的因素有空气、水分、温度、光照、养分等。教师提出问题：怎样让我们的智能浇水器知道植物生长现在的条件如何？从而引导学生认识并体验湿度传感器、光敏传感器、温度传感器，并对传感器的工作原理进行解释说明（图 6-13）。

图 6-12 简易自动浇花装置

学生通过认识并体验传感器了解将植物生长信息传输至计算机的基本方式。教师进一步提出驱动性问题：如何让计算机执行操作任务，实现浇水功能？学生回答“通过程序”。教师讲解智能设备也同计算机一样，可通过编写一个主板编辑程序，下达命令以实现浇花功能。其后，教师向学生提问：在根据传感器传输信号判断是否需要浇水时，要用到什么程序结构？引导学生回忆编程知识，并登陆“中小学物联网创新云平台”（图6-14），在线学习《智能花盆》这一节内容。

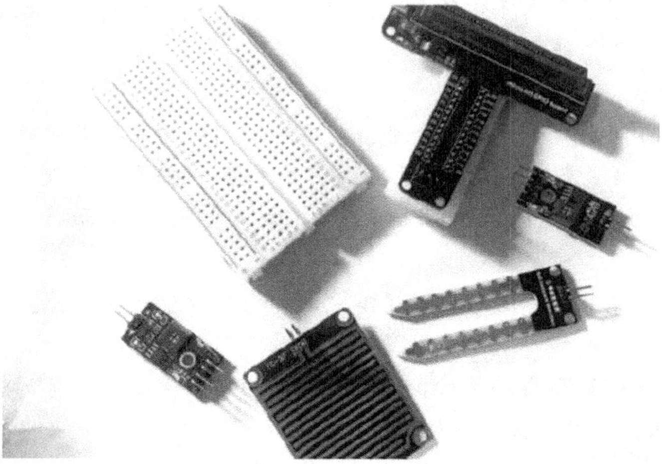

图 6-13 传感器

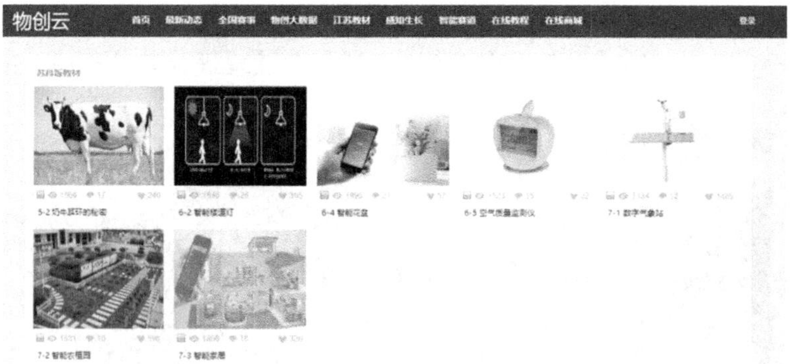

图 6-14 中小学物联网创新云平台

教师将学生分为两人一组，并发放湿度传感器和主板。学生根据设计原型进行拼装，并运用 Ardubits 软件编写程序。程序运用选择结构，当湿度检测小于 60 时，进行浇水任务。学生以小组为单位对智能浇花装置进行原型设计，如图 6-15 所示。

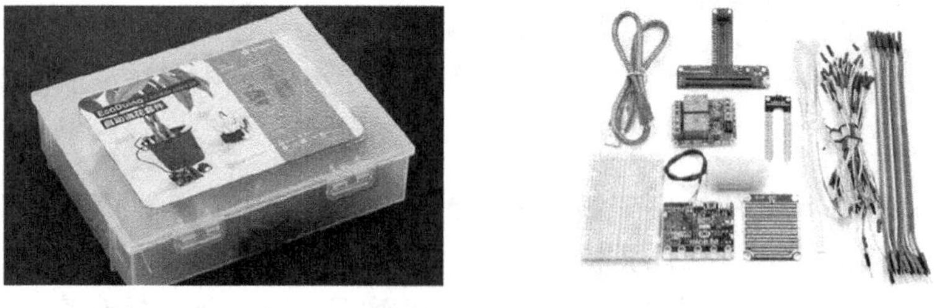

图 6-15 原型设计

4）原型构建，测试评估，优化改进

教师指导学生根据原型拼接传感器，并使用 usb 数据线将主板与计算机连接。其后，学生进入 micro: bit 在线模块化编程网页，编写完整的智能浇花程序，并进行浇花测试，如图 6-16 所示。

图 6-16　智能浇花程序

学生通过三个子模块的探究实践和师生共同对科学现象及规律的分享总结，在分析排水、净水和智能浇花探究实验所获数据基础上，运用工程思想，小组合作完成一份详细的校园雨水收集箱净水智能改造工程实施方案，如表 6-13 所示。

表 6-13　智能校园雨水收集箱设计方案

1. 人员分工
2. 设计草图（按照一定的比例画出草图，标出尺寸）  任务 1：在图中标出净水箱与雨水收集箱的连接示意图，以及设计如何自动浇花的方案。 任务 2：净水箱外观设计。 任务 3：净水箱内部构造。 你选择的净水方式包括：□缓速过滤法　□化学物净水法
3. 选择材料
4. 净水器装置 （1）你们的净水器有什么特点？ （2）和最初的过滤装置相比，目前的净水器有哪些改进？ （3）与其他组的净水器相比，你们的净水器哪一部分做得比较好？
5. 智能浇花功能实现 （1）实现智能浇花需要用到什么传感器？ （2）简单说一说智能浇花器判断何时需要浇水的流程思路。

在课程最后，可以开展“校园智能雨水收集箱改造方案评选”竞标会，对各小组的方案进行总结性评价。开展竞标会可以让学生从工程角度去系统思考问题，从设计方案的材料选择、完成度、价格、可实现度等综合考量小组方案。竞标会的形式也会刺激学生更加积极地参与活动，从不同小组间获得新的灵感和启示。教师和小组成员都可利用作品设计、制作评价表对小组作品进行评价，如表 6-14 所示。

表 6-14　作品设计、制作评价表

<table>
<tr><th colspan="2">作品评价表</th><th>作品创新设计与科学知识原理</th></tr>
<tr><td>观察</td><td>技术参数</td><td rowspan="8">科学知识原理：
文化内涵创新：
设计方案简图：</td></tr>
<tr><td rowspan="3">设计效果</td><td>符合技术原理程度（ABCD）
建议：</td></tr>
<tr><td>整洁、美观程度（ABCD）
建议：</td></tr>
<tr><td>材料选择合适程度（ABCD）
建议：</td></tr>
<tr><td>经费支出</td><td>透支（　）平衡（　）结余（　）
建议：</td></tr>
<tr><td rowspan="3">效果测试</td><td>灵敏　（　）　建议：</td></tr>
<tr><td>不灵敏（　）　建议：</td></tr>
<tr><td>不工作（　）　建议：</td></tr>
<tr><td rowspan="3">小组成员</td><td>参与度　（ABCD）</td><td rowspan="3">测试情况：
改进情况：</td></tr>
<tr><td>默契度　（ABCD）</td></tr>
<tr><td>担负责任（ABCD）</td></tr>
<tr><td>小组成员分工</td><td></td><td rowspan="3">我学习到了什么？
（思维导图与知识图谱）</td></tr>
<tr><td>你想对自己说</td><td>对自我的评价（ABCD）
理由：
建议：</td></tr>
<tr><td>你想对老师说</td><td>对教师的评价（ABCD）
理由：
建议：</td></tr>
<tr><td>制作活动建议</td><td colspan="2">好建议大家提，我们一起“学科学、用科学、搞创作”，请你推荐更好的项目制作</td></tr>
<tr><td>有无新灵感</td><td colspan="2">通过制作活动，你又想到了什么小制作、小发明？</td></tr>
</table>

【思考与练习】

一、名词解释

1.工程

2. E 型 STEM 课程

3. E 型 STEM 课程设计模型

二、简答题

1. 请简要说明 E 型 STEM 课程的课程整合模式。

2. 请简要说明 E 型 STEM 课程的设计要素。

3. E 型 STEM 课程设计需要按照怎样的设计流程？

三、思考题

1. 工程在 STEM 课程中发挥着怎样的作用？

2. 为什么要将核心素养作为 E 型 STEM 课程的课程目标？

3. 仔细阅读 E 型 STEM 课程设计流程，并根据自己的理解与体会设计一门 E 型 STEM 课程。

第七章　C 型 STEM 课程设计

【章节引言】

STEM 课程虽然强调跨学科思维、科学探究能力、创新意识、批判性思维、信息技术能力等未来社会必备的技能和创新能力的培养，强调学科核心素养和对中国学生进行核心素养的培养，但是在课程思政和价值观内化方面缺乏对立德树人理念与传统文化内涵的全面渗透。中国文化（Chinese culture）作为中华民族的精神命脉，其中所蕴含的道德规范、思想品格、价值取向和行为准则是凝聚人心、传承中国精神、构筑中国力量的风向标，是个体建立自我认知、融入社会生活、产生归属感和幸福感的重要源泉，也是中国学生发展核心素养的必然取向。将中国文化渗透至 STEM 课程当中，不仅为传承和弘扬优秀传统文化提供了有效的场域，为“课程思政”建设提供了有力的途径，也为 STEM 课程赋予了中国特色，助力学生核心素养的培养及 STEM 课程的落地实施。

C（Chinese culture）型 STEM 课程是以中国学生发展核心素养为目标导向，将中华传统文化与 STEM 学科进行有机结合，并在此过程中培养学生思想政治意识与核心价值观念的整合性课程。该课程将“课程思政”渗透至中华传统文化背景之中，通过将科学、技术、工程、数学学科的相关知识与传统文化进行有机融合，引导学生学习、研究及发展传统文化，鼓励学生将所学习到的科学、技术、工程、数学知识及技能应用至对传统文化的探究和发扬当中，并在此过程中提升学生的文化基础，增强学生的文化认同与文化理解，塑造学生良好的思想品德与正确的价值观念，引导学生树立正确的国家观、民族观、历史观与文化观，从而培养具有文化使命感和社会责任感的社会主义建设者和接班人。

【知识导图】

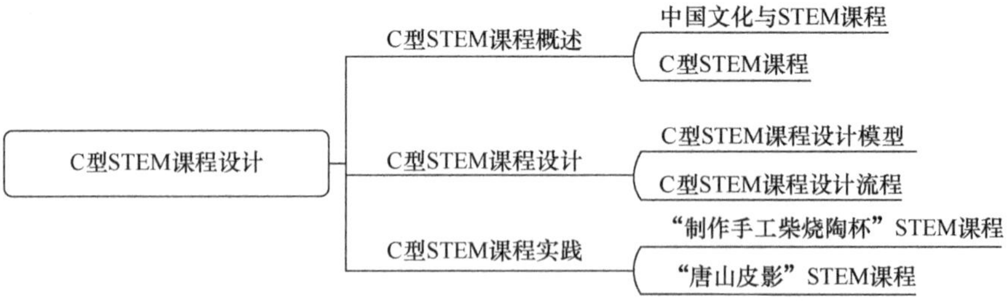

第一节　C 型 STEM 课程概述

一、中国文化与 STEM 课程

当前中国特色社会主义进入了新时代，借鉴中华民族优秀文化，重申立德树人的指导思想，成为民族复兴语境下中国教育发展的必然要求。习近平总书记在全国教育大会中强调“坚持把立德树人作为根本任务”①。党的二十大报告指出：“全面贯彻党的教育公针，落实立德树人根本任务，培养德智体美劳全面发展的社会主义建设者和接班人。”国家发展需要的人才不仅要求具备丰富的知识、优秀的技能，更需要拥有坚定的理想信念、高尚的道德修养和健康的人格品质②。近年来，我国基础教育阶段正深入贯彻“课程思政”理念，即将所有课堂作为育人主渠道，旨在将思想政治教育有机融入各门课程的教学和改革，实现知识传授与价值引领的有效结合，实现立德树人的润物无声，进而培养社会主义建设者和接班人③。在小学阶段启蒙学生的道德情感，引导学生形成爱党、爱国、爱社会主义、爱人民、爱集体的情感，具有做社会主义建设者和接班人的美好愿望；在初中阶段打牢学生的思想基础，引导学生把党、祖国、人民装在心中，强化做社会主义建设者和接班人的思想意识；在高中阶段提升学生的政治素养，引导学生衷心拥护党的领导和我国社会主义制度，形成做社会主义建设者和接班人的政治认同④。全员、全过程、全方位地引导学生立德成人、立志成才，树立正确的世界观、人生观、价值观，增强中国特色社会主义道路自信、理论自信、制度自信、文化自信，厚植爱国主义情怀，把爱国情、强国志、报国行自觉融入坚持和发展中国特色社会主义事业、建设社会主义现代化强国、实现中华民族伟大复兴的奋斗之中。

中国文化作为中华民族的精神命脉，是增强学生道德意识、家国情怀、文化自信和社会担当的重要途径。中国作为一个具有悠久的文化历史和多元化的民族特色的文明古国，长久以来积淀的优秀文化已成为中华儿女们宝贵的精神财富，成为中华民族最深沉的精神追求，是中华民族生生不息、发展壮大的丰厚滋养，也是中国最为深厚的文化软实力。中国文化代表着那些能够集中承载中华民族语言习惯、风俗传统、思想观念和情感认同，能够凝聚中华民族基本精神和人格特质，能够被中华民族普遍认同和广泛接受的道德规范、思想品格和价值取向，同时也代表着那些能够为人类文明的发展进步提供普遍性价值依据的道德观念和思想方法⑤。它包含了对社会、政治、伦理、人生等多方面翔实的记载，揭示和反映了不同时代的社会现实、风土人情以及时代变迁兴衰更替的真实记录，在激发学生对理想和信念的追求、社会安危的思索、文化演变的探究和向往方

① 中华人民共和国中央人民政府. 习近平出席全国教育大会并发表重要讲话[EB/OL]. http://www.gov.cn/xinwen/2018-09/10/content_5320835.htm. [2021-09-29].

② 中华人民共和国教育部. 坚持把立德树人作为根本任务——二论学习贯彻习近平总书记全国教育大会重要讲话精神[EB/OL]. http://www.moe.gov.cn/jyb_xwfb/xw_zt/moe_357/jyzt_2018n/2018_zt19/zt1819_gd/mtpl/pljyb/201809/t20180914_348688.html. [2021-09-29].

③ 韩宪洲. 深刻认识“课程思政”的时代价值[EB/OL]. http://www.qstheory.cn/zdwz/2019-08/18/c_1124888899.htm. [2021-09-29].

④ 中华人民共和国中央人民政府. 中共中央办公厅　国务院办公厅印发《关于深化新时代学校思想政治理论课改革创新的若干意见》[EB/OL]. http://www.gov.cn/zhengce/2019-08/14/content_5421252.htm. [2021-09-29].

⑤ 刘妍, 马晓英, 刘坚, 等. 文化理解与传承素养: 21 世纪核心素养 5C 模型之一[J]. 华东师范大学学报（教育科学版）, 2020, 38(2): 29-44.

面具有非常现实的指导意义[①]。有助于学生在认识与理解文化的过程中，塑造灵魂、塑造品行、塑造人格，将所学到的知识和技能转化为内在德性和素养，并将个人发展与社会发展、国家发展紧密结合，激发他们为国家学习、为民族学习的热情和动力。但是，有许多珍贵的传统文化逐渐地消失在历史的长河之中，传统文化的保护与传承面临着前所未有的挑战。如何在新时期传承和保护我国的传统文化，促使学生具备文化理解与文化认同，培养学生的道德意识与爱国情怀，并对文化进行创造性转化和创新性发展，已成为当前课程建设与思政建设的重点内容。

课程作为教育思想、教育目标和教育内容的主要载体，它集中体现了国家意志和社会主义核心价值观。STEM 课程作为以科学、技术、工程和数学为核心的整合课程，它着重强调了科学、技术等理工学科的教育，却忽视了人文学科在情感陶冶和人格塑造等方面的关键作用。传统的 STEAM 课程虽突出了“A”（人文艺术学科），却无法体现本土情境下的文化意义，更无法承载蕴含在文化之中的道德规范、思想品格和价值取向。中国作为有着深厚文化底蕴和丰富民族特色的文明古国，将中国文化融入 STEM 课程当中，不仅为优秀的传统文化进入基础教育提供了条件，使得学生能够深入地探寻和理解中国精神和中华文化，传承并弘扬中华民族之魂；也为 STEM 课程提供了促进学科融合的润滑剂，为学生核心素养的培养及 STEM 课程的本土化实施提供了行之有效的途径。

【拓展阅读】 中华传统文化[②]

“传统”是指世代相传的、既有的东西，即从过去相传至今的东西。当代美国著名社会学家希尔斯认为，传统是“人类行为、思想和想象的产物，并且被代代相传”。在他看来，人类所有的精神范型、信仰或思维范型、社会关系范型、技术惯例、物质制品或自然物质，经过“代代相传”都能成为传统。

“传统文化”是一个国家或民族在长期历史发展和生活实践中所形成和传续下来的一整套反映国民气质和精神、维系民族心理的文化体系，包括思想、文化、道德、风俗、艺术、制度以及行为方式等。传统文化是历史发展延续性和继承性的表现，对人们的社会行为有无形的影响和调控作用。世界各国和各民族都有自己的传统文化。

中华优秀传统文化，根据李宗桂先生的说法，是指中华传统文化的精华、精神和气魄所在，是体现民族精神的价值内涵。优秀传统文化在中华民族和中国文化发展历史上，曾经起过积极的作用，迄今仍有合理价值，能够为中华文化的现代传承和创新发展起到积极作用。能够促进社会进步和民族发展，主要体现于思想文化的层面。他还提出中华优秀传统文化的八条评价标准：一是适应时代需求，二是推动社会发展，三是经受实践检验，四是有助文化认同，五是促进民族团结，六是提供精神支撑，七是助力民族复兴，八是有益世界文明。

---

① 崔小云，冼梨娜. 基于中华优秀传统文化的思政教育教学课程实践探索[J]. 中国高等教育，2020,(11): 33-35.

② 刘妍，马晓英，刘坚，等. 文化理解与传承素养：21 世纪核心素养 5C 模型之一[J]. 华东师范大学学报(教育科学版), 2020, 38(2): 29-44.

文化的加入有利于促进STEM学科的融合，并建立起理工学科与人文学科之间的联系，促使学生形成对于世界的整体认知。在自然科学产生以前，中国与西方各国均以人文教育为主。随着近代自然科学的诞生及发展，科学教育开始出现，并与人文教育进行博弈，最终科学教育逐渐受到重视，而人文教育则逐渐走向边缘化。在现代社会，尤其是在工业革命4.0时代，科学技术的飞速发展使得人类社会形成了高度发达的物质文明，智能化的科学技术影响着人类生活的各个方面。纵观科学的发展历程，科学技术不但促进了现代工业的自动化和智能化，也给人类社会生活的各个领域赋予了科技理性意味的规划与控制，滋长了人们对于科学技术的盲目崇拜，导致了人文文化的欠缺与式微，造成科学技术与人文文化的对垒与冲突。但是，实质上科学或人文的探究终究仅仅停留于人与世界联系的单个维度，而未曾达到对这种关系的整体把握，也失去了对世界观察的全方位感和立体感。因此，双方均需要时时从对方身上汲取“养料”，以补充自己的不足①。在时代发展的过程中，随着科学技术与人文文化的不断更新与完善，人类开始逐渐意识到二者价值互补的重要性，并显现出一定的融合取向。促进科学技术教育与人文文化教育的融合与共同发展成为教育的功能所在，也成为当前和未来教育努力的方向。教育承担着科学技术的传播和人文文化继承、发展与创新的重任，科学与人文可以看作是学习者在生活实践当中所获经验的呈现与表达。学习者作为一个完整的人，应当获得全面的发展，而科学性的经验和人文性的经验都是人在发展过程中不可或缺的重要组成部分。将文化融入STEM课程，有助于实现STEM学科与人文之间的连接，为建立STEM学科间的联系注入润滑剂，使得学生获得对于真实世界的整体的、相互联系的认知。

中华传统文化的渗透有利于培养学生的核心素养，并赋予STEM课程以中国特色，助力STEM课程的本土化实施。在本书第三至第六章，我们分别提出了以数学、科学、技术及工程学科为主导的STEM课程，虽然主导学科不同，但是其共同目的都是通过学科融合培养学生的核心素养及学科核心素养。中国学生发展核心素养作为我国教育方针的具体化，集中体现了中国的文化背景、教育国情和人才培养愿景，它的研制根植于中华民族的文化历史土壤，系统地落实了社会主义核心价值观的基本要求，突出强调了社会责任和国家认同，充分体现了民族特点，是立足于我国国情的、具有中国特色的人才培养目标。文化基础作为核心素养的重要组成部分，代表了学生在学习、理解、运用人文领域知识和技能等方面所形成的基本能力、情感态度和价值取向，具体包括如人文积淀、人文情怀以及审美情趣等基本要点。学生文化基础的发展离不开中国的传统文化，学生需要通过学习传统文化来形成一定的人文积淀、人文情怀与审美情趣。习近平总书记多次提出：“中华优秀传统文化是中华民族的精神命脉，是涵养社会主义核心价值观的重要源泉，也是我们在世界文化激荡中站稳脚跟的坚实根基。”②如果我们培育出来的新时代接班人缺乏对于中国文化的学习与认同，就不会有民族创新与发展的底气，也难以

---

① 袁利平，张欣鑫. 论STEAM教育与核心素养的对接[J]. 陕西师范大学学报(哲学社会科学版), 2017, 46(5): 164-169.

② 中国共产党新闻网. 习近平：坚持以人民为中心的创作导向 创作更多无愧于时代的优秀作品[EB/OL]. http://cpc.people.com.cn/n/2014/1016/c64094-25843852.html. [2021-09-29].

支撑优秀文化的繁荣发展。将中国的传统文化渗透至 STEM 课程当中有利于实现学生核心素养的培养，并落实德育为先的教育方针，培养出能够担当民族复兴大任的时代新人。中华传统文化的渗透将为 STEM 课程赋予中国特色，提升 STEM 课程与我国文化背景、教育理念及培养目标的契合度，助力 STEM 课程的落地实施。

二、C 型 STEM 课程

C（Chinese culture）型 STEM 课程是以中国学生发展核心素养为目标导向，将中华传统文化与 STEM 学科进行有机结合，并在过程中培养学生思想政治意识与核心价值观念、具有中国特色的整合性课程。C 型 STEM 课程并不是在现有的 STEM 课程中叠加传统文化主题，而是在传统文化背景之下，通过将科学、技术、工程、数学学科的相关知识与中华传统文化进行有机融合，引导学生学习、研究及发展传统文化，鼓励学生将学习到的科学、技术、工程、数学知识及技能应用至对传统文化的探究和发扬当中，并在此过程中提升学生的文化基础，增强学生的文化认同与文化理解，塑造学生的思想品德与价值观念，引导学生树立正确的国家观、民族观、历史观与文化观，从而培养具有文化使命感和社会责任感的社会主义建设者和接班人。

C 型 STEM 课程主题的选择需要具有一定的研究价值和研究深度，从学科融合的角度开展多方位、多视角的文化内涵挖掘，对文化特征及其背后的传统习俗、文化历史、科学原理和工艺等理论或实践问题进行探索和研究，对文化中所蕴含的思想品格、道德观念、家国情怀、价值取向和行为准则进行学习与体会。詹泽慧教授等根据文化传承的育人功能和学生的发展能力将面向文化传承的 STEM 课程划分为感受体验型、技艺训练型、探究学习型和创新创作型四种类型，这四种类型分别指向不同的文化传承目标、培养形式和项目产出，且具有逻辑先后顺序，教师需要在课程设计时对四种课程类型进行全盘考虑，使得学生能够全面理解主题文化的不同侧面，深刻地理解其文化内涵，以实现对于传统文化的创新[①]。其中，根据课程的育人功能进行划分，可将面向文化传承的 STEM 课程分为过程导向和结果导向两种类型。前者侧重过程，强调体验和探究，目标在于培养学生的文化认同、家国情怀和思考能力；后者则侧重结果，强调技艺外显或创意物化，目标在于技艺习得以及优秀传统文化在实物上的传承与展示。根据布鲁姆教育目标分类法对课程进行划分，可将课程分为低阶能力和高阶能力两个维度。记忆、理解、应用为低阶能力，分析、评价、创造为高阶能力，两类能力的培养同等重要。模仿是创新的前提和基础，低阶能力对应文化传承中的“传”，主要通过对各种文化元素的诵读、理解、临摹、仿制以及对各类文化技艺的观摩等方式进行培养。高阶能力对应文化传承中的“承”，从模仿到创新，并通过过程性的迭代驱动生成系列微创新。在科技迅速发展的今天，文化融合科技元素带来的创新，将为文化活态传承带来新鲜的元素和持续发展的内在动力，同时也为学生高阶能力的培养提供了可能。

在四种课程类型中，感受体验型 STEM 课程采取过程导向与低阶能力导向，强调身

① 詹泽慧, 钟柏昌, 霍丽名, 等. 面向文化传承的学科融合教育(C-STEAM): 价值定位与分类框架[J]. 中国电化教育, 2020, (3): 69-76.

心融合的文化体验，重视体验过程中文化观念的内化效果，及其所带来的愉悦感、认同感和归属感。这类课程以文化理解与认同为主要目标，强调在优秀传统文化的背景下，通过观摩、临摹、效仿、试做等方式，促进学生通过感受型、体验型的深度学习，形成对文化观念的主动构建。在建构过程中，课程设计者须积极引导学生进行多角度、多通道、跨学科的思考，从而促进多学科知识的记忆、理解和融合应用。此外，这类课程通常凸显阅读元素，以阅读或观赏（输入）、写作或表达（输出）作为基础环节。典型课程有：戏曲欣赏、民间习俗、节庆体验、图腾文化、龙舞文化、棋艺切磋、茶艺品鉴等。

技艺训练型 STEM 课程采取结果导向与低阶能力导向，强调文化技艺的习得和应用，在技艺训练和动手操作中掌握知识与技能。基于操作性实践经验促进跨学科思考，理解相关文化背后的特征和价值。这类课程以技艺传承为主要目标，课程成果以展示技艺和实物成品为主，更凸显艺术、科学和工程元素。学生需从模仿入手，逐渐熟练操作过程和技艺流程，最终习得相关技能；此后还通常延伸至成果展示或表演，将习得的文化理解与技艺在产品或演出中予以表达，以增加文化认同感。典型课程有：民间口技、扎狮、剪纸、纸雕、版画、戏剧、曲艺、杂技、中国功夫等。

探究学习型 STEM 课程采取过程导向与高阶能力导向，强调创设本土化问题情境，渗透思维培养，引导学生对文化的产生、发展和核心文化特征提出自己的疑问和见解，通过多种探究技术、工具和手段对传统文化要素进行推理和探索，避免浮于表层的主观臆断。主要形式包括在实验室完成科学实验探究、外出工作坊或博物馆调研、与文化传承人实地交流，获得真实材料、了解现状、总结问题、分析成因，提出可行的解决方案。

创新创作型 STEM 课程采取结果导向与高阶能力导向，强调基于主题文化的创新产品（文化制品）的生成，从而实现科技与人文的融合与外化。该课程重视建立在传统文化基础上的创新思维培养，将传统文化工艺与现代技术（3D 打印、传感器和磁悬浮技术等）相结合，产生兼具艺术价值与科技价值的文创产品。教师可在学科融合视角下，激发学生逆向解构传统文化制品，剖析现代需求，加入科技元素，形成系列微创新，推动传统文化的创新性传承。典型课程有：民族扎染、传统刺绣、木版年画、转糖画、扎风筝等。

第二节　C 型 STEM 课程设计

一、C 型 STEM 课程设计模型

C 型 STEM 课程是以核心素养为目标导向，将中国文化与 STEM 学科进行有机结合的整合性课程。如何将中华传统文化的核心理念和内在精神渗透并贯穿于课程当中？如何实现传统文化与 STEM 学科的有机融合？如何通过 C 型 STEM 课程实现中华传统文化的传承与发展？这些都是设计 C 型 STEM 课程时需要考虑的重点问题。

詹泽慧教授团队根据李克东教授所提出的基于项目的跨学科学习活动设计 5EX 模

型[①][进入情境与提出问题活动（enter & questions，EQ）、探究学习与数学应用活动（exploration & mathematics，EM）、工程设计与技术制作活动（engineering & technology，ET）、知识扩展与创意设计活动（expansion & creativity，EC）、多元评价与学习反思活动（evaluation & reflection，ER）]、钟柏昌教授所提出的 STEM 教育的两种取向和四种方法，及基于逆向工程学的微创新理念[②]，并结合詹泽慧教授提出的创造性思维与创新思维的联动模型[③]，提出了 C 型 STEM 课程设计模型，如图 7-1 所示。

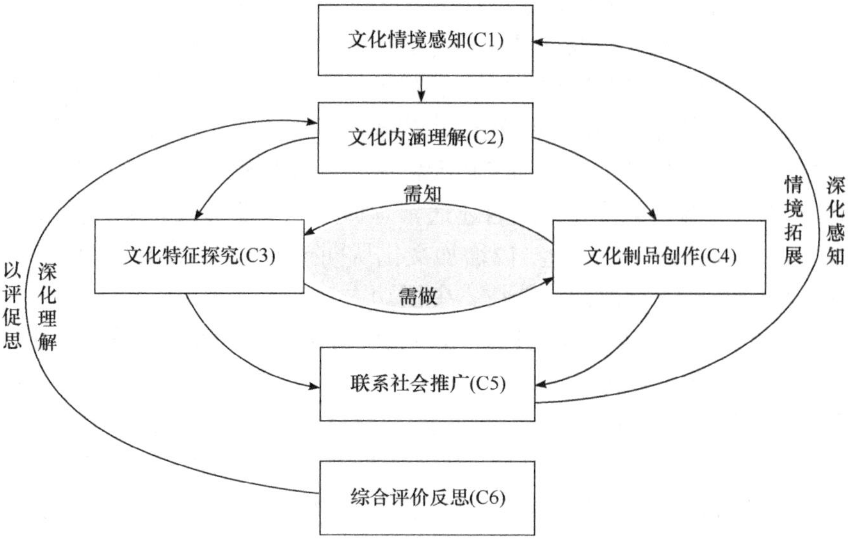

图 7-1 C 型 STEM 课程设计模型（詹泽慧[④]）

C 型 STEM 课程设计包括文化情境感知（C1：contextual experience）、文化内涵理解（C2：connotation comprehension）、文化特征探究（C3：characteristic inquiry）、文化制品创作（C4：create artifact）、联系社会推广（C5：connect society）、综合评价反思（C6：conclusive reflection）六个环节。

文化情境感知是 C 型 STEM 为课程设计的起点，通过参观、研究等方式创设真实的文化情境，激发学生对于文化的具身认知，引导学生进行思考与提问，从而进下一环节。在文化内涵理解环节，让学生通过基础阅读、文化观摩、记忆训练等方式理解文化内涵，丰富原有的文化认知，促进文化意义的生发，为后续的思维培养及创新实践能力培养提供基础。

文化特征探究环节和文化制品创作环节是 C 型 STEM 课程设计的主体部分。文化特

① 李克东，李颖. STEM 教育跨学科学习活动 5EX 设计模型[J]. 电化教育研究，2019, 40(4): 5-13.

② 钟柏昌. 创客教育究竟是什么——从政策文本、学术观点到狭义创客教育定义[J]. 电化教育研究，2019, 40(5): 5-11.

③ 詹泽慧，梅虎，麦子号，等. 创造性思维与创新思维：内涵辨析、联动与展望[J]. 现代远程教育研究，2019, (2): 40-49, 66.

④ 詹泽慧，李克东，林芷华，等. 面向文化传承的学科融合教育(C-STEAM)：6C 模式与实践案例[J]. 现代远程教育研究，2020, 32(2): 29-38, 47.

征探究环节的主旨在于问题的发现与解决，通过进行社会调查或科学实验，对文化特征及其相关问题进行深度探索，从而促进学生的文化理解及观念内化。文化制品创作环节的主旨在于创意物化，通过创意设计、文化联结、技术融合、工程制作等将创意转化为文化制品，从而传承并发展传统文化。文化特征探究环节和文化制品创作环节代表了探究与创作之间的迭代，在文化制品的创作过程中发现探究性问题，又根据探究结果为创作提供可切入设计的文化特征，奠定文化基调，实现“需知”(need to know)与“需做”(need to do)的转换，经历多次循环后完成文化创意制品，进入联系社会推广环节。

联系社会推广环节的主旨在于联系社会、分享文化探究结论、展示推广文化制品，C 型 STEM 课程设计在这一环节的育人价值、文化载体价值及社会价值得以充分发挥。在联系社会的同时，学生可重新回归至文化情境感知上，在社会情境中感受文化、重构文化，形成新的文化理解。最后是综合评价反思环节，通过对知识习得、思维发展、能力提升等多个方面进行总结和评价，来促进学生的反思，这一环节是对文化内涵理解环节的深化和重构，使得学生在原有的理解基础上自省、回顾和反思，从而在迭代过程中形成更为全面的文化内涵理解[①]。

二、C 型 STEM 课程设计流程

詹泽慧教授团队对 C 型 STEM 课程设计模型中的各个环节进行了细化，并提出各个环节的主要实施步骤和选择原则，如图 7-2 所示。

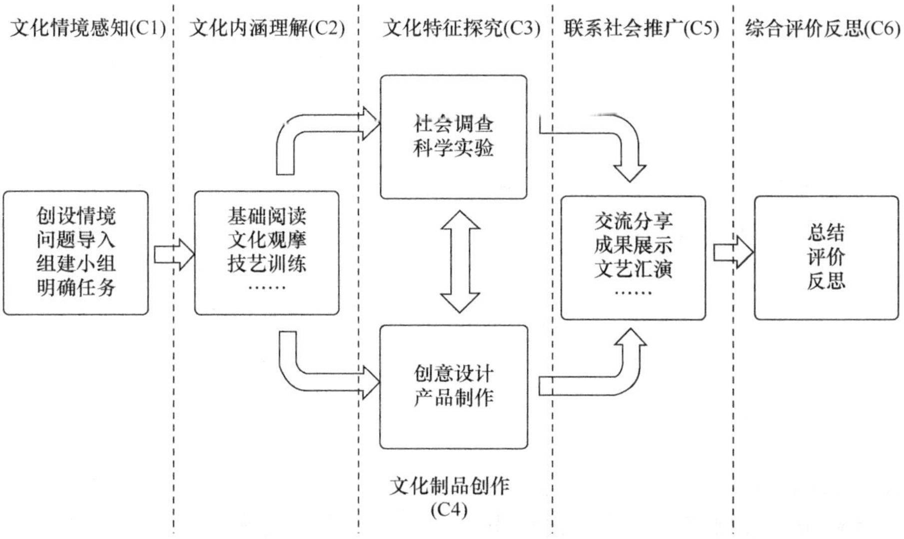

图 7-2　C 型 STEM 课程设计流程

① 詹泽慧, 李克东, 林芷华, 等. 面向文化传承的学科融合教育(C-STEAM): 6C 模式与实践案例[J]. 现代远程教育研究, 2020, 32(2): 29-38, 47.

（一）文化情境感知

根据所选择的文化主题，创设真实的文化情境，引导学生在情境中感受和体验传统文化，并进行思考与提问。在进行问题导入时，教师可采用多样化的情境展示方式创设文化情境，并通过与文化相关的现实问题，引导学生进入真实的问题情境中，进行多感官的体验与思考，在文化沉浸中促使学生发现和提出新的问题。同时，教师可通过任务驱动，帮助学生明确任务与目标，以项目学习的方式，组织学生建立合作小组，并制定小组分工计划和协作方式。

（二）文化内涵理解

进入问题情境之后，学生可通过基础阅读、文化观摩、技艺训练等方式对文化主题进行初步的理解。教师可通过引导学生阅读与文化主题相关的文献资料，帮助学生理解文化知识，并在阅读过程中培养学生的人文积淀、人文情怀以及审美情趣等核心素养。除此之外，教师也可组织学生观摩具有文化意义的影片、戏剧，或参观相关展览馆、纪念馆等，引导学生深入地理解文化内涵，并在观摩后撰写记忆文档，梳理自身对于文化内涵的理解。在技艺训练方面，教师可通过寻找文化传承人对学生进行文化讲述或技艺传授，帮助学生了解文化由来或进行技艺训练，促使学生深入其中，逐步建立起对于文化内涵的理解。

（三）文化特征探究

文化特征探究环节的目的在于问题的发现与解决，强调在体验、训练和模仿的过程中，引导学生主动地发现问题并生成新的创意。文化特征探究环节具体可分为社会调查和科学实验两个部分，教师可根据文化主题选择适当的方式引导学生发现问题并解决问题。在社会调查中，教师可引导学生根据任务要求收集与文化主题相关的历史文化资料，还可以进行实地调研，通过问卷调查、参观走访和文化访谈等方式收集一手资料，并对收集的资料进行分类整理、思考提炼，发现问题，从而培养学生的理性思维、勇于探究精神等核心素养。除此之外，教师还可以根据文化主题组织学生进行科学实验，通过设计实验、迭代实验，验证学生所提出的问题假设，从而完成对相关文化特征的深入挖掘和论证。

（四）文化制品创作

文化制品创作环节的目的在于创意物化，具体可分为创意设计和产品制作两个部分。在创意设计部分，注重培养学生的设计思维，鼓励学生围绕先前所探究的文化主题生成创意并进行设计。通过发挥想象实现文化联结，并赋予产品以文化内涵。最后通过多次的迭代修正，形成最终的设计方案。在产品制作中，引导学生运用现代科学技术、工程零件、文化技艺等，将设计方案付诸实施，并通过反复调试修改形成设计产品。在活动过程中，教师可首先带领学生进行逆向工程，即分析现有的文化名作，并进行模仿、拆解、微创新，鼓励学生进行发散思维，积极尝试，以形成多种设计方案，促使学生在制作文化产品的同时，进一步加深和丰富学生对于文化名作的认知及理解。

（五）联系社会推广

联系社会推广环节的目的在于鼓励学生参与成果展示、文艺会演等活动进行分享与交流，并展示自己的活动成果。在这一环节，学生可以将在学校中的所思、所学、所感、所做与真实的社会情境相联系。学生所做的文化制品也可以成为文化产业链中的一环，从而促进中华传统文化的传承与发扬，进而形成良性循环。学生在进行产品交流与展示的过程中，也将对社会中的文化情境产生新的认识及新的理解，即在原有的文化基础上，实现迭代循环，重新感知和体验真实社会的文化情境与文化现象，形成更为全面和深厚的文化底蕴。

（六）综合评价反思

综合评价反思环节的目的在于引导学生对课程进行回顾、梳理与反思，并对自身的收获与感悟进行总结与表达，具体包含总结、评价与反思三个部分。在评价部分，需要对学生、课程和教师进行综合性评价，并为检验课程是否达成了预期目标提供评判依据和改进方向。其中，可对学生多学科知识的习得（文化知识、科学知识、工程知识等）、思维能力的培养（设计思维、创新思维、逻辑思维）、情感态度价值观的变化（文化理解与认同、对传统文化的兴趣）、动手能力、表达能力和展示能力等方面进行动态评价。评价方式可将过程性评价与总结性评价相结合、个人自评与小组互评相结合，通过评价促进师生反思和回顾，并鼓励学生更加深入地理解与剖析文化，反思个体与文化环境的关系，使得学生在价值观层面认同并传承中华优秀传统文化中所蕴含的价值观念、道德伦理、风俗习惯和行为方式，并在行为层面切实践行中华优秀传统文化中所蕴含的这些价值观念和道德伦理。

第三节　C 型 STEM 课程实践

一、"制作手工柴烧陶杯" STEM 课程①

广东省佛山市的石湾镇被称为"南国陶都"，有着源远流长、底蕴深厚的陶文化根基，制陶历史可追溯到 5000 多年前，至今仍保留着当今世界最为古老的唯一一座还在使用的柴烧龙窑，它是中国古代劳动人民勤劳、勇敢和智慧的结晶。柴烧是以薪柴为主要燃料的一种古老烧陶方式，被誉为"一场五行交替作用、天人合一的行为艺术"。佛山市第十四中学以"制作手工柴烧陶杯"为文化主题，通过带领学生参观南风古灶龙窑、石湾陶瓷博物馆，探究影响柴烧效果的因素、设计制作个性化的柴烧陶杯、测量龙窑温度、访问陶艺工作室等一系列课程活动，引导学生了解柴烧的文化发展历史及艺术特征，认识南风古灶的构造以及柴烧的技艺，学习测试窑内温度的方法，掌握科学探究和工程设

① "制作手工柴烧陶杯"改编自佛山市第十四中学的"制作手工柴烧陶杯"课程项目。

计的基本流程，旨在提升学生的文化基础，培养学生的核心素养及文化传承精神、陶瓷艺术素养、科学精神与创新能力，树立民族自豪感与文化自信心。

（一）STEM课程设计模型

在进行课程设计前，设计者可结合C型STEM课程设计流程，对课程进行初步的设想，从总体上把握课程的设计架构，以便在后面教案的撰写过程中可以有的放矢，进一步将课程拓展与细化。

文化情境感知：根据佛山特色的制陶文化，创设真实的文化情境，引导学生在情境中感受和体验制陶文化。以制作手工柴烧陶杯为任务驱动，使得学生明确任务与目标，并组建合作小组，制定小组分工合作计划和协作方式。

文化内涵理解：组织学生观看纪录片《瓷路》并参观石湾陶瓷博物馆，引导学生深入地理解文化内涵，并在观摩后撰写记忆文档，梳理自身对于文化内涵的理解。

文化特征探究：选择社会调查和科学实验两种方式，引导在南风古灶进行实地调研，了解古灶的各部分结构和功用。组织学生进行科学实验，通过使用测温锥，测试窑内不同位置的温度，以探究温度对柴烧效果的影响。

文化制品创作：组织学生进行创意设计和产品制作。引导学生设计一个外形独特、方便使用的柴烧陶杯，通过发挥想象实现文化联结，进行多次的迭代修正后，形成最终的设计方案，并进行实际制作。其后，带领学生参观国际陶艺展，通过分析现有的陶艺作品，拓展学生的陶艺知识，并在此基础上对柴烧陶杯进行再设计与再制作。

联系社会推广：举行柴烧陶杯成果展，鼓励学生展示自己的制作成果，并进行产品交流与讨论，促使学生对制陶文化产生新的认识及新的理解。

综合评价反思：引导学生对课程进行回顾、梳理与反思，并进行课程评价。

（二）STEM课程设计表

设计者可在构想过程中，根据表7-1，设计并记录课程的初步内容。本案例选取的文化主题为柴烧制陶工艺，该主题与佛山地区的历史文化有着密切的关联，有利于提升学生对于当地文化的认同感和归属感，并实现特色文化的传播与传承。

表7-1 “制作手工柴烧陶杯”STEM课程内容表

学科类型	科学（science）	技术（technology）	工程（engineering）	数学（mathematics）	中华传统文化（Chinese traditional culture）
涉及知识点	（1）陶泥的成分 （2）柴烧原理 （3）物质的化学变化 （4）釉的形成	（1）炼泥技术 （2）柴烧技术 （3）测温锥技术 （4）信息检索技术	（1）运用工程知识解决制陶问题 （2）按照工程设计流程完成制作	（1）长度测量与计算 （2）烧陶时间把控 （3）温度测量	（1）制陶文化 （2）柴烧艺术 （3）陶杯外形设计

C型STEM课程是以中国学生发展核心素养为目标导向，将中国文化与STEM学科相融合的具有中国特色的整合性课程。C型STEM课程需要在传统文化背景之下，通过

将科学、技术、工程、数学学科的相关知识与中国文化进行有机融合，引导学生学习、研究及发展中华传统文化，并在此过程中提升学生的文化基础，增强学生的文化认同与文化理解。因此，除课程内容外，设计者还应确定及细化课程的设计流程，以及中国学生发展核心素养的培养方式，如表 7-2 所示。

表 7-2　“制作手工柴烧陶杯”STEM 课程设计表

中国学生发展核心素养		相匹配的学生任务或问题
核心素养	培养方式	
人文底蕴	人文底蕴包含了人文积淀、人文情怀和审美情趣。学生根据课程深入了解我国的制陶文化，体会制陶文化中的制作工艺及制作方法，形成一定的人文积淀；在课程学习过程中感受先人为了生存及发展所做出的努力，提升学生的人文情怀；通过发现、感知、欣赏和评价陶器、陶艺，培养审美情趣	项目式问题抛出： 如何通过柴烧工艺制作陶杯？ 参观南风古灶龙窑、石湾陶瓷博物馆； 设计制作个性化的柴烧陶杯
科学精神	通过科学实验来探究影响柴烧效果的因素，培养学生的批判、质疑、探究等科学精神	实验探究窑内温度对柴烧效果的影响； 设计制作个性化的柴烧陶杯
学会学习	学会学习包含了乐学善学、勤于反思以及信息意识。通过网络搜集关于制陶文化的相关资料；完善陶杯设计方案；课程结束后进行反思评价	网络检索相关资料； 设计制作个性化的柴烧陶杯
责任担当	责任担当包含了社会责任、国家认同以及国际理解。通过深入地了解制陶文化，实际制作陶器，培养学生对于传统文化的认同感，对于弘扬中华优秀传统文化的责任感；并通过参与国际陶艺展，使学生懂得尊重世界多元文化的多样性和差异性，了解人类文明进程和世界发展动态	参观南风古灶龙窑、石湾陶瓷博物馆、国际陶艺展； 设计制作个性化的柴烧陶杯
实践创新	实践创新包括劳动意识、问题解决和技术运用。通过实际制作个性化的柴烧陶杯，使学生懂得尊重劳动并培养他们的劳动技能和问题解决意识，促进学生依据具体的情境和条件设计解决方案，并在过程中运用技术将创意方案转化为实际产品	设计制作个性化柴烧陶杯

（三）STEM 课程实施指南

通过上述的课程设计，设计者可以对课程进行进一步的拓展与精进，并撰写教学设计。对该案例的设计方案进行分析，可以清晰地看出案例所存在的优势及不足。根据 C 型 STEM 课程的设计流程，制定了本案例的基本信息表（表 7-3），也代表了本课程开展前需要准备的基本内容。首先明确了本门 C 型 STEM 课程的适用范围，包括适用对象、适用课程、适用时长，确定了实施该课程学生所需具备的认知水平及能力状况。同时，根据手工制作柴烧陶杯这一课程主题，选择了课程所需的基础工具。根据具体课程内容，选择了与之最为贴合的课程模式与评价方式。

表 7-3 “制作手工柴烧陶杯”STEM 课程基本信息表

课程名称	“制作手工柴烧陶杯”STEM 课程
适用范围	适用对象：初二学生 适用课程：综合课程 适用时长：初中标准课 10 课时，共 450 分钟
课程资源	与课程相关的文史资料（纪录片《瓷路》、世界各国柴烧作品等）、相关文化活动场所（石湾陶瓷博物馆、南风古灶等）、制陶所需的相关资料（测温锥、陶土等）、计算机
课程模式	基于项目的课程设计模式
课程评价	自我评价与教师评价（任务完成评估量表）
预期结果	本课程的预期成果为： ❖ 手工柴烧陶杯设计方案 ❖ 手工柴烧陶杯产品 为了达成预期成果，学生需要： ❖ 了解制陶文化及制陶工艺 ❖ 掌握炼泥技术、柴烧技术、测温锥技术及信息检索技术 ❖ 形成制作个性化柴烧陶杯的设计方案并迭代完善 ❖ 根据设计方案完成陶杯的制作 ❖ 进行总结、反思、评价与产品交流展示

以下为根据“制作手工柴烧陶杯”STEM 课程基本信息表所设计的课程具体安排。

❖ 第 1～2 课时——项目准备

介绍课程的相关背景，教师带领学生观看央视大型纪录片《瓷器》，并阅读科普文本了解陶瓷的历史渊源和工艺流程等基础知识，归纳概括各类陶瓷的文化含义和相关特征；提供真实的柴烧制品或引导学生进行网络检索来欣赏优秀的柴烧制品，让学生认真观察和记录文化作品的形态，结合佛山的陶文化提出一系列问题：中国的陶瓷文化是如何形成的？千年以前我们祖先的柴烧和现代社会的柴烧有何区别？为什么柴烧的每个作品都独一无二？为什么柴烧工艺在现代会逐渐衰退？我们常说的“陶瓷”中，“陶”和“瓷”分别指的是什么？在烧制过程中，土、火、柴、窑之间存在怎样的关系？柴烧器皿上的图案和纹理反映了哪些文化元素？抛砖引玉，使学生在体验过程中能从不同学科的角度去思考主题文化背后的内涵。引导学生在真实情境中产生问题，并调动其多感官的身心体验。其后，以制作手工柴烧陶杯为任务驱动，组织学生建立合作小组，并制定小组分工合作计划和协作方式。

❖ 第 3～5 课时——实地参观

带领学生到石湾陶瓷博物馆参观，聆听讲解员的讲解，进一步了解陶瓷的起源、发展、文化意义、价值和保存手段，就学生在参观过程所提出的疑问进行交流讨论；组织学生参观有着陶瓷活化石美誉的南风古灶龙窑，对古灶进行测绘，了解各部分的结构与功用；由手工艺人现场示范制作柴烧陶瓷器皿，从选料、设计、制坯、烧制等各个方面对柴烧过程进行演示；鼓励学生与手工艺人面对面交流，在学科融合视角下了解中国陶瓷艺术的历史发展和柴烧工艺的技术原理，并阐释自己对于陶瓷文化的理解（图 7-3）。

图 7-3　南风古灶龙窑

引导学生探究温度对于柴烧效果的影响，以小组为单位，通过自行搜索资料，认识制陶过程中必不可少的测温工具——测温锥，掌握测温锥的使用方法并进行科学探究与数学应用实验。通过使用测温锥，测试窑内不同位置的温度。其后，每小组捏制简易陶杯，放置于窑内的不同位置进行烧制，记录柴烧陶器的温度与效果（完整、变现、气泡、爆裂、发白、光泽等情况），并对陶器的烧成效果和艺术特色进行记录与总结（图 7-4）。

图 7-4　测温锥测温

❖　第 6～7 课时——设计及制作陶杯

教师发布任务：制作一个外形独特、方便使用的柴烧陶杯。组织小组成员进行讨论，明确制作要求。鼓励学生进行头脑风暴，发挥想象形成富含文化特色的设计方案，并绘制设计草图，通过多次的迭代修正后，形成最终的设计方案。其后，根据设计方案，学生实际动手制作陶杯原型，并根据制作过程中所出现的问题对设计方案进行修改与完善，最终形成个性化的陶杯制作原型。学生根据之前实验中所发现的温度对于柴烧效果的影响，将原型放置于窑内适当的位置进行烧制。根据烧制效果，查找问题和原因并修改设计。

❖　第 8～9 课时——知识拓展

教师带领学生参观石湾国际陶艺展，让学生通过欣赏陶艺作品、访谈陶艺大师等活动，认识和了解更多陶艺作品的烧制方式，鉴赏不同国家的陶艺特点，拓展学生的陶艺知识，提升学生的审美情趣。鼓励学生根据参观所得以及在先前的制作过程中所获得的经验，充分地发挥他们的创新意识，再次设计陶艺作品，并进行烧制。在此过程中引导学生将陶艺与我国其他优秀的传统文化相结合，实现文化的再创新与再创造。

❖ 第10课时——交流与反思

将学生所制作的陶艺制品进行成果展示，鼓励学生交流和分享陶艺作品的创意与实现步骤，并对过程进行回顾与反思。在这一过程中引导学生阐释自己对于陶文化的认识与理解，促使学生更加深入地理解与剖析文化，反思个体与文化环境的关系。同时，对学生的基本知识进行测验，并根据陶艺制品的完成情况进行自我评价与教师评价（表7-4）。

表7-4 任务完成评估量表

评分维度	16～20分	11～15分	6～10分	1～5分	自我评价	教师评价
陶杯设计图（20分）	设计图有较高艺术性与实用性，且可完成度高	设计图较有艺术性和实用性，可完成度高	设计图符合艺术性和实用性，基本上完成	设计图缺乏创意和实用性，几乎无法完成		
制作柴烧成品（20分）	成品制作精良，完全实现设计要求	成品制作完成，基本实现设计要求	成品制作完成，部分实现设计要求	成品未完成，或未能实现设计要求		
资源与时间管理（20分）	对时间和资源运用合理，比预期提早完成任务	对时间和资源运用满足了预期，整体项目按预期完成	对时间和资源运用有待提高，部分项目未能按预期完成	对时间和资源运用相对薄弱，大部分项目未能按预期完成		
团队合作（20分）	各成员分工明确，所有成员能合作完成任务	绝大部分成员积极参与，合作完成任务	部分成员参与	只有少部分成员参与		
成果展示（20分）	表达完整生动，能清晰准确地解释自己作品的创意与实现步骤	表达较为完整，能基本解释自己作品的创意与实现步骤	表达不完整，只能部分解释自己作品的创意与实现步骤	未能完整或准确地解释自己作品的创意与实现步骤		

二、“唐山皮影”STEM课程①

唐山皮影作为我国首批非物质文化遗产项目，流行于河北省以及东北三省等地，是我国皮影戏的一个主要剧种。以“唐山皮影”为文化主题，课程共分为三部分：初阶背景探究活动（探究唐山皮影的起源和特点、了解皮影人物设计的一般流程）、中阶基础构建活动（探究传统皮影制作过程、了解皮影的基本雕刻符号）、高阶综合制作活动（分镜头脚本的编写、皮影视频拍摄）。本课程旨在培养学生的人文情怀、审美情趣、文化积淀、实践创新等中国学生发展核心素养。

① “唐山皮影”改编自河北师范大学2017级现代教育技术专业教育学硕士王英杰的硕士论文《STEAM教育理念下通用技术校本课程设计与实践研究——以迁安三中〈唐山皮影〉课为例》。

（一）STEM 课程设计模型

在进行课程设计前，设计者可结合 C 型 STEM 课程设计流程，对课程进行初步的设想。从总体上把握课程的设计架构，以便在后面教案的撰写过程中可以有的放矢，进一步将课程拓展与细化，课程设计流程如图 7-2 所示。

文化情境感知：教师通过展示唐山皮影人物和景物图片以及使用皮影拍摄的皮影动画片，创设真实的文化情境，引导学生在情境中感受和体验皮影文化，激发学生兴趣，并提出驱动性问题：唐山皮影是什么？有着怎样的历史由来？其后，组织建立合作小组，制定小组分工合作计划和协作方式，并发放项目建议书和学习任务单，指导学生完成活动。

文化内涵理解：通过播放有关唐山皮影的视频，引导学生更加深入地理解唐山皮影的文化内涵，并提出问题：怎样制作自己的皮影人物？让学生阅读有关唐山皮影制作的相关知识，并进行小组交流，撰写设计制作皮影人物的设计流程。

文化特征探究：进行探究皮影雕刻符号的实践活动，通过展示皮影人物的头部及身体各部分的细节图片，组织学生小组讨论唐山皮影雕刻细节的组成部分，了解唐山皮影的雕刻工具和制作步骤，并通过网络搜集相关资料，归纳并总结唐山皮影的基本符号。

文化制品创作：组织学生进行创意设计和产品制作。引导学生设计唐山皮影的头茬、身体、手部、腿部等各个部件，通过发挥想象实现文化联结。学生可以设计传统的影人，也可以设计其他的艺术形象，并进行多次的迭代修正，形成最终的设计方案。根据设计方案，运用阳刻或者阴刻等雕刻手法进行雕刻。

联系社会推广：学生进行成果展示，并撰写皮影故事的分镜头校本，利用所制作的皮影共同完成一部皮影微视频的拍摄与制作。

综合评价反思：展示制作好的皮影故事，引导学生对课程进行回顾、梳理与反思，并进行课程评价。

（二）STEM 课程设计表

与以上模型相对应，设计者可在构想过程中，根据表 7-5，设计并记录课程的初步内容。

表 7-5　“唐山皮影”STEM 课程内容表

学科类型	科学（science）	技术（technology）	工程（engineering）	数学（mathematics）	中华传统文化（Chinese traditional culture）
涉及知识点	（1）皮影制作原理	（1）皮影雕刻技术 （2）视频拍摄技术 （3）视频剪辑技术	（1）工程设计的一般流程 （2）按照工程设计流程完成制作	（1）长度测量与计算 （2）视频时间把控 （3）拍摄画面比例	（1）唐山皮影文化 （2）皮影人物设计 （3）皮影故事设计

C 型 STEM 课程是以中国学生发展核心素养为目标导向，将中国文化与 STEM 学科

相融合的具有中国特色的整合性课程。在本案例中，学生需要经历撰写皮影制作探究的流程、探究传统皮影的制作工具和制作步骤、雕刻简易皮影、拍摄皮影视频的一系列课程活动，科学、技术、工程及数学的学科知识与我国传统的皮影文化将贯穿于课程实施的整个过程当中。因此，除表7-5外，设计者还应确定设计及细化课程的设计流程，以及中国学生发展核心素养的培养方式，如表7-6所示。

表7-6 “唐山皮影”STEM课程设计表

中国学生发展核心素养		相匹配的学生任务或问题
核心素养	培养方式	
人文底蕴	人文底蕴包含了人文积淀、人文情怀和审美情趣。学生根据课程深入了解我国的皮影文化，体会皮影的雕刻工艺和制作方式，形成一定的人文积淀；并在过程中，发现蕴含于皮影人物与皮影故事之中的文化基因，提升人文情怀；通过感知和欣赏唐山皮影，体会皮影这一将精美的雕刻工艺、灵巧的操纵技巧和长于抒情的唱腔音乐相结合的综合艺术，培养审美情趣	项目式问题抛出： 唐山皮影是什么？有着怎样的历史由来？ 怎样制作自己的皮影人物？ 唐山皮影人物雕刻精美，这些优美的图案包含哪些基本组成符号？
科学精神	科学精神包含了理性思维、用于探究和批判质疑。学生通过阅读相关文献，撰写设计制作皮影人物的设计流程；用科学方法去探究和归纳皮影的雕刻符号	撰写制作皮影人物的设计流程；探究皮影雕刻符号
学会学习	学会学习包含了乐学善学、勤于反思以及信息意识。学生通过网络搜集关于唐山皮影的历史文化相关资料；探究和归纳皮影雕刻符号；完成皮影人物设计方案；撰写皮影故事脚本并进行拍摄；课程结束后进行反思评价	网络搜集唐山皮影历史文化相关资料；归纳皮影雕刻符号；皮影人物设计方案；皮影故事的撰写与拍摄；课程反思评价
责任担当	责任担当包含了社会责任和国家认同。学生通过深入地了解唐山皮影文化，设计与制作皮影人物，提升传统文化的认同感；并通过撰写与拍摄皮影故事，培养传承与弘扬传统文化的责任感	设计与制作皮影人物；皮影故事的撰写与拍摄
实践创新	实践创新包括劳动意识、问题解决和技术运用。学生通过雕刻及制作皮影人物，培养劳动意识；运用现代化的技术工具拍摄皮影故事，形成多元化的文化产品，并在过程中提升问题解决能力	制作皮影人物；拍摄皮影故事

（三）STEM课程实施指南

通过上述的课程架构，设计者可以对课程进行进一步的拓展与精进，并撰写教学设计方案。对该案例的设计方案进行分析，可以清晰地看出案例所存在的优势及不足。表7-7根据C型STEM课程的课程设计流程，制定了本案例的基本信息，也代表了本课程开展前期准备的基本内容。该部分首先明确设定了本门C型STEM课程的适用范围，包括适用对象、适用课程、适用时长，确定了实施该课程学生所需具备的认知水平及能力状况。同时，本案例还根据“唐山皮影”这一课程主题，选择了课程所需的软硬件资源，并根据具体课程内容，选择了与之最为贴合的课程模式和评价方式。

表 7-7 “唐山皮影”STEM 课程基本信息表

课程名称	“唐山皮影”STEM 课程
适用范围	适用对象：高二学生 适用课程：综合课程、通用技术课程 适用时长：高中标准课 18 课时，共 810 分钟
课程资源	计算机、皮影制作工具（仿壁纸刀、垫板、直尺、铅笔、上色水彩颜料、小竹棍和细铁丝若干）、视频拍摄器材、视频编辑 Camtasia Studio 8.0 软件、相关文献资料（皮影素材图片、视频及网站等等）
课程模式	基于项目的课程设计模式
课程评价	学生自评、小组互评和教师评价
预期结果	本课程的预期成果为： ❖ 皮影人物的设计方案 ❖ 简易的皮影人物 ❖ 皮影故事的分镜头故事脚本 ❖ 皮影微视频 为了达成该成果，过程中学生需要： ❖ 了解唐山皮影的起源和特点 ❖ 掌握工程设计的一般过程 ❖ 掌握唐山皮影的雕刻工具与制作步骤 ❖ 掌握皮影的基本符号雕刻 ❖ 形成皮影人物的设计方案并迭代完善 ❖ 制作简易的皮影人物 ❖ 撰写皮影故事的分镜头故事脚本 ❖ 拍摄皮影微视频 ❖ 进行总结、反思、评价 ❖ 进行皮影人物与皮影微视频的交流展示

以下为根据“唐山皮影”STEM 课程基本信息表所设计的课程具体安排。

❖ 第 1～3 课时——初阶背景探究活动

教师展示各种唐山皮影人物和景物的图片，以及使用皮影拍摄的皮影动画片视频，创设真实的文化情境，引导学生在情境中感受和体验传统文化。教师提出引导性问题：唐山皮影是什么？有着怎样的历史由来？组织学生建立合作小组，并制定小组分工合作计划和协作方式。为每组提供项目建议书（表 7-8）和学习任务单（表 7-9），指导学生完成活动。学生分组阅读教师所提供的相关资料，并通过网络搜集关于唐山皮影的历史文化资料，了解唐山皮影的历史。鼓励学生根据自己的理解介绍唐山皮影。

表 7-8 “唐山皮影”项目建议书

方案和设计	包含设计的初稿和过程中的每一步修改，以及最终提交的方案和设计。 （1）方案中设计符合设计流程的原则 （2）设计体现了技术与设计的关系、人机关系和技术实验的方法 （3）设计中包含了必要的图例和标注 （4）设计中包含了所用的工具和材料 （5）所有的更改得到了相应的记录

续表

模型与测试	在整个过程中，将会构建多次草模，需要将它们保留下来，以便及时回顾。 包含：设计草图、数据标注、修改图示以及雕刻的草模
评价	解释为什么采用此种设计，解决技术难题的方法。 （1）作品的吸引力和创新性 （2）给人的总体印象 （3）材料的合理利用和质量成本 （4）评价语言清晰简洁

表 7-9 "唐山皮影"学习任务单

一、项目名称
二、探究时间安排
三、学习目标
四、学习任务
五、学习形式
六、学习困惑

教师播放有关唐山皮影的视频，引导学生更加深入地理解唐山皮影的文化内涵，并提出问题：怎样制作自己的皮影人物？引出第二项活动内容。学生阅读教材中的有关知识，小组交流讨论，撰写设计制作皮影人物的设计流程。其后，分组展示所撰写的皮影设计流程，并修改完善自己的设计流程。

❖ 第4～9课时——中阶基础构建活动

教师展示皮影人物的头部及身体其他部分的细节图片，让学生感受并体会唐山皮影人物设计制作之精美（图7-5）。提出引导性问题：唐山皮影人物雕刻精美，这些优美的

图 7-5 皮影

图案包含哪些基本组成符号？组织学生小组讨论唐山皮影雕刻细节的组成部分，了解唐山皮影的雕刻工具和制作步骤，并通过网络搜集相关资料，归纳并总结唐山皮影的基本符号，制作简易的汇报材料。学生汇报完唐山皮影的基本雕刻符号之后，引导学生尝试设计唐山皮影的头茬、身体、手部、腿部等各个部件，将所学到的理论知识运用到实际的设计过程。在这个过程中学生可以设计传统的影人，还可以设计其他的艺术形象。尝试运用阳刻或者阴刻的手法雕刻所设计的皮影人物。学生进行活动成果展示，展示自己的作品，汇报相关经验，并进行反思，同时吸收他人经验。

❖ 第10～18课时——高阶综合制作活动

教师引导学生学习皮影故事并撰写皮影故事脚本，以汇报展示的形式评选出最优的故事脚本，并将班级学生分为视频拍摄组、后期制作组、影人操作组、视频配音组和后勤组等。最后组织视频及皮影人物的展示汇报活动，让学生在欣赏视频的同时，回顾整个活动的历程，再一次总结设计的一般流程，最后进行评价（表7-10）。

表7-10 “唐山皮影”评价量规

一级指标	二级指标	评价标准、等级分值					得分			小计
		5	4	3	2	1	自评（30%）	互评（40%）	师评（30%）	
小组合作能力	合作态度									
	合作效率									
	合作技巧									
创意实践能力	流程设计									
	项目完成度									
	实践过程									
汇报表达能力	语言表达									
	媒体应用									
	作品表达									

【思考与练习】

一、名词解释

1. 中国文化

2. C型STEM课程

3. C型STEM课程设计模型

二、简答题

1. 请简要说明C型STEM课程的课程类型。

2. C 型 STEM 课程需要按照怎样的设计流程?

三、思考题

1. 为什么要将中国文化渗透至 STEM 课程当中?

2. 仔细阅读 C 型 STEM 课程设计流程，并根据自己的理解与体会设计一门 C 型 STEM 课程。